Harry Cliff
Was macht das Quark im Apfelkuchen?

HARRY CLIFF

WAS MACHT DAS QUARK IM APFELKUCHEN?

Auf der Suche nach dem Rezept
für unser Universum

Aus dem Englischen
von Jörn Pinnow

dtv

dtv Verlagsgesellschaft mbH & Co. KG, München
© 2021 Harry Cliff
Titel der englischsprachigen Originalausgabe:
How to Make an Apple Pie from Scratch: In Search of the Recipe for Our Universe
Deutschsprachige Ausgabe:
© 2022 dtv Verlagsgesellschaft mbH & Co. KG, München
Das Werk ist urheberrechtlich geschützt. Sämtliche, auch auszugsweise
Verwertungen bleiben vorbehalten. Für Inhalte von Webseiten Dritter,
auf die in diesem Werk verwiesen wird, ist stets der jeweilige Anbieter oder Betreiber
verantwortlich, wir übernehmen dafür keine Gewähr. Rechtswidrige Inhalte waren zum
Zeitpunkt der Verlinkungen nicht erkennbar.
Redaktion: Martin Zwilling, Berlin
Umschlaggestaltung: dtv nach einem Umschlagentwurf von Michael J. Windsor
Umschlagmotiv: shutterstock.com
Satz: Fotosatz Amann, Memmingen
Druck und Bindung: CPI books GmbH, Leck
Printed in Germany · ISBN 978-3-423-26326-9

Für Vicky und Robert, danke.

Möchte man aus dem Nichts einen Apfelkuchen machen, muss man erst das Universum erfinden.
Carl Sagan

INHALT

Vorwort 11
Kapitel 1   **Elementares Kochen** 25
Kapitel 2   **Das kleinste Stück** 37
Kapitel 3   **Die Zutaten der Atome** 59
Kapitel 4   **Der zertrümmerte Kern** 79
Kapitel 5   **Thermonukleare Öfen** 99
Kapitel 6   **Sternenzeugs** 133
Kapitel 7   **Der ultimative kosmische Herd** 167
Kapitel 8   **Wie man ein Proton zubereitet** 191
Kapitel 9   **Was ist denn jetzt wirklich ein Teilchen?** 229
Kapitel 10   **Die letzte Zutat** 259
Kapitel 11   **Ein Rezept für alles** 297
Kapitel 12   **Die fehlenden Zutaten** 333
Kapitel 13   **Das Universum erfinden** 369
Kapitel 14   **Das Ende?** 397
Wie man einen Apfelkuchen aus dem Nichts zubereitet 415

Danksagung 421
Bibliografie 425
Anmerkungen 427
Register 431

VORWORT

An einem frostigen Morgen im März 2010 steuerte ich meinen Wagen auf ein umzäuntes Gelände in den Außenbezirken der französischen Gemeinde Ferney-Voltaire. Ein an das stählerne Eingangstor geschraubtes Schild verkündete:

CERN SITE 8
ACCÈS RÉSERVÉ AUX PERSONNES AUTORISÉES
(ZUTRITT NUR FÜR BEFUGTE)

Ungeschickt lehnte ich mich über den Beifahrersitz meines Rechtslenkers hinweg aus dem Fenster und zog meinen Sicherheitsausweis über das Lesegerät. Das Tor öffnete sich nicht. Hmmm ... hatte ich die Sicherheitsüberprüfung nicht bestanden? Hinter mir bildete sich bereits eine Autoschlange, weshalb ich zunehmend hektisch wieder und wieder meine Karte über den Scanner zog. Nichts. Gerade wollte ich aussteigen, um in meinem ungelenken Schulfranzösisch mit dem Wachpersonal zu verhandeln, als sich zu meiner großen Erleichterung knirschend das Tor öffnete.

Ich parkte hinter der großen Versuchshalle mit Blick auf den Maschendrahtzaun, der das Gelände von der Startbahn des Genfer Flughafens trennt. Als ich ausstieg, bildete mein Atem in der kalten Luft Wölkchen, und ich nahm den seltsam süßlichen Geruch der Parfumfabrik war, der aus dem nahe gelegenen Schweizer Meyrin herüberzog. Die Hände tief in die Jackentaschen gebohrt, machte ich mich auf zum Gebäude 3894 – hinter diesem prosaischen Namen verbirgt sich ein einstöckiger Stahlcontainer für die frühmorgendlichen Meetings. Im Innern saßen bereits die meisten Teilnehmer dicht gedrängt um den langen Tisch. Einige plauderten mit ihren Nachbarn auf Englisch, Französisch, Deutsch oder Italienisch; andere nippten an einem Kaffee oder beugten sich über ihren Laptop. Ich fand einen Platz in der zweiten Stuhlreihe hinter dem Tisch und hoffte, dass mich hier niemand ansprechen würde.

Rund hundert Meter unter unseren Füßen befand sich ein ringförmiger Betontunnel, so lang, dass er um eine ganze Stadt herumreichen würde. In ihm erwachte gerade die größte und mächtigste Maschine zum Leben, die je gebaut wurde: der Large Hadron Collider (LHC, Großer Hadronen-Speicherring). In wenigen Tagen wollten Forscher in dem Teilchenbeschleuniger subatomare Teilchen mit derartiger Wucht aufeinanderschießen, dass sich für einen kurzen Augenblick Zustände ergeben, wie sie unmittelbar nach dem Urknall geherrscht haben.

Diese winzigen, aber katastrophalen Zusammenstöße würden dabei von vier riesigen Teilchendetektoren aufgezeichnet werden: Auf dem LHC-Ring mit einigen Kilometern Abstand verteilt, stehen diese gewaltigen Maschinen in unterirdischen Höhlen, in die problemlos ganze Kirchen passen würden. Einer dieser Detektoren befand sich direkt unter uns – er trägt den Namen »Large Hadron Collider beauty Experiment« (LHCb) – 6000 Tonnen Stahl, Aluminium, Silikon und Glasfaserkabel, wie ein Sprinter im Starterblock eingerastet, bereit für den Einsatz.

Und er hatte lange auf seinen Augenblick gewartet. Einige meiner Kollegen hatten ihr gesamtes Arbeitsleben damit verbracht, diesen Moment Wirklichkeit werden zu lassen. Zwanzig Jahre Planung, Finanzierungsverhandlungen, minutiöses Entwerfen, Testen und Konstruieren hatten zu einem der technisch fortschrittlichsten Teilchendetektoren geführt, die je gebaut worden waren. In den kommenden Tagen sollte das Ergebnis all dieser Bemühungen endlich einer

Vorwort 13

Probe unterzogen werden, wenn die Ingenieure des LHC zum ersten Mal Teilchen im Ring beschleunigen und innerhalb des Detektors zur Kollision bringen wollten.

Wenige Wochen zuvor war ich als 24-jähriger Doktorand im zweiten Jahr nach Genf gekommen, um den ersten von zwei dreimonatigen Arbeitsaufenthalten zu beginnen. Mein neues Zuhause war das CERN, die Europäischen Organisation für Kernforschung, mit dem größten und fortschrittlichsten Teilchenlabor der Welt. Inzwischen fand ich mich immer besser in diesem Labyrinth aus Bürogebäuden, Werkstätten und Laboren zurecht, die auf dem weitläufigen CERN-Gelände verteilt waren. Ich hatte gegen Februar-Schneestürme angekämpft und erfahren müssen, dass man in der Schweiz eine Standpauke vom Nachbarn riskiert, wenn man nach 22 Uhr noch die Toilettenspülung benutzt. Auch mit meinen neuen Aufgaben beim LHCb war ich inzwischen recht gut vertraut – ich trug die Verantwortung für eines der Subsysteme, die alle einwandfrei würden funktionieren müssen. Sollte auch nur eines versagen, könnten sich die so lang erwarteten Daten als unbrauchbar erweisen.

Eineinhalb Jahre zuvor hatte ich den LHCb zum ersten Mal mit eigenen Augen gesehen. Mein Betreuer Uli, ein deutscher Postdoc-Forscher, der Vollzeit am CERN arbeitete, hatte mir durch die komplizierte Prozedur geholfen, ohne die man dem Detektor nicht nahe kommen kann. Nachdem ich einen Badge an meiner Kleidung befestigt hatte, der die Strahlung maß, der ich während meines Aufenthalts unter Tage ausgesetzt war, musste ich einen eher launischen Iris-Scanner davon überzeugen, mich eine Reihe leuchtend grüner, als Luftschleusen konstruierter Türen passieren zu lassen. Dann schaukelte mich ein kleiner Metallfahrstuhl die 105 Meter hinunter in den »pit«, die »Grube«, wie die etwas bedrohliche, hier allgemein gebräuchliche Bezeichnung lautet.

Hinter den Aufzugtüren öffnete sich eine seltsame unterirdische Welt voll surrender Maschinen mit in den Primärfarben bemalten Metallgerüsten und dem Betontunnel, durch den kilometerlange Kabel und Röhren führten. Noch eine Reihe Sicherheitstüren, dieses Mal leuchtend gelb und beklebt mit Warnhinweisen zu gefährlicher

Strahlung, dann ein enger Durchgang durch eine 12 Meter dicke Schutzmauer, und mit einem Mal standen wir in einer enormen Betonkaverne.

Das Erste, was einen beeindruckt, ist die schiere Größe. Der LHCb ist gewaltig: 10 Meter hoch und 21 Meter lang, womit er die gesamte Breite der Kaverne ausfüllt. Auf den ersten Blick versteht man kaum, was man da vor sich hat. Die Sicht wird durch grün und gelb gestrichene Treppen, Stahlplattformen und Gerüste versperrt, die zum einen die Anlage stützen, zum anderen den Zugang zu wichtigen Bauteilen des Detektors ermöglichen. Freien Blick hat man allerdings auf fast keines von ihnen. Über die Wände des Tunnels verlaufen im Zickzack Kabel, die entweder dem Detektor Strom zuführen oder die Sturzflut an Daten abtransportieren, die von Millionen winziger, ungemein präzise konstruierter Sensoren erzeugt werden. Der LHCb kann für Tausende subatomarer Teilchen zugleich aufzeichnen, welche Wege sie nach den Kollisionen haarscharf unter Lichtgeschwindigkeit nehmen, mit einer Genauigkeit von wenigen Tausendsteln eines Millimeters. Und das in Intervallen von Millionen Bruchteilen einer Sekunde.

Doch das Bemerkenswerteste am LHCb ist die Art und Weise, wie er errichtet wurde. Wie alle vier großen LHC-Detektoren an dem Ring entstand er durch eine Kooperation, die einem modernen Babel glich: Jede Komponente wurde in einem internationalen Zusammenspiel von Physikern und Ingenieuren an Dutzenden Universitäten rund um die Erde entwickelt und konstruiert, von Rio de Janeiro bis nach Nowosibirsk. Dann wurden die Teile in das riesige Loch im Boden unter Genf geliefert, um zu einem einzigen, unglaublich komplexen Instrument zusammengesetzt zu werden. Die Tatsache, dass diese vier Riesen überhaupt laufen, wirkt für mich noch heute wie ein Wunder.

Meine Kollegen in Cambridge hatten die letzten zehn Jahre damit verbracht, die Elektronik zu entwerfen, zu bauen und zu testen, mit der die Daten dieses Subdetektoren verarbeitet werden, dessen Aufgabe es ist, die unterschiedlichen Teilchenarten bei der Kollision auseinanderzuhalten. Mein Job wiederum bei all dem war, sicherzustellen, dass die Software zur Überwachung dieser Elektronik ihren Dienst ohne Absturz oder sonstige Fehler tut, sobald die Maschine läuft. Zwar war ich nur ein kleines Rädchen in dieser gigantischen Maschinerie, doch war ich mir sehr bewusst, dass zwanzig Jahre Anstrengung von Hunderten Physikern aus siebzig Ländern und 65 Millionen Euro Investitionen aus mehr als einem Dutzend nationaler Finanzierungstöpfe auch davon abhingen, dass ich meinen Job gut erledigte. Ich wollte nicht derjenige sein, der in letzter Minute alles ruinierte.

Das Geplauder im Konferenzraum verstummte abrupt, als der Projektleiter des ersten Rundlaufs die Sitzung eröffnete. Ich sah mich nach meinen Kolleginnen und Kollegen um. Viele von ihnen sahen aus, als hätten sie in den letzten Tagen nicht viel Schlaf bekommen. Mir war klar, dass nun die wichtigsten Tage in meiner bisherigen Karriere vor mir lagen. Das Meeting begann mit einem Bericht über die Arbeiten, die über Nacht am LHC stattgefunden hatten, den die Menschen am CERN schlicht als »die Maschine« bezeichnen. Und auf diese Maschine warteten wir nun alle.

Nach drei Jahrzehnten Arbeit ist der LHC ein Wissenschaftsprojekt, wie es zuvor keines gegeben hat. Fast alles an ihm ist extrem. Er ist das größte je gebaute Messinstrument, in gewisser Weise die größte je gebaute Maschine überhaupt: Er misst 27 Kilometer im Umfang, weshalb der Ring die Grenze zwischen Frankreich und der Schweiz vier Mal unterquert (man hat an diesen Stellen im Tunnel sogar die entsprechenden Flaggen an die Wände gemalt). Die Strahlrohre, in denen die Teilchen umhersausen, sind leerer als der interstellare Raum, und die Tausenden von supraleitenden Magneten, die die Teilchen um den Ring lenken, arbeiten bei einer atemberaubend niedrigen Temperatur von −271,3 Grad Celsius, weniger als 2 Grad über dem absoluten Nullpunkt. Um das zu erreichen, braucht man die weltgrößte Tieftemperaturanlage: Sie benötigt mehr als 10 000 Tonnen flüssigen Stickstoff und so viel Elektrizität wie eine Großstadt, um 120 Tonnen supraflüssiges Helium[1] zu erzeugen. Dieses wird dann intravenös durch die Magnete des LHC gepumpt. Ein paar Tage nach unserem morgendlichen Meeting sollte diese gewaltige Maschine subatomare Teilchen, sogenannte Protonen, auf 99,999996 Prozent der Lichtgeschwindigkeit beschleunigen, um sie dann schnurstracks an vier Stellen des Rings, darunter der LHCb, zusammenkrachen zu lassen. So sollten Formen von Materie entstehen, die in so großen Mengen seit einer Billionstelsekunde nach dem Beginn des Universums nicht mehr vorkamen.

All dies, die vielen Jahre Entwicklungsarbeit und Finanzierungsbemühungen, die Mobilisierung einer globalen Gemeinschaft von Tausenden Physikern, die Bauingenieurleistung (zu der das Graben durch einen unterirdischen Fluss gehörte, der zuvor mit flüssigem Stickstoff eingefroren worden war), ganz zu schweigen von der Herstellung, dem Testen und der Installation von Millionen Einzelteilen, vom 35 Tonnen schweren Magneten bis zum kleinsten Silikonsensor, all dies dient nur einem einzigen Zweck: der Befriedigung unserer Neugier. Ganz gleich, was Ihnen die Boulevardpresse einreden möchte – etwa der britische *Daily Express*, der unaufhörlich suggeriert, das CERN würde den LHC für ruchlose Zwecke einsetzen. Soll hier das Portal in eine weitere,»unheimliche« Dimension[2] geöffnet werden (womöglich war das Tor zur »anderen Seite« aus *Stranger Things* also in Wirklichkeit ein Fehler des CERN)? Oder dient der LHC dazu, mein Lieblingszitat,»Gott herbeizurufen«[3]? Tatsächlich wurde der LHC allein dazu gebaut, um fundamentale Fragen über die grundlegenden Bausteine unserer Welt beantworten zu können sowie der Frage auf den Grund zu gehen, wie es dazu kam, dass unser Universum existiert.

Und es gibt einige wirklich große Fragen, auf die wir Antworten suchen. Die derzeit gültige Theorie darüber, woraus die Welt auf dem untersten Level besteht, ist als »Standardmodell« der Teilchenphysik bekannt – ein enttäuschend langweiliger Name für eine der größten intellektuellen Leistungen der Menschheit. In Jahrzehnten gemeinsamer Anstrengung von Tausenden Theoretikern und Experimentalphysikern entwickelt, erklärt uns das Standardmodell, dass alles, was wir um uns herum sehen – Galaxien, Sterne, Planeten und Menschen –, aus ein paar wenigen unterschiedlichen Teilchen besteht, die innerhalb von Atomen und Molekülen durch einige wenige elementare Kräfte zusammengehalten werden. Das Standardmodell ist eine Theorie, die alles erklärt, etwa warum die Sonne scheint und warum Dinge eine Masse haben. Außerdem hat sie bisher jede experimentelle Überprüfung bestanden, der wir sie im letzten halben Jahrhundert unterzogen haben. Ohne Zweifel: Das Standardmodell ist die erfolgreichste wissenschaftliche Theorie, die je zu Papier gebracht wurde.

Mit diesem Wissen im Hinterkopf muss nun gesagt werden, dass das Standardmodell falsch ist – oder zumindest in erheblichem Maße unvollständig. Wenn es um die tiefsten Geheimnisse geht, vor denen die heutige Physik steht, kann diese Theorie nur mit den Schultern zucken oder einen Haufen Widersprüche anbieten anstelle von Antworten. Folgendes Beispiel soll genügen: Nach jahrzehntelangem Starren in den Himmel sind sich Astrophysiker und Kosmologen inzwischen recht sicher, dass 95 Prozent des Universums aus zwei unsichtbaren Substanzen bestehen, die »Dunkle Energie« und »Dunkle Materie« heißen. Aus was auch immer sie bestehen – und wir haben in beiden Fällen noch nicht die leiseste Ahnung –, keinesfalls sind es die Teilchen aus dem Standardmodell. Und als wäre diese 95-prozentige Lücke an sich nicht schon schlimm genug, so vertritt das Standardmodell zudem noch die eher verwirrende Ansicht, dass alle existierende Materie eigentlich innerhalb der ersten Mikrosekunden nach dem Urknall in einem katastrophalen Kollaps durch Antimaterie hätte ausgelöscht werden müssen – zurückgeblieben wäre ein Universum ohne Sterne, ohne Planeten, ohne uns.

Es ist daher ziemlich unzweifelhaft, dass wir bei unserer Theorie bis dato irgendetwas übersehen haben, vermutlich in Form bislang unentdeckter Elementarteilchen, die uns erklären könnten, warum das Universum so ist, wie es ist.

Hier kommt der Large Hadron Collider ins Spiel. Als wir an jenem Morgen im März 2010 um den Konferenztisch herumsaßen, herrschte riesige Zuversicht: Wir würden schon bald etwas ganz und gar Neues oder Unerwartetes beobachten können, das sich aus den im LHC herbeigeführten Kollisionen ergeben würde. Sollte es dazu kommen, wäre dies der Beginn eines Prozesses, der einige der größten Rätsel der Wissenschaft würde lösen können.

Als ich mich Anfang 2008 für meine Promotion einschrieb, war mir bewusst, dass meine Anfänge in Teilchenphysik damit zusammenfielen, dass der LHC zum ersten Mal eingeschaltet wurde. Ich war von der Vorstellung fasziniert, einer der allerersten Studenten zu sein, die Daten von einer Maschine zu sehen bekommen würden, die seit den späten 1970ern entwickelt worden war und mehr als 12 Milliarden Euro[4] gekostet hat. Am 10. September 2008, nur wenige Tage bevor ich mein neues Labor im englischen Cambridge bezog, wurde der LHC unter großer Anteilnahme der Medien eröffnet. In Gegenwart von Fernsehteams und Fotografen jagte man zum ersten Mal Protonen durch den 27 Kilometer langen Ring. Champagnerflaschen wurden geköpft, als Physiker und Ingenieure eine der größten wissenschaftlichen Leistungen der Geschichte feierten; und die Elementarteilchenphysik schaffte es kurz in die Nachrichten.

Weniger Tage später war der LHC aus einem anderen Grund wieder Gesprächsthema. Gegen Mittag des 19. September – man führte gerade letzte Tests an den Elektromagneten des Kollidierers durch – kam es zur Katastrophe. Ingenieure des LHC-Kontrollzentrums – im CERN das, was bei der NASA die Mission Control ist – mussten ungläubig mitansehen, wie in dem großen Raum ein Monitor nach dem anderen grellrot aufleuchtete. Ein Ingenieur, mit dem ich später darüber sprach, erzählte mir, dass anfangs so viele Alarme losgingen, dass sie glaubten, es sei etwas mit der Software nicht in Ordnung, die den Beschleuniger überwachte. Stunden später, als man endlich in den Tunnel hinunterkonnte, erkannten er und seine Kollegen das wahre Ausmaß der Verwüstung.

Eine einzige lose Verbindung hatte einen elektrischen Defekt verursacht. Daraufhin war es zu einer physikalischen Explosion gekommen, die das zur Kühlung der Magneten eingesetzte flüssige Helium erreichte und eine Schockwelle erzeugte, die auf einer Strecke von 750 Metern entlang des Beschleunigerrings[5] ein Werk der Zerstörung hinterließ. 15 Meter lange und bis zu 35 Tonnen schwere Elektromagnete waren aus ihren Verankerungen gerissen und im Tunnel verschoben worden. Die fehlerhafte Verbindung war verdampft und hatte in beide Richtungen schwarzen Rauch mehrere hundert Meter weit in die ultrasauberen Strahlrohre hineingepustet.

Die Reparaturarbeiten dauerten mehr als ein Jahr. So niedergeschlagen sie anfangs waren, schüttelten die CERN-Mitarbeiter ihre Enttäuschung schnell ab und machten sich wieder an die Arbeit. Am 20. November 2009, vierzehn Monate und 25 Millionen Euro später, schickten sie zum ersten Mal seit dem, was nur »der Zwischenfall« genannt wird, vorsichtig wieder Protonen rund um den LHC. Das war jedoch nur ein Probelauf, bei dem der Beschleuniger nur einen Bruchteil seiner maximal verfügbaren Energie einsetzte.

Im März 2010 näherten wir uns endlich dem Moment, an dem die Maschine in bislang unerforschtes Gebiet vorstoßen würde. Wir wollten Kollisionsenergien erreichen, die uns die Suche nach Dunkler Materie, dem Higgs-Boson, mikroskopisch kleinen Schwarzen Löchern und vielleicht anderen exotischen Objekten erlauben würde, von denen sich bislang niemand eine rechte Vorstellung machen konnte. Ich denke, jeder, der an diesem Morgen rund um den Tisch saß, spürte das Gewicht dessen, was wir vorhatten.

Der Projektleiter fuhr mit seinem Bericht fort und hielt nur dann mehrfach kurz inne, wenn das Dröhnen eines startenden Flugzeugs vom benachbarten Flughafen ihn übertönte. Abgesehen von einem kurzen Stromausfall waren die nächtlichen Arbeiten am LHC problemlos verlaufen, und wir waren auf gutem Wege, die Kollisionen in ein paar Tagen versuchen zu können. Dann erteilte er der Runde das Wort, woraufhin Physiker aus den Niederlanden, Spanien, Russland, Deutschland und Italien in perfektem Englisch ihre Updates lieferten. Es gab einen kurzen Eurovisionsmoment, als ein französischer Physiker den Bericht in seiner Muttersprache ablieferte. Trotz des Augenrollens rund um den Konferenztisch fuhr der Physiker stur fort, was nicht unberechtigt war, denn Französisch ist eine der beiden offiziellen Sprachen des CERN, und schließlich waren wir hier ja in Frankreich. Trotzdem finden fast alle CERN-Meetings auf Englisch statt, und da mein Französisch nicht sehr ruhmreich ist, konnte ich der technischen Diskussion über einige Aspekte des Experiments – dafür hielt ich die Wortmeldungen zumindest – nicht ganz folgen. Ich spürte meinen Herzschlag, als immer näher heranrückte, dass ich an der Reihe war. Ein paar Tage zuvor hatten wir ein kleineres Problem mit der Software zur Überwachung der Elektronik gehabt, was bei Anbruch des Morgens einen Panikschub im Kontrollraum ausgelöst hatte. Schließlich hatten wir das Problem mit dem üblichen Vorgehen gelöst – ausschalten und neu starten –, und seitdem lief alles glatt. Dennoch nagte in meinem Hinterkopf die Tatsache, dass ich der Ursache des Fehlers nicht nachgegangen war.

»Aus den letzten 24 Stunden gibt es nichts zu berichten«, sagte ich und hoffte, es würde keine Nachfragen geben. Zu meiner Erleichterung wandte sich der Projektleiter an das nächste Subsystem, und nach ein paar weiteren kurzen Berichten war klar: Der LHCb war startbereit.

Draußen, auf dem Parkplatz, betrachtete ich die aus den Kühltürmen aufsteigenden Dampfwolken, das einzige sichtbare Zeichen für die enorme Maschine, die unterirdisch wartete. Ich überlegte, wie viele Bewohner dieses Landstrichs zwischen dem Genfer Flughafen und dem Jura-Gebirge wohl tatsächlich wissen, was sich unter ihren Füßen abspielt.

Etwas mehr als eine Woche später, am 30. März 2010, unternahmen LHC-Ingenieure die spektakuläre Tat, zwei Protonenstrahlen aufeinanderzuschießen, sodass sie direkt ineinanderprallen. Das lässt sich ungefähr mit dem Versuch vergleichen, zwei Stricknadeln von den gegenüberliegenden Ufern des Atlantiks so aufeinanderzuschießen, dass sie sich auf halber Strecke treffen. Als die ersten Protonen zusammenstießen, erschuf die Energie Materie, und Monitore im CERN zeigten Bilder von diesem mikroskopisch kleinen Moment der Schöpfung. Die in dem kleinen Kontrollraum des LHCb zusammengedrängten Physiker brachen in Jubel und Beifall aus. Zwei Jahrzehnte Arbeit hatten sich endlich ausgezahlt.

Dieser Tag markierte den Beginn einer gänzlich neuen Phase in der anspruchsvollsten intellektuellen Reise der Menschheit, dem jahrhundertelangen Streben, die grundlegendsten Zutaten der Natur zu erkennen und ihren Ursprung zu finden. Man könnte es auch die Suche nach dem Rezept für unser Universum nennen. Dieses Buch erzählt von dieser Suche. Es erzählt die Geschichte von Tausenden von Menschen, die im Laufe von Hunderten von Jahren die elementaren Zutaten der Materie erkannten und ihren Ursprüngen im Kosmos folgten, durchs Zentrum sterbender Sterne und bis zurück zum ersten wilden Moment des Urknalls. Diese Geschichte handelt von Chemie, atomarer, nuklearer und Teilchenphysik, Astrophysik, Kosmologie, und ich werde diese Geschichte anhand meiner persönlichen Mission erzählen, das ultimative Rezept für Apfelkuchen zu finden. Warum gerade Apfelkuchen, werden Sie fragen. Nun ...

In der richtungsweisenden TV-Serie *Cosmos* (deutscher Titel: *Unser Kosmos*) nahm der Astrophysiker Carl Sagan die Zuschauer mit auf eine epische Reise durch das Universum, flog mit ihnen auf der Suche nach dem Ursprung des Lebens zu weit entfernten Galaxien und zeigte ihnen die Geburt und den Tod von Sternen. Da *Unser Kosmos* in den 1980er-Jahren entstand, gehörten zu dieser Reise durch Raum und Zeit eine Menge Synthesizerklänge.

Sagan, über den man wegen seiner eher bedeutungsschweren Moderation immer mal wieder spottete, übte sich in Folge 9 in etwas Selbstironie: Zu Beginn der Folge ist etwas zu sehen, was wie ein kleiner grüner Planet wirkt, der in der Leere des Raums schwebt. Sobald wir jedoch näher herankommen, wird deutlich, dass dies gar kein Planet, sondern ein Apfel ist, der unversehens zweigeteilt wird. Es folgt eine Küchenszene, in der ein recht bedrohlich wirkendes Nudelholz einen Teigklumpen ausrollt, wozu eine anschwellende Musik zu hören ist, die auch gut zu *Blade Runner* passen würde.

Die Szene endet wenig später im großen, eichenholzvertäfelten Speisesaal des Trinity College in Cambridge, wo Sagan, recht adrett in seinem typischen roten Rollkragenpullover, am Kopf einer langen gedeckten Tafel Platz genommen hat. Ein Kellner stellt einen frisch gebackenen Apfelkuchen vor ihm ab, worauf Sagan sich zur Kamera dreht und mit einem Zwinkern im Auge sagt:»Wenn Sie einen Apfel-

kuchen aus dem Nichts zubereiten wollen, müssen Sie zunächst das Universum erfinden.«
Das wäre eine Kochshow, die ich mir gern ansehen würde. »Heute bereiten wir bei *Das große Backen* salziges Karamellparfait zu, doch zuerst wird uns Betty Schliephake-Burchardt zeigen, wie wir Kohlenstoff synthetisieren und dazu einen sterbenden Stern verarbeiten.« Wie dem auch sei, Sagan ging es darum, zu zeigen, dass ein Apfelkuchen aus viel mehr besteht als nur aus Äpfeln und Teig. Zoomt man nur nahe genug heran, entdeckt man Billionen und Aberbillionen Atome, die von einer Supernova in den Raum geschossen oder in der glühenden Hitze des Urknalls geschmiedet wurden. Wenn man also wirklich wissen will, wie man einen Apfelkuchen backt, muss man zunächst herausfinden, wie man das gesamte Universum macht.

Den letzten Ursprung von allem zu verstehen, wird meist in hochtrabende Worte gepackt – Stephen Hawking sprach einst davon, »Gottes Plan«[6] kennenzulernen –, doch mir gefällt Sagans alltagstauglicher Zugang besser. Wenn wir einen Apfelkuchen nehmen und ihn in immer grundlegendere Zutaten herunterbrechen und zugleich verstehen wollen, wie diese hergestellt wurden, kommen wir dann schlussendlich an einen Endpunkt? Wir werden womöglich nie den Plan Gottes kennenlernen, aber können wir dann wenigstens herausfinden, wie man einen Apfelkuchen von Grund auf zubereitet?

Um auf diese Frage eine Antwort zu finden, werden wir uns auf eine Reise rund um den Globus begeben. Wir werden einen Kilometer tief unter eine italienische Bergkette hinabkriechen, um ins Herz der Sonne schauen zu können. Wir werden auf den Gipfel eines hohen Bergs in New Mexico klettern, wo Astronomen Botschaften entschlüsseln, die im Sternenlicht verborgen sind. Wir hören auf das Kräuseln im Stoff von Raum und Zeit inmitten der feuchten Kiefernwälder im südlichen Louisiana und schauen hinter die Kulissen eines New Yorker Labors, wo ein riesiger Teilchenbeschleuniger Temperaturen erschafft, die es seit dem Urknall nicht mehr gegeben hat. Unterwegs treffen wir auf Chemiker, Astronomen, Physiker und Kosmologen, zeitgenössische und solche aus der Vergangenheit, um uns unserem Ziel zu nähern: die Entschlüsselung der elementaren Zutaten für Materie und die Geschichte dieser Teilchen. Und wir stellen uns den Geheimnissen, die noch immer ungelöst sind, und überlegen uns, ob es Fragen gibt, die wir *niemals* werden beantworten können.

Wir bewegen uns kreuz und quer über Kontinente und Jahrhunderte, auf der Suche nach dem Rezept für unser Universum, doch wie alle Epen beginnt diese Reise zu Hause.

KAPITEL 1

ELEMENTARES KOCHEN

Eines Nachmittags im Sommer traf ich im Haus meiner Eltern in einem südöstlichen Vorort Londons ein. Unter dem Arm trug ich einige Glasgefäße, die ich online bestellt hatte, sowie ein Paket mit sechs Portionen Mr Kipling Bramley Apple Pie. Ich war gekommen, um das wahrscheinlich schwachsinnigste Experiment durchzuführen, das ich je gewagt habe.

In seinen Kindertagen war mein Vater ein begeisterter Amateur-Chemiker gewesen, und er verbrachte Mitte der 1960er-Jahre im Schuppen im hinteren Teil des elterlichen Gartens glückliche Nachmittage unter Erzeugung von Gerüchen und Explosionen. Das waren die Zeiten, als sich noch jeder (also auch Teenager mit fortgeschrittenen Chemiekenntnissen und einer gehörigen Portion Missachtung für die eigene Sicherheit) ein erschreckendes Arsenal gefährlicher Substanzen beim örtlichen Chemikalienlieferanten besorgen konnte. Dazu gehörte, wie sich herausstellte, auch alles, was man für Schießpulver brauchte. Mein Dad erinnert sich noch heute mit gewissem Wohlbehagen daran, wie eines seiner eher dramatischen Experimente zu einem abrupten Ende gelangte, als sein eigener Vater, ein ehemaliger Artillerist, dem das Dröhnen von Gewehrfeuer durchaus vertraut war, in die hintere Hälfte des Gartens gestürmt kam und brüllte: »Das reicht, der eben hat die Fenster erzittern lassen!« Ach, die guten alten Zeiten. Mein Vater besitzt noch heute ein paar Teile seines damaligen Chemiebaukastens, darunter einen Bunsenbrenner, auf den ich es nun abgesehen hatte. Ich hatte mir überlegt, dass meine kleine Londoner Wohnung nicht der ideale Ort war für das Experiment, das mir vorschwebte.

Der Gedanke hinter dem Versuch lautete: Wenn man Ihnen einen Apfelkuchen hinstellte und Sie keine Ahnung hätten von Kuchen, Äpfeln oder ihren Bestandteilen, was könnten Sie tun, um herauszufinden, aus was der Apfelkuchen besteht? Auf der Arbeitsfläche in der Garage kratzte ich, assistiert von meinem Vater, ein paar Krümel des Kuchens in ein Teströhrchen – wobei ich mir Mühe gab, eine gute Mischung aus knuspriger Kruste und weicher Apfelfüllung einzufüllen – und versiegelte es dann mit einem Korken, durch dessen Mitte ein kleines Loch gebohrt war. Nachdem ich das Röhrchen über ein L-förmiges Glasrohr mit einem zweiten Fläschchen verbunden hatte, das in kaltem Wasser schwamm, zündeten wir den Bunsenbrenner an, schoben ihn unter das Teströhrchen und traten einen Schritt zurück.

Der Kuchen begann zu blubbern und zu karamellisieren, und bald darauf drückte das sich ausbreitende Gas innerhalb des Testrohrs unsere Probe in das Verbindungsstück. Wir verringerten die Hitze ein wenig und sahen zu, wie der Kuchen langsam schwarz wurde, und zu meinem Vergnügen zogen nun Nebelschwaden das Verbindungsstück entlang und strömten in das wartende zweite Gefäß, das kurz darauf bereits mit einem gespensterhaft weißen Dampf gefüllt war. Jetzt war das ein richtiges Chemieexperiment!

Neugierig, was dieser weiße Nebel sein mochte, schnupperte ich daran – eine probate Methode der chemischen Analyse aus den Tagen, in denen man sich um Gesundheits- und Sicherheitsrisiken wenig scherte. Schon Humphry Davy, ein Chemie-Pionier aus der Zeit der Romantik, untersuchte die medizinischen Auswirkungen verschiedener Gase mit der berühmt gewordenen Methode, sie einfach alle zu inhalieren. 1799 entdeckte er dabei die angenehmen Effekte von Distickstoffmonoxid, das heute als Lachgas bekannt ist und das er in der Folge in großen Mengen zu sich nahm, etwa wenn er sich mit seinen Dichterfreunden in einen dunklen Raum zurückzog. Hin und wieder tat er das auch in Gegenwart junger Frauen seiner

Bekanntschaft. Bedenken Sie bitte, das war ein keineswegs risikoloses Vorgehen. Er stand einmal kurz davor, sich selbst umzubringen, als er mit Kohlenmonoxid experimentierte. Als man ihn hinaus an die frische Luft schleifte, bemerkte er schwach: »Ich glaube nicht, dass ich sterben werde.«[7]

Leider produzierte mein Apfelkuchendampf keinerlei psychoaktive Effekte, sondern hatte nur einen extrem unangenehmen Gestank nach Angebranntem, der noch Stunden später in der Luft hing. Sah man durch den Dampf zum Boden des Gefäßes, konnte man erkennen, dass ein wenig des Nebels durch den Kontakt mit dem kalten Wasserbad kondensiert war und eine gelbliche Flüssigkeit bildete, bedeckt von einem dunkelbraunen, öligen Film.

Nach weiteren zehn Minuten intensiven Erhitzens schien kein Dampf mehr aus den verkohlten Überbleibseln des Apfelkuchens aufzusteigen, woraus wir schlossen, dass unser Experiment zu Ende war. In meinem Eifer, die Reste in dem Teströhrchen zu untersuchen, vergaß ich kurz, dass ein Glas, das man zehn Minuten über einem Bunsenbrenner röstet, ganz schön heiß wird, und verbrannte mir meinen Zeigefinger ziemlich fies. Es gibt gute Gründe, weshalb das gefährlichste Instrument eines Versuchs, an das ich herangelassen werde, in aller Regel ein Computer ist.

Nach deutlich längerem Warten nahm ich mich behutsam erneut des Fläschchens an und kippte seinen Inhalt auf den Tisch. Der Apfelkuchen war zu einer rabenschwarzen, steinharten Substanz reduziert worden, deren Oberfläche an manchen Stellen ein wenig glänzte. Was können wir aus diesem zugegebenermaßen eher blödsinnigen Experiment über die Zusammensetzung eines Apfelkuchens schlussfolgern? Nun, wir haben drei unterschiedliche Substanzen erhalten: einen schwarzen Feststoff, eine gelbe Flüssigkeit und ein weißes Gas, das sich in der Zwischenzeit über meine Haut, meine Haare und Kleider verteilt hatte und übel nach Verbranntem roch. Ich gebe zu, dass mir zu diesem Zeitpunkt die exakte chemische Zusammensetzung dieser drei Apfelkuchenbestandteile noch nicht ganz klar war, auch wenn ich sicher zu wissen glaubte, dass das schwarze Zeugs Kohle und die gelbliche Flüssigkeit vor allem Wasser war. Um näher an die Liste der grundlegenden Apfelkuchenzutaten zu gelangen, brauchen wir eine etwas fortschrittlichere chemische Analyse.

DIE ELEMENTE

Als Physiker sollte ich das vielleicht nicht zugeben, aber in der Schule war Chemie mein Lieblingsfach. Das Physiklabor war ein steriler, lustloser Ort, an dem man sich erfreut zeigen sollte, sobald man einen Stromkreis geschlossen oder mürrisch das Schwingen eines Pendels vermessen hatte. Das Chemielabor hingegen war ein magischer Ort, an dem wir mit Feuer und Säure spielten, einen Magnesiumstreifen anzündeten, sodass dieser gleißend verbrannte, oder farbige Tränke in hauchdünnen Gläsern zum Kochen brachten. Die Sicherheitsbrillen, die mit orangefarbenen Warnhinweisen versehenen Natriumhydroxid-Flaschen und die weißen Laborkittel, auf denen sich unidentifizierbare, vielleicht giftige Spritzer früherer Experimente abzeichneten, all das umgab das Chemielabor mit einer Aura von Gefahr. Das Kommando über all dies hatte unser rätselhafter Lehrer Mr Turner, der mit einem Sportwagen zur Schule kam und von dem man sich erzählte, er habe sein Vermögen durch die Erfindung des Aufsprühkondoms gemacht.

Und tatsächlich war es meine Faszination für die Chemie, die mich schließlich dazu brachte, Teilchenphysiker zu werden. Die Chemie beschäftigt sich, genau wie die Teilchenphysik, mit der Materie, dem Stoff der Welt, und wie die unterschiedlichen Grundzutaten miteinander reagieren, wie sie auseinanderfallen oder ihre Eigenschaften je nach bestimmten Gesetzen verändern. Der Grund, weshalb ich nicht bei der Chemie geblieben bin, ist der, dass ich wissen wollte, woher diese Gesetze stammen. Wäre ich im 18. oder 19. Jahrhundert geboren worden, wäre ich vermutlich Chemiker geworden. Damals war Chemie, und nicht Physik, das Fach der Wahl, wollte man die grundlegenden Bausteine der Materie verstehen.

Die Person, die vermutlich mehr als jede andere für die Entstehung der modernen Chemie gesorgt hat, war Antoine Laurent de Lavoisier, ein kecker, ehrgeiziger und unglaublich reicher junger Franzose, der in der zweiten Hälfte des 18. Jahrhunderts lebte. 1743 in eine sehr wohlhabende Pariser Familie hineingeboren, wurde er Jurist und nutzte das große Erbe seines Vaters, um sich im Pariser Arsenal ein eigenes Labor mit den ausgefeiltesten Apparaturen einzurichten, die man damals für Geld kaufen konnte. Dank der Hilfe seiner Frau und Mit-Chemikerin Marie-Anne Pierrette Paulze vollbrachte er die von ihm selbst so genannte »Revolution« in der Chemie, bei der er die alten Ideen, die noch aus dem antiken Griechenland stammten, systematisch widerlegte und an deren Stelle das moderne Konzept eines chemischen Elements entwickelte.

Die Idee, dass alles in der materiellen Welt aus einer Reihe grundlegender Substanzen, oder Elemente, besteht, ist schon Tausende Jahre alt. In den antiken Zivilisationen unter anderem Ägyptens, Indiens, Chinas und Tibets entstanden unterschiedliche Elemente-Theorien. Die alten Griechen zeigten sich überzeugt, dass die materielle Welt aus vier Elementen bestehe: Erde, Wasser, Luft und Feuer. Allerdings gibt es einen großen Unterschied zwischen dem, was die alten Griechen für ein Element hielten, und der Definition eines chemischen Elements, wie sie heute in der Schule gelehrt wird.

In der modernen Chemie ist ein Element eine Substanz wie Kohlenstoff, Eisen oder Gold: Man kann sie nicht in etwas anderes aufschlüsseln oder in etwas anderes umwandeln. Die antiken Griechen hingegen glaubten, dass Erde, Wasser, Luft und Feuer *durchaus* in ein anderes Element verwandelt werden könnten. Die vier Elemente wurden um das Konzept der vier »Qualitäten« ergänzt: Hitze, Kühle, Trockenheit und Feuchte. Erde war kalt und trocken, Wasser war kalt und feucht, Luft war heiß und feucht und Feuer war heiß und trocken. Folglich war es möglich, ein Element in ein anderes umzuwandeln, indem man Qualitäten hinzufügte oder entfernte. Gab man beispielsweise etwa Hitze zu Wasser (kalt und feucht) hinzu, entstand Luft (heiß und feucht). Diese Materie-Theorie weckte die Hoffnung auf die Transformation oder »Transmutation« einer Substanz in eine andere durch die Anwendung von Alchemie – am berühmtesten wohl die Wandlung von einfachem Metall in Gold. Dieses Konzept der Transmutation griff Lavoisier als Erstes an.

Wie bei vielen anderen seiner großen Entdeckungen basierte auch in diesem Fall seine Vermutung auf einer simplen Annahme, nämlich dass bei einer chemischen Reaktion die Masse stets gleich bleibt. Mit anderen Worten: Wiegt man zu Beginn eines Experiments alle Zutaten und am Ende alle Produkte – wobei man sorgfältig aufpassen muss, dass kein heimtückisches Gasfähnchen entweicht –, sollten die Massen identisch sein. Chemiker hatten dies schon eine ganze Weile vermutet, doch es war dann Lavoisier, der mithilfe einiger extrem präziser (und extrem teurer) Waagen dieser Idee zur Durchsetzung verhalf, als er 1773 die Ergebnisse seiner akribischen Versuche veröffentlichte.* Mr Turner brachte mir in seinen Chemiestunden den Massenerhaltungssatz als das Lavoisier-Gesetz bei.

Was allerdings für die Transmutation sprach, ist die Tatsache, dass bei langsamem Destillieren von Wasser in einem Glasgefäß am Ende ein Feststoff übrigbleibt. Das bestätigt scheinbar die Vermutung, dass Wasser in Erde verwandelt werden kann. Lavoisier hatte da so seine Zweifel. Durch das Abwiegen des leeren Glasgefäßes vor und nach dem Experiment stellte er fest, dass es ein wenig Masse verloren hatte; und diese entsprach ziemlich genau der Masse der sogenannten Erde. Mit anderen Worten: Die Idee war Nonsens. Der zurückbleibende Feststoff bestand schlicht aus kleinen Stückchen des Glasgefäßes.

Indem er die Idee der Transmutation von Wasser in Erde beerdigte, gab Lavoisier den ersten Schuss seines Feldzugs ab, der damit enden sollte, dass die Menschen eine gänzlich neue Vorstellung von der chemischen Welt erlangten. Mit der für ihn typischen Prahlerei verkündete er seine Absicht, »eine Revolution in der Physik und Chemie«[8] anzuzetteln, und machte sich dann daran, die vier antiken Elemente

---

* Eigentlich war es der russische Universalgelehrte Michail Lomonossow, der den Massenerhaltungssatz bei eigenen Versuchen schon viele Jahre früher erkannte, doch Lavoisiers enormer Einfluss auf die Entwicklung der modernen Chemie sorgte dafür, dass der gute alte Lomonossow fast vergessen ist.

zu zerstören. Sein nächster Schritt in dieser Richtung betraf das geheimnisvollste und mächtigste aller Elemente: das Feuer.

In der Mitte des 18. Jahrhunderts glaubte man, dass brennbare Materialien wie Kohle eine als »Phlogiston« bezeichnete Substanz enthalten, die entweicht, sobald man das Material anzündet. Ein Brennstoff wie Kohle enthält danach sehr viel Phlogiston, das beim Verbrennen freigesetzt wird, und das Feuer erlischt in dem Moment, in dem all das Phlogiston in der Kohle aufgebraucht oder die umgebende Luft so voll von Phlogiston ist, dass sie kein weiteres mehr aufnehmen kann.

Ein Problem mit diesem Phlogiston-Konzept ergab sich mit der Entdeckung, dass Metalle schwerer werden, wenn man sie verbrennt – wo man doch annehmen sollte, dass sie leichter werden, wenn all das Phlogiston entwichen ist. Der aus Dijon stammende Anwalt und Chemiker Louis-Bernard Guyton de Morveau räumte diesen Widerspruch aus der Welt, indem er erklärte, Phlogiston sei unglaublich leicht und es verschaffe den Metallen eine Art »Auftrieb« wie bei einem Heißluftballon. Wird das Metall verbrannt, geht der vom Phlogiston verursachte Auftrieb verloren, und es wirkt so, als würde das Metall schwerer.

Lavoisier war alles andere als beeindruckt von Guytons Idee und argumentierte in die Gegenrichtung – anstatt dass das Verbrennen Phlogiston freisetzt, gehört zum Verbrennen die Aufnahme, die Absorption von Luft. Das erklärt, warum Metalle schwerer werden, sobald man sie verbrennt: Sie geben kein auftreibendes Phlogiston ab, sondern verbinden sich mit Luft.

Es lohnt sich, ein paar Augenblicke damit zu verbringen, die Genialität dieser Erkenntnis zu würdigen. Vergessen Sie dazu kurz einmal alles, was man Ihnen in der Schule über das Brennverhalten beigebracht hat: Dann ergibt die Überlegung, dass durch das Feuer Phlogiston abgegeben wird, auf einmal durchaus Sinn. Feuer scheint ein Prozess zu sein, bei dem etwas freigesetzt wird – Licht, Hitze und Rauch sind wohl das Mindeste. Die Idee, dass sich bei der Verbrennung Luft mit dem Brennstoff verbindet, effektiv also etwas *aus der Luft herausgesogen* wird, ist da alles andere als intuitiv. Lavoisiers Fähigkeit, den sich aus dem Versuch ergebenen Beweisen zu folgen und all das abzulehnen, was wie selbstverständlich wirkt, erlaubte es ihm, zu solch radikal unterschiedlicher Schlussfolgerung zu gelangen.

Die Frage blieb, was genau es in der Luft war, das beim Verbrennen verbraucht wurde. Ohne dass Lavoisier damals davon wusste, waren auf der anderen Seite des Ärmelkanals signifikante Fortschritte beim Verständnis von Luft gelungen. 1756 hatte der schottische Naturphilosoph* Joseph Black einen eigenartigen neuen Typ von Luft entdeckt, der entsteht, wenn man bestimmte Salze erhitzt. Besonders verblüffend für Black war, dass es unmöglich ist, Dinge in Brand zu stecken, wenn sie von dieser »fixen Luft« umgeben sind – die wir heute als Kohlenstoffdioxid kennen. Ein Jahrzehnt später erkannte Henry Cavendish: Kippt man Schwefelsäure über Eisen, bildet sich eine weitere, leichtere Luft, die mit einem charakteristischen *Pop* in Flammen aufgeht. Der produktivste Entdecker neuer Lüfte war jedoch der englische Naturphilosoph Joseph Priestley.

Priestley wurde zu seinen Untersuchungen von Luft angeregt, als er von Cavendishs Entdeckung der »unentzündlichen Luft« 1767 hörte. Zu dieser Zeit war er als presbyterianischer Seelsorger in Leeds tätig und lebte direkt neben einer Brauerei; ein deutlicher Kontrast zu Lavoisiers verschwenderisch ausgestattetem Labor im Herzen von Paris. Wie dem auch sei, neben einer Brauerei zu wohnen hatte, neben der üppigen Versorgung mit Bier, noch andere Vorteile. Die Gärung ergab große Mengen fixer Luft, die Priestley unter anderem dafür nutzte, eine Technik zur Herstellung von sprudelnden Getränken zu entwickeln, womit er die Grundlage für die spätere Softdrink-Industrie schuf.**

Ein paar Jahre später gelang Priestley jene Entdeckung, die ihm seinen Platz in den Geschichtsbüchern sicherte. Er fokussierte Son-

---

* Menschen, die die natürliche Welt studierten, nannte man bis ins 19. Jahrhundert hinein »Naturphilosophen«. Erst dann begann man sie nach und nach als »Wissenschaftler« zu bezeichnen.

** Priestley machte nie Geld mit seinen Erfindungen, doch seine Technik wurde später von Johann Jacob Schweppe übernommen, um kohlensäurehaltiges Mineralwasser herzustellen – Geschäftsmodell der 1783 in Genf gegründeten Firma Schweppes.

nenlicht mit einer großen Brennlinse auf eine Probe des hochgiftigen »roten Leu« (ein quecksilberhaltiges Mineral), woraufhin das Quecksilberoxid eine neue Art von Luft abgab. Priestley erkannte, dass diese Luft einer Flamme zu einem unglaublich hellen Licht verhalf und sie eine Maus in einem abgeschlossenen Behälter bis zu vier Mal so lange am Leben hält wie gewöhnliche Luft. Priestley probierte diese neue Luft auch an sich selbst aus und hielt dazu fest:

Das Gefühl, das sie in meinen Lungen auslöste, war nicht spürbar unterschieden von dem gewöhnlicher Luft; doch ich glaubte, dass sich meine Brust einige Zeit danach besonders leicht und mühelos bewegte. Wer vermag es zu sagen, ob zu einem späteren Zeitpunkt einmal diese reine Luft zu einer luxuriösen Modeerscheinung zu werden vermag. Bis hierher haben nur zwei Mäuse und ich selbst das Privileg genossen, sie zu atmen.[9]

Priestley war überzeugt, diese erstaunlichen Eigenschaften der »dephlogistierten Luft« (»dephlogisticated air«) hätten damit zu tun, dass sie deutlich weniger Phlogiston enthält als die übliche Luft. Das erlaube es ihr, das beim Brennen einer Kerze oder bei den Atemzügen einer Maus abgegebene Phlogiston aufzunehmen, weshalb das Verbrennen oder Atmen effektiver und damit länger möglich sei.

Im Oktober desselben Jahres reiste Priestley nach Paris, wo er viele der klügsten Köpfe der Stadt traf, darunter auch Antoine de Lavoisier. Leider wissen wir nur sehr wenig über das Gespräch der beiden, doch man kann sich vergnüglich ausmalen, wie sich diese zwei Chemie-Giganten begegnet sind: der reiche, selbstsichere Großstädter aus Paris und der Arbeiterklasse-Radikale mit dem starken Yorkshire-Akzent. Was wir allerdings gesichert wissen, ist, dass Priestley Lavoisier von seiner neuen Entdeckung berichtete, die sich als der fehlende Schlüssel zur Vollendung von dessen Feuer-Theorie erwies. Anstatt von dephlogistierter Luft zu reden, erkannte Lavoisier, dass Priestley in Wirklichkeit das Gas entdeckt hatte, das sich mit dem Brennstoff während der Verbrennung verband. Er nannte es »Oxygen« – »Sauerstoff«.

Laut Lavoisier war Feuer kein Element und Phlogiston existierte nicht. Beim Brennen einer Kerze verbindet sich der Brennstoff mit dem Sauerstoff, und es wird Kohlenstoffdioxid frei. Der Chemiker zeigte zudem, dass ein ähnlicher Prozess abläuft, wenn Tiere verdauen: Der Kohlenstoff aus ihrem Futter verbindet sich mit dem eingeatmeten Sauerstoff, um Kohlenstoffdioxid und Hitze freizugeben. Er belegte seine Idee schließlich damit, dass er ein Meerschweinchen in einen leeren Eimer setzte, der von einem Gefäß voller Eis umgeben war. Die Hitze, die der Körper des Nagers ausstrahlte, brachte das Eis zum Schmelzen, und indem Lavoisier die Menge an Wasser maß, die unten aus dem Gefäß ausfloss, konnte er berechnen, wie viel Hitze das Meerschweinchen abgab. Damit hatte er bewiesen, dass Tiere tatsächlich ihr Futter verbrennen, um Hitze zu erzeugen. Keine Sorge, das Meerschweinchen musste nicht erfrieren – obwohl es ihm sicherlich ein wenig frisch geworden sein dürfte. In diesem Fall spielte also einmal ein Meerschweinchen das »Versuchskaninchen«.[10]

Doch Lavoisier war damit noch nicht am Ende seiner Revolution angekommen. Bei anderen Experimenten war aufgefallen, dass beim Verbrennen von Cavendishs entzündlicher Luft mit Sauerstoff offenbar Wasser zurückblieb. Lavoisier gewann die Überzeugung, dass dies nur eins heißen konnte: Wasser, einst als das fundamentalste aller Elemente angesehen, war ebenfalls kein Element. Vielmehr bestand es wohl aus dieser entzündlichen Luft, die er »Hydrogen«, »Wasserstoff«, nannte und Priestleys Sauerstoff.

Ein Großteil der Wissenschaftscommunity, insbesondere aufseiten von Frankreichs großem imperialen Rivalen Großbritannien, hatte Probleme damit, dies zu schlucken. Priestley etwa lehnte Lavoisiers Vorschlag, dass Wasser kein Element sei, ab und blieb bis zu seinem Lebensende ein Anhänger der Phlogiston-Theorie. Lavoisier brauchte also einen experimentellen Beweis, um die Welt von seiner neuen Chemie zu überzeugen. Dies gelang ihm auf spektakuläre Art und Weise, als er 1785 bei einem öffentlichen Experiment in seinem Labor Wasser in Sauerstoff und Wasserstoff aufspaltete.

Ende der 1780er-Jahre war von den alten klassischen Elementen nichts mehr übrig. Wasser konnte in Wasserstoff und Sauerstoff aufgespalten werden, Luft war eine Mischung aus verschiedenen Gasen und Feuer ein Prozess, bei dem Sauerstoff mit dem Brennstoff reagierte. 1789 veröffentlichte Lavoisier das wichtigste Propagandawerk für seine neue Chemie: ein Lehrbuch namens *Traité élémentaire de chimie* (»Elementar-Abhandlung der Chemie«), das in Deutschland unter dem Titel *System der antiphlogistischen Chemie* erschien. Darin gab er eine neue Definition eines »chemischen Elements« – eine Substanz, die sich nicht mehr in etwas anderes aufspalten lässt. Außerdem lieferte er eine Liste mit 33 dieser chemischen Elemente, von denen wir auch heute noch viele als solche zählen, etwa Sauerstoff, Wasserstoff und Azot, inzwischen unter dem Namen Stickstoff bekannt. Die Abhandlung wurde zu einem der einflussreichsten Bücher der Wissenschaftsgeschichte, und nach ein paar Jahren waren bis auf seine dickköpfigsten Kritiker alle überzeugt. Lavoisier hatte seine großspurige Ankündigung erfüllt; er hatte tatsächlich eine Revolution der Chemie ausgelöst.

Nun, was würde Lavoisier mit den drei Substanzen meines Apfelkuchenexperiments anstellen? Ich vermute, er wäre zunächst wenig beeindruckt von meiner zusammengepfuschten Herangehensweise an Chemie. Die Garage meines Vaters ist kaum so gut ausgestattet wie Lavoisiers Labor, und ich hatte keine Geräte, um den Apfelkuchen vor und nach dem Versuch präzise zu wiegen, wie es Lavoisier sicherlich getan hätte. Schlimmer noch, ich hatte nicht verhindert, dass der weiße Dampf abzog, weshalb dessen Zusammensetzung für immer ein Geheimnis bleiben wird.

Doch was ist dann mit dem verkohlten schwarzen Zeugs, das im Teströhrchen zurückblieb? Wenn wir einen Blick auf Lavoisiers Liste der chemischen Elemente werfen, fällt eines sofort ins Auge: Kohle. Holzkohle wird seit Jahrhunderten als Brennmaterial verwendet und häufig dadurch hergestellt, dass man einen Stapel Holz mit einer Schicht Lehm oder Torf bedeckt und in der Mitte ein Feuer entzündet. Die Außenhülle hält den Sauerstoff weitgehend fern, weshalb der Holzstapel im Innern nicht durchbrennt. Die große Hitze des zentralen Feuers spaltet das Holz in Holzkohle und Gase auf. Das ist im Groben genau das, was wir mit dem Apfelkuchen getan haben; der

Pfropfen auf dem Teströhrchen verhielt sich wie der Torf, das heißt, er verhinderte den Zustrom von Sauerstoff aus der Luft und damit, dass der stark erhitzte Kuchen Feuer fing. Wir hatten Kohle hergestellt. Oder das, was in modernen Bezeichnungen als ziemlich reine Form des grundlegenden Elements aller organischen Materie gilt: Kohlenstoff.

Was die gelbliche Flüssigkeit angeht, da hätte ich prinzipiell noch versuchen können, sie weiter aufzuspalten, doch leider war es mir nicht gelungen, mehr als einen Fingerhut voll der faulig riechenden Flüssigkeit zu produzieren – viel zu wenig, um damit ein weiteres Experiment durchzuführen. Und ich war nicht bereit, den örtlichen Supermarkt zu plündern und allen Apfelkuchen aufzukaufen, nur um ihn dann in tagelanger Arbeit klein zu kochen. Ohnehin ist es nicht verwegen zu behaupten, dass sie vor allem aus Wasser bestand, und dank Lavoisier wissen wir, dass Wasser eine Verbindung aus Sauerstoff und Wasserstoff ist. Womit wir zwei weitere Zutaten des Apfelkuchens hätten. Und in der Tat sind unter allen Elementen genau diese drei, Kohlenstoff, Sauerstoff und Wasserstoff, die dominanten in der gesamten organischen Materie, von Apfelkuchen bis hin zum Menschen. Allerdings sind sie sicher nicht die einzigen chemischen Zutaten meines Gebäckstücks. Ein kurzer Blick auf die Nährwertangaben auf der Rückseite der Verpackung verrät mir, dass der Kuchen unter anderem etwas Eisen enthält, das vermutlich noch in unserer Kohle steckt. Und obwohl ich sie im Schuppen meines Vaters nicht isolieren konnte, kommen auch Stickstoff, Selen, Natrium, Chlor, Kalium, Kalzium, Phosphor, Fluor, Magnesium, Schwefel und noch viele andere vor – vielleicht in nur sehr geringen Mengen, aber sie sind vorhanden.

Die tiefergehende Frage ist jedoch: Aus was bestehen wiederum diese unterschiedlichen Elemente? Schließlich wollen wir einen Apfelkuchen aus dem Nichts machen, da reichen uns Wasserstoff, Sauerstoff und Kohlenstoff nicht. Sie sind nur der Anfang der Geschichte.

KAPITEL 2

DAS KLEINSTE STÜCK

Zu Beginn der Folge 9 von *Unser Kosmos*, gleich nachdem Carl Sagan jene Worte äußerte, die mich zu diesem Buch inspirierten, steht er von seinem Stuhl am Kopf der langen Tafel auf, greift nach einem Messer und stellt uns die Frage: »Angenommen, ich schneide ein Stück aus diesem Apfelkuchen ... und nehmen wir an, ich schneide dieses Stück einmal mehr oder weniger in der Mitte durch und dann dieses Stück noch einmal und mache immer so weiter ... Wie oft muss ich schneiden, bis ich bei einem einzelnen Atom ankomme?«

Zehn Mal? Hundert Mal? Eine Million Mal? Vielleicht kann man den Apfelkuchen auch immer weiter in kleine und kleinere Stückchen schneiden, bis man eine unendliche Zahl unendlich winziger Stücke hat. Dieses knappe Gedankenexperiment fasst die Essenz der wichtigsten Idee der Naturwissenschaften zusammen – dass alles aus Atomen besteht.

Laut der klassischen Definition sind Atome winzige, unzerstörbare Teilchen der Materie, die nicht verändert oder weiter aufgespalten werden können (das Wort »Atom« stammt aus dem Altgriechischen *atomos*, was »unteilbar« bedeutet). Es gibt sie in unterschiedlichen Formen und Größen, und sie verbinden sich, um alles zu erschaffen, was wir in der Welt um uns herum sehen, von Apfelkuchen bis zu Astronauten. Es ist eine verführerisch einfache Idee, die jedoch zugleich unserer alltäglichen Erfahrung vollständig widerspricht. Unsere Sinne nehmen eine Welt aus Form und Farbe, Textur und Temperatur, aus Geschmack und Geruch wahr: die weiche rote Haut eines Apfels oder der bittere Geschmack von Kaffee.

Das Atommodell macht uns deutlich, dass diese Welt eine Illusion ist. Ganz weit unten an den Wurzeln der Dinge gibt es so etwas wie rote Farbe oder den Geschmack von Kaffee nicht. Ganz tief unten gibt es nur Atome und leeren Raum. Farbe, Geschmack, Hitze, Textur sind nur Tricks unseres Verstands, hervorgegangen aus der unzählbaren Vielheit unterschiedlicher Atome, die in einer unglaublichen Vielzahl unterschiedlicher Formen miteinander verbunden sind.

Denkt man in dieser Art und Weise an Atome, überrascht es nicht, dass es Tausende Jahre brauchte, bis das Konzept verfing. Obgleich es schon im antiken Griechenland Varianten des Atommodells gab, verfügte es nie über große Überzeugungskraft, zumal der einflussreiche Aristoteles diese Idee ablehnte und lieber seinen Sinnen als einem abstrakten Konzept vertraute. Die Theorie von Qualitäten ergibt auch viel mehr Sinn, schließlich sind wir alle mit Hitze, Kühle, Trockenheit und Feuchte vertraut, aber wer hat schon einmal ein Atom gesehen?

Erst im 17. Jahrhundert nahm man in wissenschaftlichen Kreisen Atome langsam ernst. Isaac Newton war ein erklärter Atomist und glaubte, dass Atome nicht nur die materielle Welt bilden, sondern auch das Licht selbst, das er sich als Schauer winziger Teilchen oder »Korpuskeln« vorstellte. Newtons gewaltiger Einfluss auf die Wissenschaft, zu dem die Gravitation, Optik und die Gesetze der Bewegung gehören, überzeugte viele Naturphilosophen des 18. Jahrhunderts davon, mit einem atomistischen Blick auf die Welt zu schauen. Andererseits gab es wirklich kaum Beweise für die Existenz von Atomen, und das Modell war für das Verständnis von Chemie recht nutzlos. Lavoisier und Priestley konnten experimentieren und theoretisieren, ohne allzu viele Gedanken daran zu verschwenden, was eine Ebene weiter unten geschieht. Lavoisier, der pedantisch nur dahin ging, wohin ihn Fakten führten, hatte wenig Zeit für unsichtbare Atome.

Bevor Atome ans Tageslicht gelangen konnten, musste ihnen jemand eine Brücke zwischen ihrem verborgenen Reich und der Welt der Chemie bauen. Dieser Jemand tauchte aus der wilden und schönen Grafschaft Cumberland im Nordwesten Englands auf: John Dalton.

DIE IDEE DES ATOMS

John Dalton wurde 1766 in Eaglesfield, einem kleinen, von sanft geschwungenem Ackerland umgebenen Dorf im Nordwesten Englands geboren. Johns Herkunft war ziemlich bescheiden; sein Vater Joseph war Weber, und die Familie besaß und bestellte ein kleines Stück Land in der Nähe des Dorfes.

Dennoch verfügte der junge John über einige Vorteile. Zum einen war er ein ungewöhnlich heller und frühreifer Junge mit natürlicher Neugier und der Fähigkeit, Informationen wie ein Schwamm aufzusaugen. Zum anderen waren seine Eltern Quäker, religiöse Nichtkonformisten, für die lernen ein hohes Gut war. Insbesondere Johns Mutter förderte seine Bildung und nutzte das familiäre Netzwerk rund um die religiöse Gesellschaft der Freunde, um ihrem Sohn eine bessere Schulbildung zu vermitteln, als sie ein armer Bauernjunge im England des 18. Jahrhundert ansonsten erhalten hätte.

John entwickelte früh eine Faszination für Wetterereignisse, was nicht erstaunt, gibt es im Nordwesten Englands doch viele davon. Von zu Hause aus konnte er beobachten, wie Regenwolken von der Irischen See herüberkamen und über die Erhebungen von Grasmoor und Grisedale Pike zogen. Die Quäker galten nicht unbedingt als vergnügungssüchtig – sie sind Abstinenzler und betonen das Gottesfürchtige in all ihren Taten –, doch das Studium der Natur war eine der erlaubten Freizeitaktivitäten, da es Gottes Wirken in der Welt offenbarte. Schon als Kind begann John, täglich den Luftdruck, die Temperatur, die Luftfeuchtigkeit und die Niederschlagsmenge aufzuschreiben, eine Routine, der er bis zu seinem Lebensende folgte. Und auch wenn er zu diesem Zeitpunkt noch keine Ahnung davon hatte, so war dies doch der Anfang einer langen Reise, die ihn schließlich zu einem Atommodell führen sollte.

Obwohl Johns Schulbildung von den Quäkern gefördert wurde, musste er immer wieder prekäre Lebensphasen überstehen, und im Alter von 15 Jahren blieb ihm nichts anderes übrig, als in der Landwirtschaft zu arbeiten, um über die Runden zu kommen. Seine Zukunft sah nicht sehr rosig aus, doch die Rettung nahte mit dem Angebot, an einem Quäker-Internat im 80 Kilometer entfernten Städtchen Kendal zu unterrichten. Die Quäker hatten die Schule großzügig mit einer Reihe naturwissenschaftlicher Instrumente ausgestattet, mit denen er schon bald zu experimentieren anfing. Hinzu kam der allseits geliebte Tutor, der blinde Naturphilosoph John Gough, der Gefallen an dem eifrigen Teenager fand und ihn in Mathematik und Naturwissenschaften unterrichtete, wozu auch Newtons Atommodell gehörte. Im Gegenzug half John seinem blinden Lehrer beim Lesen, Schreiben und Anfertigen von Diagrammen für dessen wissenschaftlichen Aufsätze.

John wollte Jura oder Medizin studieren, wurde aber wegen seiner Religion von englischen Universitäten abgelehnt. Stattdessen konnte er sich eine Stelle als Professor an einem neuen College sichern, das von religiösen Nonkonformisten in der aufstrebenden Industriestadt Manchester gegründet worden war.

Für den Bauernjungen aus Eaglesfield muss Manchester ein riesiger und trubeliger Ort gewesen sein. Hier trieben religiöser und politischer Radikalismus, neue wissenschaftliche Ideen und revolutionäre Technologien den Wandel in einer Geschwindigkeit voran, die schwindelig machen konnte und vielleicht sogar ein wenig erschreckend war. Manchester bildete das hämmernde Herz einer industriellen Revolution, die aus Großbritannien das Kraftwerk der Welt machte. Hoch aufragende neue Baumwollspinnereien, von Rauch ausstoßenden Dampfmaschinen angetrieben, und Reihe um Reihe roter Backsteinhäuser bildeten die Skyline der Stadt. Hier war Naturwissenschaft kein Hobby, das reiche Aristokraten in ihren privaten Laboren pflegten, hier war sie Teil einer blühenden Gemeinschaft von Ingenieuren, Handwerkern und Industriellen. Dalton hätte an keinem besseren Ort sein können, und er sprang kopfüber in Manchesters großen Wissenschaftspool.

Das Wetter blieb seine Leidenschaft, vor allem der Regen. In Südengland (woher auch ich stamme) behauptet man gerne spaßhaft, dass es in Manchester immer regnet. Das mag ein wenig unfair sein, doch im Nordwesten mangelt es ganz sicher nicht an Nässe. Dalton unternahm in seiner Freizeit lange Wanderungen im beliebten, aber unbestreitbar regnerischen Lake District. Hier ist die Luft manches Mal so schwer von Wasser, dass man sich fragt, ob sie überhaupt noch mehr Feuchtigkeit aufnehmen kann. Und tatsächlich war es genau diese Frage, die ihn zum Nachdenken über Atome brachte.

Dalton unternahm erste Versuche, um zu erfahren, wie viel Wasserdampf von einem bestimmten Volumen Luft aufgenommen werden konnte. Zu dieser Zeit dachte man, dass sich Wasser in der Luft auflöst wie Zucker in einer Tasse Kaffee. Wenn man mehr als 150 Teelöffel Zucker in einen Becher Kaffee gibt – was vermutlich sogar noch etwas mehr ist als in einem Starbucks Cinnamon Dolce Latte –, löst er sich nicht mehr auf, und man erhält Zuckerkristalle, die sich am Boden der Tasse ablagern. Ähnliches passiert, wenn es regnet: Sobald die Luft vollständig mit Wasserdampf gesättigt ist, kondensiert das Wasser in kleinen Tropfen, die dann Wolken bilden. Und wenn die Tropfen groß genug sind, fängt es an zu regnen.

Allerdings müsste es dann so sein: Zwängt man in ein bestimmtes Volumen noch mehr Luft hinein, sollte sie in der Lage sein, noch mehr Wasserdampf aufzunehmen. In etwa so, als würde man in seinen Pott noch etwas Kaffee hinzugießen, um die zusätzlichen Zuckerkristalle aufzulösen. Doch Daltons Experimente ergaben etwas sehr Seltsames: Ein Gefäß absorbiert immer dieselbe Menge Wasserdampf, ganz egal, wie viel Luft man hineinpresst. Es schien, als würden sich Luft und Wasserdampf irgendwie gegenseitig ignorieren. Sie besetzen zwar denselben Raum, interagieren aber nicht miteinander.

Ich höre Sie jetzt ungeduldig rufen: Was hat das alles mit Atomen zu tun? Nun, es kommt hier auf die Interpretation an. Dalton verstand dieses Ergebnis als Beleg für die Idee, dass Luft und Wasserdampf nur Kräfte (wie Anziehung und Abstoßung) auf Atome *ihrer eigenen Art* ausüben. Zwei Luftatome würden miteinander beziehungsweise aufeinander reagieren, und zwei Wasserdampfatome würden ebenfalls miteinander beziehungsweise aufeinander reagieren, aber ein Luftatom und ein Wasserdampfatom würden sich komplett ignorieren. Diese Situation lässt sich womöglich mit den unangenehmen Geburtstagsfeiern vergleichen, die ich mit Anfang zwanzig besuchte. Dort kamen immer zwei Gruppen zusammen: die alten Schulfreunde des Geburtstagskinds und die neuen Unifreunde. Obgleich wir alle auf derselben Party waren, schoben wir uns in dem Raum hin und her, plauderten nur mit unseren jeweiligen Cliquen und nahmen die Existenz dieser *anderen* Freunde kaum wahr. Laut Dalton verhalten sich Atome zweier unterschiedlicher Gase mehr oder weniger genauso.

Dalton veröffentlichte seine Theorie 1801, und sie verursachte augenblicklich eine Aufregung, die sich weit über Manchester bis in die wissenschaftlichen Akademien in Kontinentaleuropa ausbreitete. In London zeigte sich der charismatische Chemiker und Einatmer seltsame Gase Humphry Davy fasziniert von der Theorie der »gemischten Gase«, doch zahlreiche führende Wissenschaftler plädierten leidenschaftlich dagegen, darunter auch Daltons alter Mentor und Freund John Gough. Das dürfte ihn geschmerzt haben.

Dalton entschied sich, seine Kritiker eines Besseren zu belehren, und begann eine Reihe von Experimenten, mit denen er hoffte, unwiderlegbare Beweise für seine Theorie zu finden. In diesem Zusammenhang stieß er, beinahe per Zufall, auf die Frage, warum sich manche Gase leichter in Wasser lösen als andere. Sein Vorschlag war einfach, enthielt aber schon den Kern dessen, was später ein ausgewachsenes Atommodell werden sollte: Dalton war der Meinung, dass das Gewicht der Atome darüber entschied, wie leicht löslich sie waren, wobei schwerere Atome sich besser in Wasser lösen als leichte. Um seine Idee zu überprüfen, musste er herausfinden, wie schwer bestimmte Atome im Vergleich zu anderen waren.

Aber wie sollte das gehen? Vergessen wir nicht, dass Anfang des 19. Jahrhunderts niemand auch nur in die Nähe des Anblicks eines Atoms kam. Es sollte fast noch 200 Jahre dauern, bis ein Mikroskop erfunden wurde, das stark genug ist, uns ein Atom zu zeigen. Atome waren nur eine Idee, und falls sie überhaupt existierten, waren sie alle derart klein, dass so ziemlich jeder Wissenschaftler dieser Epoche davon überzeugt war, sie würden für immer jenseits unserer Wahrnehmung liegen. Wie um Himmels willen konnte Dalton nur ihre Masse feststellen?

Daltons geniale Idee war, von seiner Theorie der gemischten Gase – dass Atome nur andere Atome ihrer eigenen Art abstoßen – auszugehen und sie hochzurechnen, um herauszubekommen, wie viele Atome unterschiedlicher chemischer Elemente sich zusammenfügen, um Moleküle zu bilden. Seine Argumentation war ungefähr folgende: Stellen wir uns vor, wir haben zwei Atome zweier unterschiedlicher chemischer Elemente, nennen wir sie Atom A und Atom B, die sich zu einem Molekül A-B verbinden. Stellen wir uns nun vor, dass ein weiteres Atom A hinzukommt und sich der Party anschließen will. Da sich die A-Atome gegenseitig abstoßen, wird das neue A so weit wie möglich von dem anderen Atom A entfernt bleiben und hängt sich daher an der anderen Seite des B-Atoms an. Es entsteht ein größeres Molekül in der Form A-B-A. Kommt nun ein drittes A-Atom hinzu, wird es sich dieses Mal in einem Winkel von 120 Grad von den beiden anderen A-Atomen einsetzen, woraus sich eine Dreiecksform ergibt, bei der B im Zentrum ist etc.

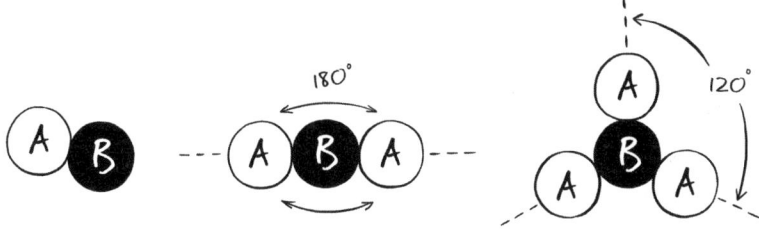

Dalton argumentierte, dass, wenn nur eine Verbindung von A und B bekannt ist, dieses Molekül die einfachste Struktur haben müsse, also A-B. Weiß man von zwei verschiedenen Verbindungen zwischen A und B, dann ist dieses zweite Molekül das nächst einfachere, A-B-A.

Ein Beispiel: Anfang des 19. Jahrhunderts kannte man zwei verschiedene Gase, die aus Kohlenstoff und Sauerstoff bestehen. Eines hieß in der damaligen Terminologie »Kohlenstoffoxid« (das unsichtbare giftige Gas, das Humphry Davy fast getötet hätte, als er es einatmete, vielleicht im Namen der Wissenschaft, vielleicht aber auch nur auf der Suche nach einer neuen Möglichkeit für einen Rausch), das andere hieß »Kohlenstoffsäure« (die von Joseph Black entdeckte fixe Luft, mit der man einige unglückliche Mäuse erstickte, wieder im Namen der Wissenschaft). Indem er die Menge an Sauerstoff maß, die mit einer festen Menge Kohlenstoff reagierte, um diese zwei Gase zu erzeugen, fand Dalton heraus, dass Kohlenstoffsäure zwei Mal so viel Sauerstoff enthielt wie Kohlenstoffoxid. Nun wendete er hierauf die Regeln seines Atommodells an, was bedeutete, dass Kohlenstoffoxid das einfachste Molekül war, das aus einem Kohlenstoff- und einem Sauerstoffatom bestand (wir kennen dies heute als Kohlenstoffmonoxid, CO), und dass Kohlenstoffsäure ein Kohlenstoff- und zwei Sauerstoffatome enthielt (in aktueller Terminologie: Kohlenstoffdioxid, CO_2).

Zuletzt konnte Dalton die relative Masse von Kohlenstoff- und Sauerstoffatomen bestimmen und errechnete, dass ein Sauerstoffatom etwa 1,3-mal schwerer ist als ein Kohlenstoffatom, was verblüffend nahe am heute gültigen Wert von 1,33 ist. Durch eine Kombination aus Vermutungen, Theoretisieren und Experimentieren hatte er eine Eigenschaft eines Atoms gemessen – und damit zum allerersten Mal einen Blick in dieses uns verborgene Reich geworfen.

Dalton erkannte, dass er an etwas wirklich Großem dran war. Er vergaß völlig das ursprüngliche Problem der Löslichkeit von Gasen in Wasser und vertiefte sich in sein neues Atommodell. Nach dreijähriger Arbeit, unterbrochen von umfangreichen Lehraufträgen und den gelegentlichen Spaziergängen in seinem geliebten Lake District, war er bereit, der Welt von seinen Ideen zu erzählen.

Im März 1807 reiste Dalton nach Edinburgh, damals wohl Großbritanniens wichtigstes intellektuelles und Wissenschaftszentrum und Schmelztiegel der Aufklärung. Was er dort vorstellte, war nichts weniger als eine revolutionär neue Beschreibung der chemischen Elemente. Er begann seine folgenreiche Vorlesungsreihe auf eine sehr englische Art und Weise, mit einer Entschuldigung: »Es mag wie eine Anmaßung wirken, wenn sich ein Fremder um Ihre Aufmerksamkeit bemüht in der Art und Weise, wie ich es nun tue, zumal in einer Stadt wie dieser, die aus gutem Grund für ihre Seminare der Physik berühmt ist.« Doch unter Daltons sanftem Mantel der Bescheidenheit verbarg sich Stahl. Er fuhr fort und erklärte, sobald das, was er nun anzukündigen gedenke, durch Experimente belegt sei, was seiner Meinung nach geschehen werde, würden seine Ideen »die wichtigsten Veränderungen im System der Chemie hervorrufen und das Ganze zu einer Wissenschaft mit großer Einfachheit reduzieren, die auch für den erbärmlichsten Verstand zugänglich ist«.[11]

Das Atommodell, das Dalton in Edinburgh präsentierte und später in seinem Werk *A New System of Chemical Philosophy* veröffentlichte, verband schließlich Lavoisiers chemische Elemente mit der antiken Vorstellung von Atomen. Laut Dalton besteht alle Materie aus festen, unteilbaren und unzerstörbaren Atomen, und jedes chemische Element besitzt sein eigenes einzigartiges Atom mit einer definierten Masse. Chemische Reaktionen, vom Verbrennen von Kohle bis zum Backen eines Apfelkuchens, sind nichts weiter als ein Prozess des Neuarrangierens dieser unterschiedlichen Atome, bei dem eine größere Vielfalt von unterschiedlichen Molekülen entsteht.

Die Reaktion auf Daltons Atomtheorie kam schnell, sowohl in Edinburgh als auch darüber hinaus. In London erkannte Humphry Davy sehr rasch, dass dieses Modell Chemikern helfen konnte, die Art und Weise der Reaktion unterschiedlicher chemischer Elemente zu verstehen und zu quantifizieren. Die wichtigste Vorhersage dieser Theorie war eine Regel, die als »Gesetz der multiplen Proportionen« bekannt wurde. Es besagt im Grunde, dass zwei Elemente, die zu einer Verbindung reagieren, dies immer in bestimmten Verhältnissen tun, was eine direkte Konsequenz aus der Tatsache ist, dass Elemente in separaten kleinen Atomklümpchen vorkommen.

Nehmen wir einmal die beiden dominanten Gase in unserer Atmosphäre, Stickstoff und Sauerstoff, die drei unterschiedliche Verbindungen bilden können: Distickstoffmonoxid, Stickstoffmonoxid und Stickstoffdioxid. Würden wir drei Versuche durchführen, bei denen wir mit 7 Gramm Stickstoff beginnen und diese Menge dann mit Sauerstoff reagieren lassen, um die erwähnten drei Verbindungen zu erzeugen, würden wir feststellen, dass die Menge an Sauerstoff, die sich mit dem Stickstoff verbindet, einmal 4 Gramm, einmal 8 Gramm und einmal 16 Gramm beträgt. Davon ausgehend konnte Dalton herausfinden, dass die chemischen Formeln von Distickstoffmonoxid, Stickstoffmonoxid und Stickstoffdioxid entsprechend N_2O, NO und NO_2 sind, und der Grund, weshalb Sauerstoff nur in diesen festen Verhältnissen reagiert, darin begründet liegt, dass die Masse eines Sauerstoffatoms acht Siebtel der Masse eines Stickstoffatoms ausmacht.

Innerhalb weniger Monate fand man bei weiteren Versuchen Beweise dafür, dass die Elemente tatsächlich so reagieren, wie Daltons Atomtheorie es vorausgesagt hatte, und er wurde im ganzen Land gefeiert. Im selben Jahr, in dem Dalton sein Atommodell vorstellte, versuchte Humphry Davy ihn zu überreden, Mitglied der prestigeträchtigsten Wissenschaftsorganisation in Großbritannien zu werden, der Royal Society in London.[*]

Während Chemiker erfreut die Konsequenzen dieser Theorie annahmen und anwandten, folgten deutlich weniger Daltons Glauben an echte physische Atome. Als Humphry Davy, inzwischen Präsident der Royal Society, Dalton 1826 mit der Royal Medal auszeichnete, betonte er nachdrücklich, dass dies mit seinen Arbeiten zum Gesetz der multiplen Proportionen zusammenhänge – einer Vorhersage aus Daltons Atomtheorie – und sie nicht für seinen Glauben an tatsächlich physische Atome verliehen wurde.

Obgleich Dalton Lavoisiers Chemie mit der Atomtheorie ver-

---

[*] Dalton wollte nichts davon wissen und lehnte Davys Werben rundweg ab. Der stolze nordenglische Radikale hatte keine Zeit für die Royal Society, die er als Teil des korrupten politischen Establishments ansah. Ihr Präsident, Joseph Banks, hatte die Society mit seinen Freunden aufgefüllt, und zu dieser Zeit wurde Kritik an der Royal Society laut, sie sei nichts weiter als ein verklärter Herrenclub für dilettierende Aristokraten, die sich in Wissenschaft versuchten. Dalton trat erst 1822 bei, als einige seiner Freunde ohne sein Wissen seinen Namen dort ins Spiel brachten.

knüpft hatte, waren seine Ideen seiner Zeit weit voraus. Die Diskussion darüber, ob Atome existierten oder nicht, sollte noch weitere hundert Jahre andauern und konnte erst endgültig von einem aufstrebenden jungen Physiker gelöst werden, der im Berner Patentamt saß und dessen Schicksal es sein sollte, die Wissenschaft für immer zu verändern.

EINSTEIN UND DAS ATOM

Man muss Mitleid haben mit Albert Einsteins Gymnasiallehrern. Ich meine, stellen Sie sich einmal vor, Sie hätten Albert Einstein in Ihrer Klasse. Natürlich konnten seine Lehrer 1895 noch nicht wissen, dass sie Albert Einstein unterrichteten, sie sahen nur einen koboldhaften deutschen Teenager mit unzähmbaren schwarzen Haaren und einem selbstzufriedenen Lächeln.

Es dürfte allgemein bekannt sein, dass Einstein kein guter Schüler war. Schon recht früh erkannte er, dass er sich die höhere Mathematik und Physik besser selbst beibringen konnte, als seine Lehrer es vermochten, und etwa mit 15 Jahren beschloss er, dass Schule reine Zeitverschwendung sei. Er verfügte offenbar über die besondere Begabung, seine Lehrer zur Weißglut zu treiben. »Es wäre mir lieb, wenn Sie unsere Schule verlassen würden!«, erklärte einer von ihnen rundheraus. Als Einstein protestierte, er habe sich doch gar nichts zuschulden kommen lassen, erwiderte sein Lehrer: »Ja, das stimmt. Aber Ihre bloße Gegenwart in der Klasse genügt, um allen Respekt zu zerstören.«[12]

Trotz einer nicht vollständig erfolgreichen oder glücklichen Schulzeit war Einstein entschlossen, eine Karriere als Physiker anzustreben. Allerdings scheiterte sein erster Versuch, sich am Eidgenössischen Polytechnikum in Zürich, der heutigen ETH, einzuschreiben – ein recht neuer Typ von Hochschule. Als es ihm dann doch gelungen war, entwickelte sich seine Zeit am »Poly«, wie es nur genannt wurde, zu einer glücklichen Phase. Der junge Mann genoss seine neu erlangte Freiheit, und schon bald hatte sich ein enger Freundeskreis gebildet, mit dem Einstein einen Großteil der Tage in Kaffeehäusern, beim Segeln auf dem Zürichsee oder bei Feiern verbrachte, wo er junge Frauen mit seinem Violinspiel fesselte. Bei einer dieser Partys lernte er Michele Besso kennen, einen sechs Jahre älteren Maschinenbauingenieur, mit dem er viele glückliche Stunden lang die neuesten Kontroversen in Naturwissenschaften, Philosophie und Politik diskutierte, während sie eine Pfeife in ihrem Lieblingscafé schmauchten. Sie sollten lebenslang befreundet bleiben.

Bei einer dieser ausschweifenden Diskussionen machte Besso Einstein mit dem Werk des österreichischen Physikers und Philosophen Ernst Mach bekannt. Mach war ein überzeugter Gegner der Atomtheorie und meinte, Atome seien kaum mehr als eine bequeme Fiktion, die zufällig das Verhalten von größeren Objekten erkläre. Solange aber Atome jenseits der Reichweite der menschlichen Sinne lägen, so Mach, sei die Frage ihrer Existenz eher eine Sache des Glaubens als der Wissenschaft.

Ganz falsch lag Mach damit nicht. Auch fast einhundert Jahre nach Daltons Veröffentlichung seines chemischen Atommodells gab es für die Existenz von Atomen nicht mehr als Indizien. Doch davon abgesehen hatte die Atomtheorie im 19. Jahrhundert einige große Erfolge gefeiert. In der Chemie hatte sich die Hochzeit von Atomen mit chemischen Formeln (die symbolische Darstellung der unterschiedlichen Verbindungen anhand ihrer atomaren Bausteine – wie etwa N_2O für Distickstoffmonoxid) als äußerst nützlich erwiesen, was das Erkunden von Reaktionen organischer Moleküle angeht. Große Fortschritte waren auch bei der von Dalton angeregten Vermessung der relativen Masse der Atome gelungen, wodurch viele der Unklarheiten rund um den atomaren Aufbau von Molekülen aufgeklärt werden konnten, darunter die Frage, ob Wasser nun HO oder H_2O ist.

Zur gleichen Zeit entstand ein neues Verständnis des Verhaltens von Gasen, die »kinetische Gastheorie«. Laut dieser Theorie besteht ein Gas aus einer Vielzahl winziger Atome, die im leeren Raum umherfliegen und immer wieder an die Wände ihres Behälters stoßen

Das kleinste Stück 49

wie ein Schwarm wütender Bienen. Dieses Bild erlaubte es Physikern, messbare Eigenschaften eines Gases wie Temperatur und Druck sauber zu erklären. Lavoisier hatte Hitze noch als physikalische Substanz mit dem Namen »Kalorik« (»calorique«) verstanden, die er sogar in seine Liste der chemischen Elemente aufgenommen hatte. Die kinetische Theorie machte damit Schluss; Hitze war schlicht die Konsequenz aus der Geschwindigkeit, mit der die Atome hin und her schossen. Je schneller sich die Atome bewegen, umso heißer das Gas. Damit ließ sich auch erklären, warum der Druck eines Gases ansteigt, sobald man es erhitzt: Mit steigender Temperatur bewegen sich die Atome immer schneller und hämmern häufiger und mit größerer Kraft gegen die Wände, was zur Zunahme des Drucks führt.

Eine erste Version der kinetischen Gastheorie war schon 1738 von Daniel Bernoulli vorgeschlagen worden, und sie blieb bis in die 1860er-Jahre mehr oder weniger unverändert, als James Clerk Maxwell, Josiah Willard Gibbs und Ludwig Boltzmann sie aufpolierten: Sie wendeten Statistiken an, um zu beschreiben, wie das kontinuierliche Aufeinanderprallen der Atome messbare Eigenschaften eines Gases bestimmt. Diese neue statistische Theorie konnte nun allgemein bekannte Phänomene erklären wie das Weiterleiten von Hitze oder die Dauer, bis ein freigegebenes riechendes Gas von Menschen am anderen Ende eines Raumes wahrgenommen wird.* Es ließen sich sogar gänzliche neue Phänomene vorhersagen.**

1896, zu der Zeit, als Einstein seine koffein- und tabakhaltigen Diskussionen mit Besso führte, war der Fortschritt bei der kineti-

---

* Neben anderen Erfolgen kann die kinetische Gastheorie eine theoretische Basis liefern für die bekannte Regel: »Wer den Pups zuerst gerochen, dem ist er aus dem Po gekrochen.«

** Ihr größter Triumph war die gegen jegliche Intuition verlaufende Vorhersage, dass die Viskosität oder die »Zähigkeit« eines Gases sich nicht erhöht, wenn man die Dichte eines Gases erhöht. Das wurde auch recht schnell experimentell bestätigt. Beim ersten Nachdenken klingt dies jedoch ziemlich seltsam; denn es bedeutet, dass ein schwingendes Pendel in einem Raum mit gewöhnlicher Luft nicht mehr Widerstand erfährt als ein Pendel, das in einem luftdichten Behälter schwingt, aus dem die Hälfte der Luft abgesaugt worden ist.

schen Gastheorie jedoch ins Stocken geraten. Trotz ihres Erfolgs strauchelte die Theorie über ein paar besonders stachelige Probleme. Das eröffnete noch immer die Möglichkeit, dass sich die gesamte Theorie als falsch herausstellen konnte. Doch am schlimmsten war, dass noch immer galt: Niemand hatte jemals ein Atom gesehen.

An der Universität Wien tobte der Kampf um die kinetische Gastheorie am heftigsten. Auf der einen Seite stand Ludwig Boltzmann, der führende Kopf der Theorie, auf der anderen Seite Ernst Mach, sein Erzwidersacher. Boltzmann fühlte sich von Machs Attacken derart getroffen, dass er seine letzten Lebensjahre einer kraftvollen Verteidigung seiner geliebten kinetischen Gastheorie widmete. Doch obgleich sich die meisten Physiker durch seine Argumente überzeugen ließen, blieben Mach und eine Reihe führender Chemiker unnachgiebig.

In Zürich folgte der junge Einstein den Debatten mit zunehmendem Interesse und wachsender Frustration. Er war überzeugt, dass Boltzmann recht und Mach unrecht hatte. Es konnte einfach nicht bloß ein Glückstreffer sein, dass die kinetische Gastheorie so erfolgreich war. Atome mussten einfach real sein. Sobald er seinen Abschluss in der Tasche hatte, beschloss Einstein, ein für alle Mal diese 2000 Jahre alte Debatte zu beenden. Leider lassen sich alte Angewohnheiten nur schwer wieder loswerden, und zudem hatte Einstein während seines Studiums nicht sonderlich geglänzt, weshalb er in seinem Abschlussjahr die schlechteste Note aller Studenten bekam, die bestanden hatten. Bei seinem Lieblingsprofessor, Hermann Minkowski, hatte er sich den Ruf eines »faulen Hunds« erarbeitet. Einstein fand folglich nicht sofort eine Anstellung, und zeitweise musste er als Lehrer arbeiten, um über die Runden zu kommen.

Eine Atempause bekam er 1902, als er in Bern eine Stelle am Patentamt antreten konnte. Hier verdiente er nicht nur das Doppelte dessen, was er als wissenschaftlicher Assistent erhalten hätte. Seine Aufgaben unterforderten ihn zudem noch derart, dass er nebenher genügend Zeit hatte, wissenschaftlich zu arbeiten. Und zwar sowohl in seiner Freizeit als auch, wie er später zugab, während der Arbeitszeit.

Das feste Einkommen erlaubte es ihm auch, endlich seine Freundin aus Uni-Zeiten, Mileva Marić, zu heiraten. Mileva und Albert hatten sich am Poly kennengelernt (sie war die einzige Studentin in seinem Jahrgang) und waren eine sowohl romantisch als auch wissenschaftlich enge Beziehung eingegangen. Ganz offensichtlich war Einstein von der Vorstellung begeistert, eine Partnerin zu haben, mit der er sein Leben und die Physik teilen konnte, weshalb er ihr auch gegen den Widerstand ihrer und seiner Eltern und trotz der Skepsis seiner besten Freunde einen Antrag machte. Unglücklicherweise wurden Milevas Ambitionen auf eine eigene wissenschaftliche Karriere durchkreuzt, als sie durchs Examen fiel – womöglich hingen die Ergebnisse auch mit dem schlechten Einflusses ihres Geliebten zusammen. Als sie sich darauf vorbereitete, die Prüfung zu wiederholen, wurde sie schwanger.

1903 waren die romantischen Gefühle abgeflacht – Albert sollte später sagen, er habe aus einem gewissen Pflichtgefühl heraus geheiratet –, aber nichtsdestotrotz ließen sich die beiden in einer ruhigen Häuslichkeit nieder. Mileva scheint den Verlust einer möglichen wissenschaftlichen Laufbahn und den Skandal eines unehelichen Kindes erstaunlich stoisch ertragen zu haben und machte sich heiter daran, sich um die Wohnung und mehr oder weniger alle Bedürfnisse ihres Ehemanns zu kümmern. Zusammen mit den wenig anstrengenden Pflichten im Patentamt ermöglichte dieses sorgenfreie Leben Einstein die produktivste Phase seines gesamten beruflichen Werdegangs.

Das Jahr 1905 hat in der Wissenschaftsgeschichte einen mythischen Ruf. Innerhalb weniger Monate veröffentlichte Einstein vier Aufsätze, von denen jeder einzelne Schockwellen durch die Welt der Physik schickte, die man noch heute spüren kann. Zwei der vier Texte sind wirklich revolutionär: Der eine stellte die fundamentalen Konzepte von Raum und Zeit auf den Kopf, der andere läutete das Quantenzeitalter ein. Relativität und Quantenmechanik – zwei wunderschöne, tief verstörende Ideen, die unsere grundlegendsten Vorstellungen über das Funktionieren der Welt herausfordern – sind die Pfeiler, auf denen die moderne Elementarteilchenphysik beruht.

(Wir kommen in den folgenden Kapiteln immer wieder auf sie zurück, doch jetzt sind wir noch nicht so weit, sie zu diskutieren.) Es ist unglaublich, dass der Aufsatz, der die Existenz von Atomen schlussendlich bewies, der vermutlich am wenigsten revolutionäre der vier ist. Dass man das Jahr 1905 als Einsteins »Wunderjahr« bezeichnet, hat seinen guten Grund: Seine Aufwärmübung war die Doktorarbeit über ein etwas seltsam klingendes Thema (die Lösung von Zuckermolekülen), die allerdings mit einer genialen Methode aufwartete, um die Anzahl und Größe von Zuckermolekülen zu berechnen. Und obwohl Einstein zu einem Ergebnis kam, das den heute gemeinhin akzeptierten Zahlen erstaunlich nahekommt, stellte es noch immer keinen Beweis für die Existenz von Molekülen oder Atomen dar – Einsteins Berechnungen basierten weiterhin auf dem Bündel unbewiesener Annahmen, aus dem sich die kinetische Gastheorie ergeben hatte.

Was Einstein brauchte, war ein schlagender Beweis, eine unmissverständliche Signatur, die nur ein Atom hinterlassen konnte. Er wusste, dass Atome viel zu klein sind, um sie direkt durch ein Mikroskop beobachten zu können. Aber was, wenn es einen Weg gab, sie durch ihren Einfluss auf Teilchen wahrzunehmen, die *groß genug waren*, um sichtbar zu sein?

1827 hatte der schottische Botaniker Robert Brown beim Blick durch das Mikroskop auf einige Pollenkörner ein eigenartiges Phänomen beobachtet. Innerhalb der Körner fielen ihm winzige Partikel auf, die unablässig hin- und herwackelten. Viele Vorschläge wurden gemacht, was die Ursache dieses Effekts sein könnte, sie reichten von lebenden Molekülen innerhalb der Pollen bis hin zu Vibrationen von vorbeifahrenden Fahrzeugen, doch eine überzeugende Begründung für das Wackeln, das als »Brownsche Bewegung« bekannt wurde, konnte man zu dieser Zeit noch nicht finden. Drei Jahrzehnte später, in den 1860er-Jahren, schlugen einige Wissenschaftler eine neue Erklärung vor: Was, wenn sich die Pollenpartikel aufgrund der unablässigen Stöße von Wassermolekülen bewegten? Die Wassermoleküle selbst mögen viel zu klein sein, als dass man sie durch ein Mikroskop erkennen kann, doch vielleicht ist ihr Einfluss jedes Mal dann beobachtbar, wenn sie an ein größeres Teilchen stoßen. Das Problem: Ein einzelnes Wassermolekül ist viel zu klein und bewegt sich viel zu langsam, als dass es einen erkennbaren Effekt auf die Position eines vergleichsweise riesigen Pollenpartikels haben könnte. Das wäre in etwa so, als würde ein Flugzeugträger deutlich vom Kurs abgebracht, wenn er mit einer Sardelle zusammenstößt.

Einstein erkannte: Auch wenn ein einzelnes Wassermolekül etwas derart Großes wie ein Pollenpartikel nicht erkennbar bewegen kann, so könnte der akkumulierte Effekt einer großen Anzahl von Zusammenstößen durchaus dazu in der Lage sein. Folgt man der kinetischen Gastheorie, so ist das im Wasser schwimmende Pollenpartikel von Tausenden von Wassermolekülen umgeben, die sich aufgrund der Wärme des Wassers hin- und herbewegen. Da diese Bewegungen vollkommen zufällig sind, wird manchmal eine Seite des Pollenteilchens von mehr Wassermolekülen getroffen als die andere, was eine Gesamtkraft erzeugt, die groß genug ist, um das Partikel zu bewegen.

Dieser kumulative Effekt bringt das Pollenpartikel dazu, dem sogenannten »Random Walk« (der »zufälligen Irrfahrt«) durch die Flüssigkeit zu folgen, einem Zickzackweg, der ein bisschen aussieht, als würde ein Betrunkener durchs Dunkel taumeln. Im einen Moment wird das Pollenpartikel in die eine Richtung geschubst, einen Augenblick später in eine andere zufällige Richtung. Auch wenn jeder einzelne Schritt auf diesem Weg zufällig ist, so bewegt sich das Teilchen mit der Zeit doch immer weiter von seinem Ausgangspunkt weg. Einsteins Ziel war es nun, die durchschnittliche Strecke, die das Pollenpartikel in einer bestimmten Zeit zurücklegt, mit der Anzahl der Moleküle in einem bestimmten Wasservolumen in Beziehung zu setzen.

Nach einigen brillanten physikalischen Einsichten und einer sehr klugen mathematischen Berechnung kam er zu einer einzelnen Gleichung, die bestimmt, dass die Strecke, die ein Partikel von seinem Ausgangspunkt aus in einer bestimmten Zeit wegschwankt, desto größer ist, je weniger Wassermoleküle vorhanden sind. Denken wir nun an die große Debatte, die Einstein beizulegen gedachte: Die eine Seite war der Ansicht, alle Materie bestehe aus Atomen, die andere,

Atome seien ein Hirngespinst von Physikern und Materie bilde ein Kontinuum. Letzteres würde bedeuten, dass man jedes Objekt, sei es ein Apfel oder ein Wassertropfen, in eine unendliche Anzahl unendlich kleinerer Teile teilen kann. Oder um es anders auszudrücken: Es müssen unendliche viele unendliche kleine Wassermoleküle in einem Tropfen Wasser sein. Sollte das stimmen, dann dürfte sich, nach Einsteins Gleichung, das Pollenpartikel gar nicht bewegen, was leicht begreiflich ist, wenn man kurz darüber nachdenkt: Wäre die Anzahl der Wassermoleküle tatsächlich unendlich groß, würde es eine stets gleich große Anzahl (nämlich unendlich viele) Moleküle geben, die das Pollenpartikel von irgendeiner Richtung aus anstoßen. Das heißt, die auf das Pollenteilchen ausgeübten Kräfte wären stets perfekt ausbalanciert und es bliebe folglich starr und unbeweglich.

Aber die Pollenteilchen bewegen sich doch! Mit anderen Worten: Einstein hatte gezeigt, dass man die Brownsche Bewegung *nur* damit erklären kann, dass Atome real sind. Nicht nur das: Er hatte zudem eine Berechnungsmethode vorgelegt, mit der man die Anzahl von Wassermolekülen in einem Wassertropfen berechnen kann anhand der Strecke, die ein Pollenteilchen in einer bestimmten Zeit zurücklegt.

Nun mag sich das alles ziemlich klar und eindeutig anhören, doch leider verläuft die Wissenschaftsgeschichte nicht annähernd so gerade. Einstein hatte sich eigentlich nicht auf den Weg gemacht, um die Brownsche Bewegung zu erklären. Sein Ziel war es, einen Weg zu finden, um die Existenz von Atomen zu beweisen, und es scheint so zu sein, dass er erst am Ende seiner Berechnungen erkannte, dass es hier einen Link zu Browns schwankenden Pollenpartikeln geben könnte. Um die Sache abzurunden, musste Einstein einen experimentellen Beweis dafür finden, dass der Weg, den die kleinen Teilchen im Wasser zurücklegen, exakt seiner Gleichung entsprechen. Am Ende seines Aufsatzes forderte er seine Kollegen aus der Experimentalphysik heraus:»Möge es bald einem Forscher gelingen, die hier aufgeworfene, für die Theorie der Wärme [kinetische Gastheorie] wichtige Frage zu entscheiden!«[13]

Es war der französische Physiker Jean Baptiste Perrin, der Einsteins

Herausforderung annahm. Zwischen 1908 und 1911 führten er und seine Forschungsstudierenden eine Reihe von Tour-de-Force-Experimenten durch, die Einsteins Vorhersagen bis ins Detail bestätigten. Perrins experimentelle List hatte schließlich bewiesen, dass John Dalton recht hatte. Die uralte Debatte war beendet. Materie besteht aus Atomen.

Endlich können wir Carl Sagans Frage vom Anfang des Kapitels lösen: Wie oft muss man einen Apfelkuchen halbieren, bis man ein einzelnes Atom vor sich hat? Neben der Bestätigung von Einsteins Formel konnte Perrin auch die Avogadro-Zahl messen, die es einem erlaubt, die Anzahl von Atomen oder Molekülen in einer bestimmten Masse einer Substanz zu berechnen, also beispielsweise auch in einem Apfelkuchen. Ich packte einen von Mr Kipling's finest auf die Küchenwaage, stellte ein paar schnelle Berechnungen an und kam darauf, dass ein einzelner Apfelkuchen aus rund vier Billionen Atomen besteht!

Wie oft müssen wir nun den Kuchen entzweischneiden, um zu einem dieser Atome zu kommen? Nun, in *Unser Kosmos* nannte Sagan die Zahl 29. Sein Apfelkuchen war ein wenig größer als meiner, daher dachte ich mir, ich rechne das besser selbst nach. Nachdem ich mir die Zahlen genauer angesehen hatte, erschrak ich, denn der große Carl Sagan hatte sich getäuscht! Seine Berechnung ging davon aus, dass man den Kuchen nur in einer Dimension aufschneidet, was uns zu einer Scheibe Kuchen in der Dicke von einem Atom führen würde, die aber noch genauso hoch und lang wäre wie der ursprüngliche Kuchen. Die korrekte Herangehensweise wäre, zu fragen, wie viele Schnitte wir bräuchten, bis die beiden letzten Stückchen jeweils ein Viertel eines Billionstels eines Billionsten Teils des ursprünglichen Kuchens wären. Mit anderen Worten: ein Atom. Das führt uns zur richtigen Antwort, nämlich 82 Schnitte. Es ist bereits ein Brief mit der Bitte um Korrektur unterwegs zur Produktionsfirma. Entschuldige, Carl.

Doch da jeder gute Wissenschaftler seine theoretischen Vorhersagen auch testen sollte, griff ich mir mein bestes Küchenmesser und machte mich an die Arbeit. Nach etwa 14 Schnitten hatte ich einen Berg Krümel vor mir und war, ich gebe es zu, kein Stückchen weiser, was die Atomstruktur des Apfelkuchens anging. Das Problem ist, dass Atome einfach zu klein sind: Ein einzelnes Kohlenstoffatom ist nur etwa ein Zehntel eines Milliardstelmeters groß. Sollte es Ihnen schwerfallen, sich das vorzustellen, hilft Ihnen vielleicht eine Analogie des großen theoretischen Physikers Richard Feynman. Nimmt man einen ganz gewöhnlichen Apfel und bläst ihn auf die Größe der Erde auf, dann wäre eines seiner Atome etwa so groß wie der ursprüngliche Apfel. Kein von Menschen gemachtes Messer ist in der Lage, einen Apfelkuchen derart fein aufzuschneiden, um zu einem so kleinen Stück zu kommen. Wie könnte ich sonst herausfinden, ob ein Apfelkuchen wirklich aus Atomen besteht? Alles, was man dafür braucht, ist ein Stößel, ein Mörser und ein Mikroskop.

Als Erstes zermahlte ich etwas von der schwarzen Apfelkuchenkohle, die wir im anfänglichen Experiment erzeugt hatten. Leider stellte sich heraus, dass meine Kohle nicht so rein war, wie ich gedacht hatte; sie enthielt wohl noch recht viel Öl und Feuchtigkeit und hatte die Konsistenz einer Paste und nicht die eines feinen Staubs, wie ich es mir eigentlich erhofft hatte. Nach weiterem kräftigen Erhitzen, das die letzten Unreinheiten beseitigte, erhielt ich das trockene Puder, das ich wollte. Dann tropfte ich eine winzige Menge der gelblichen Apfelkuchenflüssigkeit auf den Objektträger des Mikroskops, bestäubte sie mit ein wenig des Kohlenstaubs, schob den Objektträger auf den Objekttisch und sah durch die Linsen.

Bei vierhundertfacher Vergrößerung waren die Staubpartikel riesig und füllten fast das gesamte Sichtfeld aus. Ich befürchtete, die Kohle nicht klein genug gemahlen zu haben, und wollte den Träger schon wieder herausziehen, als mir links unten im Bild ein paar kleinere Teilchen auffielen. Nachdem sich meine Augen an den Anblick gewöhnt hatten und ich so ruhig wie möglich blieb, erkannte ich es plötzlich. Sie bewegten sich. Nicht mit der weichen, fließenden Bewegung, die man bei Strömungen in der Flüssigkeit erwarten könnte, sondern in einem erregten Wackeln. Ich verstand augenblicklich, warum Brown anfangs dachte, er habe lebende Moleküle entdeckt:

Sie sahen wirklich so aus, als würden sie umhertanzen. Das war eine echte Freude, ähnlich wie das Gefühl, das ich verspürte, als ich einmal durch ein Teleskop auf einen gelblichen Punkt im Himmel geblickt hatte, um dann ein perfektes kleines Bild des Saturn zu sehen, wie er mit all den Ringen und nadelstichigen Monden im schwarzen Weltall hing. Es mag sich blödsinnig anhören, aber meine spontane Reaktion beim Anblick des Saturn war: »Oh Gott, er ist echt!« Fotos in Büchern oder im Fernsehen sind das eine, aber ihn mit meinen eigenen Augen zu sehen ließ ihn auf eine andere Weise real für mich werden.

Diese tanzenden schwarzen Körnchen verbrannten Apfelkuchens hatten eine ähnliche – und völlig unerwartete – Wirkung auf mich. Sich klarzumachen, dass jedes Wackeln, hin und her, von einer unzählbaren Menge unsichtbarer Stöße von unglaublich kleinen und doch (plötzlich) unbestreitbar physischen Atomen verursacht wurde, ging mir erstaunlich nahe. Als Physiker ist mir das Konzept von Atomen derart in Fleisch und Blut übergegangen, dass es eine Welt von unreflektierter Selbstverständlichkeit hervorbringt, und mir wurde klar, dass dies eines der wenigen Male war, bei dem ich ihre Existenz mit eigenen Augen erkennen konnte. Ich hatte einen positiven Beweis vor mir, dass zumindest ein Teil dieses speziellen Apfelkuchens tatsächlich aus Atomen besteht.*

Natürlich sind Atome nicht das Ende der Angelegenheit. Paradoxerweise hatte man mindestens zehn Jahre bevor Perrin die Existenz von Atomen überhaupt bewiesen hatte, in europäischen Laboren bereits Hinweise darauf gefunden, dass Atome aus noch kleineren Teilchen bestehen. Die Konsequenzen aus diesen Entdeckungen sollten sich als tiefgreifend erweisen. Sie lösten eine Revolution unseres Verständnisses von Materie und den Naturgesetzen aus und setzten zugleich Kräfte frei, die bis dahin undenkbar gewesen waren.

---

* Wenn man es ganz genau nimmt, hatte ich nur bewiesen, dass die stechend riechende gelbe Flüssigkeit, die aus dem Apfelkuchen austrat, aus Molekülen bestand, denn es waren ja Moleküle in der Flüssigkeit, die kontinuierlich gegen die schwarzen Teilchen prallten und die wackelnde Bewegung verursachten.

KAPITEL 3

DIE ZUTATEN DER ATOME

Atome sind klein. Erstaunlich, unbeschreiblich, unvorstellbar klein. Wie klein? Nun, Sie könnten etwa fünf Millionen Kohlenstoffatome auf dem Punkt am Ende dieses Satzes unterbringen. Um ehrlich zu sein, das dürfte Ihnen vermutlich auch nicht weiterhelfen. Es ist verdammt schwer, sich etwas vorzustellen, das weniger als ein Millionstel eines Millimeters lang ist. Denn was war das kleinste Ding, das Sie bisher mit den eigenen Augen gesehen haben? Vielleicht ein im Sonnenlicht schwebendes Staubteilchen oder ein Floh. Nun, beide sind im Vergleich zu einem Atom gewaltig.

Angesichts ihrer verblüffenden Kleinheit, ist es da nicht erstaunlich, dass wir überhaupt irgendetwas darüber sagen können, aus was die Atome selbst bestehen? Dass wir das können, verdanken wir im Grunde einigen wenigen brillanten und, zumindest nach heutigen Standards, atemberaubend einfachen Experimenten, die innerhalb weniger Jahrzehnte Anfang des 20. Jahrhunderts durchgeführt worden waren.

Das war das heroische Zeitalter der Experimentalphysik, als noch wirklich bahnbrechende Entdeckungen gemacht werden konnten, indem sich ein bis zwei Menschen in einem schäbigen Universitätslabor richtig anstrengten. Heute verlangt ein großer Durchbruch in der Teilchenphysik eine gigantische internationale Bemühung, an der sich Tausende Physiker, Ingenieure und Techniker beteiligen und in die Millionen, wenn nicht Milliarden von Euro, Dollar, Pfund und

Yen investiert werden. Ich arbeite am LHCb-Experiment mit mehr als 1200 Menschen aus aller Welt zusammen, und wir sind nur für den kleinsten der vier großen Detektoren am Large Hadron Collider zuständig, einer Maschine, die zu planen, zu entwerfen und zu bauen fast vier Jahrzehnte gedauert hat. Im Gegensatz dazu wurden die ersten subatomaren Teilchen mit einer Ausrüstung entdeckt, die man für sehr wenig Geld erwerben konnte und die bequem auf einen Labortisch passte.

Während wir uns auf der Suche nach den Basiszutaten für unseren Apfelkuchen tief in ein Atom hineinbohren, möchte ich Sie daher mitnehmen in dieses heldenhafte Zeitalter, als die grundlegenden Zutaten der Atome zum ersten Mal erkannt wurden. Doch bevor wir das tun, lohnt es sich, noch einmal zusammenzufassen, welche Ansichten Ende des 19. Jahrhunderts über die Struktur von Materie herrschten. Von John Dalton stammte die Idee, dass jedes chemische Element aus einem entsprechenden Atom gebildet wird, der kleinstmöglichen Einheit von Materie. Doch die Unteilbarkeit des Atoms war keineswegs allgemein akzeptiert. 1815 argumentierte der englische Chemiker William Prout, dass alle unterschiedlichen Elemente womöglich im Grunde aus zusammenklebenden Wasserstoffatomen bestehen. Er führte dies auf die merkwürdige Beobachtung zurück, dass alle Elemente anscheinend Atommassen besitzen, die in etwa ganzzahlige Vielfache des Wasserstoffs sind. Doch Prouts Hypothese stieß auf Widerspruch, zum Teil, da er seine Daten aus einigen fragwürdigen Experimenten bezog und diese dann auch noch zu seinen Ergebnissen passend rundete; zum Teil, da es schwierige Elemente wie Chlor gibt, dessen Atommasse bei 35,5 Wasserstoffatomen liegt. Nicht zuletzt hagelte es auch deshalb Kritik, da viele Chemiker abgeschreckt wurden von der Aussicht, mit dieser Theorie den alten Traum der Alchemisten wiederzubeleben, die sich schnelles Geld durch die Verwandlung von Blei in Gold versprachen: Sollte Prout recht behalten, müsste man dazu einfach nur ein paar Wasserstoffatome von einem Bleiatom abspalten.

Ein weiterer großer Indizienbeweis zugunsten einer atomaren Substruktur ergab sich 1869, und zwar dank des russischen Chemikers,

Die Zutaten der Atome

Käsefabriken-Inspektors und Friseur-Alptraums Dmitri Iwanowitsch Mendelejew.* Nachdem er viele lange Zugfahrten damit verbracht hatte, eine Art Chemie-Solitär mit Karten zu spielen, auf die er die bekannten Elemente notiert hatte, fiel Mendelejew auf, dass sich die chemischen Eigenschaften der Elemente, sobald er sie nach ihrem Atomgewicht sortierte, mit erstaunlicher Regelmäßigkeit wiederholten. Ordnete er die Elemente in Form einer periodischen Tabelle an, konnte Mendelejew die Existenz von drei brandneuen Elementen vorhersagen, von denen er glaubte, dass sie die Lücken in seiner Tabelle würden füllen können. Innerhalb weniger Jahre tauchten sie dann diensteifrig auf – Gallium, Scandium und Germanium –, und zwar mit mehr oder weniger genau den Eigenschaften, die Mendelejew vorausgesagt hatte.

Woher stammten diese Beziehungen zwischen den chemischen Elementen? Das Periodensystem legte zumindest schlüssig nahe, dass die Elemente keine zufällige Sammlung unzusammenhängender Zutaten waren. Ganz eindeutig musste da eine tiefere Ordnung bei den Eigenschaften der Atome vorliegen, und auch wenn das noch nicht unbedingt eine Substruktur impliziert, so war dies doch ein verlockender Hinweis darauf. Wie dem auch sei, das Schreckgespenst der Alchemie lag so drohend über all dem, dass es starken experimentellen Beweis brauchte, um Chemiker und Physiker davon zu überzeugen, dass Atome wirklich aus kleineren Dingen bestehen. Was uns zum ersten der heroischen Versuche bringt, durchgeführt in einem staubigen Labor in Cambridge, in dem die Teilchenphysik zur Welt kam.

---

* Er bestand darauf, dass sein Bart und seine Haare nur ein Mal im Jahr geschnitten würden, was ihn zu einer perfekten Mischung aus Gandalf dem Grauen, Leonardo da Vinci und Charles Dickens' Fagin machte.

PLUMPUDDING

An einer verträumten Straße, gut verborgen hinter dem Corpus Christi College der Universität Cambridge, steht ein Gebäude, das zu den berühmtesten der Welt gehören sollte, das ursprüngliche Cavendish Laboratory. Es ist nur ein paar Steinwürfe von der belebten King's Parade entfernt, wo Touristen, Bootstourenveranstalter, gereizte Taxifahrer und Rad fahrende Studierende um Platz kämpfen, und doch ist es hier meist ruhig. Nur wenige Besucher kommen zum Cavendish, verbringen die meisten ihre Zeit doch lieber mit dem Beglotzen von Cambridges mittelalterlicher Architektur oder auf übertrieben teuren Stocherkahntouren über den Fluss. Hin und wieder sieht man allerdings eine kleine Gruppe, die sich vor dem alten Labor versammelt oder sich unter dessen gewölbtem Vordach vor dem englischen Nieselregen schützt, während ein Reiseleiter eine Liste mit weltverändernden Entdeckungen herunterleiert, die innerhalb dieser Wände gemacht wurden. Nach vielleicht fünf Minuten zieht sie weiter, normalerweise in Richtung des Eagle Pub, wo die beiden Cavendish-Forscher Francis Crick und James Watson verkündeten, sie hätten mit der Doppelhelixstruktur der DNA »das Geheimnis des Lebens« entdeckt.

Abgesehen von einer kleinen Plakette an der Hauswand gibt es wenig Hinweise darauf, welch bedeutende Leistungen hier erbracht wurden, was mich jedes Mal neu frustriert. Wäre die Teilchenphysik eine Religion, wäre dies der heiligste Ort aller heiligen Stätten. Horden von Pilgern würden sich Jahr für Jahr durch das alte Cavendish drängeln, um durch die Gänge zu laufen und die Steine zu berühren, wo Männer und Frauen einst Atome gespalten und neue Bausteine der Natur entdeckt hatten. Womöglich gäbe es einen Shop, der kitschige Porzellanfiguren von Ernest Rutherford und J. J. Thomson verkaufte. Nun ist die Teilchenphysik aber keine Religion, was sicherlich auch gut so ist, weshalb die Physik-Fakultät, als sie Mitte der 1970er-Jahre das knarzende viktorianische Gebäude gegen großzügigere Lokalitäten am Stadtrand eintauschte, das Labor mit Sozialwissenschaftlern füllen und als historische Beruhigungspille eine Tafel anbringen ließ.

Das hielt allerdings all die Jahre Sonderlinge nie davon ab, hierher zu pilgern. Kurz nach der Apfelkuchenszene in Folge 9 von *Unser Kosmos* tauchte Carl Sagan persönlich im alten Vorlesungssaal von Cavendish auf und erklärte, er befinde sich an dem Platz, an dem »die Natur des Atoms zum ersten Mal erkannt wurde«. Wie wir sehen werden, ist das leicht übertrieben, doch Cavendishs Physiker können sicherlich von sich behaupten, ein paar wichtige Puzzleteile gefunden zu haben. Auf das erste Teil stieß man in den letzten Jahren des 19. Jahrhunderts, und zwar im Labor des führenden Professors, Joseph John Thomson.

»J. J.«, wie er liebevoll von seinen Studenten genannt wurde, war eine etwas seltsame Wahl für die Leitung von Großbritanniens führendem Versuchslabor. Als studierter mathematischer Physiker war er notorisch tollpatschig[14], sodass der Laborassistent oft alles in seiner Macht Stehende tat, um seinen Boss vom Berühren der zerbrechlichen Glasröhren abzuhalten[15], die sie für ihre Arbeit benötigten. Dennoch hatte Thomson ein Händchen für den Aufbau geistreicher Experimente und ein feines Gespür für interessante Probleme. Ein solches tat sich wie ein Blitz aus heiterem Himmel Anfang 1896 auf. In Deutschland hatte Wilhelm Röntgen eine wundervolle neue Art von Strahlung entdeckt, die durch den menschlichen Körper hindurchging und die Knochen zum Vorschein brachte. Er sorgte weltweit für eine Sensation, als er das makabre Foto der Handknochen seiner Frau Anna veröffentlichte; von dem Bild entsetzt soll sie ausgerufen haben: »Ich habe meinen Tod gesehen.« Der seltsamen neuen Form der Strahlung gab Röntgen den geheimnisvollen Namen X-Strahlen, wie sie im Englischen bis heute heißt, während sie im Deutschen nach ihrem Entdecker benannt ist.

Die X-Strahlen, die Röntgen entdeckte, traten aus den Enden einer Crookes'schen Röhre aus – einer Glasröhre, aus der die meiste Luft abgesaugt worden war und die zwei Elektroden enthielt. Schon einige Jahrzehnte zuvor war bekannt: Legt man eine Hochspannung an die Röhre an, fließen sogenannte Kathodenstrahlen von der negativen Elektrode (der Kathode) in Richtung der positiven Elektrode (der Anode), was dort, wo sie auf das Ende der Röhre stoßen, ein unheimliches grünes Leuchten erzeugt. Röntgens Strahlen schienen von der Stelle auszugehen, an der die Kathodenstrahlen das Glas trafen. Obwohl Letztere schon seit den 1860er-Jahren bekannt waren, war sich niemand sicher, was diese Kathodenstrahlen tatsächlich waren.

Von Röntgens Entdeckung und dem wissenschaftlichen Potential der neuen X-Strahlen inspiriert, setzte Thomson sich selbst das Ziel, die wahre Natur der Kathodenstrahlen zu entschlüsseln. Zu dieser Zeit gab es grob gesagt zwei Denkschulen: Entweder waren die Kathodenstrahlen eine Art elektromagnetische Welle, wie Radio-, Licht- oder die neuen X-Strahlen, oder sie waren ein Strom negativ geladener Teilchen, wahrscheinlich elektrisch geladener Atome, die man als Ionen bezeichnete. Da Thomson in der Vergangenheit viel Zeit damit verbracht hatte, mithilfe von Elektrizität Gase in Ionen aufzubrechen, war er ein strenger Verfechter der zweiten Theorie. Blieb die Frage: Wie konnte er das beweisen?

1895 hatte Jean Baptiste Perrin gezeigt, dass man durch das Umleiten eines Kathodenstrahls in ein Metallgefäß dort eine negative elektrische Ladung aufbauen kann, was er als Beleg dafür ansah, dass es sich tatsächlich um negativ geladene Teilchen handelte. Andere Physiker zeigten sich skeptischer und meinten, die negative elektrische Ladung könnte auch eine Nebenwirkung der Kathodenstrahlen und müsse kein intrinsischer Teil von ihnen sein.

J. J. machte dort weiter, wo Perrin aufgehört hatte, und setzte eine abgeänderte Version des Experiments um: Dieses Mal platzierte er das Metallgefäß in einem bestimmten Winkel, außerhalb der Schusslinie der Kathodenstrahlen. Schaltete man die Röhre ein, zogen die Strahlen in gerade Linie los, verfehlten den Becher, und es bildete sich keine negative Ladung in dessen Inneren. Wenn Thomson jedoch ein Magnetfeld nutzte, um die Kathodenstrahlen von ihrem geraden Weg ab- und in das Gefäß hineinzulenken: Voilà! Man konnte die negative Ladung messen. Sollte er zuvor noch letzte Zweifel gehabt haben, war J. J. nun völlig davon überzeugt, dass Kathodenstrahlen negativ geladene Teilchen waren. Nur welche Art von Teilchen, das war noch nicht klar. Waren sie Atome oder etwas gänzlich anderes? Um das endgültig klären zu können, musste J. J. die Masse der Kathodenstrahlen kennen. Sollte seine Vermutung stimmen, dass sie aus negativ geladenen Atomen bestanden, dann erwartete er, dass sie eine größere Masse hatten als die Atome des leichtesten bekannten Elements, des Wasserstoffs. Der schwierige Teil dabei: Wie wiegt man etwas derart Winziges? Denken Sie daran, wir sind hier noch mehr als ein Jahrzehnt davon entfernt, in der Lage zu sein, die Größe eines Atoms zu messen, und das auch nur indirekt.

Es gab allerdings einen Trick – sich anzuschauen, wie die Teilchen in einer Kurve fliegen, wenn sie durch ein Magnetfeld geleitet werden. Je schwerer die Teilchen, umso weniger dürften sie abgelenkt werden (stellen Sie sich einen Lastwagen vor, der um eine Ecke fährt: je schwerer die Ladung des LKWs, umso mehr Reibung wird in den Reifen gebraucht, um ein Abdriften von der Straße zu verhindern). Das Problem ist allerdings, dass die Größe des Bogens der Teilchen auch von ihrer Geschwindigkeit und ihrer elektrischen Ladung abhängt. Ein sich schnell bewegendes Teilchen wird weniger abgelenkt als ein langsames, aber zugleich gilt auch: Je größer die elektrische Ladung eines Teilchens ist, desto stärker wirkt die Magnetkraft darauf ein und desto stärker lenkt sie es von seinem Kurs ab. Daher konnte J. J. seine Masse nicht direkt messen. Er konnte jedoch seine Masse mit seiner elektrischen Ladung vergleichen.

Als J. J. nun seine Berechnungen anstellte, ergab sich etwas Ungeheuerliches. Teilte man die Masse des Kathodenstrahls durch dessen elektrische Ladung, ergab sich ein tausendmal *kleinerer* Wert als bei einem Wasserstoffion. Zwei Interpretationen waren möglich: Entweder war die elektrische Ladung eines Kathodenstrahls deutlich höher als die eines Wasserstoffions, oder seine Masse war kleiner, vielleicht sogar tausendmal kleiner. Hatte Thomson hier womöglich etwas noch Grundlegenderes entdeckt als Daltons vermeintlich unteilbares Atom?

Am Freitag, den 30. April 1897, nahm J. J. den Zug nach London, um seine Ergebnisse bei einem der berühmten Friday Evening Discourses der Royal Institution of Great Britain vorzustellen. Die steil aufragenden Reihen des mit Eichenholz getäfelten Saals waren voll besetzt mit allem, was im wissenschaftlichen Establishment Rang und Namen hatte; sämtlich in Abendgarderobe gekleidet. Hinter dem Pult stehend, von dem aus Humphry Davy einst das Publikum mit seinen dramatischen Chemieexperimenten beeindruckt hatte, trug Thomson sein Plädoyer für eine neue Theorie des Atoms vor. In einem leichten, singenden Lancashire-Dialekt sprechend, schlurfte er auf unnachahmliche Weise durch den Vorlesungssaal, führte das Publikum in seine neuen Experimente ein und legte seine Beweise dafür dar, dass die Kathodenstrahlen winzige negativ geladene Teilchen seien, viel kleiner als das kleinste Atom. Das allein wäre schon eine starke Behauptung gewesen, doch sein Vortrag lief auf eine finale, radikale Schlussfolgerung zu. Diese Teilchen, Thomson sprach von »Korpuskeln«, seien die grundlegenden Bausteine aller Atome. Die elektrischen Kräfte innerhalb seiner Glasröhren würden Atome wortwörtlich auseinanderreißen und Ströme negativ geladener Teilchen aus ihren atomaren Gefängnissen befreien. Er hatte das unsichtbare Atom gespalten!

Unter den Wissenschaftlern im Publikum herrschte allgemeiner Unglaube. Ein Zeuge sagte später, er habe gedacht, Thomson wolle »uns einen Bären aufbinden«.[16] Obgleich manche keine Einwände gegen seine Behauptung hatten, Kathodenstrahlen seien negativ geladene Teilchen, ging ihnen die Idee, dass sie die Bestandteile von Atomen seien, doch zu weit. Offenbar war Thomson über das Ziel hinausgeschossen und behauptete Dinge, die sich nicht mehr durch seine Experimente belegen ließen. Wollte er die Zweifel an seiner außergewöhnlichen Behauptung beseitigen, musste er noch außergewöhnlich gute Beweise dafür liefern.

Zurück im Labor beauftragte Thomson seinen Laborassistenten Ebenezer Everett, bekannt als »bester Glasbläser Englands«[17], ihm eine derart stabile und präzise Kathodenstrahlröhre herzustellen, dass er diese Debatte ein für alle Mal würde beenden können. Die neue Röhre benötigte zusätzliche Elektroden, die durch das Glas durchschlugen, damit ein zusätzliches elektrisches Feld an die Kathodenstrahlen angelegt werden konnte, und sie musste einem ungemein hohen Vakuum standhalten. Schließlich sollte auch noch der letzte Rest Luft aus dem Gefäß herausgepumpt werden, damit das Experiment gelingen konnte. Diese wenig beneidenswerte Aufgabe fiel ebenfalls Everett zu, der mehrere Tage lang mühsam die Röhre per Hand leerpumpte.

Den ganzen Sommer 1897 über arbeitete das Paar hart. Everett, der nicht bereit war, seinen ungeschickten Chef auch nur in die Nähe seiner kunstvoll geblasenen Gläser kommen zu lassen, übernahm alle praktischen Arbeiten, während Thomson in sicherem Abstand gehalten wurde und nur herankommen durfte, um Messdaten abzulesen. Indem er verglich, wie sehr magnetische und elektrische Felder unterschiedlicher Stärken die Kathodenstrahlen ablenkten, kam Thomson zu noch wesentlich genaueren Messungen des Masse-Ladung-Verhältnisses, die aber genau zu seinen früheren Resultaten passten. Die harte Arbeit hatte sich ausgezahlt; Thomsons Korpuskel schienen tatsächlich eine Masse zu haben, die tausend Mal kleiner als die von Wasserstoff war.

Im Oktober desselben Jahres veröffentlichte der Physiker einen neuen Aufsatz und wiederholte darin seine Behauptung, dass Korpuskeln die Bausteine von Atomen sind. Doch dieses Mal ging er noch weiter und legte ein Atommodell vor, bei dem sich die Korpuskeln in konzentrischen Kreisen in einem See elektrischer Ladung anordneten. Im Laufe der Jahre entwickelte er diese Vorstellung weiter und ließ sich dazu – wenn man den Titel meines Buchs betrachtet: völlig zu Recht – von einem beliebten englischen Nachtisch der damaligen Zeit inspirieren. Laut Thomson war das Atom wie ein Plumpudding, bei dem die negativ geladenen Korpuskeln die Pflaumen (oder Rosinen) waren, die im positiv geladenen Teig eingebettet sind. Jetzt konnte man Mendelejews Periodentabelle zu entschlüsseln beginnen; die Eigenschaften der unterschiedlichen chemischen Elemente waren das Ergebnis davon, dass sie eine unterschiedliche Anzahl von Korpuskeln besaßen.

Es dauerte einige Jahre, bis Thomsons Ideen akzeptiert wurden. Das Schreckgespenst der Alchemie schwebte noch immer drohend über der Physiker-Gemeinschaft, in der viele nicht bereit waren, die Idee *subatomarer* Teilchen gutzuheißen. Was sich nie durchsetzte, war J. J.s Name für diese Teilchen – Sie haben wahrscheinlich zuvor auch noch nie von Korpuskeln gehört, denn wir kennen sie heute unter dem Namen Elektronen. Bis heute hat jedes dazu durchgeführte Experiment nahegelegt, dass Elektronen tatsächlich elementare Objekte sind.

Damit haben wir die erste wahre Zutat für unseren Apfelkuchen. Unsere Geschichte ist allerdings noch lange nicht zu Ende. Denn während J. J. mit Elektronen herumspielte, machte sich einer seiner jungen Studenten, erst kurz zuvor aus Neuseeland eingetroffen, auf eine Reise, die ihn und das gesamte Feld der Physik in eine schöne neue Welt katapultieren sollte. Sein Name war Ernest Rutherford, und er änderte die Art und Weise, wie wir über Atome denken, von Grund auf.

DAS HERZ DES ATOMS

Sosehr ich auf meine Heimatuniversität stolz bin, so war es von Carl Sagan dann doch zu viel Ehre für Cambridge, als er behauptete, hier seien Atome zum ersten Mal verstanden worden. In Wirklichkeit wurde das Bild des modernen Atoms in der zukunftsorientierten Industriestadt Manchester geschmiedet. Mehr als zehn Jahre lang erforschte eine engverbundene Gruppe von Physikern am Physics Laboratory der Universität die Geheimnisse des Atoms, angeführt vom meiner Meinung nach bedeutendsten Experimentalphysiker aller Zeiten, Ernest Rutherford.

Der aus dem neuseeländischen Pungarehu stammende Farmersohn Rutherford war 1895 als einer von J. J. Thomsons Forschungsstudierenden ans britische Cavendish Laboratory gekommen. Schnell hatte er sich einen Ruf als brillanter Experimentator erarbeitet, doch erst gegen Ende seiner Zeit dort nahm er den Faden auf, der ihn schlussendlich zur Entdeckung der wahren Natur des Atoms führen

Die Zutaten der Atome 69

sollte. 1896 hatte Henri Becquerel in Paris eine neue Art von Strahlung entdeckt, die spontan von uranhaltigen Mineralien ausging, und Rutherford wagte die riskante Entscheidung, seine vielversprechende Arbeit über Röntgenstrahlung abzubrechen und sich kopfüber in das Studium dieses mysteriösen Phänomens zu stürzen. Dieser Entschluss sollte zum entscheidenden Karrieresprung für ihn führen.

1898 verließ er Großbritannien, um im zarten Alter von 27 Jahren an die McGill University in Montreal (Kanada) zu gehen, wo er das Physiklabor schnell zu einem der wichtigsten Zentren für die Erforschung der Radioaktivität machte. Das andere war in Paris, wo Marie Curie und ihr Ehemann Pierre eine Reihe aufreibender Experimente durchführten, zu denen etwa das Rühren in dampfenden Bottichen mit Pechblende (einem uranreichen Mineral) unter freiem Himmel gehörte, bis die beiden gewissenhaft ein paar Zehntelgramm eines Elements extrahiert hatten, das Millionen Mal radioaktiver war als Uran. Sie nannten es »Radium«.

Während die Curies und Rutherford vorweggingen, gelang es, immer mehr Ordnung in die wachsende Liste radioaktiver Elemente zu bringen. Dabei wurde Ernest und Marie eines zunehmend klar: Die Radioaktivität muss von irgendwo innerhalb des Atoms selbst kommen, und zudem schien sie das ursprüngliche Atom dabei in etwas völlig anderes zu verwandeln. In Zusammenarbeit mit dem Chemiker Frederick Soddy konnte Rutherford an der McGill unwiderlegbare Beweise dafür anhäufen, dass das radioaktive Element Thorium in ein zweites Element zerfällt, das sie als »Thorium-X« titulierten (und von dem man heute weiß, dass es Radium ist). Dieses »Thorium-X« wiederum zerfällt in ein radioaktives Gas: Zum ersten Mal in der Geschichte hatte man ein angeblich unveränderliches Element dabei erwischt, wie es sich in ein völlig anderes verwandelt. Es schien, als seien die Alchemisten zurück im Spiel.

1907 wurde Rutherford mit der Aussicht nach England zurückgelockt, dort näher am massiven wissenschaftlichen Fortschritt Europas dran zu sein, sehr zur Bestürzung seiner Kollegen an der McGill. Wie ein Wirbelwind in Manchester eintreffend, gestaltete er das Labor in etwas völlig Neues für die Wissenschaft um, in eine Forschungsschule, in der fast die gesamte Arbeit auf das konzentriert war, was er nun als das wichtigste Problem der Physik ausgemacht hatte: die innere Funktionsweise des Atoms. Unter seiner Führung stieg die Anzahl der Mitarbeiter und Forschungsstudierenden immer weiter an, und Rutherford verteilte Projektaufträge, durch die das Problem von jedem möglichen Winkel aus angegangen werden sollte.

Die Zeit und der Erfolg hatten aus dem eher schüchternen, wenn auch entschlossenen jungen Mann einen ungestümen, selbstsicheren und inspirierenden Anführer gemacht, eine überlebensgroße Figur, die ein Kollege mit einem lebenden Klumpen Radium verglich. Während seiner täglichen Rundgänge durchs Labor kündete seine dröhnende Stimme sein Eintreffen schon an, wenn er noch gar nicht zu sehen war – unmelodisch brüllte er »Vorwärts, ihr christlichen Krieger«, wenn er mit seinen Mitarbeitern und Studierenden über jedes Problem gesprochen hatte, an dem sie gerade tüftelten, und ihnen Ratschläge gegeben hatte.

Es scheint nicht immer leicht gewesen zu sein, mit Rutherford zusammenzuarbeiten. Er hatte ein vulkanisches Naturell, das ohne Vorwarnung ausbrechen und jeden überrollen konnte, der das Pech hatte, in diesem Moment in seiner Nähe zu sein. So hatte er bereits kurz nach seiner Ankunft in Manchester einen Chemieprofessor vor den Augen und Ohren aller angeranzt, der nach und nach einen für die Physiker reservierten Laborplatz in Beschlag genommen hatte. Dabei hieb er mit seiner Faust auf den Tisch und rief: »Zum Donnerwetter noch mal!«[18], drängte den bemitleidenswerten Professor in sein Büro und warf ihm dort vor, er sei »wie ein Überbleibsel aus einem bösen Traum«. Rutherfords Wutausbrüche waren schrecklich, da er seine Opfer aus kürzester Distanz anging, doch wenn er etwas abgekühlt war, kehrte er fast immer zurück, um sich irgendwie beschämt zu entschuldigen.

Trotz seiner Launenhaftigkeit mochte und verehrte das Team in Manchester Rutherford. Sie waren mehr als eine Wissenschaftlergruppe, sie waren eine Familie und durch das Gefühl miteinander verbunden, bei einem der wichtigsten naturwissenschaftlichen Forschungsprojekte weltweit an vorderster Front beteiligt zu sein. Rutherford hatte die unheimliche Gabe, stets zu erkennen, welche Phänomene es wert waren, näher untersucht zu werden, und prahlte damit, seinen Studierenden niemals ein Projekt übertragen zu haben, das sich als Flop erwies. Seine womöglich größte Stärke war die Beharrlichkeit, mit der er unablässig ein Problem beackerte, bis es seine Geheimnisse preisgegeben hatte. Einer seiner dienstältesten Kollegen, James Chadwick, wurde einmal gefragt, ob Rutherford einen scharfen Verstand gehabt habe. Er antwortete, »scharf« sei das falsche Wort: »Sein Verstand war wie der Bug eines Schlachtschiffs. Es war so viel Gewicht dahinter, er musste nicht schneidend wie eine Rasierklinge sein.«[19]

Das Problem, das Rutherford inzwischen ins Fadenkreuz genommen hatte, war die Struktur des Atoms selbst. Trotz aller Fortschritte bei der Erforschung der Radioaktivität in den letzten zehn Jahren blieben noch viele Fragen offen. Niemand wusste, warum manche Atome sich plötzlich dafür entscheiden, sich in andere zu verwandeln und Strahlung abzugeben. Noch rätselhafter war, woher die Energie stammte, die durch die Radioaktivität freigegeben wurde. Rutherford hatte berechnet, dass der radioaktive Verfall eines Atoms eine millionenfach höhere Menge an Energie freisetzte als die heftigste chemische Reaktion. Es musste eine enorme Energiequelle im Atom selbst geben, doch wie die aussah, lag völlig im Dunkeln.

Er hoffte, zu einer Lösung zu kommen, wenn er sich auf die Teilchen konzentrierte, die beim Zerfall eines radioaktives Atoms herausgeschossen werden. Noch zu seinen Studentenzeiten am Cavendish hatte Rutherford entdeckt, dass von einem Uran-Atom sogar zwei unterschiedliche Arten von Strahlung ausgesandt werden: eine, die nur wenige Zentimeter durch die Luft fliegt, bevor sie stoppt, und eine zweite, stärker penetrierende Strahlung, die längere Strecken zurücklegen kann und sogar Metallstreifen durchdringt. Rutherford nannte diese beiden Strahlungen nach den ersten beiden Buchstaben des griechischen Alphabets: Alpha und Beta.* Andere Wissenschaftler

---

* Einen dritten Typus, mit noch höherem Durchdringungsvermögen, entdeckte Paul Villard im Jahr 1900: die Gammastrahlung.

fanden rasch heraus, dass die stark durchdringenden Betastrahlen durch ein Magnetfeld abgelenkt werden können und sie aus Elektronen bestehen.

Rutherfords erster großer Erfolg in Manchester war der Beweis für etwas, das er schon lange vermutet hatte – nämlich, dass es sich bei Alphastrahlung um Heliumatome handelt, die zwei Elektronen verloren haben. Dies nachzuweisen war ihm in Zusammenarbeit mit einem vielversprechenden jungen deutschen Physiker geglückt, Hans Geiger, dem das Kunststück gelungen war, einen ersten Detektor zu bauen, der Alpha-Teilchen einzeln zählen konnte.* Als Geiger und Rutherford ihren Detektor perfektionierten, mussten sie erstaunt zur Kenntnis nehmen, dass der Alpha-Teilchen-Strahl auf einer Fotoplatte nur verschwommene Bilder hinterließ, nachdem er durch die lange Gasröhre hindurchgegangen war, aus der der Detektor bestand. Dies schien darauf hinzuweisen, dass die Alpha-Teilchen durch Kollisionen mit den Gasmolekülen vom Weg abgebracht werden. Rutherford war verblüfft; Alpha-Teilchen werden in Hochgeschwindigkeit aus zerfallenden Atomen herausgeschleudert und schwirren mit irrer Geschwindigkeit los. Wie können Projektile mit derart »außergewöhnlicher Gewalt«[20], wie er es nannte, von so etwas unerheblichem wie einem Gasmolekül abgelenkt werden?

Wieder einmal hatte Rutherford seine unfehlbare Fähigkeit gezeigt, die richtigen Fragen zu stellen. Er beauftragte Geiger damit, Alpha-Teilchen durch eine Reihe unterschiedlicher Materialien zu feuern und zu messen, wie weit sie abgelenkt wurden. Nachdem er einige dünne Folien verschiedener Metalle ausprobiert hatte, erkannte Geiger, dass die Alpha-Teilchen umso stärker abgelenkt werden, je schwerer die Atome in der jeweiligen Metallfolie sind. Gold erwies sich als bester Ableiter von allen, der die Alpha-Teilchen manchmal in derart weiten Winkeln ablenkte, dass Geiger und Rutherford sich nur ratlos am Kopf kratzen konnten.

---

* Der Detektor war der Vorgänger des modernen Geigerzählers, der noch heute zur Messung des Strahlungspegels genutzt wird, indem er ein klickendes Geräusch von sich gibt – was Regisseure von Katastrophenfilmen ungemein lieben.

Die Zutaten der Atome

Warum war das alles so überraschend? Nun, laut J. J. Thomsons Plumpudding-Modell war das Atom eine schwache und wackelige, positiv geladene Kugel (der Teig), in der sich kleine, negativ geladene Elektronen (die Pflaumen) verbargen. Es war nur schwer vorstellbar, dass etwas so Diffuses und Kraftloses wie ein Atom etwas so Mächtigem und Schnellem wie einem Alpha-Teilchen derartige Probleme verursachen konnte.

Während Rutherford über diese seltsamen Ergebnisse nachgrübelte, machte er einen Vorschlag in eine gänzlich andere Richtung: Er bat einen seiner neuen Studenten, Ernest Marsden, zu überprüfen, ob Alpha-Teilchen von der Goldfolie auch *zurückgeworfen* werden. Rutherford war sich sicher, dass Marsden nichts finden würde – es gab keine Möglichkeit, dass ein Goldatom ein Alpha-Teilchen reflektieren konnte –, doch hielt er es für eine gute Trainingsaufgabe für Marsden, um auf dem Gebiet der radioaktiven Forschung Erfahrung zu sammeln.

Alpha-Teilchen zu zählen war damals beinahe eine Strafarbeit. Ich komme mir manchmal wie ein Schwindler vor, wenn ich mich als Experimentalphysiker vorstelle – in Wirklichkeit habe ich nur sehr selten Gelegenheit, selbst bei Versuchen Hand anzulegen. Die Daten des Large Hadron Collider erreichen mich via Internet überall, ob in meinem bequemen Büro in Cambridge, in der Abflughalle eines Flughafens oder wenn ich mit einer leckeren Tasse Tee und meinem Laptop auf dem Bett liege. Zu Beginn des 20. Jahrhunderts hingegen musste man in einem abgedunkelten Zimmer sitzen und für endlose Stunden durch ein Mikroskop auf einen Zinksulfid-Schirm schauen, während man geduldig und methodisch schwache Lichtblitze zählte, die verräterischen Hinweise auf Alpha-Teilchen, bis die Augen so erschöpft waren, dass man aufgeben musste. Und all dies, während der Kopf nur ein paar Zentimeter neben einer kräftigen radioaktiven Quelle schwebte.

Bevor er sich ans Werk machte, saß Marsden für zwanzig Minuten allein im verdunkelten Labor und ließ die Augen sich langsam an das Halbdunkel gewöhnen. Auf dem Arbeitstisch vor ihm stand ein zerbrechlicher Glastrichter mit der Quelle der Alpha-Teilchen, einem hochradioaktiven Mix aus Radium, Bismut und Radongas. Am einen Ende war der Trichter mit einem Glimmer-Fenster ausgestattet, durch das die Alpha-Teilchen ausströmten. In ihrem Weg befand sich das Ziel, eine dünne Goldfolie, die im Dämmerlicht einer elektrischen Lampe leicht schimmerte. Auf derselben Seite der Folie wie die radioaktive Quelle, allerdings mit einer Bleibarriere gegen direkt einfallende Alpha-Teilchen abgeschirmt, befanden sich der Zinksulfid-Schirm und das Mikroskop.

Als seine Augen bereit waren, beugte sich Marsden nach vorn und blickte mit einem Auge durch das Mikroskop. Er wusste natürlich, dass Rutherford erwartete, es würde nichts zu sehen sein, doch verblüfft musste er erkennen, dass der Schirm voller kleiner Lichtzuckungen war. Auch wenn sie nur sporadisch auftauchten, wie die Blitzlichter von Dutzenden winzigster Fotoblitze auf dem roten Teppich einer Mikroskop-Filmpremiere. Da er Rutherfords Wut fürchtete, überprüfte der Vordiplomstudent wieder und wieder die Ergebnisse, bis er absolut überzeugt war, nichts durcheinandergebracht zu haben. Nach drei Tagen augenstrapazierender Arbeit übermittelte er schließlich Rutherford die unglaubliche Nachricht, als dieser aus seinem Arbeitszimmer die Treppe herunter zum Labor kam: Die Alpha-Teilchen werden tatsächlich zurückgeworfen!

Rutherford war sprachlos. Später beschrieb er dies als »wohl unglaublichstes Ereignis, das mir in meinem Leben geschah. Es war fast so unglaublich, als würde man eine 38-cm-Granate auf ein Papiertuch schießen, und sie kommt zurück und trifft einen«.[21] Weder Geiger noch Marsden hatten den geringsten Hauch einer Idee, was hier geschah. Als sie im Juli 1909 ihre außergewöhnlichen Ergebnisse publizierten, versuchten sie nicht einmal zu erklären, was sie gesehen hatten, sondern beließen es bei der peinigenden Beobachtung, dass man, wollte man die Alpha-Teilchen gewaltsam zur Umkehr zwingen, ein milliardenfach stärkeres Magnetfeld bräuchte, als es sich damals in einem Labor erzeugen ließ. Was immer es war, das die Alpha-Teilchen zurückschoss, es musste über fast unvorstellbare Kräfte verfügen.

Selbst Rutherford war überfragt. Er hatte 1908 sagenhafte 14 wissenschaftliche Aufsätze veröffentlicht, doch aus seinen Forschungen wurde ein schmales Rinnsal, während er über diesem Rätsel brütete.

Er verbrachte viel Zeit mit Nachdenken, eingeschlossen in seinem häuslichen Arbeitszimmer, wo er das Problem wieder und wieder in seinem Kopf umwälzte. Zunächst überlegte er, ob die zurückkommenden Alpha-Teilchen womöglich in mehrere Goldatome gestürzt waren, wobei Dutzende von kleinen Stößen sich so aufaddierten, bis das Alpha-Teilchen wieder dahin zurückgefeuert wurde, woher es kam. Doch seine Berechnungen zeigten, dass die Wahrscheinlichkeit, dass dies geschah, vernachlässigbar klein war, viel zu gering also, um die große Anzahl von Lichtblitzen zu erklären, die Marsden beobachtet hatte. Die Alpha-Teilchen mussten also bei einem *einzelnen* Zusammenstoß reflektiert werden, einer Kollision mit etwas, das eine sehr große Masse besaß.

An einem Wochenende im Dezember 1910, mehr als 18 Monate nachdem er von Marsden die erschütternde Neuigkeit erfahren hatte, sah Rutherford die Antwort mit einem Mal deutlich vor sich. Charles Galton Darwin*, ein junger Student am Manchester Laboratory, war an einem Sonntagabend zum Dinner bei den Rutherfords eingeladen, und nach dem Essen sprach der Hausherr zum ersten Mal von seiner weltverändernden Einsicht. Sein alter Mentor J. J. hatte alles missverstanden; ein Atom war kein puddingartiges Klümpchen, sondern ein winziges Sonnensystem mit negativ geladenen Elektronen, die von einer geringfügig positiv geladenen, tief im Innern des Atoms versteckten Sonne** auf ihren Kreisbahnen gehalten werden. Das Zentrum des Atoms, das Rutherford später Nukleus (Kern) nennen sollte, enthält 99,98 Prozent der Atommasse, dicht gedrängt auf einen winzigen Fleck, der 30 000 Mal kleiner ist als das Atom selbst. Dieser winzige, aber mächtige Nukleus war verantwortlich für das

---

* Enkel des berühmten Naturforschers Charles Darwin, der die Evolutionstheorie aufstellte.
** Eigentlich war sich Rutherford zu diesem Zeitpunkt noch nicht sicher, ob das Zentrum des Atoms eine positive oder negative Ladung besitzt – dies klärte sich erst einige Jahre später.

Zurückstreuen der Alpha-Teilchen. Bei den seltenen Malen, an denen ein positiv geladenes Alpha-Teilchen in die Nähe eines Nukleus kommt, erfährt es eine ungemein starke elektrische Abstoßung, und wenn die Kollision quasi punktgenau ist, ergibt sich eine Abstoßung, die das Alpha-Teilchen rückwärtsschleudert.

Am nächsten Morgen eilte ein triumphierender Rutherford ins Labor und ging direkt zu Geiger, um ihm zu erzählen, er wisse nun, wie ein Atom aussehe. Noch am selben Tag setzte sich Geiger an Experimente, mit denen die groben Vorhersagen von Rutherfords Modell überprüft werden sollten. Sie beschossen noch ein paar Wochen lang Goldfolien mit Alpha-Teilchen, dann hatte Geiger erkannt, dass der Winkel, in dem die Teilchen abprallten, genau mit Rutherfords Vermutungen übereinstimmte. Im März 1911 fühlte Rutherford sich bereit, sein Atom der Welt zu präsentieren. Er wählte dafür völlig angemessen die Manchester Literary and Philosophical Society, in der ein Jahrhundert zuvor auch John Dalton seine eigene Atomtheorie vorgestellt hatte.

Was Rutherford an diesem Tag offenbarte, war mehr als nur die Entdeckung des Atomkerns; er hatte zum allerersten Mal eine Ahnung von der subatomaren Welt erlangt. Der Kern enthält fast die gesamte Masse des Atoms, dicht gedrängt auf einem winzigen Raum, ist Zehntausende Mal kleiner als das Atom insgesamt und wird von substanzlosen Elektronenwolken umkreist. Würde man ein Atom auf die Größe eines Fußballstadions aufblasen, dann entspräche der Kern in etwa einer Murmel auf dem Anstoßpunkt, während die Elektronen irgendwo auf den Stehplätzen umhersausen.

Allerdings gab es eine ernst zu nehmende Schwierigkeit mit Rutherfords Atom. Wenn das Atom wirklich ein winziges Sonnensystem war, konnte es unmöglich stabil sein. Es ist ein bekanntes Gesetz, dass bei der Beschleunigung eines Teilchens, in einem Kreis zum Beispiel, dieses elektromagnetische Strahlung aussendet. Das bedeutet, die Elektronen müssten ununterbrochen Licht abstrahlen und bei jeder Umdrehung um den Mittelpunkt etwas Energie verlieren, bis sie schlussendlich spiralförmig in den Nukleus hineintrudeln. Frühere Versuche, sonnensystemähnliche Atome vorzuschlagen, waren an genau diesem Punkt gescheitert. J. J.s Plumpudding-Metapher für das Atom ging zu einem Großteil darauf zurück, dass man eine theoretische Anordnung für die Elektronen finden musste, bei der das System nicht kollabierte.

Die Lösung für dieses Problem fand ein brillanter junger dänischer Physiker namens Niels Bohr, der dem Ganzen eine seltsame neue Idee hinzufügte, die als »Quant« bekannt wurde. Anfang des 20. Jahrhunderts hatten Albert Einstein und Max Planck die Idee vorangetrieben, dass Licht aus diskreten kleinen Stückchen besteht, den Quanten. Davon inspiriert argumentierte Bohr, dass Elektronen nur in festen Umlaufbahnen um den Kern kreisen könnten und Lichtquanten dann aussendeten, wenn sie von einem Niveau auf ein anderes sprängen. Und da die Elektronen auf diese Level beschränkt seien, wie Züge auf kreisrunden Gleisen, sei es ihnen unmöglich, in den Kern zu stürzen. Bohrs Vermählung der Quantentheorie mit Rutherfords Nukleus-Atom war ein Triumph, denn so konnte eine ganze Reihe von Phänomenen erklärt werden, insbesondere die seltsame Tatsache, dass Atome unterschiedlicher chemischer Elemente nur charakteristische Wellenlängen von Licht abgeben und absorbieren. Mit der Zeit sollte Bohrs Theorie unaufhaltsam zu einer revolutionär neuen Beschreibung der subatomaren Welt führen: der Quantenmechanik. (Viel mehr dazu später.)

Von Bohr erweitert, erlaubte Rutherfords Atommodell es den Physikern endlich, das Rätsel des Periodensystems zu lösen. In den Monaten nach Rutherfords erstem Aufsatz über den Atomkern gelang einem jungen Forschungsstudenten, Henry Moseley, der unter Rutherford am Laboratory in Manchester arbeitete, eine weitere grundlegende Entdeckung: Als Mendelejew das Periodensystem erstellte, gab er jedem Element ein Label, das als »Ordnungszahl« bekannt wurde, weil es schlicht die Reihenfolge festhält, in der die Elemente aufgezählt werden. Wasserstoff als leichtestes Element bekam Platz 1, Helium als nächst schwereres Nummer 2, und dann die ganze Reihe weiter bis hin zu Uran auf Position 92 (mehr Elemente waren zu dieser Zeit noch nicht nachgewiesen). Diese Nummer schien eng mit der Masse der unterschiedlichen Elemente verbunden zu sein, da im Allgemeinen die Masse der Elemente zunimmt, je weiter man in der Tabelle voranschreitet. Doch gilt das nicht in jedem Fall. Es gibt ein paar Stellen, an denen die chemischen Eigenschaften der Elemente Mendelejew dazu brachten, ein schwereres Element vor ein leichteres zu platzieren. So kam Kobalt (Ordnungszahl 27) beispielsweise vor Nickel (Ordnungszahl 28), obwohl es eine größere Atommasse hat. Die Ordnungszahl hielt man für nichts anderes als ein hilfreiches Etikett ohne physikalische Bedeutung, doch Moseley erkannte, dass die Frequenz der von den unterschiedlichen chemischen Elementen abgegebenen X-Strahlen direkt der Ordnungszahl entsprach und nicht von der Atommasse abhing. Die Ordnungszahl ist folglich weit mehr als nur ein Etikett, sie gibt in Wirklichkeit die Anzahl der positiven Ladungen im Kern an! Wasserstoff enthält folglich eine positive Ladung und Uran 92 positive Ladungen. Diese positiven Ladungen werden ausgeglichen durch eine ebenso große Anzahl negativ geladener Elektronen in den Orbits rund um den Kern, wodurch das Gesamtatom neutral ist. Die Muster, die Mendelejew beim Kartenspielen auf den langen Zugfahrten durch Russland entdeckt hatte, hatten mit der Art und Weise zu tun, in der diese unterschiedlichen Anzahlen von Elektronen sich um den Nukleus anordneten.

Doch all dies führte zur nächsten Frage: Woraus besteht der Atomkern? War dann doch Prouts Idee richtig, dass alle Atome aus Wasserstoff bestehen? Die Tatsache, dass die Ladung des Kerns (fast) immer ein ganzzahliges Vielfaches der Ladung des Wasserstoffatoms ist, legte dies nahe, doch auf der anderen Seite setzt radioaktiver Zerfall Heliumkerne und Elektronen frei, also bestand der Kern vielleicht doch eher aus diesen? Obgleich große Teile der Physiker-Community die seltsame und wunderbare neue Welt der Quantentheorie begrüßten, war die Gruppe von Physikern, die Rutherford auf eine neue Erkundungsreise schickte, relativ klein. Dieses Mal war ihr Ziel, den Aufbau des Atomkerns selbst zu entschlüsseln.

KAPITEL 4

DER ZERTRÜMMERTE KERN

Wie weit sind wir gekommen auf unserer Suche danach, wie man einen Apfelkuchen aus dem Nichts macht? Nun, wir haben sicherlich schon ein besseres Verständnis der grundlegenden Zutaten. Die Elemente Kohlenstoff, Sauerstoff und Wasserstoff, die wir zu Beginn extrahiert haben, sind aus unterschiedlichen Atomen aufgebaut, dabei hat aber jedes Atom die gleiche Grundstruktur: einen unvorstellbar kleinen Kern, der fast die gesamte Atommasse ausmacht, um den leichtere, subatomare Teilchen, Elektronen genannt, herumschwirren. Die ganze Konstruktion wird von starken elektrischen Kräften zusammengehalten, die die negativ geladenen Elektronen an den positiv geladenen Kern binden. Und eine rätselhafte Quanten-Hexerei bewahrt den gesamten Aufbau davor, in sich zusammenzubrechen, was alle Materie des Universums mit sich reißen würde.

Wir haben auch bereits gesehen, was ein Kohlenstoffatom von beispielsweise einem Sauerstoffatom unterscheidet – alles hängt von der Anzahl der positiven Ladungen im Kern ab, die eine ebenso große Anzahl negativer Elektronen anziehen, woraus sich ein insgesamt neutrales Atom ergibt. Wasserstoff ist, das haben wir inzwischen verstanden, das einfachste aller Atome – sein Nukleus hat eine Ladung von +1 und wird von einem einzigen Elektron umkreist. Kohlenstoff wiederum hat sechs positive Ladungen im Kern und sechs Elektronen, Sauerstoff hat jeweils acht. Moseley erkannte, dass die Anzahl der positiven Ladungen im Kern genau der Ordnungszahl im Periodensystem entspricht, von der Chemiker bis dato dachten, dass sie nur ein Etikett sei, das angibt, wo man das entsprechende Element in der Tabelle findet. Da die chemischen Eigenschaften der dort angeordneten Elemente in regelmäßigen, periodischen Abständen variieren, können wir schlussfolgern, dass die chemischen Eigenschaften eines Atoms vollständig von der Anzahl der positiven Ladungen im Kern abhängen.

All das ist schon verdammt faszinierend, doch trotz der Entdeckung des Elektrons und des Kerns wissen wir noch immer nicht, wie man Wasserstoff, Kohlenstoff oder überhaupt irgendeines der anderen Elemente im Apfelkuchen herstellen kann. Wenn es von der Anzahl der positiven Ladungen im Atomkern abhängt, ob ein Atom Kohlenstoff oder Uran ist, dann müssen wir herausbekommen, was sich im Innern eines Atomkerns befindet, um an die Rezepte für alle Elemente im Periodensystem zu gelangen.

Als sich das Rutherford-Bohr-Atommodell um 1913 herauskristallisierte, lag die Beschaffenheit des Kerns weiterhin im Dunkeln. Dabei war schon damals recht deutlich, dass dieser Kern nicht nur eine neue Version des unsichtbaren Atoms war, nur um das Zehntausendfache geschrumpft. Marie Curie und Ernest Rutherford zeigten sich beide überzeugt, dass die Alpha-, Beta- und Gamma-Strahlung aus dem Kern selbst stammten, was hieß, dass der Kern aus etwas noch Kleinerem bestehen musste. Aber aus was?

Da die beim radioaktiven Zerfall aus dem Kern austretenden Alpha- und Beta-Teilchen nur Heliumatome und Elektronen sind, war es naheliegend anzunehmen, dass der Atomkern Heliumatome und Elektronen enthalte. Im Hintergrund schwang da noch immer William Prouts alte Idee mit, dass Wasserstoffatome die Grundbausteine aller schwereren Elemente seien, obgleich diese Vorstellung ein paar Fragen aufwarf, etwa in Hinblick auf Elemente wie Chlor, dessen Atommasse eben kein ganzzahliges Vielfaches der Masse von Wasserstoff ist.

Es war alles noch ein wenig ungeordnet. Bevor Physiker nun weiter vorankommen konnten, mussten sie noch einige experimentelle Hinweise finden, doch dem Atomkern Informationen zu entlocken war keine einfache Aufgabe. Zwei weitere kühne Experimente sollten dazu nötig sein. Das erste wurde von ebenjenem Wissenschaftler durchgeführt, der den Kern erkannte hatte, jene ungestüme, aufbrausende Naturkraft Ernest Rutherford.

DIE KERNSPLITTER

Der Kriegsausbruch 1914 brachte in ganz Europa die Grundlagenforschung zum Erliegen, und auch Rutherford gab seine Experimente zur Radioaktivität auf, um für die Admiralität an Möglichkeiten zum Aufspüren von U-Booten zu forschen. Doch selbst ein Weltkrieg konnte ihn nicht dauerhaft von seiner wahren Leidenschaft abhalten.

Obwohl er nun schon Mitte vierzig und kürzlich zu Sir Ernest Rutherford ernannt worden war, kitzelte ihn seine Neugier wie eh und je. Die Entdeckung des Atomkerns hatte eine neue Grenze gesetzt, und er brannte darauf, sie zu erkunden.

Seine scharfe Wissenschaftlernase hatte bereits Witterung aufgenommen: Er wollte einem nagenden Problem auf den Grund gehen, das bis zu jenem Sonntagabend 1910 zurückverfolgt werden konnte, als er Charles Galton Darwin zum ersten Mal die Idee des Atomkerns vorgestellt hatte. Folgte man Rutherfords Idee, so hatte Darwin bei diesem abendlichen Austausch überlegt, müssten bei einem Beschuss von Gasen leichterer Elemente wie Wasserstoff durch Alpha-Teilchen hin und wieder Atomkerne aus dem Gas herausgeschossen werden wie eine Billardkugel, die von der weißen Kugel getroffen wird.

Noch kurz vor Kriegsausbruch hatte sich Ernest Marsden, jener junge Forscher, der als Erster beobachtet hatte, wie Alpha-Teilchen von Goldatomen zurückgeworfen wurden, darangemacht, Darwins Hypothese zu prüfen, und Alpha-Teilchen in ganz normale Luft gefeuert. Nun enthält Luft einen gewissen Anteil an Wasserdampf (H_2O), in dem natürlich Wasserstoffatome enthalten sind. Und genau wie Darwin es vorausgesagt hatte, konnte Marsden erkennen, dass die Alpha-Teilchen Wasserstoffatomkerne aus dem Gas herausschossen. Allerdings musste er verblüfft feststellen, dass weit mehr Wasserstoffatomkerne abgelenkt wurden, als der Anteil von Wasserdampf in der Luft nahegelegt hatte. Um eine rasche Antwort verlegen, machte Marsden den eher weniger überzeugenden Vorschlag, dass die Radiumatome, die die Alpha-Teilchen produzierten, ebenfalls Wasserstoffatomkerne abschossen.

Rutherford war nicht überzeugt. Unglücklicherweise hatte Marsden Manchester bereits für eine Universitätsanstellung in Wellington, Neuseeland, verlassen und kehrte erst 1915 nach Europa zurück, um für die britische Armee in Frankreich zu kämpfen. Nachdem er Marsden um Erlaubnis gebeten hatte, nahm Rutherford den Faden dort wieder auf, wo ihn sein ehemaliger Student hatte fallengelassen, und verbrachte während des Kriegs zunehmend mehr Zeit mit Versuchen. Das einstmals wuselnde Labor in Manchester lag nun mehr oder weniger verlassen da, und Rutherford arbeitete im dunklen Keller, unterstützt nur von seinem Laborassistenten William Kay.

Der Apparat, mit dem er forschte, war in seiner Einfachheit typisch Rutherford: eine etwa zehn Zentimeter lange, verbeulte Messingbox, an deren einem Ende sich ein radioaktiver Brocken Radium und einige Röhrchen befanden, durch die man verschiedene Gase einleiten konnte. Am anderen Ende, so weit vom Radium entfernt wie möglich, saß ein kleines Fenster, das mit einer dünnen Metallfolie bedeckt war, welche die vom Radium abgegebenen Alpha-Teilchen blockierte, aber den mit mehr Durchschlagskraft versehenen Wasserstoffatomkernen das Entweichen ermöglichte. Direkt vor dem Fenster stand der Zinksulfid-Schirm, auf dem die typischen Lichtblitze zu erkennen waren, wenn die ausgetretenen Wasserstoffatomkerne auftrafen.

Auch dieses Mal fanden die Beobachtungen in fast völliger Dunkelheit statt und indem man durch ein Mikroskop auf den Zinksulfid-Schirm blickte. Für die Augen war dies sehr ermüdend: Die vom Wasserstoff erzeugten Lichtblitze waren deutlich schwächer als die der Alpha-Teilchen, und ein Beobachter konnte sie nur wenige Minuten lang zählen, bevor der Blick unzuverlässig wurde. Es konnte sogar geschehen, dass man sich selbst betrog und glaubte, einen Wasserstoffblitz gesehen zu haben, wenn man zu lange auf den Schirm starrte. Rutherford und Kay wechselten sich alle zwei Minuten ab – einer zählte, der andere ruhte seine Augen aus. Rutherfords Notizbücher aus dieser Zeit zeugen von zahlreichen Versuchshürden, angefangen von Streulicht, das von der Metallfolie reflektierte, bis hin zur vermuteten Verunreinigung der Gasvorräte. Immer wieder ist auch zu lesen: »Keine Beobachtungen wegen schlechter Augen.« Lange Zeit bemühte sich Rutherford, eine Erklärung für das zu finden, was er beobachtete. Stammten die Wasserstoffatomkerne aus einer Verunreinigung des Gases? Entstanden sie womöglich irgendwie neu, wenn die Alpha-Teilchen auf die Metallfolie am Ende der Messingbox trafen? Oder stammten sie aus dem Radium selbst, wie Marsden es vorgeschlagen hatte? Als er im Sommer 1917 für einen Auftrag in die Vereinigten Staaten reiste, war er ein weiteres Mal gezwungen, mit seiner Arbeit zu pausieren. Doch es sollte sich herausstellen, dass dies eine der hilfreichen Unterbrechungen war: Man tritt ein paar Schritte zurück und lässt seinen Geist im Hintergrund langsam an der Lösung arbeiten. Als Rutherford im September des Jahres zurück im Labor war, hatte er die Antwort – die Wasserstoffatomkerne waren nicht bereits im Gas vorhanden, sie wurden in dem Moment *erschaffen*, in dem Alpha-Teilchen mit den Atomkernen im Gas kollidierten.

In einer intensiven Arbeitsphase im Oktober und November experimentierte Rutherford mit einer Reihe von unterschiedlichen Gasen, von gewöhnlicher Luft bis hin zu reinem Kohlenstoffdioxid, Stickstoff und Sauerstoff. Feuerte man Alpha-Teilchen in Luft, tauchten auf dem Schirm Blitze von Wasserstoffatomkernen auf, nutzte man jedoch reines Kohlenstoffdioxid oder Sauerstoff, war fast nichts zu sehen. Reiner Stickstoff hingegen sorgte für ein noch größeres Gewitter an Wasserstoffatomkernen auf dem Schirm als gewöhnliche Luft. Nachdem er jede andere Möglichkeit eliminiert hatte, war Rutherford zu einer atemberaubenden Schlussfolgerung gezwungen: Die Alpha-Teilchen zerschossen den Stickstoffatomkern und setzten dadurch Wasserstoffatomkerne frei, die wie Schrapnelle nach einer Explosion umherflogen. Da er sich sehr wohl bewusst war, wie bedeutsam diese Entdeckung war, zog er sich völlig aus der Arbeit an U-Booten zurück und schrieb seinen Vorgesetzten in der Admiralität: »Wenn ich, wie ich Grund zur Annahme habe, die Kerne des Atoms zerschlagen habe, ist dies von größerer Bedeutung als der Krieg.«[22] Nach einem Jahr der Überprüfung und Neuberechnung seiner Ergebnisse fühlte er sich bereit, seine endgültige, dramatische Schlussfolgerung zu ziehen: »Das befreite Wasserstoffatom bildete einen Teil des Stickstoffkerns.«[23] Rutherford hatten den ersten überzeugenden Beweis geliefert, dass die chemischen Elemente schlussendlich alle aus Wasserstoff bestehen. Später sollte er dem Wasserstoffatomkern einen neuen Namen geben, um dessen Status als Grundbaustein aller Atome, neben dem Elektron, zu bestätigen: »Proton«[*]. Das war der Höhepunkt einer langen Geschichte, die zurückreicht bis zu John Daltons Messungen der relativen Masse unterschiedlicher Atome, die wiederum William Prout zur Idee anregten, dass alle chemischen Elemente aus Wasserstoff aufgebaut sein könnten. Rutherford hatte nicht nur Prouts Hypothese zu neuem Leben erweckt, er hatte auch eine Tür zum Verständnis der letzten Ursprünge der chemischen Elemente geöffnet. Mit dem Proton und dem Elektron ausgerüstet, konnten Physiker nun endlich beginnen, sich vorzustellen, wie die Elemente eines nach dem anderen aufgebaut sein könnten, von Helium bis hin zu Uran. Und das war Rutherford trotz aller Kriegsmängel gelungen, im Keller eines verlassenen Labors und mit nichts anderem als einer verbeulten Messingbox, ein paar Radiumkrümeln und der treuen Unterstützung von William Kay.

Allerdings gab es einen dicken, fetten Wermutstropfen: rätselhafte Elemente wie Chlor. Wenn wirklich alle Elemente aus Wasserstoff bestehen, warum hat Chlor dann die 35,5-fache Atommasse von Wasserstoff? Einen möglichen Ausweg aus diesem Problem hatte bereits Rutherfords ehemaliger Kollege an der McGill, Frederick Soddy, vorgeschlagen. 1913 war Soddy aufgefallen, dass einige der neu ent-

---

[*] Das Wort »Proton« wurde von William Prouts Hypothese inspiriert, dass alle chemischen Elemente aus Wasserstoffatomen bestehen – er hatte sie »Protyle« getauft, als er 1815 zum ersten Mal seine Idee veröffentlichte.

deckten radioaktiven Elemente chemisch nicht von anderen, gut bekannten *nichtradioaktiven* Elementen zu unterscheiden sind. Ein Beispiel dafür war die radioaktive Form von Blei, dessen gewöhnliche Form überhaupt nicht radioaktiv ist. Das musste bedeuten, dass es vom selben chemischen Element mehrere Versionen gibt, die den selben Platz im Periodensystem belegen, sich aber nur in ihrer Radioaktivität unterscheiden. Soddy nannte diese chemische Kopie »Isotope«.

Nun warf dies eine verlockende Möglichkeit auf: Was, wenn Soddys Isotope dieselbe Kernladung hatten, was sie zum selben chemischen Element machte, die Isotope aber dennoch über unterschiedliche Atommassen verfügten? Womöglich gab es tatsächlich zwei unterschiedliche Chlor-Isotope, von denen eines die Masse 35 und ein anderes die Masse 36 hat, die bei der Vermischung aber so wirken, als hätte Chlor eine Atommasse in der Mitte der beiden? Die Idee hatte ihren Reiz, aber es war schwer vorstellbar, wie man zu ihrer Überprüfung zwei unterschiedliche Isotope trennen und ihre individuelle Atommasse messen könnte. Schließlich waren Isotope ja per Definition chemisch identisch.

Aber es fand sich doch eine Möglichkeit dafür. In einem düsteren Keller des Cavendish Labors werkelte der Chemiker Francis Aston an einem brandneuen Instrument, mit dem man die Masse von Atomen mit bisher unerreichter Genauigkeit bestimmen konnte: dem Massenspektrometer. Astons Erfindung konnte genutzt werden, um Ionen, also elektrisch geladene Atome verschiedener Elemente, durch eine Art Linse aus elektrischen und magnetischen Feldern zu schießen. Entsprechend ihrer Masse treffen sie an unterschiedlichen Stellen auf einer Fotoplatte auf.

Das Spektrometer war eine enorme Offenbarung, und Aston konnte mit ihm bald zeigen, dass Chlor – jenes Element, das die Idee, alle Atome seien aus dem Grundbaustein Wasserstoff aufgebaut, nachhaltig infrage stellte – in Wirklichkeit eine Mischung aus zwei Isotopen ist: etwa drei Teile Chlor-35 und ein Teil Chlor-37, was eine durchschnittliche Masse von 35,5 ergibt. Bis 1922 hatte er 48 unterschiedliche Isotope von 27 unterschiedlichen Elementen entdeckt, darunter allein sechs verschiedene Isotope von Xenon. Alle Elemente, deren Masse Aston bestimmte, besaßen ganzzahlige Vielfache der Wasserstoffmasse*: Dieses spektakuläre Ergebnis bestätigte, zusammen mit Rutherfords Coup des Herausschießens von Protonen aus dem Kern, dass Protonen die Grundbausteine des Atomkerns sind.

Rutherford und Aston hatten damit die wirklich erste vereinheitlichte Theorie von Materie entwickelt, in ihrer Einfachheit geradezu radikal. Man benötigt nur zwei Zutaten, um nach Belieben jedes Atom zuzubereiten, das man möchte: Protonen und Elektronen. Protonen sind schlicht die Kerne von Wasserstoffatomen und positiv geladen, wohingegen Elektronen negativ geladen sind und eine winzige Masse haben – sie sind etwa zweitausend Mal leichter als ein Proton. Zu dieser Zeit glaubten Rutherford, Aston und die meisten anderen Physiker, dass der winzige Kern sowohl Protonen als auch Elektronen eng zusammengepresst enthält, während andere »atomare« Elektronen in weit größeren Abständen um den Kern kreisen. Man musste Elektronen im Kern vermuten, um erklären zu können, warum alle Elemente außer Wasserstoff Massen besitzen, die etwa doppelt so groß sind wie ihre positiven Ladungen. Zum Beispiel hat der Heliumkern eine Ladung von +2, dabei aber eine Masse von vier Wasserstoffatomen. Und das musste bedeuten, dass der Heliumkern vier positive Protonen verbunden mit zwei negativen Elektronen enthält, die diese beiden zusätzlichen positiven Ladungen ausgleichen. Um ein Heliumatom zu bekommen, braucht es dann noch zwei zusätzliche atomare Elektronen im Orbit um den Kern, durch die das gesamte Atom elektrisch neutral wird. Gleiches gilt auch für Kohlenstoff, von dem man glaubte, er besäße einen Kern aus zwölf Protonen und sechs Elektronen, was ihm eine Masse von 12 und eine Ladung von +6 verschaffte, wobei die sechs weiteren Elektronen im Orbit um den Kern das Kohlenstoffatom vervollständigen. Zudem galt die Tatsa-

---

* Allerdings gibt es eine verwirrende Ausnahme – Wasserstoff selbst, der eine Masse von 1,008 hat. Dieses kleine bisschen Zusatzmasse stellte sich als Quelle des Sonnenlichts, des Sternenlichts und schlussendlich aller anderen Elemente des Universums heraus. Wir werden uns das in Kapitel 5 genauer ansehen.

che, dass radioaktive Elemente hin und wieder Elektronen ausspeien (bekannt als »Betastrahlen«), als weiterer Beweis dafür, dass es innerhalb von Atomkernen Elektronen geben musste.

Und was die Isotope anging, konnte man sie nur so erklären, dass man dem Kern extra Protonen und Elektronen hinzufügte. Gibt man zwei zusätzliche Protonen und zwei zusätzliche Elektronen in den Kern von Chlor-35 hinzu, erhält man Chlor-37. Die elektrische Ladung der Protonen und Elektronen gleichen sich aus, weshalb auch die Gesamtladung des Chloratomkerns die gleiche bleibt (denn diese legt im Grunde ja die chemischen Eigenschaften des Atoms fest und sorgt dafür, dass es sich dann immer noch um Chlor handelt), aber man hat damit dem Kern erfolgreich zwei weitere Masseneinheiten hinzugefügt, um eine schwerere Version desselben Atoms zu erzeugen.

Die Theorie war ein Triumph. Man konnte den Aufbau der chemischen Elemente erklären, wie sich Atome beim radioaktiven Zerfall verändern und warum zahlreiche Elemente unterschiedliche Isotope haben. Leider war sie falsch. Rutherford, Aston und seine Kollegen fehlte eine Schlüsselzutat, jene, die wir brauchen, um endgültig unsere Atom-Einkaufsliste zu vervollständigen, anhand derer wir jedes chemische Element erzeugen können, das wir wollen. Doch dieses Teilchen zu finden sollte sich als langer und quälender Prozess herausstellen.

NEUTRON, WO HAST DU DICH VERSTECKT?

Zwei erwachsene Männer hatten Platz genommen in etwas, das man nur als große Kiste bezeichnen konnte, mitten in einem Raum im Cavendish Laboratory. Einer der beiden war Ernest Rutherford, der grobknochige, dröhnende Vater der Kernphysik. Neben ihn gequetscht saß James Chadwick, blass, dünn und wortkarg. Sie bildeten ein seltsames Pärchen. Draußen hatte der Laborassistent George Crowe gerade ein paar radioaktive Quellen aus dem Vorratslager in

Cavendishs neugotischem Turm heruntergebracht und war nun damit beschäftigt, den Apparat für das Experiment vorzubereiten. Während die beiden Herren in der Dunkelheit darauf warteten, dass sich ihre Augen an die Lichtverhältnisse gewöhnten, sprachen sie natürlich miteinander.

Seit seiner Rückkehr nach Cambridge, wo er nach J. J. Thomsons Pensionierung die Leitung des Cavendish übernommen hatte, grübelte Rutherford über genau jene Frage nach, die auch wir beantworten wollen: Wie stellt man die chemischen Elemente her? Ihm war klar geworden, dass man beim Bau von immer schwereren Atomen durch das Hinzufügen von Protonen in den Kern schnell auf ein echtes Problem stößt. Je größer die Kerne werden, umso höher wird auch deren positive elektrische Ladung, was bedeutet, dass sie eine immer stärker werdende Abstoßungskraft auf jedes Proton ausüben, das näher zu kommen versucht. Schließlich würde diese Kraft so groß werden, dass ein Proton, das in den Kern eindringen möchte, um ein schwereres Atom zu bilden, mit einer Geschwindigkeit hereingeschossen werden müsste, die Rutherford für unmöglich zu erreichen hielt.

Nun war Rutherford in der Regel kein Freund wilder Spekulationen, doch hier, mit Chadwick im Dunkel eingesperrt, ließ er seiner Vorstellungskraft einmal freien Lauf. Wenn sowohl Elektronen als auch Protonen im Kern existierten, warum sollte es dann nicht möglich sein, auch ein einzelnes Elektron und ein einzelnes Proton so zusammenzuzwängen, dass sie einen Kern mit einer neutralen elektrischen Ladung bildeten? Dieser neutrale Nukleus wäre anders als jedes bis hierher bekannte Teilchen. Er würde keine Atome im traditionellen Sinne bilden, wäre chemisch vollständig inert (inaktiv) und könnte in keinem Gefäß eingefangen werden. Doch dieses seltsame hypothetische Teilchen könnte den Schlüssel für die Schaffung aller Elemente in Händen halten. Wir kennen es heute als Neutron.

Während ein positiv geladenes Proton von einem positiv geladenen Kern abgestoßen würde, müsste ein Neutron keinerlei derartiges Hindernis überwinden. Keine elektrische Ladung – keine Abstoßung: Das Neutron könnte problemlos in den Kern hineinschlüpfen,

Der zertrümmerte Kern

selbst wenn ihn ein gigantisches Abstoßungsfeld umgibt, ein bisschen wie ein Gespenst, das durch die Wand einer schwer befestigten Burg geht. Bei ihrer Unterhaltung wuchs bei Rutherford und Chadwick die Überzeugung, dass das Hinzufügen von Neutronen in den Kern die einzige Möglichkeit ist, schwerere Atome zu bauen – ohne das Neutron könnten die meisten Elemente des Periodensystems schlicht nicht existieren.

Doch das Neutron zu finden, sollte es überhaupt existieren, stellte sich als teuflisch schwere Aufgabe heraus. Jede damals bekannte Art zur Entdeckung und Sichtbarmachung von Teilchen basierte auf ihrer elektrischen Ladung. Protonen und Alpha-Teilchen erzeugen nur dann Lichtblitze, wenn sie auf einen Zinksulfid-Schirm treffen – und zwar wegen ihrer elektrischen Ladung. Das Neutron hingegen würde gar keine Spuren hinterlassen.

Das erste Experiment, das sie dazu wagten, hatte etwas von *Frankenstein*. Rutherfords Vermutung lautete: Würde man einen extrem starken Lichtbogen durch eine Röhre mit Wasserstoffgas leiten, könnten die großen elektrischen Kräfte die Elektronen und Protonen zusammentreiben, und die Neutronen würden ausgestoßen. Trotz des unkalkulierbaren Risikos für ihre Sicherheit versuchten sie es, doch ohne Erfolg. Überhaupt gelang keines ihrer Experimente in diesem Zusammenhang.

In den 1920er-Jahren dachten sich Rutherford und Chadwick immer verzweifeltere Pläne aus, um das flüchtige Neutron zu packen. Chadwick sagte später dazu: »Ich habe, was dies anbelangt, eine Reihe eher schwachsinniger Experimente durchgeführt. Ich muss aber sagen, dass Rutherford noch schwachsinnigere durchführte.«[24] Zum ersten Mal in seinem Leben machte Rutherford Versuche aufs Geratewohl. Der unermüdliche Spürhund der Physik zeigte sich zunehmend frustriert und desillusioniert, er verbrachte immer weniger Zeit im Labor und widmete immer mehr Energie seiner wachsenden Rolle als nationale und internationale Führungsfigur der Wissenschaft. Inzwischen hatte man Chadwick zum stellvertretenden Direktor des Cavendish ernannt, weshalb dieser nun verantwortlich war für das Alltagsgeschäft des Labors, das Entwickeln von Forschungsprojekten und den Kampf gegen den Mangel an Ausrüstung und Platz. Mitte der 1920er-Jahre machte sich am Cavendish das Alter der Einrichtung immer deutlicher bemerkbar, doch Rutherford fuhr fort, das knarrende Gebäude weiterhin mit so vielen Forschungsstudenten wie möglich zu füllen.

Auch wenn er unzweifelhaft ein inspirierender Direktor war – Rutherfords Überzeugung, jedes Experiment, das sich lohne, könne auch mit sehr knappen Mitteln durchgeführt werden, führte auf die Dauer zur Lahmlegung des Cavendish. Wer brauche schon ausgefallene Apparaturen? Er habe schließlich das Geheimnis der Radioaktivität gelüftet, den Atomkern entdeckt und ihn aufgespalten, und das alles mit einer verblüffend einfachen Ausrüstung, die bequem auf einen Labortisch passt. Als sich ein Student beschwerte, er habe nicht das nötige Equipment, um Fortschritte zu erzielen, blaffte Rutherford ihn an: »Stellen Sie sich nicht an, ich könnte Forschung auch am Nordpol betreiben!« Diese Haltung belastete zunehmend auch sein Verhältnis zu Chadwick.

Chadwick war sicherlich ebenfalls erfindungsreich – während des Ersten Weltkriegs war es ihm sogar gelungen, ein improvisiertes Labor zu führen, als er Gefangener im berühmten Internierungslager Ruhleben bei Berlin war –, doch selbst er konnte die Bedürfnisse seiner Forscher nicht immer befriedigen. Später erinnerte er sich, wie ein junger australischer Physiker, Mark Oliphant, ihn einmal fast mit Tränen in den Augen aufsuchte, da er ohne die richtige Art Pumpe keine Ergebnisse mehr erzielen konnte. Chadwick vermochte den verzweifelten jungen Mann nur dadurch zu beruhigen, dass er sich eine Pumpe aus Rutherfords persönlichem Forschungsraum, den dieser streng für seine eigenen öffentlichen Demonstrationen reserviert hielt, »auslieh«.

Dennoch rieb sich Chadwick weiter für die Sache auf. Er war überzeugt, das Neutron müsse da draußen irgendwo sein; es sei nur eine Frage des richtigen Experiments. »Ich ließ einfach nicht locker«, erklärte er später. »Ich sah keine andere Möglichkeit, wie Kerne sonst aufgebaut sein könnten.«

Als Rutherford 1919 nach Cambridge zurückgekehrte, hatte sich fast die gesamte Physiker-Community von der Quantenrevolution anstecken lassen, die die Physik in ihren Grundfesten erschütterte. Dennoch hatte das Studium des Atomkerns noch etwas von einem Orchideenfach. Rutherford hatte sich weit aus dem Fenster gelehnt und das Cavendish zum einzigen Labor gemacht, das sich fast ausschließlich der Kernphysik verschrieb. Doch Ende der 1920er-Jahre waren Wissenschaftler in Wien, Berlin und Paris drauf und dran, Rutherfords Labor den Rang abzulaufen.

Eine neue Methode, in den Kern zu blicken, hatte ihr Interesse geweckt. Wenn Atomkerne leichterer Elemente mit Alpha-Teilchen bombardiert wurden, sendeten sie häufig energiereiche Lichtteilchen aus, bekannt als »Gammastrahlen«. Die Vorstellung dahinter: Sobald ein Alpha-Teilchen auf einen Atomkern prallt, werden dessen Protonen und Elektronen kurzzeitig aus ihrer gewöhnlichen Position heraus in einen »angeregten« Zustand versetzt. Diese Elektronen und Protonen fallen jedoch fast augenblicklich dann wieder in ihren stabileren Zustand zurück, wobei sie Gammastrahlen emittieren. Physiker erkannten nun, dass diese Gammastrahlen als eine Art Botschaft aus dem Innern des Nukleus verstanden werden können, da sie wertvolle Informationen über dessen innere Strukturen verraten. Würde man sie weiter erforschen, so hofften die Forscher, könnte eine gültige Theorie des Atomkerns entwickelt werden, zu der auch das Verständnis jener unbekannten Kräfte gehörte, die ihn zusammenhalten.

Dabei gab es ein Problem. Radium, das seit seiner Entdeckung durch Marie Curie 1898 für Physiker zur bevorzugten Quelle von Alpha-Teilchen geworden war, gibt von sich aus bereits eine große Menge Gammastrahlen ab. Was es für Experimentatoren so schwierig machte zu sagen, ob ein Gammastrahl von einem Kern stammte, den sie mit Alpha-Teilchen beschossen hatten, oder direkt von der Radiumquelle selbst. Man benötigte folglich eine alternative Quelle für Alpha-Teilchen, eine, die weniger Gammastrahlen aussandte. Glücklicherweise war ein solches Element bereits entdeckt worden: das 1898 von Marie Curie postulierte und nach ihrem Heimatland Polen benannte »Polonium«. Die Forschungen am Cavendish wurden schon lange durch einen Mangel an diesem seltenen Element behindert. Das Labor mit den größten Polonium-Vorräten weltweit war Marie Curies eigenes Institut du Radium in Paris.

Die große Marie Curie war inzwischen eine international bekannte Wissenschaftsgröße, sie leitete das Pariser Institut und hatte zweimal den Nobelpreis verliehen bekommen. Ihre Verpflichtungen lenkten sie jedoch zunehmend von der Forschungsarbeit an vorderster Front ab, doch es stand schon eine zweite Curie bereit, um in ihre Fußstapfen zu treten: ihre Tochter Irène.

Im Herbst 1931 wurde Irènes Interesse von einem Aufsatz geweckt, den die beiden Berliner Physiker Walther Bothe und Herbert Becker verfasst hatten. Bothe und Becker hatten leichte Atome (alle Elemente von Lithium bis Sauerstoff, außerdem Magnesium, Aluminium und Silber) mit Alpha-Teilchen beschossen, die von Polonium stammten, und dann die Gammastrahlen beobachtet, die herausgeschossen kamen. Als sie bei Beryllium[*] angekommen waren, beobachteten sie etwas sehr Seltsames: Gammastrahlen, die eine sieben Zentimeter dicke Eisenplatte durchdringen können. Normalerweise müsste diese Menge an Eisen einen Gammastrahl stoppen. Noch seltsamer war, dass aus dem Beryllium weit mehr Gammastrahlen austraten als aus den anderen von ihnen getesteten Elementen.

Irène Curie besaß einen großen Vorteil gegenüber ihren Berliner Kollegen – eine Poloniumquelle, die zehn Mal stärker war als die der Deutschen. Zusammen mit ihrem Ehemann und Mitarbeiter Frédéric Joliot wiederholte sie rasch die Versuche von Bothe und Becker und stellte fest, dass die von Beryllium ausgehenden Gammastrahlen noch viel durchdringender waren, als die deutschen Physiker gedacht hatten. Am überraschendsten war jedoch die Entdeckung, dass, sobald man Gammastrahlen auf Paraffinwachs schoss, Protonen in irrwitziger Geschwindigkeit umherschwirrten.

Stellen Sie sich das wie einen Kunststoß beim Atombillard vor: Eine Kugel knallt gegen eine zweite, die dann wieder mit einer weite-

---

[*] Das vierte Element im Periodensystem nach Wasserstoff, Helium und Lithium – ein seltenes weiches, silbriges Metall.

Der zertrümmerte Kern

ren Kugel zusammenstößt und so weiter. Das Experiment fing mit radioaktivem Polonium an, das Alpha-Teilchen abfeuerte. Diese Alpha-Teilchen knallten auf den Berylliumkern, der dann eine Art stark durchdringende Strahlung abgab, von der Irène und Frédéric annahmen, dass es sich um Gammastrahlen handelte. Diese Gammastrahlen prallten dann gegen eine Paraffinwachsprobe, also eine Verbindung aus vielen Wasserstoffatomen. Die Gammastrahlen schlugen einige der Wasserstoffkerne aus dem Paraffin heraus, die sich dann als hoch energiereiche Protonen nachweisen ließen.

Sehr verblüffend dabei ist, zu welch unglaublicher Energie die Protonen beschleunigt werden, wenn sie von einem dieser Gammastrahlen getroffen werden. Um das im Folgenden erklären zu können, muss ich hier etwas einführen, das wir ein »Elektronenvolt« nennen. Ein Elektronenvolt ist eine Energieeinheit, vergleichbar mit dem Joule oder der Kalorie. Doch während Kalorien großartig sind, wenn man über die Energie in einem Stück Apfelkuchen sprechen möchte, sind sie nicht sehr hilfreich, wenn man es mit subatomaren Teilchen zu tun hat. Bezogen auf ein Atom ist eine Kalorie eine unverschämt große Menge an Energie. Kalorien zu verwenden, wenn man über die Energie eines subatomaren Teilchens spricht, ist so, also würden Sie Ihr Körpergewicht in Sonnenmassen* angeben. Deshalb nutzen wir Einheiten, die besser zur atomaren Welt passen – das Elektronenvolt (eV). Es entspricht der Energie eines Elektrons, das mit einer 1-Volt-Batterie beschleunigt wurde.

Curie berechnete, dass zur Beschleunigung der Protonen auf die von ihr gemessene Geschwindigkeit die Gammastrahlen absolut enorme Energien besitzen müssten – etwa 50 Millionen Elektronenvolt (MeV)! Das war nur sehr schwer verständlich; die vom Polonium abgegebenen Alpha-Teilchen hatten eine maximale Energie von

---

* Eine Sonnenmasse (die Masse der Sonne) ist rund 2 Millionen Billionen Billionen Kilogramm, das heißt, ich wiege ungefähr 0,0000000000000000000000000039 Sonnenmassen. Keine sehr zweckmäßige Art, das menschliche Gewicht zu bestimmen, das sehen Sie sicherlich ganz so wie ich. Auf der anderen Seite dürfte diese Zahl jedwede Sorge über ein paar Kilo zu viel in ein ganz anderes Licht stellen.

5,3 MeV. Selbst wenn ein Berylliumkern das gesamte Alpha-Teilchen schlucken würde, wie um alles in der Welt konnte er dann einen Gamma-Strahl abgeben, der zehn Mal mehr Energie besaß, als der Kern zuvor aufgenommen hatte? Hier schien in der Tat etwas sehr Seltsames vor sich zu gehen.

An einem kalten Januarmorgen, wenige Tage nachdem Irène Curie ihre ungewöhnlichen Ergebnisse der französischen Académie des sciences vorgestellt hatte, blätterte James Chadwick in seinem Büro im Cavendish Laboratory durch die neu eingetroffenen wissenschaftlichen Zeitschriften. Als er die aktuellste Ausgabe von *Comptes rendus* aufschlug, stieß er auf Curies Aufsatz zur Beryllium-Strahlung und zeigte sich bei der Lektüre zunehmend erstaunt. Ein paar Minuten später stürmte der junge Physiker Norman Feather in Chadwicks Büro, der von dem Artikel ebenso verblüfft war wie sein Chef. Und um 11 Uhr berichtete Chadwick Rutherford von den Neuigkeiten aus Paris. Während er zuhörte, weiteten sich Rutherfords Augen vor Verwunderung immer weiter, bis er schließlich ausstieß: »Ich glaube es nicht!«[25] Chadwick hatte es noch nie erlebt, dass sein Chef wegen eines wissenschaftlichen Aufsatzes in einen solchen Zustand geriet. Sie zweifelten beide nicht an Curies Ergebnissen – ihr Versuch entsprach genau dem eleganten und einfachen Aufbau, den Rutherford so liebte. Was jedoch ihre Erklärung der Resultate anging, war das etwas ganz anderes. Curie hatte sich die Aufgabe gestellt, die Gammastrahlen zu untersuchen, die aus Beryllium austraten, und dabei nie in Betracht gezogen, dass es sich bei der beobachteten Strahlung womöglich gar nicht um Gammastrahlen handelte. Chadwick hingegen, der elf Jahre erfolglos nach dem Neutron gesucht hatte, erkannte sofort die Bedeutung des Pariser Experiments. Beryllium strahlte überhaupt keine Gammastrahlen ab; es strahlte Neutronen ab.

Chadwick erkannte: Geht man davon aus, dass die vom Beryllium abgegebene Strahlung aus Neutronen und nicht aus Gammastrahlen besteht, löst sich das Energieproblem auf. Ein Gammastrahl hat keine Masse, weshalb es unglaublich viel Energie bräuchte, um ein massereiches Proton aus dem Paraffinwachs herauszuschießen. Anders ausgedrückt: Feuert man einen Tischtennisball auf eine Bowlingkugel, so muss sich der Tischtennisball unglaublich schnell bewegen, um die sehr viel schwerere Bowlingkugel auch nur um einen Hauch zu verschieben.

Das Neutron andererseits müsste eine vergleichbare Masse haben wie ein Proton*, was heißt, dass der Zusammenprall eines Protons mit einem Neutron eher wie der Zusammenprall einer Bowlingkugel mit einer anderen Bowlingkugel wäre. Chadwick berechnete, dass ein Gammastrahl eine Energie von 50 MeV bräuchte, ein Neutron hingegen nur eine Energie von 4,5 MeV, also weniger als die 5,3 MeV, die ein vom Berylliumkern absorbiertes Alpha-Teilchen mitbrachte. Plötzlich schien das alles sehr viel verständlicher. Aber ihm fehlte noch der Beweis für seine Theorie.

Chadwick war klar, dass er sich in einem Wettlauf mit der Zeit befand. Ohne Zweifel würde es nicht lange dauern, bis Curie oder die Wissenschaftler in Berlin ebenfalls die Bedeutung der Beryllium-Resultate erkennen würden. Er verfügte über eine Poloniumquelle, die er von einem Krankenhaus in Baltimore bekommen hatte, und schloss sich in sein Labor ein, wo er wie ein Besessener arbeitete. Er gönnte sich nur drei Stunden Schlaf pro Nacht, da er fürchtete, seine Wettbewerber könnten der gleichen Spur folgen. Nach einem Jahrzehnt des Frusts und der Niederlagen müsste er verdammt sein, sollte er noch auf den letzten Metern um Haaresbreite eingeholt und geschlagen werden. 14 Tage später kam er wieder ans Tageslicht, graugesichtig, erschöpft, aber triumphierend.

Im Februar 1932 nahm Chadwick an einem Treffen des Kapiza-Clubs teil – ein bewusst informell gehaltenes Treffen von Physikern, das Pjotr Kapiza, ein Russe von überschäumendem Temperament, in seinen Privaträumen am Trinity College organisierte. Gelockert durch ein gutes Abendessen und ein paar Gläser Wein hielt der ansonsten zurückhaltende Chadwick einen ungewöhnlich zuversichtlichen Vortrag, zu dem er nur ein Stück Kreide und eine Tafel nutzte. Er musste immer wieder Unterbrechungen durch Kapiza und das

---

* Vergessen Sie nicht, dass laut Rutherford ein Neutron aus einem Proton und einem Elektron besteht.

hingerissene Publikum einfangen, konnte sein Publikum aber vom ursprünglichen Hinweis von Curie und Joliot bis zu seiner eigenen Schlussfolgerung führen. Nachdem er wochenlang Paraffinwachs und eine ganze Reihe anderer Materialien beschossen hatte, war es Chadwick gelungen, die Vorstellung zu widerlegen, die rätselhaften Teilchen, die aus dem Beryllium stammen, könnten Gammastrahlen sein. Ohne das heilige Gesetz der Energieerhaltung zu brechen, ließ sich diese Idee nicht halten. Curies und Joliots Ergebnisse und all seine eigenen Beobachtungen ließen unzweideutig nur den Schluss zu, dass es sich bei der Strahlung um ein neutrales Teilchen mit etwa der Masse eines Protons handeln musste. Die Gerüchte, die in den letzten Wochen im Cavendish ihre Runden gezogen hatten, erwiesen sich als zutreffend. Nach mehr als einem Jahrzehnt erfolgloser Bemühungen hatte Chadwick den letzten und am schwierigsten zu findenden Baustein der Atome entdeckt, das Neutron.

Nach einer derart langen Dürrephase ohne neue Entdeckungen badeten sich Rutherford und das Cavendish Laboratory als Ganzes im Lichte von Chadwicks Triumph. Kurz nachdem Chadwick einen Bericht in der Zeitschrift *Nature* vorgelegt hatte, stellte Rutherford die Erkenntnis in einem Vortrag an der Royal Institution in London vor, genau wie sein alter Chef J. J. es 1897 getan hatte, als er dem Elektron auf die Spur gekommen war. Die Entdeckung des Neutrons war insbesondere für Rutherford eine Befriedigung – war er es doch gewesen, der dessen Existenz bereits 1920, ein Dutzend Jahre zuvor, vorausgesagt hatte.

Allerdings war der Sieg nicht vollständig. Chadwick hatte versucht, die Masse des Neutrons zu messen, und war zu dem Ergebnis gekommen, dass sie etwas geringer sei als die eines Protons. Anders, als man zunächst denken würde, stützte dies Rutherfords Vorstellung, dass das Neutron aus einem Proton und einem Elektron bestehe. Damit das Neutron stabil sein konnte, musste bei einer Fusion von Proton und Elektron etwas Energie freigesetzt werden. Diese »Bindungsenergie« schien zu erklären, dass die Kombination etwas weniger wog als die Summe ihrer Teile.

In Paris hatten Irène und Frédéric ihre Arbeit am Beryllium allerdings nicht aufgegeben. Sie nutzten eine genauere Methode als Chadwick und waren so in der Lage zu zeigen, dass er sich bei der Masse des Neutrons geirrt hatte; es wiegt in Wirklichkeit rund 0,1 Prozent *mehr* als ein Proton. Rutherford war gezwungen zuzugestehen, dass ein Neutron gar nicht aus einem Proton und einem Elektron besteht. Denn tatsächlich war die ganze Vorstellung, dass ein Atomkern aus Protonen und Elektronen besteht, falsch. Physiker waren in die Logikfalle getappt, als sie annahmen, weil Elektronen aus dem Kern herausgeschleudert werden, müssten sie dort zuvor auch vorhanden gewesen sein. Es stellte sich heraus, dass Elektronen in Wirklichkeit genau in dem Moment entstehen, in dem der Kern einem radioaktiven Zerfall unterliegt. Der Atomkern besteht nicht aus Protonen und Elektronen, sondern aus Protonen und Neutronen. Beim radioaktiven Betazerfall verwandelt sich ein Neutron im Atomkern in ein positiv geladenes Proton, das innerhalb des Zellkerns bleibt, und es wird ein negativ geladenes Elektron herausgeschleudert.

Das Neutron wurde schon bald als grundlegender und eigenständiger Baustein des Atoms anerkannt, neben dem Proton und dem Elektron. Mit diesen drei Teilchen können Sie jedes Atom herstellen, das Sie möchten, vom Wasserstoff (1 Proton und 1 Elektron) bis zum Uran (92 Protonen, 92 Elektronen und 146 Neutronen). Die Frage ist damit folgende: Wie kommen diese Zutaten nun zusammen, um die chemischen Elemente unseres Apfelkuchens zu bilden? Um das zu beantworten, mussten Physiker zu den Sternen hinaufblicken.

KAPITEL 5

THERMONUKLEARE ÖFEN

Vor ein paar Jahren durchquerte ich das verschlafene englische Dörfchen Culham – ich war auf dem Weg zum größten Nuklearexperiment der Welt. Geschmiegt in eine Biegung des Oberlaufs der Themse und umgeben von der pittoresken Landschaft Oxfordshires erweckt Culham nicht den Anschein, als würden sich hier Wissenschaftler darum bemühen, eine der stärksten Kräfte des Universums zu bezwingen. Und doch liegt kurz hinter der Ortschaft ein ausgedehnter Wissenschaftscampus, auf dem ein internationales Team sich an eine wahre Prometheus-Aufgabe heranwagt: Es versucht, auf der Erde einen Stern zu erzeugen.

Am Empfang des Campus traf ich Chris Warrick, Chef der Öffentlichkeitsarbeit des Labors und mein Tour Guide für den Tag. Eigentlich war ich in meiner Eigenschaft als Kurator des Londoner Science Museum angereist und auf der Suche nach spannenden Objekten wissenschaftlicher Ausrüstung, die wir für unsere Sammlungen brauchen konnten. Doch dies war eine großartige Ausrede für mich, jenes Experiment mit eigenen Augen zu sehen, das ich schon seit meiner Jugendzeit besuchen wollte – den Joint European Torus (JET).

JET ist der weltgrößte Kernfusionsreaktor: ein riesiger Donut aus Metall, der Wasserstoff auf Temperaturen von Hunderten Millionen Grad aufheizt. Unter diesen extremen Temperaturen fusionieren Wasserstoffatomkerne miteinander und erzeugen Helium, wobei winzige Hitze- und Lichtstöße freigegeben werden. Genau dieser Vorgang bildet die Energiequelle unserer Sonne und anderer Sterne. Das Team am JET arbeitet daran, diese unglaubliche Energie zu zähmen und zu kontrollieren. Wenn ihm das gelungen ist, kann Kernfusion genug an sauberer*, billiger Energie erzeugen, um unseren Bedarf für Millionen Jahre zu decken.

Den Traum, die Energie der Sterne hier auf der Erde nutzbar zu machen, hegen Wissenschaftler und Ingenieure schon seit den 1930er-Jahren, als man die Kernenergie entdeckte. Heute, in Zeiten der Klimakrise, wäre dies sogar noch wertvoller. Als ich in den späten 2000er-Jahren überlegte, eine Doktorarbeit zu schreiben, hatte ich ernstlich erwogen, mich für Forschungen zur Kernfusion zu bewerben. Doch als sich die Chance bot, am frisch wiederhergestellten Large Hadron Collider zu arbeiten, musste ich sie einfach ergreifen. Der Wunsch aber, einen Fusionsreaktor einmal aus der Nähe zu erleben, lebte in mir fort.

Vom Empfang aus führte Chris mich eine Straße entlang zu einem großen weißen Gebäude im 60er-Jahre-Look, das sich perfekt als Double für das Sternenflotten-Hauptquartier von *Star Trek* eignen würde. Nachdem wir unseren Weg durch ein Labyrinth von Gängen und Sicherheitstüren fortgesetzt hatten, betraten wir die Haupthalle. Vor uns ragte JET auf: ein Koloss aus Röhren, Kabeln und Maschinen, dominiert von acht massigen eisernen Transformatorkernen, die als orangefarbene Stützpfeiler rund um den zentralen Reaktor hervorragten. Angesichts der schieren Masse der Maschine konnte ich nicht anders als glauben, dass dort drinnen irgendeine furchtbare Macht gefangen gehalten wird.

Beim Rundgang um den Reaktor erläuterte Chris mir die Herausforderungen, vor denen seine Kollegen stehen. Man benötigt extrem hohe Temperaturen für die Fusion, was es unmöglich macht, den brennenden Wasserstoff in irgendeinem herkömmlichen Gefäß aufzubewahren. Stattdessen hält man ihn durch ein sehr starkes Magnet-

---

* Kernfusionsreaktoren würden kein Kohlenstoffdioxid erzeugen und im Gegensatz zu Kernspaltungsreaktoren, die Energie aus dem Aufbrechen von Urankernen gewinnen, keinen lange strahlenden radioaktiven Müll produzieren.

Thermonukleare Öfen

feld von den Wänden des Reaktors fern. Das Magnetfeld zwingt zudem den Wasserstoff in eine ringförmige Bahn, die im Kreis rund um das Zentrum des donutförmigen Reaktors verläuft. Als JET Anfang der 1980er-Jahre gebaut wurde, hoffte man, dies werde das erste Kernfusionsexperiment sein, das den Break-even erreicht – jenen Punkt, an dem man mehr Energie aus der Fusionsreaktion herausholt, als man vorher hineingesteckt hat. Doch aufgrund eines ganzen Bündels unvorhergesehener Effekte, auf die man erst stieß, als der Reaktor in Gang gesetzt worden war, wurde dieser Heilige Gral bis heute nicht gefunden. Stattdessen ist JET heute das Testfeld für einen noch größeren Reaktor, der unter dem Namen ITER in Südfrankreich gebaut wird. Dieses 20-Milliarden-Euro-Megaprojekt soll endlich die Brauchbarkeit von Kernfusion als Energiequelle beweisen, doch ITER wurde inzwischen mehrfach von technischen wie politischen Problemen heimgesucht, weshalb auch hier Zweifel bestehen, ob das Projekt sein Ziel jemals erreichen wird.

Später saßen Chris und ich in seinem Büro zusammen und besprachen die Aussichten der Fusionsenergie. Zumindest er ist überzeugt, dass wir sie eines Tages werden nutzen können. Langsam, aber sicher wird eine technische Hürde nach der anderen überwunden, und um aufzugeben ist das Versprechen von unbegrenzter sauberer Energie einfach zu verführerisch. Doch bleiben die technischen Hindernisse gewaltig.

Das Problem, das Wissenschaftler und Ingenieure in Culham zu lösen versuchen, ist genau jenes, dem wir uns bei unserer Suche nach dem ultimativen Apfelkuchenrezept gegenübersehen. Nun, da wir die grundlegenden Zutaten für alle Atome beisammenhaben – Elektronen, Protonen und Neutronen –, müssen wir einen Weg finden, diese zusammenzufügen, um die chemischen Elemente entstehen zu lassen, die in einem Apfelkuchen vorkommen. Wasserstoff herzustellen ist leicht – man nehme einige Protonen und Elektronen und schüttele kräftig. Kohlenstoff und Sauerstoff, die Kerne aus sechs Protonen und sechs Neutronen beziehungsweise acht Protonen und acht Neutronen haben, sind da schon eine größere Herausforderung.

Doch bevor wir überhaupt daran denken können, Kohlenstoff und

Sauerstoff anzugehen, müssen wir eine Möglichkeit entwickeln, ein Element zu erzeugen, das gar nicht im Apfelkuchen vorkommt: Helium. Als zweites Element im Periodensystem, mit einem Kern aus zwei Protonen und zwei Neutronen, gibt es keinen Weg zu Kohlenstoff und Sauerstoff, der nicht an Helium vorbeiführt.

Die Leute am JET können Ihnen ein Lied davon singen: Leider stellt es sich als verdammt schwierig heraus, aus Wasserstoff Helium zu erzeugen. Um das zu verstehen, geben wir uns einem kleinen Gedankenexperiment hin. Stellen Sie sich bitte vor, wir befinden uns in einer Atomkernküche. Vor uns auf der Arbeitsfläche stehen zwei Schüsseln mit unseren Grundzutaten: Protonen und Neutronen. Unser Tagesgericht soll der Heliumkern sein, eine einfache Kombination aus zwei Protonen und zwei Neutronen. Das ist das Einmaleins des nuklearen Kochens. Was könnte einfacher sein!?

Wie wir oben schon gesehen haben, ist es die Kernladung, die ein Heliumatom zu einem Heliumatom macht – mit anderen Worten die Anzahl der Protonen in seinem Kern. Um anzufangen, nehmen wir uns also zwei Protonen. In dem Moment, in dem wir diese beiden zusammenführen wollen, stehen wir gleich vor einem Problem. Die beiden positiv geladenen Teilchen stoßen sich ab, und je näher wir sie zusammenbringen wollen, desto stärker wird die Abstoßungskraft. Die elektrische Abstoßung zwischen zwei Ladungen folgt dem Abstandsquadratgesetz – mit anderen Worten: Die Kraft zwischen den beiden Ladungen vervierfacht sich jedes Mal, wenn man den Abstand zwischen ihnen halbiert. Das heißt, lange bevor wir die Protonen auch nur in die Nähe einer Berührung bekommen, zwingt eine gewaltige Kraft sie aus unseren Händen und lässt sie durch den Raum schießen. Womöglich zerschmettern sie dabei sogar noch ein wenig nukleares Geschirr.

Genau dieses Problem brachte Ernest Rutherford zu der Spekulation über die Existenz eines Neutrons. Ein neutrales Teilchen ist keiner Abstoßungskraft ausgesetzt, weshalb es vergleichsweise ein Kinderspiel sein sollte, ein Proton und ein Neutron zusammenzufügen. Aber: Wenn wir uns nun der Schüssel mit den Neutronen zuwenden, müssen wir zu unserer Bestürzung feststellen, dass in der Zeit, in der wir durch die Protonen abgelenkt waren, fast alle Neutronen verschwunden und nur Protonen und Elektronen zurückgeblieben sind. Das ist das zweite Problem: Neutronen sind nicht stabil. Außerhalb der sicheren Grenzen eines Atomkerns verbringt ein Neutron nur eine kurze und unsichere Existenz von durchschnittlich etwa 15 Minuten, bevor es spontan in ein Proton, ein Elektron und ein drittes, geisterhaftes Teilchen namens »Neutrino« zerfällt (zu diesem gleich mehr). Ironischerweise bedeutet diese Instabilität, dass Neuronen, obwohl man sie erfand, um die Entstehung von Elementen zu erklären, heute fast keine Rolle mehr spielen bei der Bildung von Elementen, die leichter als Eisen sind.* Sie hängen einfach nicht lange genug ab.

So, da haben wir offenbar eine Sackgasse erreicht. Der einzige Ausweg scheint darin zu liegen, eine Möglichkeit zu finden, wie wir die große elektrische Abstoßung überwinden können, die die beiden Protonen auseinanderhält. Dazu müssen wir zweierlei erreichen. Zunächst brauchen wir eine weitere Kraft, eine anziehende, die die beiden Protonen miteinander verknüpft, sobald wir sie eng genug zusammengebracht haben. Erste Hinweise auf eine solche Kraft fanden James Chadwick und ein junger Physiker namens Étienne Bieler schon 1921. Beim Abprallen von Alpha-Teilchen aus Wasserstoffkernen entdeckten sie, dass auf diese, sobald sie sich auf ein paar Tausendstel eines Billionstelmeters angenähert hatten, eine Anziehungskraft zu wirken begann, die sie zusammenbrachte. Es stellte sich heraus, dass dies das erste Zeichen für eine unbekannte natürliche Kraft war – die starke Kernkraft –, die so heißt, weil sie stark genug ist, die enorme elektrische Abstoßung zwischen zwei Protonen zu überwinden.

In den 1920er-Jahren hatten Physiker noch fast kein Verständnis der starken Kernkraft. Klar war nur, dass es sie geben musste, um erklären zu können, wie der Atomkern zusammenhält, und dass sie erst

---

* Wir werden uns später noch damit beschäftigen, dass beim Erzeugen von Elementen, die schwerer als Eisen sind, Neuronen doch eine Rolle spielen. Sogar beim Erzeugen von Gold.

dann zu wirken beginnt, wenn zwei Protonen einander so nahekommen, dass sie sich fast berühren. Das führt uns zum zweiten Teil des Puzzles. Wenn wir Protonen fusionieren wollen, um Helium zu erzeugen, brauchen wir einen Weg, sie nahe genug aneinanderzubekommen, damit die starke Kernkraft eingreifen kann. Bei diesem Abstand – etwa ein Tausendstel eines Billionstelmeters – ist die elektrische Abstoßung der beiden Protonen jedoch unfassbar groß: so groß wie die Gravitationskraft der Erde auf eine 5-Kilo-Hantel. Das mag sich jetzt nicht nach sehr viel anhören, aber vergessen Sie nicht, dass dies die Kraft eines *einzigen* Protons ist, und die Masse eines Protons beträgt nur 0,00000000000000000000000017 Kilogramm.

Sie können sich das abstoßende elektrische Feld um einen Atomkern wie den steil ansteigenden Wall einer schwer befestigten Burg vorstellen. Um den Burgfried von außen zu erklimmen, muss ein Proton schnell genug voranstürmen, damit es auf die Spitze der Mauern »springen« kann, wo dann die starke Kernkraft übernimmt und es in den Kern hineinzieht. Das gelingt nur, wenn die Protonen irrsinnig schnell unterwegs sind, und solch eine Wahnsinnsgeschwindigkeit verlangt Wahnsinnstemperaturen, Temperaturen von zig Millionen Grad. Aus genau diesem Grund müssen die Wissenschaftler am JET den Wasserstoff auf unglaublich hohe Temperaturen bringen, und aus diesem Grund ist es so schwer, die Kernfusion zu beherrschen. Zwar haben wir auf der Erde noch nicht herausgefunden, wie man das am besten macht, doch im Universum gibt es Orte mit derart hohen Temperaturen.

DIE UNMÖGLICHE SONNE

Der erste Mensch, dem eine annehmbare Schätzung der Temperatur im Zentrum eines Sterns gelang, war der englische Astronom Arthur Stanley Eddington. Seine Liebesaffäre mit der Astronomie begann bei nächtlichen Spaziergängen mit seiner Mutter 1886 auf den Promenaden der Küstenstadt Weston-super-Mare. Der vierjährige Arthur

Thermonukleare Öfen

sah in die Pechschwärze hinauf und versuchte, alle Sterne des Nachthimmels zu zählen.

Als Direktor des Cambridge Observatory rang Eddington 1920 mit der uralten Menschheitsfrage nach der Sonne und den Sternen – warum scheinen sie? Alles in allem pustet die Sonne ununterbrochen 383 Billionen Billionen Watt Energie ins Weltall[26], genug, um 150 Billionen Wasserkessel dauerhaft am Kochen zu halten. Das gäbe eine Menge Tee.

Seit Mitte des 19. Jahrhunderts wurde eine Debatte über die Quelle dieser unfassbaren Kraft geführt und über die entscheidende Frage, wie lange die Sonne noch scheinen würde. Auf der einen Seite standen die Geologen und Naturforscher, wie etwa der große Charles Darwin, die meinten, dass Erde und Sonne schon Hunderte von Millionen, womöglich gar Milliarden von Jahren alt sein müssten, damit die quälend langsam vonstattengehenden Prozesse beim Bilden von Gebirgen oder der Evolution von Lebewesen durch natürliche Auslese erklärt werden konnten. Ihnen gegenüber standen Physiker, angeführt von Lord Kelvin (der mit seiner eigenen Temperaturskala), die das arrogant als Blödsinn abtaten. Es gab schlicht keine bekannte Energiequelle, die die Sonne für länger als ein paar Millionen Jahre so am Brennen halten konnte, wie sie es derzeit tat. Und überhaupt, wer waren diese Steineklopfer, dass sie sich erlaubten, sich mit physikalischen Gesetzen anzulegen?

Nach Jahrzehnten des Wirrwarrs tauchte 1919 ein entscheidender Hinweis auf. Nur ein wenig die Straße hinunter von Eddingtons baumbestandenem Observatorium am Rande Cambridges forschte Francis Aston in einem schäbigen Kellerraum des Cavendish Laboratory und wog Atome mithilfe des neu erfundenen Massenspektrometers. Astons großer Triumph war seine Erkenntnis gewesen, dass jedes Atom eine Masse hat, die einem ganzzahligen Vielfachen von Wasserstoffatomen entsprach, was ein überzeugender Beweis dafür war, dass Wasserstoffatomkerne (Protonen) die Grundbausteine von Atomen sind. Allerdings stieß er auf eine verwirrende Ausnahme.

Astons Spektrometer konnte Atommassen nur relativ zueinander bestimmen, also brauchte man ein Referenzelement, mit dem man alle anderen Massen verglich. Damals war Sauerstoff, mit einer Atommasse von 16 (acht Protonen plus acht Neutronen), das Referenzelement der Wahl. Damit war die Grundeinheit der Atommasse definiert als ein Sechzehntel der Masse eines Sauerstoffatoms. Aus dieser Skala stach nun aber ein Element heraus: Wasserstoff selbst. Dem Gesetz nach müsste ein Wasserstoffatom die exakte Masse 1 besitzen, doch sie stellte sich als etwas höher heraus: 1,008.

Als Eddington von Astons seltsamem Ergebnis erfuhr, erkannte er umgehend dessen Bedeutung. Wenn, wie Rutherford und Aston behaupteten, alle Atome aus Wasserstoff bestehen, dann könnte dieses kleine bisschen überzählige Masse genau die wahre Energiequelle der Sonne sein. 1905 hatte Einstein postuliert, dass Masse und Energie austauschbar sind; eine Idee, die durch die berühmteste Formel der Wissenschaft ausgedrückt wird: $E=mc^{2*}$.

Nun ist die Lichtgeschwindigkeit (c) eine sehr große Zahl (299 792 458 Meter pro Sekunde, um genau zu sein), was bedeutet, dass die Lichtgeschwindigkeit im Quadrat eine sehr, sehr große Zahl ist. Mit anderen Worten macht uns diese Gleichung klar, dass jedes Kilogramm Masse (m) das Potential hat, einen verhängnisvollen Energiestoß (E) freizusetzen. Wenn vier Wasserstoffatome zu Helium fusioniert werden können, würde das kleine bisschen überzählige Masse jedes Wasserstoffatoms in Energie umgewandelt werden. Eddington errechnete: Sollte Wasserstoff mindestens 7 Prozent der Sonne ausmachen, würde der Prozess der Kernfusion sie problemlos lange genug zum Leuchten bringen, um Darwin und alle Geologen glücklich zu machen.

Eddington wusste sehr genau, dass diese Idee reine Spekulation war; niemandem war es gelungen, in einem Labor Wasserstoff zu Helium zu fusionieren. Die große Frage war, ob das Innere der Sonne heiß genug war, um die elektrische Abstoßung zwischen Protonen zu überwinden und sie zusammenzuzwängen. Glücklicherweise hatte Eddington erst kürzlich das Werkzeug entwickelt, um sich an diese

---

* $E=mc^2$ taucht in Einsteins Aufsatz gar nicht auf. Stattdessen kombiniert er Symbole und Worte, um diesen Zusammenhang deutlich zu machen.

Frage zu wagen – das erste realistische Modell zu den inneren Abläufen in einem Stern.

Mithilfe seines Modells berechnete Eddington die Temperatur im Herzen der Sonne – und kam auf knisternde 40 Millionen Grad Celsius. Und auch wenn das weit, weit mehr war, als jede je in einem Labor erzeugte Temperatur, so war es doch weniger als die geschätzten zehn Milliarden Grad, die man zur Fusion zweier Protonen braucht. Wie wir in unserer eigenen Atomkernküche gesehen haben, sind zwei Protonen nur dann in der Lage, ihre gewaltige elektrisch Abstoßung zu überwinden, wenn sie sich mit atemberaubender Geschwindigkeit bewegen, und selbst bei 40 Millionen Grad sind sie noch lange nicht schnell genug.

Unbeirrt davon zeigte sich Eddington überzeugt, dass die Sonne und andere Sterne Helium aus Wasserstoff fusionieren. Berühmt wurde sein Ausspruch: »Wir streiten uns nicht mit dem Kritiker, der darauf drängt, dass Sterne für diesen Prozess nicht heiß genug sind; wir sagen ihm schlicht, er solle losgehen und *einen noch heißeren Ort* aufsuchen.«[27] (Wahrscheinlich die vornehmste Art, jemandem zu sagen, er solle zur Hölle fahren.) Damit Eddington recht haben konnte, müssten Protonen irgendwie die akzeptierten Gesetze der Physik brechen. Glücklicherweise war in den Anfangsjahren des 20. Jahrhunderts das Brechen von physikalischen Gesetzen dank einer revolutionären neuen Theorie gerade der letzte Schrei. Sie stellte alles auf den Kopf.

QUANTENKOCHEN

Meine erste Begegnung mit der seltsamen und wunderbaren Welt der Quantenphysik war der Moment, als meine Eltern mir zum elften Geburtstag ein dünnes Taschenbuch mit dem Titel *Mr. Tompkins im Wunderland oder Träumereien von c, g und h* schenkten. Dort werden die Abenteuer des Titelhelden erzählt, »eines kleinen Angestellten einer Großstadtbank«, der immer wieder einnickt und von fantastischen Welten träumt, die von Fragen der Physik inspiriert sind. Durch Mr Tompkins Abenteuer entdecken wir eine Welt, wie sie wäre, wenn alltägliche Objekte sich auf Quantenart verhalten würden, was unter anderem zu einem sehr seltsamen Billardspiel führt oder Sorgen weckt, dass Löwen und Tiger spontan außerhalb ihrer Zookäfige auftauchen könnten. Der Autor dieser zauberhaften Spielerei war einer der einfallsreichsten Physiker des 20. Jahrhunderts, George Gamow. Es waren seine Einsichten, die es Physikern schließlich erlaubten, das Paradox der Kernfusion in den Sternen zu entwirren.

Er wurde als Georgi Antonowitsch Gamow 1904 in Odessa am Schwarzen Meer geboren. Schon als kleiner Junge bewies er eine kämpferische Neugier und eine gesunde Missachtung von Autoritäten. Im Alter von zehn begann er der Aussage seines Priesters zu misstrauen, die bei der Kommunion ausgegebene Hostie habe sich durch Transsubstantiation in das Fleisch Christi verwandelt. Eines Sonntags schmuggelte er einen Hostienkrümel in seiner Backentasche nach Hause und untersuchte ihn unter einem Mikroskop, das ihm sein Vater gekauft hatte. Er schlussfolgerte, dass der Leib Christi mehr mit gewöhnlichem Brot gemein hatte als mit menschlichem Fleisch: Er hatte sich ein kleines Stück Fleisch von seinem eigenen Finger abgeschnitten, um seine Probe vergleichen zu können. Später schrieb er: »Ich glaube, dieses Experiment hat mich zu einem Wissenschaftler gemacht.«[28]

Trotz der vom Ersten Weltkrieg und der bolschewistischen Revolution verursachten Turbulenzen erhielt Gamow eine ausgezeichnete Ausbildung, zunächst in Odessa, später in Petrograd, der besten Universität für theoretische Physik der Sowjetunion. Seine große Chance kam aber 1928, als er den Sommer in Göttingen verbrachte und am Institut für Theoretische Physik arbeitete, dem eine der Führungsfiguren der Quantenrevolution vorstand, Max Born.

Gamow beschreibt die Uni als »vor Enthusiasmus brummend«[29], in den Seminarräumen und Cafés saßen überall Physiker und diskutierten über die Konsequenzen der neuen Theorie. Doch Gamow arbeitete lieber in weniger dicht bevölkerten Bereichen und zog sich daher in die Bibliothek zurück, wo er auf einen Aufsatz von Ernest Rutherford über den Beschuss von Uran mit Alpha-Teilchen (Heliumkerne aus zwei Protonen und zwei Neutronen) stieß. Nach der Lektüre blieb Gamow einigermaßen ratlos zurück. Rutherford hatte erkannt, dass es unmöglich war, Alpha-Teilchen dazu zu bekommen, in den Urankern einzudringen, und doch war inzwischen gut bekannt, dass Uran spontan Alpha-Teilchen ausstieß. Wie konnte es sein, dass Alpha-Teilchen von außen nicht in den Atomkern hineinkonnten, aber die gleichen Teilchen mit der Hälfte der Energie in der Lage waren, von innen heraus zu flüchten?

Gamow vermutete, eine Erklärung könnte durch die Anwendung der bahnbrechenden Theorie der Quantenmechanik auf den Atomkern gefunden werden, etwas, das zuvor noch niemand versucht hatte. Zu diesem Zeitpunkt wurden die Quantengesetze nur genutzt, um die Art und Weise zu erklären, wie Elektronen Atome umkreisen. Ganz und gar nicht klar war, ob dieselben Gesetze auch in der geheimnisvollen Welt der Atomkerne gelten.

Im Zentrum der Quantenmechanik steht eine der am wenigsten eingängigen und doch grundlegendsten Ideen der Physik: der Welle-Teilchen-Dualismus. Ende des 19. Jahrhunderts zeigten sich Physiker überzeugt, das Licht eine Welle sei, ein sich verteilendes, schwabbeliges Ding, wie das Kräuseln auf der Oberfläche eines Sees. Experimente hatten schlüssig die Welleneigenschaften des Verhaltens von Licht gezeigt, darunter seine Fähigkeit, sich in kreisförmigen Wellen auszubreiten, wenn es durch ein kleines Loch fällt, ein Verhalten, das als Beugung oder Diffraktion bekannt ist. Man wusste auch, dass es zur Interferenz kommt, wenn sich zwei Lichtwellen überlagern und entweder eine größere Welle entsteht oder die beiden sich gegenseitig auslöschen, wenn der Kamm einer Welle auf das Tal einer anderen Welle trifft.

Zu Beginn des 20. Jahrhunderts fingen die Dinge jedoch mit einem Mal an, verwirrend zu werden. Zunächst hatte der Berliner Physiker Max Planck gezeigt, dass es möglich ist, die Farben des Lichts, das von einem heißen Körper abstrahlt – sagen wir von einem rot glühenden Stück Eisen –, zu erklären, wenn man bei der Berechnung annimmt, dass das Licht in einzelnen kleinen Paketen, den »Quanten«, ankommt. Planck hielt das anfänglich nur für einen mathematischen Trick, mit dem man auf die richtige Antwort kommt, doch 1905 veröffentlichte Einstein einen wichtigen Aufsatz: Er zeigte, dass sich das als »photoelektrischer Effekt« bekannte, verwirrende Phänomen erklären ließ, wenn Licht tatsächlich in gequantelten kleinen Päckchen daherkommt. Mit anderen Worten: Licht ist ein Strom von Teilchen, auch Photonen genannt.

Diese beiden sich offenbar widersprechenden Annahmen über die Natur des Lichts setzten die Quantenrevolution in Gang. Anfangs glaubte man, dass nur Photonen diesen merkwürdigen Welle-Teilchen-Dualismus zeigten, doch 1924 behauptete der Franzose Louis de Broglie, dies sei nicht nur eine Eigenschaft von Licht, sondern treffe auch auf Materieteilchen zu. Elektronen, Protonen und sogar Atome – Teilchen, die man bislang für kleine harte Brocken hielt mit klar definierten Positionen – können dazu gebracht werden, dass sie wie sich ausbreitende Wellen wirken. Ein Jahr vor Gamows Ankunft in Göttingen war de Broglies bizarre Hypothese auf aufsehenerregende Art und Weise von George Paget Thomson, J. J.s Sohn, bestätigt worden: Er hatte Elektronen durch dünne Metallfilme gefeuert und entdeckt, dass sie ebenfalls ein Beugungsmuster hinterlassen[*], was scheinbar den Experimenten seines Vaters widersprach, nach denen Elektronen Teilchen sind.

Wenn nun langsam Ihr Kopf anfängt, sich zu drehen, machen Sie sich keine Sorgen. Diese Erkenntnisse irritierten die gesamte Physiker-Community bis weit in die 1920er-Jahre hinein ziemlich heftig. Die zugänglichste, oder sage ich besser: am wenigsten unzugängliche Beschreibung dieses Quanten-Irrsinns stammt vom österreichischen Theoretiker Erwin Schrödinger. Man kennt sie als »Wellenmechanik«.

Im Allgemeinen lassen sich Teilchen, darunter Photonen, Elektro-

---

[*] Ähnliches wurde etwa zur gleichen Zeit von den beiden Amerikanern Clinton Davisson und Lester Germer an den Bell Labs in New York entdeckt. Davisson und G. P. Thomson teilten sich einen Nobelpreis.

nen und Protonen, als spezifische Punkte im Raum erkennen. Feuert man beispielsweise bei einem Experiment ein Elektron zum Nachweis auf einen Schirm, so wird dieses Elektron an einer genau definierten Stelle auf diesen Schirm auftreffen. Die Tatsache, dass das Elektron scheinbar nur an einer Stelle ankommt, anstatt überallhin verstreut zu werden, nennt man den Teilchenaspekt seines Verhaltens. Die Wellenmechanik sagt nun aber, dass zwischen dem Moment, in dem das Elektron abgefeuert, und dem Moment, in dem das Elektron aufgezeichnet wird, es sich ganz und gar nicht wie ein Teilchen verhält – vielmehr ist es als Welle unterwegs.

Diese Welle ist nun aber keine Welle, wie wir sie aus dem Wasser oder der Luft oder überhaupt irgendeinem Medium kennen. Sie ist eine Welle der c, bekannt als »Wellenfunktion«. Die Größe der Wellenfunktion hängt mit der Wahrscheinlichkeit zusammen, das Elektron an einer bestimmten Stelle des Schirms zu finden; je größer die Wellenfunktion an einem gegebenen Punkt, umso wahrscheinlicher finden wir das Teilchen dort. Nun kommt der seltsame Teil. Irgendwie *kollabiert* die Wellenfunktion von ihrer Ausbreitung durch den Raum auf *einen einzigen Punkt*, an dem das Elektron aufgezeichnet wird. Es ist unmöglich, im Vorhinein zu wissen, auf welchen Punkt die Welle kollabieren wird, wir können nur die Wahrscheinlichkeit berechnen, nach der die Wellenfunktion an unterschiedlichen Orten auf dem Schirm kollabiert. Dieser sinnwidrige Prozess trägt den Namen »Kollaps der Wellenfunktion«, und bis heute versteht niemand wirklich, wie er funktioniert.* Alles, was wir wissen, ist, dass die Dinge in der subatomaren Welt offenbar genau so ablaufen.

Gut, zurück zu dem kleinen George. Gamow erkannte: Nutzte er die Wellenmechanik, um das Verhalten der aus einem Urankern herausgeschossenen Alpha-Teilchen zu beschreiben, konnte das Paradox, dass sie eigentlich nicht genug Energie haben, um zu entkommen, überwunden werden. Bleiben wir bei unserem Bild einer Festung, die ich übrigens Gamows eigener Beschreibung in *Mr. Tompkins*

---

* Oder ist sich überhaupt einig, ob das notwendig ist. Eine großartige Darstellung dazu findet sich in *Beyond Weird* von Philip Ball.

geklaut habe. Bei diesem Bild ist der Kern wie das Innere der Burg, geschützt durch eine hohe Mauer, die Eindringlinge ab- und Bewohner festhält. Gamow stellte sich das Alpha-Teilchen vor seiner Flucht aus dem Kern so vor, als würde es innerhalb der Festungsmauern hin und her springen. Stellen wir uns das Alpha-Teilchen auf die herkömmliche Art und Weise vor, als feste kleine Kugel, so wird es nie genug Energie haben, um über die Mauer hinaushüpfen und entkommen zu können.

Denken wir uns das Alpha-Teilchen aber einmal als Welle, kann tatsächlich etwas sehr Seltsames geschehen; es kann durch die Wände ausströmen, wie Wasser, das sich durch die Ritzen zwischen den Backsteinen seinen Weg sucht. Damit ist ein kleines bisschen des Alpha-Teilchens außerhalb der Burg, sodass eine kleine, aber nicht unbedeutende Wahrscheinlichkeit besteht, dass das Alpha-Teilchen außerhalb der Mauern gefunden wird. Wenn die Wellenfunktion kollabiert, kann das Alpha-Teilchen plötzlich außerhalb des Urankerns erscheinen, als hätte es sich einen Tunnel durch das Hindernis gegraben. Es ist ein wenig so, als würde sich ein Häftling immer wieder heftig gegen die Wände seiner Zeller werfen, bis er plötzlich, als wäre es Zauberei, sie mit einem Mal durchdringen kann und sich unversehens in Freiheit wiederfindet. Verblüffenderweise gibt es eine winzige, winzige Wahrscheinlichkeit, dass so etwas wirklich einem echten Häftling in einem realen Gefängnis geschehen kann. Doch die Wahrscheinlichkeit, dass alle Atome des Körpers des Gefangenen sich gleichzeitig durch die Wände der Zelle schmuggeln, ist so verschwindend gering, dass dies so gut wie sicher nie passiert. Auch wenn es prinzipiell möglich wäre.

Gamows Theorie wurde ein voller Erfolg und löste das Paradoxon auf, wie ein Alpha-Teilchen aus einem Urankern entkommen kann.* Während er in diesem Sommer in Göttingen an seiner Theorie arbeitete, freundete sich Gamow mit Fritz Houtermans an, einem nur um ein Jahr jüngeren Deutschen. Gamow und Houtermans verstanden

---

* Die US-Amerikaner Ronald Gurney und Edward Condon kamen zur selben Zeit wie Gamow auf dieselbe Idee.

Thermonukleare Öfen

sich auf Anhieb; sie waren beide jung, charmant und liebten einen unbesonnenen, unkonventionellen Lebensstil, sie hatten denselben Sinn für Humor, der sie häufig in Schwierigkeiten brachte, und liebten Physik. Houtermans war von Gamows Alphazerfall-Theorie fasziniert und wälzte sie auch nach seiner Rückkehr nach Berlin im Kopf. Ein paar Monate später erhielt Gamow einen Brief seines Freundes. Dieser hatte in Berlin den britischen Astrophysiker Robert Atkinson getroffen. Bei ihren Gesprächen über Gamows Theorie hatten sie überlegt, ob Teilchen, die aus einem Kern entwischen können, sich nicht vielleicht auch in ihn *hineintunneln* könnten. Atkinson kannte Eddingtons Forschungen über die Temperatur im Zentrum der Sonne und Sterne und fragte sich, ob Kernfusion nicht vielleicht doch möglich sei. Denn wenn Protonen im Zentrum der Sonne trotz der abstoßenden elektrischen Barriere zum Tunneleffekt in der Lage waren, könnte die Kernfusion auch bei geringeren Temperaturen als ursprünglich gedacht stattfinden. Vielleicht, aber nur vielleicht hatte Eddington recht.

Die drei Männer verabredeten sich im pittoresken Skiort Zürs in den österreichischen Alpen, wohl einem der angenehmsten Orte, um über die Theorie zu diskutieren. Gamow konnte zu seiner Befriedigung festhalten, dass Fritz und Robert »schon fast alle Berechnungen fertiggestellt hatten, sodass die Diskussion nicht auf Kosten unserer Zeit fürs Skifahren ging«[30].

Die Theorie von Houtermans und Atkinson war das exakte Gegenstück zu Gamows. Anstatt von einem Teilchen zu reden, das sich aus dem Kern hinauswindet, betrachteten sie Protonen, die sich von außen gegen die elektrische Barriere des Atomkerns werfen wie Soldaten, die die Mauern einer Festung zu erklimmen versuchen. Eddingtons Berechnungen hatten gezeigt, dass die Protonen in der Sonne sich nicht schnell genug bewegen, um die Spitze der Festungsmauern zu erreichen. Allerdings wird die Abstoßungsbarriere rund um den Kern immer dünner, je höher man die Wände hinaufkommt. Und wenn Protonen in der Sonne schnell genug sind, um zu dem Punkt zu gelangen, an dem die Mauer dünn genug ist, kann der quantenmechanische Tunneleffekt dafür sorgen, dass ein kleiner Teil von ihnen durch sie hindurchschlüpfen kann und im Kern auftaucht, ohne die Mauer ganz oben überwinden zu müssen.

Offen blieb allerdings die Frage, ob die Wahrscheinlichkeit für den quantenmechanischen Tunneleffekt groß genug ist, um im Zentrum der Sonne die Kernfusion zu ermöglichen. Nach ein paar Tagen mit Skifahren und Trinken, und vermutlich auch ein wenig Physik, kamen die drei zu einer Gleichung, bei der die Fusionsrate als Funktion der Temperatur und Dichte im Mittelpunkt eines Stern beschrieben wird. Leider war 1929 das Wissen über den Aufbau des Atomkerns noch so ungenügend, dass Gamow sich bei seiner Berechnung um den Faktor 10 000 verrechnete. Doch in einem der bemerkenswertesten Glücksfälle in der Geschichte der Wissenschaft unterlief Houtermans und Atkinson ein zweiter Fehler, der die Antwort um den Faktor 10 000 in die *entgegengesetzte Richtung* verschob. Wie durch ein Wunder glichen sich die beiden Fehler aus, und die Formel ergab etwas, das im Grunde absolut korrekt ist.

Nun setzten sie noch Eddingtons Schätzung über die im Innern eines Sterns herrschenden Bedingungen ein und erkannten zu ihrer großen Freude, dass Kernfusion dort tatsächlich möglich war und diese Prozesse die Sonne zudem noch für Milliarden Jahre scheinen lassen würde.

Später erinnerte sich Houtermans an diesen Höhepunkt seiner Forschungen im für ihn typischen lebendigen Stil: Nachdem er die letzten Änderungen am entscheidenden Artikel vorgenommen hatte, traf er sich für einen nächtlichen Spaziergang mit der Physikerin Charlotte Riefenstahl, der zu diesem Zeitpunkt auch noch Robert Oppenheimer[*] den Hof machte.

»Sobald es dunkel geworden war, erschienen Sterne am Himmel, einer nach dem anderen, alle in ihrer Pracht. ›Leuchten sie nicht wunderschön?‹, seufzte meine Begleiterin. Ich drückte nur stolz meine Brust heraus und erklärte selbstbewusst: ›Ich weiß seit gestern, warum sie leuchten.‹«[31]

Das ist vermutlich einer der besten Sprüche für einen Flirt über-

---

[*] Der spätere »Vater der Atombombe«.

Thermonukleare Öfen

haupt. Und er scheint gewirkt zu haben, denn Charlotte und Fritz heirateten, nicht nur ein Mal, sondern gleich zwei Mal. Houtermans und Atkinson legten ihren Forschungsaufsatz unter dem originellen Titel »How to Cook Helium in a Potential Pot« vor. Leider änderte ein eher einfallsloser Redakteur der Zeitschrift den Titel in das deutlich weniger durchschlagende »Zur Frage der Möglichkeit einer Synthese von Elementen in Sternen«.

Unabhängig von der Titelfrage erregte ihr Aufsatz nur wenig Aufmerksamkeit, zunächst zumindest nicht. Die Kernphysik steckte damals in Unsicherheiten fest, und manches, was heute als verrückte Idee erscheint, wurde damals ernsthaft durchdacht. Der große Niels Bohr hatte vorgeschlagen, das heilige Gesetz der Energieerhaltung könne innerhalb des Atomkerns aufgehoben sein, was für den Energieausstoß der Sonne verantwortlich sei. Um Land zu gewinnen, brauchten Atkinson und Houtermans experimentelle Beweise für ihren quantenmechanischen Tunneleffekt. Erfreulicherweise kamen diese von Ernest Rutherford und seinem Physikerteam am Cavendish Laboratory.

1932 nutzten die Cavendish-Physiker John Cockcroft und Ernest Walton einen der allerersten Teilchenbeschleuniger, um ein Lithium-Ziel mit einem Protonenstrahl zu bombardieren, wobei der Lithiumkern in zwei Teile gespalten wurde. Diese unglaubliche Leistung war nur dank Gamows Tunneleffekt-Theorie möglich. Obwohl die Maschine von Cockcroft und Walton Protonen auf beeindruckende 800 000 Volt beschleunigen konnte[32], fehlten noch mehrere Millionen Volt, die man bräuchte, um die Protonen so schnell werden zu lassen, dass sie direkt über die elektrische Barriere klettern konnten, die den Lithium-Kern beschützt. Die einzige Möglichkeit, zu erklären, wieso sie es dennoch geschafft hatten, das Atom zu spalten, war, dass die Protonen den quantenmechanischen Tunneleffekt durch die Absperrung genutzt hatten, genau wie Gamows Theorie das vorhersagte.

Nachdem nun die experimentelle Bestätigung vorlag, dass Quantenmechanik tatsächlich auch die Atomkerne betrifft, stand endlich der Weg zur Erklärung offen, wie innerhalb der Sonne und anderer Sterne Helium erzeugt wird. Allerdings gab es bis dahin noch ein paar hartnäckige Hindernisse zu überwinden. Denn uns fehlen noch zwei entscheidende Zutaten. Die eine ist ein seltenes Isotop von Wasserstoff, die andere ein Liebling aller Science-Fiction-Autoren: Antimaterie.

HELIUM IN ZWEI ZUBEREITUNGSARTEN

Dank der Idee des quantenmechanischen Tunneleffekts wissen wir nun, dass die Sonne und Sterne heiß genug sind, um zwei Protonen zusammenzuzwängen. Mit anderen Worten: Wir haben den thermonuklearen Ofen, in dem wir Helium zubereiten können. Wenn wir wirklich bei nichts anfangen wollen, muss unser Helium-Rezept damit einsetzen, dass wir zwei Protonen fusionieren, doch dann stehen wir bereits vor einem Problem. Es gibt keinen stabilen Atomkern aus zwei Protonen. Wenn es ihn gäbe, würde man es entsprechend der Nomenklatur als Helium-2 bezeichnen, doch so etwas gibt es nicht.

Allerdings gibt es einen Kern, der aus einem Proton und einem Neutron besteht, ein schweres Wasserstoffisotop namens Deuterium, das der amerikanische Chemiker Harold Urey 1931 entdeckte. Ein Hoffnungsschimmer für uns. Was also, wenn wir zwei Protonen kombinieren würden und im selben Augenblick eines der beiden in ein Neutron umbauten? Wäre das möglich, könnten wir Deuterium herstellen – der erste wichtige Schritt in unserem Helium-Rezept.

Bis 1932 galt es als unmöglich, ein Proton in ein Neutron umzuwandeln. Denn: Wohin mit der positiven Ladung des Protons? Sie kann ja nicht einfach ausgelöscht werden. Uns fehlt noch eine zweite Zutat, eine, die 1932 entdeckt wurde: das Positron. Auch als Antielektron bekannt, ist dieses neue Teilchen genau wie ein Elektron, nur dass es eben eine positive Ladung besitzt. Das Positron war das erste Teilchen Antimaterie, das je aufgespürt wurde, eine tiefgreifende Entdeckung, über die wir später noch reden müssen, doch im Augenblick spielt es eine zwar kleine, aber entscheidende Rolle bei unserem thermonuklearen Kochen.

Thermonukleare Öfen

1934 erkannte das Pariser Power-Physikerpaar Irène und Frédéric Joliot-Curie einen brandneuen Typ des radioaktiven Zerfalls, einen, bei dem ein instabiler Kern eines dieser Positronen abgibt. Sie verstanden schnell, dass sich tief im Innern des zerfallenden Kerns ein Proton in ein Neutron transformiert hatte. Ein Grund, weshalb es so lange gedauert hatte, dies zu entdecken, ist, dass isolierte Protonen nicht auf diese Weise zerfallen können; ein Proton wiegt tatsächlich *weniger* als das Neutron, in das es sich verwandelt. Jedoch kann ein Proton in bestimmten instabilen Kernen etwas Energie von seinem Mutterkern absorbieren, was es ihm dann erlaubt, sich in ein schwereres Neutron zu verwandeln und ein Positron und ein Neutrino abzugeben.

Ausgerüstet mit Deuterium und einer Möglichkeit, Protonen in Neutronen umzubauen, kommen wir nun endlich in unserem Bemühen voran, Helium zu schmieden. 1936 wies Robert Atkinson auf einen möglichen ersten Schritt auf dem Weg zur Herstellung schwerer Elemente aus Wasserstoff hin. Unter den extremen Temperaturen, wie sie im Zentrum der Sonne herrschen, könnten zwei Protonen zusammengezwungen werden und für einen unglaublich kurzen Augenblick einen instabilen Zwei-Protonen-Kern bilden. Bevor er zerfällt, verwandelt sich eines der Protonen in ein Neutron und erschafft damit den Deuteriumkern.

Atkinsons Anregung setzte eine Phase raschen Fortschritts in Gang, der bald zu einem dramatischen Höhepunkt führen sollte. Nachdem er mehrere Jahre durch Europa gezogen war und immer wieder mit seinem dröhnenden Motorrad ruhige Uni-Städte aufgeschreckt hatte, setzte sich Gamow 1933 aus der Sowjetunion ab. Nun an der George Washington University in Washington, D. C., interessierte er sich zunehmend für das, was als »Sternenergie-Problem« bekannt war – mit anderen Worten, warum Sterne leuchten –, weshalb er 1938 eine Konferenz zu dem Thema organisierte und 34 der weltbesten Astro-, Kern- und Quantenphysiker einlud.

Zu ihnen gehörte auch Hans Bethe, einer der klügsten Theoretiker seiner Generation, der laut Gamow »nichts über das Innere von Sternen, dafür aber alles über das Innere von Atomkernen wusste«[33].

Kurz vor der Konferenz war Bethe von einem ehemaligen Studenten Gamows kontaktiert worden, Charles Critchfield, der von Atkinsons vorgeschlagener Reaktion ausging, bei der zwei Protonen fusionieren, um Deuterium zu erzeugen. Er hatte diese Überlegung weitergeführt, bis er ein komplettes Schema erstellt hatte, das nur von Protonen ausging und durch verschiedene Umwandlungsschritte einen frisch gebackenen Heliumkern ergab. Auf diesem Weg war er über ein paar mathematische Hindernisse gestolpert und bat deswegen nun Bethe um Hilfe.

Bethe war beeindruckt von der Arbeit des jungen Physikers, und nach ein paar Optimierungen, um die Berechnungen etwas eleganter werden zu lassen, stellten die beiden ein komplettes Rezept für die Zubereitung von Helium vor. Heute ist es als »Proton-Proton-Kette« bekannt und lautet in seiner modernen Version so:

EIN REZEPT FÜR HELIUM – DIE PROTON-PROTON-KETTE

Schritt 1: Zwei Protonen kollidieren und formen kurz einen höchst instabilen Zwei-Protonen-Kern.
Schritt 2: Bevor der Zwei-Protonen-Kern sich wieder auflösen kann, zerfällt eines der Protonen in ein Neutron, wodurch sich ein Deuteriumkern bildet (ein Proton, ein Neutron) und außerdem ein Positron und ein Neutrino freigesetzt werden.
Schritt 3: Ein weiteres Proton kollidiert mit dem eben entstandenen Deuteriumkern, und es entsteht Helium-3 (zwei Protonen, ein Neutron), außerdem wird Gammastrahlung freigesetzt.
Schritt 4: Zwei Helium-3-Kerne knallen ineinander und bilden einen Helium-4-Kern (zwei Protonen, zwei Neutronen), außerdem werden die beiden überzähligen Protonen abgegeben.

Zumindest haben wir jetzt ein Rezept für Helium! Was sogar noch besser ist: Die ganze Prozedur führt insgesamt zu einer Abgabe von Energie und ist damit also auch ein Rezept für Sternenlicht! Aber natürlich stoßen wir auch hier noch auf ein Problem. Eddington hatte geschätzt, dass die Temperatur im Zentrum der Sonne etwa 40 Millionen Grad Celsius beträgt, doch bei dieser Temperatur würde die Proton-Proton-Kettenreaktion viel zu schnell ablaufen, d. h. die Sonne müsste viel heller scheinen, als sie es tatsächlich tut. Critchfield und Bethe waren der Lösung eines der ältesten Rätsel der Wissenschaft ganz nahegekommen, nur um dann schmerzhaft feststellen zu müssen, dass der Sonnenofen zu heiß für ihr Rezept ist.

Die Konferenz in Washington änderte das alles. Dort wurde Bethes Interesse durch einen langen und detailreichen Vortrag über die Bedingungen innerhalb der Sonne geweckt. Als Eddington mit seiner 40-Million-Grad-Zahl um die Ecke gekommen war, glaubt man, die Sonne bestehe mehr oder weniger aus der gleichen Substanz wie die Erde. 1925 aber hatte die brillante junge Astronomin Cecilia Payne gezeigt, dass die Sonne und andere Sterne von Wasserstoff und Helium dominiert werden und es dort nur vergleichsweise geringe Mengen schwererer Elemente gibt. Als man nun Eddingtons Berechnungen unter der Annahme abänderte, dass die Sonne aus 73 Prozent Wasserstoff und 25 Prozent Helium besteht, fiel die Temperatur in ihrer Mitte deutlich auf (noch immer recht warme) 19 Millionen Grad. Als man den Sonnenofen nun auf diese niedrige Temperatur eingestellt hatte, fand Bethe heraus, dass die Proton-Proton-Kette einen Energieoutput für die Sonne vorhersagte, der schon deutlich näher an dem tatsächlichen Wert lag.

Endlich war das Rätsel gelöst, warum die Sonne scheint. Tief in ihrem Innern heizt ihre eigene erdrückende Gravitationskraft Wasserstoff auf eine Temperatur von 15 Millionen Grad Celsius* auf. In dieser fürchterlichen Hitze prallen Protonen und Elektronen mit Wahnsinnsgeschwindigkeiten aufeinander, und bei einer unter un-

---

* Der heutzutage allgemein anerkannte Wert.

zähligen Kollisionen kommen sich zwei Protonen nahe genug, um den quantenmechanischen Tunneleffekt in Erscheinung treten zu lassen. Dabei wird ein Tunnel durch die abstoßende elektrische Barriere hindurchgegraben, die die beiden Teilchen bislang auseinanderhielt, sodass sie nun einen Deuteriumkern bilden können. Von diesem Ausgangspunkt ausgehend, baut die Sonne aus Wasserstoff Helium und wandelt so ihre eigene Masse in Milliarden von Jahren nach und nach um, während ein steter Strom von Hitze aus der gequälten Oberfläche der Sonne ausbricht und als Sonnenlicht in den Weltraum strahlt. Die Sonne ist ein thermonuklearer Brennofen.

Und doch ist unsere Suche nach einem Rezept für Helium noch nicht am Ende. Während der Konferenz fiel Bethe auf, dass etwas nicht stimmte. Die Proton-Proton-Kette funktioniert prima für kleinere Sterne wie die Sonne, doch als er sie auf größere Sterne anwandte, passte die Reaktion nicht.

Nehmen wir Sirius, den hellsten Stern am Nachthimmel, ein glänzender blau-weißer Juwel im Sternbild Canis Major (»Großer Hund«). Sirius' auffällige Leuchtkraft hängt von zwei Faktoren ab: Zum einen ist er für galaktische Maßstäbe direkt vor unserer Haustür, nur ein wenig mehr als 8,6 Lichtjahre von der Erde entfernt. Zum anderen ist er doppelt so massiv wie die Sonne, was bedeutet, dass die drückende Gravitationskraft seinen Kern auf eine höhere Temperatur erhitzt. Diese höhere Temperatur wiederum bedeutet, dass seine Protonen schneller umhersausen, was bedeutet, dass sie die abstoßende Barriere leichter überwinden können und sich der Anteil der Kernfusionen erhöht.

Das Komische an der Sache ist aber, dass Sirius, obwohl er nur die doppelte Masse der Sonne besitzt, fünfundzwanzig Mal heller strahlt als diese. Das lässt sich nicht mit der Proton-Proton-Kette erklären. Es muss etwas anderes in Sirius' Zentrum passieren, das ihn so wild strahlen lässt.

Bethe überlegt, ob nicht eine völlig andere Art von Reaktion dafür verantwortlich sein könnte. Anstatt dass sich Protonen zusammenfügen, um direkt Helium zu bilden, wäre doch auch denkbar, dass sie von einem bereits existierenden Kern verschlungen werden, der dann langsam die vier Protonen verdaut, bevor er sie als fertig ausgebildeten Heliumkern hinterher wieder ausspuckt. Die Frage war, ob es überhaupt einen schweren Kern mit den richtigen Eigenschaft gibt, der als Protonenverdauer fungieren kann.

Bethe fing mit Helium an und arbeitete sich dann durch die erste Reihe des Periodensystems, indem er jedes Element einzeln prüfte und dann verwarf. Helium kam nicht infrage, da es kein Element mit der Masse 5 gibt und daher keine Möglichkeit, weiterzukommen, indem man nur ein Proton ergänzte. Lithium, Beryllium und Bor waren zu selten und wären durch die Reaktion viel zu rasch verbrannt, als dass ein Stern lange brennen könnte. Dann kam er zum sechsten Element, Kohlenstoff. Er schien genau die Eigenschaften zu haben, die er suchte. Bethe fuhr mit dem Zug zurück an die Cornell University und hatte in seinem Kopf dabei den Entwurf für eine Lösung bereits fertig.

Nur wenige Wochen darauf stand eine zweite Zubereitungsart für Helium. In der Physik kennt man sie als den »Kohlenstoff-Stickstoff-Zyklus« (CNO):

EIN REZEPT FÜR HELIUM – DER KOHLENSTOFF-STICKSTOFF-ZYKLUS

Schritt 1: Ein Proton gelangt durch den Tunneleffekt in einen Kohlenstoff-12-Kern und erschafft damit einen neuen Kern aus Stickstoff-13, der dann zu Kohlenstoff-13 zerfällt und dabei ein Positron und ein Neutrino abgibt.

Schritt 2: Ein zweites Proton dringt in den Kohlenstoff-13-Kern ein und erschafft Stickstoff-14.

Schritt 3: Ein drittes Proton dringt in den Stickstoff-14-Kern ein und erzeugt Sauerstoff-15, der zu Stickstoff-15 zerfällt und ein Positron und ein Neutrino abgibt.

Schritt 4: Schließlich bohrt sich ein viertes Proton in den Stickstoff-15-Kern. Es bricht ihn auf in einen Helium-4-Kern und genau den Kohlenstoff-12-Kern, mit dem wir angefangen haben.

Bethes Reaktion war fast ein Wunder. Durch eine Reihe hintereinander ablaufender Kollisionen konnte ein Kohlenstoff-12-Kern Protonen schlucken und sie in Helium verwandeln. Das Beste daran war, dass man am Ende den ursprünglichen Kohlenstoff-12-Kern wieder zurückbekam und der ganze Prozess von Neuem beginnen konnte.

Da aber ein Kohlenstoff-12-Kern sechs positiv geladene Protonen hat, ist seine Abstoßungsbarriere sechs Mal höher als die von Wasserstoff. Damit ein Proton folglich die Chance hat, sich per Tunnel in den Kern zu drängeln, muss es in einer höllischen Geschwindigkeit unterwegs sein, was die gesamte Reaktion sehr temperaturabhängig werden lässt. Verdoppelt man die Temperatur im Zentrum eines Sterns, lässt der CNO-Zyklus das 65 000-Fache an Energie entstehen[34], womit auch erklärt wäre, warum Sirius fünfundzwanzig Mal heller als die Sonne scheint bei nur doppelter Masse und ein wenig höherer Temperatur. Inzwischen geht man davon aus, dass der CNO-Zyklus die dominante Quelle für Sternenlicht bei allen Sternen ist, die mehr als die 1,2-fache Masse unserer Sonne haben[35].*

Damit wären wir so weit – wir haben endlich die Rezepte, die wir brauchen, um im Innern von Sternen Helium zu erzeugen. Eine große Herausforderung bleibt uns noch: Woher *wissen* wir eigentlich, dass es genau das ist, was im Innern der Sonne abläuft?

Bis vor Kurzem basierte unser Wissen darüber, wie die Sonne Wasserstoff zu Helium fusioniert, auf zwei unterschiedlichen Wissenschaftsbereichen. Ab den 1930er-Jahren begannen Physiker Teilchenbeschleuniger zu nutzen, um Protonen auf unterschiedliche Ziele zu schießen und damit die Kernfusionsreaktionen nachzuahmen, die

---

* Damals glaubte Bethe fälschlicherweise, der CNO-Zyklus sei die vorherrschende Energiequelle der Sonne. Das lag daran, dass man die Kerntemperatur der Sonne überschätzte.

Thermonukleare Öfen

Hans Bethe und seine Kollegen entworfen hatten. Diese wegweisenden Experimente gaben Physikern einen direkten Zugriff darauf, wie schnell der jeweilige Helium-Kochprozess ablaufen musste, je nach Temperatur des Sternenofens. Gleichzeitig entwickelten Astrophysiker immer genauere theoretische Modelle, mit denen immer exaktere Schätzungen über die Kerntemperatur von Sternen möglich waren.

Aus diesen beiden entscheidenden wissenschaftlichen Erkenntnissen konnten Physiker ableiten, dass Sterne in der Größe der Sonne vor allem von der Proton-Proton-Kette angetrieben wurden, wohingegen größere Sterne wie Sirius vom CNO-Zyklus am Leben gehalten wurden.

Doch waren all dies nur indirekte Beweise. Um es ganz sicher zu wissen, müssten wir direkt in das brennende Herz eines Sterns schauen und die Kernfusion aus erster Hand mitbekommen. Aber in einen Stern zu schauen ist unmöglich, stimmt's? Wenn wir uns die Sonne anschauen (bitte nicht direkt, sondern immer mit entsprechender Ausrüstung!), sehen wir nichts außer ihrer blendenden Oberfläche. Ihr Kern ist uns verborgen, für immer außerhalb unserer Reichweite.

Zumindest schien es lange so. Tatsächlich gelang es Physikern erst in den letzten Jahrzehnten, die äußeren Schichten der Sonne abzupellen und direkt in ihr Herz zu schauen. Tief unter einem italienischen Berg, etwa zwei Autostunden westlich von Rom gelegen, hat eine Gruppe Physiker einen gewaltigen Detektor gebaut, der geduldig nach geisterhaften Botschaften Ausschau hält, die uns direkt aus dem thermonuklearen Brennofen der Sonne erreichen. Das Ziel der Wissenschaftler ist es, ein für alle Mal zu beweisen, dass die Ende der 1930er-Jahre vorgeschlagenen Kernreaktionen tatsächlich die ultimative Quelle für die fantastische Macht der Sonne ist.

SONNENSCHEIN UNTER EINEM BERG

An einem erstickend heißen Augusttag bog ich in der Nähe des italienischen Städtchens Assergi von der Autostrada A24 auf eine unmarkierte Straße ab, die mich über die unteren Ausläufer des beeindruckenden Gran Sasso führte. Vielleicht lag es an den fehlenden Straßenmarkierungen, vielleicht an der Tatsache, dass ich um 3 Uhr morgens aufgestanden war, um den frühen Flug nach Rom zu bekommen, jedenfalls war ich für kurze Zeit in die alte Gewohnheit verfallen, auf der linken Seite zu fahren. Mein Fehler fiel mir erst auf, als ein anderes Auto um die vor mir liegende Kurve bog. Nach einem panischen Ausweichmanöver und einer entschuldigenden Handbewegung in Richtung des verdutzt dreinblickenden Fahrers nahm ich selbst die Kurve und erkannte, dass die Straße voller Polizei war.

Die italienischen Beamten standen vor der Einfahrt zu den LNGS S, den Laboratori Nazionali del Gran Sasso, der größten unterirdischen Forschungseinrichtung der Welt. In der Hoffnung, dass sie mein exzentrisches Fahrmanöver nicht mitbekommen hatten, fuhr ich behutsam an den versammelten Polizisten vorbei, die zu meiner großen Erleichterung keine Anstalten machten, mich zu verhaften. Dennoch war ich mehr als nur ein wenig beunruhigt – war unter Tage irgendetwas passiert? Ich hatte gelesen, dass das Forschungszentrum kürzlich ein paar rechtliche Probleme gehabt hatte, die sogar den Weiterbetrieb einiger der Experimente dort infrage stellten, aber ich hatte nicht eine Sekunde daran geglaubt, dass die Lage so ernst war. Nachdem ich meinen Mietwagen hinter der nächsten Abzweigung, und damit außerhalb der Blicke der Polizisten, geparkt hatte, stellte ich mich dem Sicherheitspersonal vor und fragte nach Aldo Ianni, dem Physiker, der mich durch den Berg führen wollte. Hoffentlich war das nun nicht alles abgesagt worden.

Ich wollte hier etwas besuchen, das als außergewöhnlichstes Sonnenobservatorium der Welt gelten muss. Denn eine Höhle, 1500 Meter unter einem Berg, ist nicht wirklich ein naheliegender Ort, um die Sonne zu erforschen. Doch dies hier ist kein gewöhnliches Observatorium. Das Instrument, das ich mir hier anschauen wollte, betrachtet die Sonne nicht im Licht oder in Radiowellen, sondern in Neutrinos.

Neutrinos sind die am schwersten fassbaren aller Elementarteilchen. Sie haben fast keine Masse und keine elektrische Ladung, weshalb sie so teuflisch schwer zu erkennen sind. Die meisten Teilchendetektoren arbeiten mit der Tatsache, dass geladene Teilchen aufgrund der elektromagnetischen Kraft mit dem Material des Detektors interagieren und dabei einen verräterischen Blitz oder elektrischen Strom hinterlassen. Nun interagieren neutrale Teilchen aber nicht elektromagnetisch und sind deshalb noch schwieriger zu erkennen. Aus genau diesem Grund musste sich James Chadwick zehn Jahre lang durch Frustration und Niederlagen kämpfen, bis er das Neutron endlich in die Enge getrieben hatte. Doch obgleich ein Neutron keine elektrische Ladung besitzt, reagiert es doch auf die starke Kernkraft, was es anfälliger dafür macht, mit anderen Atomkernen zu kollidieren und seine Gegenwart zu verraten. Neutrinos hingegen sind für die starke Kernkraft unempfänglich. Die einzige Möglichkeit, dass sie direkt mit gewöhnlicher Materie reagieren können, ist über die dritte Kraft, die im Quantenreich herrscht, die sogenannte schwache Wechselwirkung. Wie der Name schon vermuten lässt, ist dies eine, nun ja, schwache Kraft, weshalb die Wahrscheinlichkeit, dass ein Neutrino auf ein Atom prallt, ungemein klein ist.

Obwohl es dadurch extrem herausfordernd ist, Neutrinos nachzuweisen, machen diese Eigenschaften sie auch zum perfekten Werkzeug, um die inneren Abläufe der Sonne zu erkunden. Tief in ihrem Kern generieren Kernfusionsreaktionen unablässig eine enorme Menge Photonen (Lichtteilchen) und Neutrinos. Zum Leidwesen der Sonnenphysiker stoßen diese Photonen unendlich oft mit dem superheißen Protonen- und Elektronengas zusammen, aus dem der Körper der Sonne besteht, weshalb es Zehntausende Jahre dauert, bis sie sich ihren Weg an die Oberfläche herausgeboxt haben. Und in dieser Zeit gehen all die Informationen, die sie einst über die ursprünglichen Fusionsreaktionen in sich trugen, verloren. Neutrinos wiederum kennen solche Hindernisse nicht. Für sie ist die gewaltige

Masse der Sonne fast vollständig unsichtbar; sie entkommen mit Lichtgeschwindigkeit in knapp über zwei Sekunden an die Oberfläche und treffen etwa 8 Minuten und 20 Sekunden später auf die Erde auf. Bis Sie diesen Satz zu Ende gelesen haben werden, sind etwa 2000 Billionen dieser Neutrinos durch Sie hindurchgegangen. Zum Glück leben wir in seliger Unbekümmertheit ob dieses dauerhaften Trommelfeuers, da die Schwäche der schwachen Wechselwirkung sicherstellt, dass so gut wie nie eines der Neutrinos ein Atom Ihres Körpers streift. Dabei enthält jedes dieser Teilchen kostbare Informationen über die Fusionsreaktionen im Zentrum der Sonne. Könnten wir sie doch nur einfangen …

Der Versuch, den ich mir in Italien anschauen wollte, macht genau das. Das Experiment trägt den Namen Borexino und besteht aus einem riesigen Tank voll flüssigem Kohlenwasserstoff, verborgen in einer Höhle tief unter dem Gran-Sasso-Gebirgszug. Das Prinzip hinter dem Versuchsaufbau ist leicht zu verstehen, auch wenn es in der Praxis unglaublich schwierig umzusetzen ist. Unter den unzählbaren Billionen Neutrinos, die ununterbrochen den Tank durchqueren, wird ein winziger Bruchteil von ihnen mit Elektronen zusammenstoßen und ihnen dabei einen Schubs geben. Und während das Elektron durch diesen unsichtbaren Schlag zurückweicht, erregt es die umgebende Flüssigkeit und erzeugt einen winzigen Lichtblitz, der von um den Tank angebrachten Detektoren aufgezeichnet wird. Indem man die Anzahl der Neutrinos zählt und ihre Energie misst, sind die Physiker am Borexino in der Lage, in Echtzeit zuzusehen, wie die Sonne Wasserstoff in Helium fusioniert.

Nachdem ich ein paar Minuten vor dem Häuschen der Wachmänner in der Sonne gewartet hatte, traf Aldo mit seinem Auto ein und begrüßte mich per Handschlag. Er erklärte mir, die starke Polizeipräsenz habe mit einem spontanen Besuch des italienischen Finanzministers zu tun, aber für meine Führung rund um das Experiment sei alles bereit. Um zum Borexino zu gelangen, mussten wir erst zurück auf die Autostrada A24 und dann durch einen zehn Kilometer langen Autobahntunnel in den Berg hineinfahren. Unterwegs berichtete mir Aldo, die Ideen zu den Gran-Sasso-Laboren seien in den 1970ern geboren worden, als man diesen Tunnel baute; die drei riesigen Versuchshallen wurden 1987 fertiggestellt. Dann gab ich mir alle Mühe, einem leicht amüsiert dreinblickenden Aldo zu erläutern, was Neutrino-Physik mit Apfelkuchen zu tun hat; es stellte sich heraus, dass in Italien Carl Sagan nicht jedem ein Begriff ist.

Über uns thronten die Gipfel des Gran Sasso, als wir aus der hellen italienischen Nachmittagssonne in das Dunkel des Bergs einfuhren. Ohne die gigantische Masse des Dolomitgesteins mit mehr als einem Kilometer Dicke wäre das Borexino-Experiment gar nicht möglich. Die Erde wird aus dem Weltall unablässig mit hochenergetischer kosmischer Strahlung bombardiert. Erreicht diese die oberen Schichten der Atmosphäre, produziert sie einen Schauer elektrisch geladener Teilchen, von denen viele es bis zur Erde hinunter schaffen. Diese kosmische Lawine würde die von Borexino untersuchten seltenen Neutronen-Reaktionen völlig überdecken, gäbe es nicht den mächtigen Schutzschild des Gran-Sasso-Gebirgszugs: Er absorbiert die unerwünschten Teilchen fast vollständig und erlaubt es nur den Neutrinos aus der Sonne, ihn ungehindert zu durchqueren.

Wir waren schon ein paar Minuten im Autobahntunnel unterwegs, als wir eine kleine Abzweigung nahmen, die man leicht übersehen kann, wenn man nicht weiß, wonach man Ausschau halten muss. Vor uns lag die Einfahrt zu dem Untergrundlabor, und eine große Edelstahltür öffnete sich langsam, nachdem Aldo auf einen Knopf der Gegensprechanlage gedrückt hatte. Es fühlte sich an, als würden wir das unterirdische Versteck eines Bond-Schurken betreten.

Wir stellten das Auto in einem Nebentunnel ab. Beim Aussteigen traf mich die kühle Luft und dieses besondere feuchte, mineralische Aroma, wie ich es sonst nur in tiefen Höhlen gerochen hatte, völlig unvorbereitet. Wasser tropfte von den moosbedeckten Tunnelwänden. Wir liefen ein paar Meter zur Sicherheitskontrolle, und nachdem ich mich eingetragen und einen recht schicken blauen Helm bekommen hatte, führte Aldo mich einen weiteren langen und gekrümmten Tunnel entlang, an dessen Ende wir durch eine Stahltür in eine große Kaverne kamen. Wir hatten Halle C betreten, das Zuhause von Borexino, einen Betonraum mit Tonnengewölbe, 20 Meter breit, 18 Meter hoch, 100 Meter lang. Das tiefe Dröhnen der Maschinen wurde von einem rhythmischen, hohen Zwitschern unterbrochen, als würde eine gigantische mechanische Grille ihren Paarungsruf abgeben. Aldo beruhigte mich, das sei nur das Geräusch der Vakuumpumpen.

Vor uns ragten zwei zylinderförmige Tanks mehrere Stockwerke in die Höhe, Teil des komplexen Installationssystems, das Borexino füttert. Während wir an den riesigen Maschinen vorbeiliefen, erläuterte Aldo, dass die größte Herausforderung, vor der er und seine Kollegen stünden, die natürliche Hintergrundstrahlung sei. Der Boden, auf dem wir stehen, die Objekte, die uns umgeben, und sogar die Luft, die wir atmen, sie alle enthalten winzige Spuren radioaktiver Elemente, von Uran über Radon bis hin zu Kohlenstoff-14. Diese Substanzen strahlen konstant einen Hintergrund aus Alpha-Teilchen, Elektronen und Gammastrahlung ab. Derart niedrige Level sind für uns harmlos, aber für ein Experiment wie Borexino absolut tödlich.

Trotz seines gewaltigen Umfangs fängt Borexino jeden Tag nur wenige Dutzend Neutrinos ein, was an der Schwäche ihrer Interaktion mit normaler Materie liegt. Solch minimale Signale werden im Normalfall von gewöhnlicher Hintergrundstrahlung völlig übertüncht, weshalb Aldo und seine Kollegen einen ständigen Kampf gegen radioaktive Verschmutzung in dem System führen. Die Aufgabe des riesigen Netzwerks aus Tanks und Röhren, vor dem wir standen, ist es, die unterschiedlichen Flüssigkeiten innerhalb des Borexino-Tanks immer und immer wieder zu reinigen und aufzubereiten. Dazu werden sie destilliert und anschließend von radioaktiven Verunreinigungen gesäubert, wozu man Bläschen hochreinen Stickstoffgases verwendet, bevor man die Flüssigkeiten in das Experiment einleitet. Außerdem wurde das Material jeder Komponente von Borexino sorgfältig daraufhin ausgewählt, hergestellt und getestet, dass es so wenig Radioaktivität wie möglich abgibt. Das Ergebnis dieser umfassenden Anstrengungen ist das niedrigste Level an Radioaktivität, das je auf Erden erreicht wurde.

Wir kletterten ein Stahlgerüst hinauf und kamen in einen der Kontrollräume von Borexino, wo Aldo sich mit einem Kollegen unterhielt, der mit Arbeiten zu dem Experiment beschäftigt war. Ich hatte keinen blassen Schimmer, worüber die beiden sprachen – mein Italienisch reicht gerade mal aus, mir einen Kaffee zu bestellen –, doch es war nicht zu übersehen, dass sein Kollege nervös war. Später erklärte mir Aldo, dass das System zur Kühlung der Elektronik, die die Daten ausliest, zusammengebrochen war und sie sich bemühen mussten, es so schnell wie möglich wieder in Gang zu bringen. Wenn man an solch seltenen Ereignissen arbeitet, ist jeder Tag zur Datensammlung kostbar, und das Borexino-Team befindet sich in einem Wettlauf gegen die Zeit.

Ein paar Monate zuvor, Ende 2018, hatte das Borexino-Gemeinschaftsprojekt eine umfassende Studie zu den von der Proton-Proton-Kette produzierten Neutrinos vorgelegt, zu jener Reaktion, die 99 Prozent der Sonnenenergie erzeugt. Da bei der Proton-Proton-Kette langsam aus Wasserstoff Helium gebildet wird, werden Neutrinos freigesetzt, deren Energie verrät, aus welcher Phase des Prozesses sie stammen. Nach fast zwei Jahrzehnten, in denen man in mühsamster Kleinstarbeit die Anzahl der ankommenden Neutrinos zählte und ihre Energie maß, hatten die Wissenschaftler am Borexino herausgefunden, dass die von Hans Bethe und Charles Critchfiel 1938 vorgeschlagenen Fusionsreaktionen im Herzen der Sonne genau so ablaufen, wie diese vermutetet hatten.

Ein Teil des Rätsels bleibt aber noch ungelöst – der CNO-Kreislauf, die Fusionsreaktion, bei der Kohlenstoff erst nach und nach Protonen schluckt, um dann einen vollständig ausgebildeten Heliumkern auszuspucken. Diese zweite Reaktion produziert nur ein Prozent der Sonnenenergie, weshalb sie viel schwerer zu erkennen ist. Der Gewinn wäre daher umso höher: Sollten Aldo und seine Kollegen Neutrinos aus dem CNO-Zyklus nachweisen können, wäre dies die finale Bestätigung für eines der ältesten Rätsel der Wissenschaft – warum die Sonne scheint. Doch davon abgesehen hält man den CNO-Zyklus für die wichtigste Energieversorgung aller Sterne, die mindestens 1,2-mal schwerer sind als die Sonne. Und könnte man mitansehen, wie dieser Prozess in der Natur in Echtzeit abläuft, wäre das ein spektakulärer Coup.

Unglücklicherweise geriet Borexino Anfang 2019 in unerwartete Schwierigkeiten, die das Ende des Experiments bedeuten könnten. Allerdings waren dies keine wissenschaftlichen, sondern juristische Probleme, deren Ursprünge bis 2002 zurückreichen. In diesem Sommer hatte menschliches Versagen dazu geführt, dass etwas von dem für die Detektoren genutzten flüssigen Kohlenwasserstoff ins Grundwasser gelangte. Seitdem wurden die Umweltstandards und Abläufe am Forschungszentrum signifikant verbessert, und jeder, mit dem ich sprach, zeigte sich überzeugt, dass das Risiko für einen weiteren derartigen Zwischenfall sehr gering sei. Doch der Schaden für die Beziehungen zur örtlichen Bevölkerung war angerichtet. Eine entschlossene, langjährige Kampagne von Umweltschützern hatte, zwei Monate vor meinem Besuch vor Ort, zu einer Krise geführt, als bekannt wurde, dass drei leitende Manager der LNGS sich strafrechtlich würden verantworten müssen. Sogar eine Schließung der Forschungsanstalt schien nun zu drohen.

Daher der Wettlauf gegen die Zeit. Die große Frage im Kopf der Forscher ist, ob zwei Jahre ausreichen werden, um Neutrinos aus dem CNO-Zyklus zu beobachten. Da CNO-Neutrinos so selten sind, muss das Borexino-Team, wenn es sie denn entdecken will, den radioaktiven Hintergrund in einem nie da gewesenen Maße kontrollieren.

Wir liefen weiter über das Gerüst, einige Meter über dem Boden des Gewölbes, durchquerten den Kontrollraum und kamen in das hintere Ende der Versuchshalle. Das mechanische Zirpen wurde immer lauter, bis wir direkt vor Borexino selbst standen: ein 17 Meter hoher, gewölbter Tank, eingekleidet in eine silberne Isolierfolie, die im künstlichen Licht leicht glitzerte. Weiter oben winden sich blaue Röhren um seine gewaltigen 18 Meter Durchmesser. Das ganze Dinge sieht so aus, wie man sich im 19. Jahrhundert ein außerirdisches Raumschiff vorgestellt haben dürfte. Die glänzende Isolation und die blauen Leitungen waren erst kurz zuvor angebracht worden, wie Aldo nun ausführte, in der Hoffnung, damit die Entdeckung der CNO-Neutrinos zu ermöglichen.

Als Borexino in den 1990er-Jahren angedacht worden war, hatte es niemand für möglich gehalten, dass man damit jemals Neutrinos aus dem CNO-Zyklus würde sehen können. Das Signal schien schlicht zu schwach und die radioaktive Hintergrundstrahlung zu stark. Doch in den letzten Jahren hat das Team erkannt, dass eine ganz besondere Eigenschaft der Höhle es wohl doch erreichbar werden lässt. Das Berggestein hält den Boden der Kaverne, auf dem der Borexino-Tank steht, bei einer recht konstanten Temperatur von 8 Grad. Das ist, wie sich herausstellte, kühler als die Durchschnittstemperatur 17 Meter weiter oben, an der Spitze des Tanks. Da Heißes aufsteigt und Kaltes absinkt, ergibt sich daraus, dass die Flüssigkeit im Borexino fast vollkommen unbewegt ist: Sie ist im Tank unten kühler und oben wärmer. Entscheidend ist daran, dass jede radioaktive Verunreinigung, die aus dem kugelförmigen Nyloncontainer innerhalb des Tanks heraustropft, an Ort und Stelle bleibt, sich also nicht mit der Flüssigkeit vermischt, die zur Entdeckung der Neutrinos genutzt wird. Die Aufgabe der neuen Dämmung und der blauen Wasserröhren ist es, die Temperatur so gleichmäßig wie möglich zu halten. Folglich strömt die Flüssigkeit im Innern nicht umher, was wiederum Borexino vielleicht, aber auch nur vielleicht, die Möglichkeit eröffnet, die letzte noch offene Reaktion nachzuweisen, durch die die Sonne Helium herstellt.

Wir stiegen eine Leiter hinab zum Fuß des großen Detektors. Das ist bei weitem das seltsamste Observatorium, das ich je gesehen habe, ein schweigender Riese, tief unter einem Berg, der geduldig auf das Flüstern von geisterhaften Botschaftern aus dem Zentrum unserer Sonne wartet. Als wir Halle C verlassen hatten und auf dem Rückweg zum Auto waren, wollte ich von Aldo wissen, ob er daran glaube, dass der CNO-Zyklus beobachtet würde, bevor das Ende von Borexino erreicht sei. Er sah mich von der Seite an: »Das wissen wir ... ich würde sagen, gegen Ende des Jahres.«

Vierzehn Tage vor meiner Reise nach Italien hatte ich ein Skype-Gespräch mit Gianpaolo Bellini: Der »Vater von Borexino«, wie er liebevoll genannt wird, saß in seinem Ferienhaus im ländlichen Italien. Obgleich er über 80 ist und (zumindest offiziell) in Rente, strahlt er immer noch Begeisterung und Freude über den Erfolg des Experiments aus, das er sich Anfang der 1990er-Jahre ausgedacht hatte. Endlich den CNO-Kreislauf nachweisen zu können wäre ein gelungenes Ende für eine lange Karriere und eine passende Belohnung für das hundertköpfige Team, das unermüdlich arbeitet, um das Observatorium zu verbessern. Doch es war völlig ungewiss, ob ihre Mühen belohnt werden sollten.

An diesem Abend saß ich in meinem Hotel und überlegte, ob ich mit dem Auto nicht noch hinauf in die Berge fahren sollte, um den Sonnenuntergang zu genießen. Doch ich entschied mich dagegen. Was soll's, ich war müde, und es war Zeit für ein Bier und Pizza. Hat man einen Sonnenuntergang gesehen, hat mal alle gesehen. Außerdem werden Neutrinos, anders als das Sonnenlicht, nicht geblockt, wenn die Sonne untergeht; sie strömen durch die Erde, so stark wie eh und je. Wie ich nun so auf der Terrasse meines Hotels saß und im Dämmerlicht mein Bier trank, versuchte ich mir den unsichtbaren Strom von Neutrinos vorzustellen, Billionen und Aberbillionen, die durch meinen Körper zogen – ein winziger Augenblick auf ihrem langen Weg vom Zentrum der Sonne in die Tiefen des Weltalls.

KAPITEL 6

STERNENZEUGS

Es ist nun einige Monate her, dass ich bei meinen Eltern einen Mr-Kipling-Bramley-Apfelkuchen in seine chemischen Elemente zerlegt habe. Die Ergebnisse stehen in versiegelten Teströhrchen auf meinem Schreibtisch – als Erinnerung daran, dass wir, egal, wie tief wir in die abstrakte Welt der Teilchenphysik auch eintauchen mögen, im Grunde noch immer auf der Suche nach den Ursprüngen ganz gewöhnlicher Dinge sind. Außerdem sehen die Überreste einfach cool aus.

Das Stückchen Kohle, das verschmorte Überbleibsel des Apfelkuchens, ist mein Lieblingsstück: hart, schartig und tiefschwarz, mit einigen reflektierenden Stellen, die mit dem Licht spielen. Von allen Elementen muss Kohlenstoff das charismatischste sein. Seine zahl- und variationsreichen Erscheinungsbilder, von Kohle bis Diamanten, machen aus ihm den David Bowie des Periodensystems, doch sein wahrer Mythos ergibt sich aus seiner Rolle als entscheidender Baustein des Lebens. Alle lebenden Dinge, vom Apfelbaum bis zu Mr Kipling höchstpersönlich*, sind aus Molekülen aufgebaut, deren Rückgrat der Kohlenstoff ist.

---

* Dachte ich zumindest. Bis sich herausstellte, dass es Mr Kipling nie gab. Er ist ein Fake, ein Schwindel, wie der Zauberer von Oz oder Ronald McDonald, erfunden in den 1960er-Jahren von Markenberatern, um Backwaren zu verscherbeln. Wobei dann immer noch richtig ist, dass diese Markenberater ebenfalls kohlenstoffbasierte Lebensformen sind (mein Bruder gehört zu ihnen), weshalb meine Behauptung so stehenbleiben kann.

Die Atome, die dieses kleine Kohlestückchen bilden, sind schon sehr alt. Sie wurden vor langer, langer Zeit geschmiedet, lange bevor das erste Lebewesen, bevor die Erde selbst auftauchte, ja sogar bevor die Sonne angeknipst wurde, und zwar irgendwo da draußen, in einem entfernten Teil des Kosmos. Die Frage ist nur, wo?

Wir haben das erste Hindernis auf dem Weg zum Rezept für die Elemente im Apfelkuchen bereits genommen. Dank mehr als einem Jahrhundert Arbeit von Astronomen und Physikern wissen wir heute, dass Sterne wie unsere Sonne gigantische thermonukleare Öfen sind, die im Laufe von Milliarden Jahren aus Wasserstoff Helium kochen. Wenn die Sterne aus Wasserstoff Helium zubereiten können, sind sie möglicherweise ja auch in der Lage, schwerere Elemente herzustellen? Da ein einfacher Kohlenstoffkern aus sechs Protonen und sechs Neutronen besteht, sollte diese Prozedur doch ganz einfach dadurch möglich sein, dass man drei Heliumkerne miteinander verschmilzt.

Genau diesen Vorschlag machte auch Hans Bethe 1939 in seinem berühmten Aufsatz darüber, warum Sterne leuchten. Allerdings stieß er dabei auf dasselbe Problem, das schon Arthur Eddington Kopfschmerzen bereitet hatte, als dieser überlegte, ob nicht die Sonne durch die Fusion von Wasserstoff zu Helium angetrieben werden könnte – die Sterne scheinen schlicht nicht heiß genug zu sein. Wie wir bereits im letzten Kapitel gesehen haben, bedeutet die Fusion zweier Protonen, dass man einen Weg finden muss, die gewaltige elektrische Abstoßung zu überwinden, die zwischen zwei positiv geladenen Teilchen besteht. Die Lösung in Eddingtons Fall hatten Gamow, Houtermans und Atkinson gefunden, indem sie zeigten, dass es die Quantenmechanik einem Proton erlaubt, per Tunneleffekt durch die Mauern einer nuklearen Festung hindurchzuschlüpfen. Dadurch kann die Fusion bei Temperaturen gelingen, wie wir sie im Zentrum der Sonne und Sterne vorfinden.

Leider ist es noch um einiges schwieriger, drei Heliumkerne zusammenzuzwängen, um Kohlenstoff entstehen zu lassen. Ein Heliumkern hat eine elektrische Ladung von +2, was bedeutet, dass die Abstoßungskraft zwischen drei Heliumkernen deutlich stärker ist als bei Wasserstoff. Hans Bethe erkannte, dass man für die Fusion von

Helium Temperaturen bräuchte, die bei Hunderten von Millionen, vielleicht sogar Milliarden Grad liegen, was weit heißer ist, als sie sich irgendjemand im Innern eines Sterns vorstellen kann. Wenn aber Sternenöfen nicht heiß genug sind, um schwerere Elemente zu schmieden, woher stammen sie dann? Ein gewagter Lösungsvorschlag wurde 1948 gemacht; er stammte von George Gamow und seinem Doktoranden Ralph Alpher. Wenn die Elemente jenseits von Helium nicht in Sternen entstanden waren, gab es nur noch einen weiteren Brennofen, der womöglich heiß genug dafür war – der uranfängliche Feuerball zu Beginn der Zeit.

Die Idee, dass das Universum mit einem Urknall begonnen haben könnte, erhielt seit den 1920er-Jahren immer mehr Zuspruch, als Astronomen entdeckten, dass sich das Universum offenbar ausdehnt. Dreht man die Uhr zurück, bedeutet das, dass das Weltall in der Vergangenheit kleiner gewesen sein muss. Und geht man weit genug zurück, stellt sich heraus, dass alles einmal in einem einzigen Punkt zusammengequetscht war.

Nach Gamows und Alphers Theorie war das gesamte Universum vor Milliarden von Jahren in einem winzigen, unvorstellbar heißen, embryonischen Klecks konzentriert, gefüllt mit einem superheißen Neutronengas. Aus unbekannter Ursache begann sich dieser Klecks auszubreiten, und während er größer und kühler wurde, prallten die Neutronen immer wieder ineinander. Dabei bauten sie in einem Kernreaktionsrausch ein Element nach dem anderen auf, angefangen bei Wasserstoff und dann das gesamte Periodensystem entlang.

Leider war recht schnell klar, dass diese Theorie einen entscheidenden Schwachpunkt hat. Die Natur hat sich quergestellt, ein chemisches Element mit der Masse 5 hervorzubringen. Das bedeutet, dass der Weg versperrt ist, sobald man Helium (Masse 4) erzeugt hat. Ein weiteres Neutron zum Helium hinzuzufügen würde einen Kern erzeugen, der so verblüffend instabil ist, dass er im Millionstel einer Billionstelsekunde zerfallen würde, und diese Zeit ist deutlich zu kurz, als dass ein weiteres Neutron die Möglichkeit hätte, in es hineinzustürzen und die Masse auf 6 zu erhöhen. Eine weitere Möglichkeit, die Lücke bei der Masse 5 zu überwinden, wäre, zwei Heliumkerne zusammenzubringen, um die Masse 8 zu erzeugen, aber auch hier wäre der sich ergebende Kern so flüchtig – ein Zehntausendstel einer Billionstelsekunde –, dass nicht genug Zeit wäre, um zum nächsten stabilen Element mit der Masse 9 zu springen. Gamows und Alphers Big Bang war damit geplatzt und verbrannt. Und doch leben wir in einem Universum mit Kohlenstoff, Sauerstoff, Eisen und Uran. Sie müssen doch von irgendwoher stammen. Doch von woher?

Glücklicherweise beugte sich zu genau der Zeit, in der Gamow und Alpher in den Vereinigten Staaten an ihrer Theorie arbeiteten, in England ein junger Physiktheoretiker namens Fred Hoyle über dasselbe Problem.

EIN REZEPT FÜR KOHLENSTOFF

Fred Hoyle war einer der einflussreichsten und umstrittensten Astronomen des 20. Jahrhunderts. 1915 im nordenglischen Yorkshire in eine Familie hineingeboren, die sich mit Wollhandel gerade so über Wasser halten konnte, schwänzte er häufig die Schule, bis er eines Tages auf den Geschmack der Naturwissenschaften kam, als er sich aus der örtlichen Bücherei ein Buch von Arthur Eddington mit dem Titel *Stars and Atoms* auslieh. Diese beiden Themen sollten fortan sein Leben beherrschen. Vor allem dank der hartnäckigen Bemühungen eines engagierten Lehrers erhielt Fred ein Stipendium für Cambridge und landete, mehr durch Murks als durch Verschwörung, als Doktorand bei Paul Dirac, dem größten Quantenphysiker im bekannten Universum. Mitte der 1930er-Jahre gab Dirac, der ansonsten nicht viel Mühe in seine Rolle als Betreuer investierte, ihm einen lebensentscheidenden Tipp: Die ruhmreichen Tage der Physik seien vorüber, die Quantenrevolution sei abgehakt und für neue Durchbrüche die Zeit noch nicht reif. Wenn der ehrgeizige junge Mann der Wissenschaft seinen Stempel aufdrücken wolle, sollte er sich besser anderswo umschauen. So richtete Fred Hoyle seinen Blick auf die Sterne.

Während seiner langen und eklektischen Karriere wurde Hoyle für seine konträren, manches Mal verqueren wissenschaftlichen Ansichten bekannt, sorgte für heftige Auseinandersetzungen mit anderen Akademikern und machte als begabter Autor von Science-Fiction, darunter die erfolgreiche BBC-Fernsehserie *A for Andromeda*, von sich reden. Heute ist er vor allem noch als entschiedener Gegner der Urknalltheorie in Erinnerung, die er als Pseudowissenschaft ablehnte, schließlich könne sie nicht erklären, was die Ursache war, dass es überhaupt so kam.*

Bei allem Lärm und aller Aufregung, die Hoyle verursachte, war er unzweifelhaft ein brillanter Wissenschaftler. So war ein Schlüssel für seinen Erfolg genau derselbe Wille, sich der orthodoxen Denkungsart entgegenzustellen, der auch häufig dafür sorgte, dass er sich in die Nesseln setzte. Wenn es nach Hoyle ging, so galt: »Es ist besser, interessant zu sein und falschzuliegen, als langweilig zu sein und recht zu haben.«[36] Ein Thema, bei dem er sowohl interessant war als auch recht hatte, war der Ursprung der chemischen Elemente.

Ende 1944 erhielt Hoyle die Chance, die Düsternis der Kriegszeit in Großbritannien hinter sich zu lassen und für ein Treffen zum Thema Radartechnologie in die Vereinigten Staaten zu reisen. Da er nun schon einmal in den USA weilte, ergriff er die Gelegenheit und fuhr zum Mount Wilson Observatory in Kalifornien, wo er bei Walter Baade, einem der größten beobachtenden Astronomen seiner Zeit, um eine Mitfahrgelegenheit zurück zur Konferenz nach Pasadena bettelte. Bei der Fahrt entspann sich zwischen Baade und Hoyle schnell ein Gespräch über den energiereichsten Ausbruch im bekannten Weltall: Supernovae. Diese unfassbar gewaltsamen Sternexplosionen stoßen in kürzester Zeit mehr Energie aus als sämtliche Hunderte von Milliarden Sterne einer Galaxie zusammen. Damals hatte niemand eine Ahnung, was die Quelle der unglaublichen Kraft einer

---

* Hoyle wird auch die Erfindung des Begriffs »Big Bang« zugeschrieben, den er 1949 bei einem Radiointerview mit der BBC erstmals verwendete. Manche sagen, der Ausdruck sei als Beleidigung gemeint gewesen, doch Hoyle beharrte darauf, er habe nur ein einleuchtendes Bild heraufbeschwören wollen.

Supernova sein könnte, doch Hoyles Gedanken kreisten damit bereits um dieses Phänomen, als er in Montreal beim Warten auf seinen Heimflug einen ehemaligen Kollegen traf. Dessen Name war Maurice Pryce. Der britische Physiker hatte in Portsmouth gearbeitet, wo auch Hoyle zu Beginn des Jahres stationiert gewesen war, bis er auf rätselhafte Weise vom Radar verschwunden war. Auch wenn es als gut gehütetes Geheimnis galt, woran Pryce und seine Kollegen in Montreal genau arbeiteten, so war die Anwesenheit von mehreren wichtigen Kernphysikern an den nahe gelegenen Chalk River Laboratories für Hoyle doch ein eindeutiges Zeichen: Sie arbeiteten an der Atombombe.

Während ihrer Unterhaltung wurde Hoyle auf die Andeutung eines Problems aufmerksam, mit dem die Forscher dort zu kämpfen hatten. Ihr Ziel war es offenbar, eine Bombe zu bauen, die das radioaktive Isotop Plutonium-239 als Kernsprengstoff verwendete. Um eine nukleare Kettenreaktion auszulösen, versuchten die Wissenschaftler und Ingenieure in Chalk River, einen Weg zu finden, mit dem man eine Kugel Plutonium in sich selbst zum Zusammenbruch bringen konnte, mit anderen Worten eine *Implosion* zu erzeugen. Würde das Plutonium schnell genug implodieren, würde eine galoppierende Kernreaktion ausgelöst werden, deren zerstörerische Kraft sich in einer noch viel größeren *Explosion* zeigte.*

Zurück in Großbritannien überlegte Hoyle, ob ein ähnlicher Prozess nicht auch für eine Supernova verantwortlich sein könnte. Altert ein Stern, verbrennt er nach und nach seine gesamten Wasserstoffvorräte, bis endlich sein Kern vollständig in Helium verwandelt ist. Hoyle erkannte: Geht einem Stern die Quelle für seine Hitze verloren, die ihn nicht nur heizt, sondern zudem aufbläht, beginnt sein Kern unter dem zerstörerischen Druck seiner eigenen Schwerkraft zu kollabieren. Bei dieser Implosion wird diese riesige Quelle an Gravi-

---

* Eine Plutonium-Implosionsbombe wurde am 16. Juli 1945 erfolgreich in der Wüste von New Mexico getestet. Ein weitere Plutoniumbombe detonierte wenige Wochen später, am 9. August, über der japanischen Stadt Nagasaki und tötete zwischen 39 000 und 80 000 Menschen.

tationsenergie in Hitze verwandelt, was die Temperatur im Innern des Sterns in die Höhe schießen lässt und schlussendlich zu einer unvorstellbar gewaltigen Explosion führt – einer Supernova. Rund ein Jahr später hatte Hoyle berechnet, dass ein kollabierender Stern prinzipiell Temperaturen von mehr als 4 Milliarden Grad Celsius generieren konnte, also Hunderte Male mehr, als irgendjemand vorher für möglich gehalten hatte. Vielleicht, aber nur vielleicht, waren doch Sterne die kosmischen Köche, die für die Zubereitung der chemischen Elemente verantwortlich waren.

1945 von seinen Kriegsaufgaben entbunden, kehrte Hoyle nach Cambridge zurück, um wieder in die Welt der Astronomie einzutauchen. Obwohl er schon eine Theorie entwickelte hatte, wie die Elemente in einem kollabierenden Stern entstehen könnten, waren bei Weitem noch nicht alle Details ausgearbeitet. Und ohne ein genaues Rezept, wie man aus Helium die schwereren Elemente erzeugen kann, war sie genauso zum Untergang verurteilt wie die Idee von Gamow und Alpher.

Indem er sich auf Bethes bahnbrechenden Aufsatz aus dem Jahr 1939 über die Kernfusion stützte, griff Hoyle den sogenannten »Drei-Alpha-Prozess« wieder auf – die Reaktion, bei der drei Heliumkerne verschmolzen und zu einem Kohlenstoff-12-Kern umgewandelt werden. Bethe hatte die Reaktion ursprünglich aus zwei Gründen wieder verworfen: Zum einen braucht sie stupend hohe Temperaturen, die jenseits all dessen zu liegen schienen, zu dem ein Stern in der Lage war, und zum anderen erschien die Wahrscheinlichkeit, dass drei Heliumkerne gleichzeitig aufeinanderprallen, unglaublich gering.

Hoyles Arbeiten zu kollabierenden Sternen hatte den ersten Hinderungsgrund bereits aus dem Weg geräumt, und er glaubte, er könne einen Weg ausfindig machen, auch den zweiten zu umgehen. Was, wenn anstatt drei Heliumkernen, die im gleichen Augenblick ineinanderknallen müssten, zunächst einmal zwei kollidieren, um einen Kern aus Beryllium-8 zu formen (vier Protonen, vier Neutronen), bevor dieser dann von einem dritten Heliumkern getroffen und zu einem Kohlenstoff-12-Kern wird? Doch Moment mal, hatten wir nicht festgehalten, dass es kein stabiles Element mit der Masse 8 gibt? Doch, genau das hatten wir; Beryllium-8 lebt nur für ein Zehntausendstel einer Billionstelsekunde, bevor es wieder in zwei Heliumkerne zerfällt. Hoyle aber wurde klar, dass dies kein unüberwindliches Problem darstellt: In einem Stern mit der richtigen Temperatur und Dichte prallen so viele Heliumkerne aufeinander, dass sehr viel Beryllium-8 entsteht – so viel, dass die Tatsache, dass es gleich wieder zerfällt, einfach ausgeglichen wird. Diese Balance aus Entstehung und Zerfall bedeutet, es gibt immer eine stabile Beryllium-8-Konzentration im Innern des Sterns, selbst wenn ein einzelner Kern nur eine derart flüchtige Existenz hat.

Die nächste Frage war nun: Gibt es jederzeit ausreichend Beryllium-8, damit eine angemessene Menge von einem weiteren Heliumkern getroffen werden kann, um zu Kohlenstoff-12 zu fusionieren? 1949 übertrug Hoyle diese Berechnung einem seiner Doktoranden. Würde das Ergebnis herauskommen, das er sich erhoffte, wäre ein Weg beschritten, wie alle Elemente des Periodensystems hergestellt werden könnten.

Leider stellte sich heraus, dass es ein großer Fehler gewesen war, genau diese Aufgabe genau diesem Studenten zu übertragen. Nach etwa zwei Dritteln seines Wegs hatte der Doktorand genug und schmiss hin. Da ich mich selbst drei Jahre lang in der Achterbahnfahrt einer modernen Promotion befunden und das Auf und Ab aus Einsamkeit, Verwirrung und Frustration am eigenen Leib erfahren habe (mit einem Freund zusammen träumte ich davon, eine Bäckerei zu eröffnen), kann ich das sehr gut nachvollziehen. Das Problem in Hoyles Fall war: Laut den eher archaischen Regeln in Cambridge hatte Hoyle die Aufgabe seinem Studenten unwiderruflich überlassen und konnte so lange nicht selbst daran arbeiten, bis dieser seine Registrierung als Doktorand aufgehoben hatte.

Hoyles Pech war nun, dass 9000 Kilometer entfernt, im sonnigen Kalifornien, Hans Bethes junger Postdoc Ed Salpeter genau über dasselbe Problem nachgrübelte. Salpeter hatte sich von der Cornell University im Hinterland New Yorks für ein Jahr freistellen lassen, um den Sommer 1951 mit Forschungen im Kellogg Radiation Lab des California Institute of Technology zu verbringen. Dort tat er sich mit Willy Fowler zusammen, einem stämmigen, extrovertierten Wissenschaftler, der sich als Vater der experimentellen Astrophysik bereits einen Namen gemacht hatte: Fowler nutzte Teilchenbeschleuniger, um jene Reaktionen im Labor nachzuvollziehen, die die Sonne und die Sterne antreiben. Salpeter wiederum war als Theoretiker dringend auf Daten angewiesen. Vor allem musste er die genaue Energie von Beryllium-8-Kernen kennen. Dazu hätte er an keinen besseren Ort kommen können.

Wie es ein glücklicher Zufall so wollte, hatte Fowlers Team die Messungen, die Salpeter benötigte, bereits durchgeführt. Kurz nach Kriegsende hatten sie ihren Protonenbeschleuniger dazu genutzt, Stückchen aus einem Beryillium-9-Kern herauszuschießen, wodurch kurzzeitig Beryllium-8 entstand, das natürlich sofort in zwei Heliumkerne zerfiel. Indem er die Energien der beiden aus der Kollision herauszischenden Heliumkerne zusammenzählte, konnte Fowler akkurat die Energie von Beryillium-8 bestimmen. Zu Salpeters großer Freude entsprach sie ziemlich exakt dem Wert, der die Rate des Drei-Alpha-Prozesses massiv verstärken würde. Außerdem erkannte Salpeter, dass die Fusion von Helium zu Kohlenstoff-12 bei viel geringeren Temperaturen stattfinden kann als angenommen, sie funktioniert schon bei ein paar hundert Millionen Grad anstatt Milliarden von Grad.

Hoyle saß in Cambridge und musste mit wachsender Frustration Salpeters Aufsatz über die Heliumfusion zur Kenntnis nehmen. Man kann sich bildlich vorstellen, wie er vor Ärger über Cambridges veraltete Regularien mit der Faust auf den Schreibtisch geschlagen haben dürfte. Das dynamische Duo Salpeter und Fowler hatte ihn klassisch auf den letzten Metern geschlagen. Doch anstatt nun die Hände müßiggängerisch in den Schoß zu legen, kanalisierte Hoyle seine Wut in eine noch entschiedenere Entschlusskraft. Und das sollte sich bald auszahlen.

Ende 1952 erhielt er das Angebot, den folgenden Frühling mit Vorlesungen am Caltech, dem California Institute of Technology, zu verbringen. Den Trübsinn und die Rationierungen Nachkriegsenglands mit den sonnenverwöhnten Orangenhainen von Südkalifornien zu tauschen war keine so schlechte Aussicht; zudem hatte Hoyle während seines Aufenthalts 1944 bereits Geschmack am Leben in den Vereinigten Staaten gefunden. Bei den Vorbereitungen auf seine Vorlesungen nahm sich Hoyle noch einmal Salpeters Reaktionsgleichungen vor und erkannte, dass dort irgendetwas nicht stimmen konnte.

Sobald sich innerhalb eines Sterns Kohlenstoff-12 gebildet hat, dürfte er sofort von einem weiteren Heliumkern getroffen werden und damit Sauerstoff-16 bilden. Das ist an sich kein Problem – schließlich ist Sauerstoff ein wichtiger Bestandteil des Universums –, doch ärgerlich an dieser Reaktion war, dass sie in solch einer Geschwindigkeit ablaufen musste, dass fast kein Kohlenstoff mehr übrigbleibt, aus dem dann Lebewesen erwachsen können (geschweige denn ein Apfelkuchen). Die Tatsache, dass Hoyle, eine kohlenstoffbasierte Lebensform, sich über derartige Fragen Gedanken machen konnte, bewies doch, dass da noch ein anderer Prozess ablaufen musste, der verhindert, dass der gesamte Kohlenstoff umgewandelt wird.

Die Lösung, auf die Hoyle kam, war sowohl brillant als auch ungemein kühn. Er erkannte, dass Kohlenstoff-12 sich nur dann in einem Stern bildet, wenn der Atomkern über ganz bestimmte Eigenschaften verfügt.

Wie Elektronen in Atomen so können auch Protonen und Neutronen innerhalb eines Atomkerns in einer großen Bandbreite unterschiedlicher Zustände existieren, den sogenannten Energieniveaus. Man kann sich diese Energieniveaus wie Räume in einem mehrgeschossigen Hotel vorstellen. Ist der Kern in seinem untersten Energieniveau, füllen die Protonen und Neutronen die Räume, die dem Erdgeschoss am nächsten sind. Sie gehen nur dann in ein oberes Geschoss, wenn unten alle Betten bereits belegt sind. Rammt man nun einen solchen Kern mit großer Gewalt, etwa indem man Gammastrahlen auf ihn abfeuert, werden die Protonen und Neutronen in einen angeregten Zustand versetzt – in unserer Analogie würde das zum Beispiel bedeuten, dass ein Feuer in der Rezeption ausgebrochen ist und alle Bewohner treppauf stürmen und sich in Zimmer in einem der Obergeschosse einschließen. Wie dem auch sei, in einem Kern gibt es ein genau definiertes Set dieser angeregten Zustände, die bestimmt werden von den Kräften zwischen den Protonen und Neutronen sowie den Gesetzen der Quantenmechanik.

Hoyle erkannte: Wenn es im Kohlenstoff-12 einen angeregten Zustand gibt, der dieselbe Energie besitzt wie eine typische Kollision zwischen einem Beryllium-8 und einem Heliumkern im Innern eines Sterns, dann würde die Rate der Kohlenstoff-12-Produktion einen gewaltigen Anschub bekommen, der dessen weitere Reaktion zu Sauerstoff-16 mehr als nur ausgleicht. Hoyle konnte sogar die Energie dieses besonderen Zustands berechnen – er musste sehr nahe an 7,65 MeV liegen.*

Als Hoyle am Caltech ankam, war er scharf darauf, mit Willy Fowler über diesen besonderen Kohlenstoff-Zustand zu sprechen. Bei einer Cocktailparty zu Hoyles Ehren versuchte er hartnäckig, Fowler in ein Gespräch darüber zu verwickeln, doch der wollte nicht über Berufliches sprechen, und so blieb Hoyle nichts anderes übrig, als sich mit dem Rest der Caltech-Fakultät in Smalltalk zu üben. Doch Hoyle hatte ein klares Ziel vor Augen, weshalb er am folgenden Tag ungefragt in Fowlers Büro platzte und verlangte, sie müssten alles stehen und liegen lassen und ihren Teilchenbeschleuniger nutzen, um nach dem von ihm vorhergesagten angeregten Zustand zu suchen.[37]

Fowler war skeptisch, um es einmal vorsichtig zu formulieren. Da stand ein seltsamer kleiner Kerl mit lustigem Akzent vor ihm und erhob wilde Behauptungen, er könne die Energieniveaus in Atomkernen vorhersagen, eine Heldentat, die auch den damals besten Kerntheoretikern nicht gelungen war. Hoyles Behauptung war ganz klar lachhaft, er schien keine Ahnung von Kernphysik zu haben, und außerdem hatten sie bereits das Energieniveau von Kohlenstoff-12 gemessen und keinen Hinweis auf den Zustand gefunden, von dem Hoyle offenbar besessen war. Fowler lehnte das Ansinnen rundheraus ab, doch Hoyle ließ nicht locker. Schlussendlich gelang es ihm, Fowler

---

* Ein MeV ist ein Megaelektronenvolt, die Energie, die ein Elektron erhält, wenn man es mit einer Million Volt aufheizt.

einen seiner Junior-Postdocs, Ward Whaling, abzuschwatzen und ihn zu überzeugen, dass es sich lohne, einen zweiten Blick auf die Sache zu werfen. Das Experiment durchzuführen war ein enormes Unterfangen. Abgesehen von den üblichen technischen Herausforderungen, vor denen man immer steht, will man Kernreaktionen in einem Labor erzeugen, mussten in diesem Fall Whaling und seine Kollegen für den Versuchsaufbau das mehrere Tonnen schwere Spektrometer einen engen Flur hinunterbekommen, wozu man es über ein Bett aus Hunderten Tennisbällen rollte – eine Gruppe jüngerer Studenten warf dazu begeistert die Bälle von hinten wieder nach vorne. Das Experiment selbst wurde dann im dunklen Souterrain des Kellogg Lab durchgeführt, wobei Hoyle sehnsüchtig wartend zwischen Kabeln und surrenden Maschinen saß und zuschaute. Später schrieb er, er habe sich wie ein angeklagter Verbrecher vor Gericht gefühlt, doch im Gegensatz zu dem Verbrecher habe er nicht gewusst, ob er unschuldig oder schuldig war.[38]

Mehrere Tage nervösen Wartens zogen ohne Ergebnis vorüber; und Hoyle kehrte immer wieder in den heißen, engen Keller zurück, um am Abend erleichtert an die kalifornische Luft hinaufzusteigen.[39] Er war sich nur zu bewusst darüber, dass er doof dastehen würde, sollte sich am Ende herausstellen, dass er Whaling und sein Team nach einem Phantom hatte suchen lassen. Nach etwa zwei Wochen mühsamer Suche kam Whaling dann doch mit dem außergewöhnlichen Befund: Sie hatten Hoyles angeregten Zustand von Kohlenstoff-12 genau dort gefunden, wo er laut Vorhersage sein musste. Alle, inklusive Hoyle, waren sprachlos. Und Fowler, der doch starke Zweifel an dem tatkräftigen kleinen Mann aus England gehabt hatte, war von Hoyles Leistung so beeindruckt, dass er dafür sorgte, dass er im darauffolgenden Jahr über den großen Teich hinweg mit ihm in Cambridge zusammenarbeiten konnte.

Von einer Wolke aus Euphorie getragen, kehrte Hoyle heim. Als Whaling einige Monate später die Ergebnisse publizierte, setzte er Hoyles Namen an die erste Stelle – eine bemerkenswerte Geste, wenn man bedenkt, dass Hoyle an dem eigentlichen Versuch gar nicht mitgewirkt hatte. Als Hoyle wieder auf dem Boden der Tatsachen angekommen war, stand er voller Respekt vor dem unsicheren Gefüge, das die Existenz von Leben im Universum möglich macht. Ihm wurde klar: Sollte Sauerstoff-16 einen Zustand einnehmen, der dem besonderen, Leben spendenden Zustand von Kohlenstoff-12 ähnelte, würde all der im Innern eines Sterns erzeugte Kohlenstoff augenblicklich in Sauerstoff verwandelt.[40] In diesem Zustand läge die Energie bei 7,19 MeV, und als Hoyle sich dann die Kerneigenschaften von Sauerstoff-16 ansah, fand er einen Zustand vor, der mit 7,12 MeV gefährlich nahe dran lag. Ähnliches galt auch für Beryillium-8: Wäre es stabil und würde nicht sofort in zwei Heliumkerne zerfallen, dann würde das Verbrennen von Helium so gewaltig ablaufen, dass Sterne sich selbst in Tausend Stücke zerfetzten, bevor sie genug Kohlenstoff oder irgendein anderes schwereres Element fusionieren könnten.

Das Leben im Universum scheint auf Messers Schneide zu balancieren. Würde man einen der Zustände von Beryillium, Kohlenstoff oder Sauerstoff nur einen Hauch in die falsche Richtung verschieben, endete man in einem kohlenstofffreien Universum, in einem ohne Leben, zumindest ohne das Leben, wie wir es kennen. Es scheint, als habe ein kosmischer Bastler die ausgetüftelten Kerneigenschaften sorgfältig so arrangiert, dass im Innern von Sternen diese Atome hergestellt werden, sich übers Weltall verteilen und dann, durch eine Reihe von Zufällen, in Milliarden von Jahren so zusammensetzen können, dass sie laufende und sprechende Atomzusammenstellungen hervorbringen, die zumindest einen Teil ihrer Zeit mit der Frage zubringen, wie sie dorthin gekommen sind. Die Physik der Atomkerne scheint, mit anderen Worten, fürs Leben feinabgestimmt zu sein.

Wenn Sie das alles ein wenig beunruhigt, befinden Sie sich in guter Gesellschaft. Die Feinabstimmung ist eines der umstrittensten Themen in der modernen Physik, und das leuchtet relativ schnell ein: Hat man die Voraussetzungen einmal akzeptiert, führen sie einen fast unausweichlich zu einigen eher unwissenschaftlichen Ideen: Götter, Multiversen, riesige kosmische Simulationen und vieles mehr. (Diese Angelegenheit wird uns später mit aller Macht noch einmal beschäftigen.)

Lassen wir die existentiellen Ängste einmal beiseite, haben wir einen wichtigen Punkt auf unserer Suche nach der Herstellung eines Apfelkuchens aus dem Nichts erreicht. Endlich haben wir das Rezept in Händen für zwei der wichtigsten Produkte meines Garagenexperiments. Zum einen:

DAS REZEPT FÜR KOHLENSTOFF – DER DREI-ALPHA-PROZESS

Schritt 1: Knallen Sie tief im Innern eines Sterns zwei Heliumkerne zusammen, um einen höchst instabilen Beryillium-8-Kern zu erzeugen.

Schritt 2: Geben Sie schnell – und mit schnell meine ich: nach etwa dem Zehntausendstel einer Billionstelsekunde – einen weiteren Heliumkern hinzu und hoffen auf das Beste.

Schritt 3: Wenn Sie sehr viel Glück haben, fusioniert der Heliumkern mit dem Beryillium-8, bevor dieser sich spontan wieder auflösen kann, und bildet stattdessen Kohlenstoff-12 in Fred Hoyles speziellem angeregten Zustand.

Schritt 4: Wieder Zeit, aufs Beste zu hoffen: Manchmal wird der angeregte Kohlenstoff-12-Kern einfach wieder auseinanderfallen und Sie mit den drei Heliumkernen zurücklassen, mit denen Sie angefangen haben. Doch mit ein bisschen Glück wird er seine Anregung aufgeben, indem er zwei Gammastrahlen abgibt. Dann halten Sie einen neu geprägten Kern des guten alten Kohlenstoff-12 in der Hand.

Mithilfe dieses Rezepts können wir die klaffende Lücke im Periodensystem bei den Massen 5 und 8 überspringen, indem wir uns von Helium der Masse 4 zu Kohlenstoff der Masse 12 vorwärtsbewegen.

Nachdem die zuvor unüberbrückbare Kluft damit hinter uns liegt, steht uns nichts mehr im Wege, um all die chemischen Elemente von Kohlenstoff bis Uran zu fusionieren.

Vor uns liegt noch der nächste Stopp, Sauerstoff-16, doch der Schritt dorthin ist verblüffend direkt:

DAS REZEPT FÜR SAUERSTOFF – DER ALPHA-PROZESS

Schritt 1: Nehmen Sie einen frisch erzeugten Kohlenstoff-12-Kern und knallen Sie ihn auf einen Helium-4-Kern.

Schritt 2: Voilà! Sauerstoff-16 (plus ein wenig übriggebliebene Energie in Form von Gammastrahlung).

Mit diesen beiden Rezepten können wir nun zumindest die beiden wichtigsten Zutaten für unseren Apfelkuchen machen. Natürlich haben wir noch nicht die genauen Details ermittelt, unter denen diese Reaktionen tatsächlich stattfinden. Während Hoyle allen Grund zur Annahme hatte, dass Kohlenstoff und Sauerstoff im Innern von Sternen entstehen, die ihre Wasserstoffvorräte verbraucht haben, ist die Geschichte, wie und warum genau dies geschieht, komplex, dramatisch und untrüglich wunderschön. Hinzu kommt noch, dass die Sternenursprünge der chemischen Elemente alles andere als geklärt sind. Rund um den Globus sind Astronomen dabei, darüber nachzudenken und die tiefsten Tiefen des Kosmos zu erforschen auf der Suche nach den Sternenöfen, in denen die Zutaten für unsere Welt gebacken wurden.

DAS LEBEN DER STERNE

Auf einer hohen Kuppe der Sacramento Mountains, zwischen duftenden Kiefern und Tannen, erheben sich die weißen Kuppeln des Apache Point Observatory. Richtung Westen taucht der Gebirgskamm durch dicken Wald eineinhalb Kilometer tief ins Tularosa Basin ab, wo man auf die blendenden Gipsdünen des White Sands National Park stößt. Mitte des 19. Jahrhunderts war dies der legendäre Wilde Westen, in dem Apachenstämme über ein fruchtbares Tal herrschten, bis sie von Viehfarmern vertrieben wurden, die das Land überweideten und zu einer trockenen Wüste machten. Heute gehören weite Teile dieser Ecke New Mexicos zu einem Schießübungsfeld der US-Army, und jenseits der Berge im Nordwesten detonierte im Juli 1945 die erste Atombombe der Welt.

Die Teleskope auf dem Apache Point sind auf viel weiter entfernte und deutlich stärkere Kerngeschosse ausgerichtet. Von diesem gebieterischen Aussichtspunkt in den Bergen begutachten Astronomen Licht von Hunderttausenden Sternen in der Milchstraße und versuchen dabei, der Entwicklungsgeschichte unserer Galaxie und den Ursprüngen unserer chemischen Elemente auf die Spur zu kommen.

Von meinem Motel in Alamogordo hatte ich die Straße gen Osten genommen, war vom Wüstengrund in die Berge hinaufgefahren, hatte das niedliche Dorf Cloudcroft durchquert und war weiter bergauf an hohen Nadelbäumen vorbeigekommen. Als ich mich dem Observatorium näherte, warnte ein Schild, dass man nachts nicht mit dem Auto hinauffahren solle – das blendende Licht von Autoscheinwerfern war das Letzte, was Astronomen beim Blick in den Himmel gebrauchen konnten.

Am späten Nachmittag fuhr ich vor dem einstöckigen Betriebsgebäude vor. Hier wollte ich mich mit Karen Kinemuchi treffen, eine am Apache Point angestellte Beobachterin, die sich freundlicherweise bereit erklärt hatte, mich auf ihre anstehende Nachtschicht mitzunehmen. Ich traf sie auf der Plattform des 2,5 Meter großen Sloan

Telescope, das riskant über einem steil abfallenden Abgrund hing – sie war gerade dabei, zusammen mit einem Kollegen eine elektrische Störung zu beheben.

Sie begrüßte mich mit einem Lachen und einem Handschlag und wies dann mit unverhohlenem Stolz auf die atemberaubende Aussicht über die Ebene hinweg zu den San Andres Mountains hin. Wer tagsüber hier arbeitet, kann sicher eine großartige Aussicht genießen. Nachdem ich ein paar Augenblicke den Anblick in mich aufgenommen hatte, machte ich meinen Eröffnungszug für unsere Unterhaltung, der bei mir als Briten natürlich immer aus einer Bemerkung über das Wetter besteht. Zwar schien die Sonne, doch im Südwesten hatte sich den Nachmittag über eine Schicht dunstiger Wolken aufgebaut, obwohl im Wetterbericht von einem sonnigen Tag und einer klaren Nacht die Rede gewesen war. Karen schien das nicht weiter zu beunruhigen; das Teleskop scannt den Himmel auf Infrarotlicht und kann problemlos durch eine solche Wolkendecke hindurchsehen, solange sie nicht zu dick wird. Wir würden aber auf jeden Fall noch einmal die Radarkarte überprüfen, sobald wir im Kontrollraum angekommen waren.

Mein Besuch des Apache Point war von einem Skype-Anruf ein paar Wochen zuvor inspiriert worden: Jennifer Johnson, Professorin für Astronomie an der Ohio State University, nutzt für ihre Forschungen zur Frage, wie unterschiedliche stellare Prozesse die rund 90 natürlich vorkommenden Elemente des Periodensystems erzeugen, Daten des Sloan Telescope. Diese Fragestellung ist gleichermaßen fesselnd wie komplex, und obwohl seit Ed Salpeter, Fred Hoyle und Ward Whaling und ihrer »Entdeckung« des Rezepts für Kohlenstoff Anfang der 1950er-Jahre große Fortschritte gelangen, wird noch immer an dieser Geschichte geschrieben.

Bei unserem Videotelefonat saß Jennifer in ihrem Büro in Columbus, Ohio, umgeben von Büchern und persönlichen astronomischen Erinnerungsstücken, und präsentierte mir vergnügt den aktuellen Wissensstand darüber, woher die chemischen Elemente stammen. Immer wieder lachte oder lächelte sie, wenn sie bei ihrer Erzählung an einen Punkt kam, der sich für sie und ihre Kollegen als besonders hartnäckiges Hindernis herausgestellt hatte. Die Grundlagen ihres Forschungsgebiets, das man als »stellare Nukleosynthese« bezeichnet – sich also um das Erzeugen von Atomkernen in Sternen dreht –, reichen zurück bis zu Hoyles Besuch des Caltech 1953. Überwältigt von Hoyles magisch wirkender Vorhersage über die Ursprünge von Kohlenstoff, verbrachte der Kernphysiker und Leiter des Kellogg Radiation Lab, Willy Fowler, das folgende Jahr in Cambridge. Dort lernte er das astronomische Powerpärchen Margaret und Geoffrey Burbidge kennen – zusammen mit Hoyle bildeten sie ein herausragendes Vier-Personen-Team.

1957 führte die Zusammenarbeit zu einem der wichtigsten Aufsätze in der Geschichte der Astrophysik. Nach dessen vier Autoren salopp auch als B²FH bezeichnet, ist das Paper ein nukleares Kochbuch mit einem komplexen Netz aus Reaktionen, durch die so ziemlich jedes natürliche Element in unterschiedlichen Sternenöfen hergestellt werden kann. Der entscheidende Unterschied zwischen einem Küchenofen und den Sternen ist der, dass die Energie Letzterer aus dem Prozess der Nukleosynthese selbst herrührt und dass es die sich verändernde chemische Zusammensetzung im Innern eines Sterns ist, die schlussendlich dessen Evolution bestimmt, von seiner Entstehung aus einer Wolke aus kollabierendem Staub und Gas bis zu seinem spektakulären Todeskampf.

Laut B²FH gibt es keinen einzelnen Ort im Universum, an dem alle chemischen Elemente zubereitet wurden. Stattdessen gibt es eine Reihe unterschiedlicher stellarer Hochöfen, von denen jeder einzelne den interstellaren Raum mit unterschiedlichen Elementen bereichert; kleine Sterne wie unsere Sonne, die sterben, indem sie langsam ihre äußeren Schichten verlieren, riesige Sterne, die sich in spektakulären Supernova-Explosionen selbst zerfetzen, und Weiße Zwerge, tote Sternenhüllen, die gewaltsam detonieren können, wenn sie zu viel Gas von einem Begleiter geschluckt haben.

Jennifers Aufgabe ist es, all diese unterschiedlichen Prozesse zusammenzufügen, um ein vollständiges Bild der Ursprünge der Elemente entstehen zu lassen. Im Laufe ihrer Untersuchungen hat sie eine wunderschöne gefärbte Version des Periodensystems angefertigt, bei der jedes Element eine andere Farbe besitzt – und zwar je nach dem Ursprung, den wir heute für es annehmen.[41] Die Bandbreite der verschiedenen Farben ist über die gesamte Tabelle verteilt, wobei viele Elemente in mehr als nur einer Farbe schattiert sind. Das vermittelt anschaulich den Eindruck der langen, vielseitigen und zusammenhängenden Evolutionsgeschichten des Materials, aus dem wir alle bestehen.

Doch bevor wir uns wieder in die Hardcore-Sternenphysik stürzen, lassen Sie uns kurz noch einen Schritt zurücktreten und überlegen, woher wir überhaupt Dinge über die Sterne wissen. 1835 behauptete der französische Philosoph Auguste Comte, wir würden nie erfahren können, woraus Sterne bestehen.[42] Nun, zu sagen, wir werden nie etwas Bestimmtes wissen, ist geradezu eine Aufforderung zum Widerspruch – man kann schließlich nur widerlegt werden –, doch auf der anderen Seite war diese Aussage angesichts unserer Entfernung zu den Sternen nun auch nicht völlig haarsträubend. Wir können eben nicht schnell mal vorbeigehen, um eine Probe zu nehmen. Doch schon wenige Jahrzehnte später wurde dem guten alten Comte seine Tarte um die Ohren gehauen, und zwar dank der unerwarteten Ankunft einer revolutionären neuen Technik: der Spektroskopie.

Die Spektroskopie wurde durch die wichtige Entdeckung möglich, dass unterschiedliche chemische Elemente spezifische Lichtfarben, oder genauer ausgedrückt: spezifische Lichtfrequenzen absorbieren und ausstrahlen.

Als Sie Chemie in der Schule hatten, gab es vielleicht diese eine unvergessliche Stunde, in der Sie pulverisierte Metalle in einen Bunsenbrenner werfen oder halten durften, was zu einem kurzen, eindringlichen Aufleuchten von Farben geführt hat. Strontium beispielsweise färbt die Flamme purpur, wohingegen Kupfer ein grelles Grün erzeugt. Auch die Farben eines Feuerwerks beruhen genau auf diesem Effekt. Der Frequenzbereich, den ein bestimmtes Element absorbiert und abgibt, ist einzigartig für genau dieses Element, hinterlässt also einen unverwechselbaren Fingerabdruck, den man für seine Erfassung in einer Bunsenbrennerflamme, einem Feuerwerk

Kapitel 6

oder eben in der feurigen Atmosphäre eines weit entfernten Sterns nutzen kann.*

Nimmt man Sonnenlicht, bricht es mithilfe eines Prismas in das Regenbogenspektrum, und schaut man dann sehr, sehr genau hin – Sie werden dafür ein Mikroskop nutzen müssen –, erkennt man, dass der Regenbogen von schwarzen Linien durchzogen ist, einem Barcode gar nicht so unähnlich. Diese dunklen Linien entsprechen direkt den chemischen Elementen in der oberen Atmosphäre der Sonne, die das von der darunterliegenden leuchtenden Oberfläche kommende Licht absorbieren. Die Entdeckung der Spektroskopie war eine Offenbarung, die unser Verständnis vom Himmel auf eine Art und Weise veränderte, wie es sie seit der Erfindung des Teleskops zu Beginn des 17. Jahrhunderts nicht mehr gegeben hatte. Mit ihr kündigte sich die Geburt der Astrophysik an.

Das Sloan Telescope am Apache Point nutzt genau diese Technik, um den im Sternenlicht verborgenen Code zu entziffern und den Aufbau der Sterne in unserer Galaxie zu erforschen. Später an diesem Nachmittag – die Sonne war auf ihrem Weg, um hinter den San Andres Mountains zu verschwinden – führte mich Karen zu einem kleinen Raum unterhalb der Teleskop-Plattform, in dem ein Instrument namens Apache Point Galaxy Evolution Experiment, für Insider kurz APOGEE, aufgebaut ist. Durch dicke Bündel Faserkabel mit dem Teleskop über sich verbunden, kann APOGEE das Licht

---

* Der Grund dafür, dass unterschiedliche chemische Elemente charakteristische Frequenzen von Licht aufsaugen und abgeben, findet sich in der Quantenstruktur der Atome. Wie in Kapitel 3 besprochen, umkreisen Elektronen den Atomkern in einzelnen quantisierten Energieniveaus, die für jedes chemische Element einzigartig sind. Macht ein Elektron nun einen Quantensprung auf ein anderes Energieniveau, muss es entweder ein Photon absorbieren oder eines abgeben, und dabei muss die Energie dieses Photons der Differenz zwischen diesen beiden Niveaus entsprechen. Um auf ein höheres Energieniveau zu springen, muss das Elektron ein Photon absorbieren; fällt es zurück auf ein niedrigeres Energieniveau, emittiert das Elektron ein Photon. Nun hängt die Energie eines Photons direkt von dessen Frequenz ab (höhere Frequenz = mehr Energie), und ein bestimmtes Atom wird daher Photonen in den spezifischen Frequenzen aufsaugen oder abgeben, die genau zur Gestaltung seines unverwechselbaren Turms aus Energieniveaus passt.

Sternenzeugs 153

von Tausenden Zielen gleichzeitig analysieren, was es Forschern wie Jennifer in Columbus ermöglicht, herauszufinden, woraus sie bestehen.

Im Kontrollraum, umgeben von einem Haufen Bildschirmen, die Wetterkarten, Live-Übertragungen vom Teleskop und unterschiedliche Graphen zu dessen Leistung anzeigten, erläuterte mir Karen, was in der Nachtschicht zu erwarten war. Das Sloan wird von zwei Astronomen gesteuert, vom warmen Beobachter und dem – so die eher unheilvoll klingende Bezeichnung – kalten Beobachter. Der Job des warmen Beobachters besteht darin, das Teleskop auf eine Liste von Sternen und Galaxien auszurichten und sicherzustellen, dass es wie erwartet funktioniert – und dies erledigt er alles vom relativen Komfort des geheizten Kontrollraums aus. In der gleichen Zeit muss der weniger glückliche kalte Beobachter mehrere Sprints in die kalte Dunkelheit machen, um 150 Kilogramm schwere Module auszutauschen, die direkt in die Brennebene des Teleskops eingesteckt werden. Dabei enthält jedes Modul eine Metallplatte als Sternenkarte, in die Hunderte von Löchern gebohrt wurden, die die Zielorte der Sterne oder Galaxien angeben. Das Ganze ist dann mit Glasfaserkabeln, über die das Sternenlicht transportiert wird, an das APOGEE-Instrument angeschlossen.

In dieser Nacht hatte Karen das Glück, der warme Beobachter zu sein, doch auch wenn man im Warmen bleiben darf, ist die Nachtschicht eine strapaziöse Aufgabe. Nach der vorangegangenen Schicht war sie erst um 7 Uhr morgens ins Bett gekommen und hatte dann bereits um 13 Uhr wieder aufstehen müssen, um die Checks für die bevorstehende Nacht durchzuführen. Nun würde sie es auch frühestens nach Sonnenaufgang in ihr Zimmer schaffen, um kurz die Augen zu schließen. Es war Ende November, und je weiter der Winter voranschritt, umso länger, dunkler und kälter wurden die Schichten.

Wieder draußen – wir waren auf dem Weg zurück zum Teleskop – beging ich den Fehler, eine etwas längere und verworrene Frage zu stellen, woraufhin ich schnell außer Puste geriet. Karen kicherte in sich hinein, während ich wieder zu Atem kam; Apache Point liegt auf fast 3000 Meter über dem Meeresspiegel, weshalb die Luft hier

25 Prozent dünner ist, als ich es gewohnt bin. Hier geht man oder redet man, aber nicht beides zugleich.

Die Sonne stand nun kurz über den Bergen am Horizont, und die Luft war schon deutlich frischer. Die Wolken, die mir am Nachmittag noch Sorgen bereitet hatten, lösten sich auf, und die letzten Überbleibsel glühten orange-pink vor dem blassblauen Abendhimmel. Eine wunderschön klare Nacht deutete sich an, perfekte Bedingungen fürs Sternengucken.

Nach ein paar Checks am Teleskop selbst war die Zeit gekommen, es zu öffnen. Ein Knopfdruck, ein kurzes Sirenengeheul, dann begann das große weiße Gebäude, welches das Teleskop umschließt, sich zurückzubewegen. Es glitt auf Schienen zur Seite, bis das Teleskop einsam und stolz am Ende der großen Plattform aufragte; nichts zwischen ihm, der Landschaft und dem Himmel darüber. Langsam und leise drehte sich dann seine große Trommel in Richtung Himmel, und in einem Moment unerwarteter Dramatik öffnete sich seine Schutzhülle: Das Teleskop faltete sich auf wie eine Blüte zur Begrüßung der Sonne.

Diese Szene überwältigte mich beinahe. Die Weite der Landschaft und die kräftigen Farben darüber, die von Orange über Pink zu Dunkelblau und Tiefschwarz reichten, die funkelnden Diamanten von Venus und Jupiter, die der Sonne auf ihrem Weg zum Horizont nachjagten, und daneben das stumme Teleskop, hinaufragend in die kalte, dünne Luft und zum immer dunkler werdenden Himmel gestreckt. Viel romantischer kann Wissenschaft nicht werden. Sogar Karen, die schon unzählige Male Zeugin dieser Darbietung geworden ist, gestand mir, dass die Magie dieses Augenblicks nie ganz verschwindet.

Sie machte sich auf den Weg zurück in den Kontrollraum, um die ersten Beobachtungen vorzubereiten, doch ich blieb noch ein wenig im Freien, um mir den Sonnenuntergang anzusehen. Nach und nach erschienen die Sterne, einer nach dem anderen, jeder mit seiner eigenen Geschichte, seiner eigenen Vergangenheit, seiner eigenen Zukunft. Nach menschlichem Maßstab ist die Lebensspanne der Sterne unvorstellbar lange, sodass ihre Veränderungen im Lauf der Jahre für uns gar nicht wahrnehmbar sind. Doch glücklicherweise hält die

Milchstraße für uns Hunderte Millionen Sterne zum Erforschen bereit, weshalb Astronomen das Leben und Sterben einer Unzahl von Sternen zu unterschiedlichen Punkten ihrer Entwicklung unterscheiden können. Das Leben von Sternen wird durch die Kernprozesse bestimmt, die tief in ihrem Innern ablaufen. Nehmen wir beispielsweise unsere Sonne. Wie schon erwähnt, fusioniert die Sonne derzeit Wasserstoff zu Helium und wird das noch für weitere fünf Milliarden Jahre tun. Aber natürlich kann dieser Prozess nicht ewig vonstattengehen. Langsam, aber sicher wird sich die Sonne durch ihre Wasserstoffvorräte hindurchbrennen: Ihr Kern wird zunehmend reicher an Helium, das sich wie Asche in einem Lagerfeuer ansammelt, bis das Feuer im Inneren der Sonne erlischt. Und wenn das passiert, wird es interessant.

Ist die Quelle für ihre interne Hitze erst einmal verschwunden, wird der Sonnenkern durch den Gravitationsdruck in sich selbst kollabieren, wobei er sich aufheizt, bis er so heiß geworden ist, dass er den brennenden Wasserstoff dazu bringt, als kugelförmige Schale um den heliumreichen Kern aufzuflammen. Das setzt eine Lichtflut in der dominanten, wachsenden Masse des Sterns frei, der sich zu gewaltigen Proportionen aufbläht und unsere Sonne zu einem angeschwollenen Roten Riesen werden lässt.

Das sind dann schlechte Nachrichten für die Erde, die höchstwahrscheinlich von der glühend heißen Atmosphäre der gewaltig gewachsenen Sonne geschluckt wird.* In der Zwischenzeit schrumpft der innere Heliumkern der Sonne weiter und heizt sich zunehmend auf, bis er rund 100 Millionen Grad erreicht hat – die Temperatur, bei der der von Salpeter und Hoyle erkannten Drei-Alpha-Prozess einsetzen kann und Helium zu Kohlenstoff fusioniert.[43] Das führt zu einem gewaltigen Helium-Blitz, mit dem genauso viel Energie frei-

---

* Allerdings ist das Leben auf Erden schon viel früher recht unangenehm geworden – denn mit dem Alter wird die Sonne kleiner und heißer. Schon in nur einer Milliarde Jahren wird die Erde so heiß geworden sein, dass ihre Ozeane anfangen zu kochen. Aber nur, falls wir selbst das nicht schon früher hinbekommen haben.

gegeben wird, wie die Sonne in den 200 Millionen Jahren zuvor abgestrahlt hat – nur dieses Mal in der Zeitspanne, die man braucht, um ein Ei zu kochen.

Nun brennt das Helium im Innern und der Wasserstoff in einer Schicht darüber, und die Sonne schrumpft um den Faktor 50, bis sie nur noch ein Zehntel ihrer heutigen Größe hat. Dabei stellt sie langsam Kohlenstoff her, von dem ein wenig durch das Hinzufügen weiterer Heliumkerne zu Sauerstoff umgebildet wird, womit schon zwei der Schlüsselelemente unseres Apfelkuchens produziert werden.

Allerdings dauert diese Phase nicht sehr lange, zumindest im Vergleich zum Leben eines Sterns. Nach weiteren 100 Millionen Jahren wird auch das Helium verbraucht sein, weshalb der Kern weiter nach Innen kollabiert, während zugleich Helium und Wasserstoff in konzentrischen Schichten darüber weiterbrennen. Die Mischung zwischen diesen beiden Schichten erlaubt es ebenfalls, dass ein wenig des Kohlenstoffs mit Wasserstoff zu Stickstoff fusioniert (ein weiteres Element, das wir brauchen).

Während die Sonne in ihren letzten Zügen liegt, wird sie noch einmal eine Reihe von Zuckungen durchmachen und nach und nach ihre äußeren Schichten in den Weltraum blasen, wodurch sich die Galaxie mit ihrem Kohlenstoff und Stickstoff anreichert. Ganz am Ende wird die letzte ihrer Gashüllen davonschweben, und übrig bleibt ein heißer, dichter Kern, der fast gänzlich aus Kohlenstoff und Sauerstoff besteht – ein Weißer Zwerg.

Dann ist Schluss mit der Sonne. Wenn die letzten Kernreaktionen erschöpft sind, bleibt nur eine glühende Aschekugel in der Größe der Erde zurück, umringt von einer sich ausbreitenden leuchtenden Wolke, den Überresten ihrer Gashülle. Der Weiße Zwerg selbst ist unglaublich dicht – ein Brocken in der Größe eines Stücks Würfelzucker wiegt dann etwa 1 Tonne[44] –, und das Einzige, was ihn davon abhält, noch weiter zu kollabieren, sind die Gesetze der Quantenmechanik, denn die verbieten seinen Atomen, zur selben Zeit an derselben Stelle zu sein.

Vieles von dem hier Beschriebenen wissen wir dank der Forschungen an Instrumenten wie APOGEE. Das Licht eines sonnenähnlichen Sterns kann Informationen über die tief im Innern ablaufenden Prozesse offenbaren, insbesondere in der Endphase seines Lebens, wenn einige Produkte der Kernfusion durch wirbelnde Konvektionsströme an die Oberfläche geholt werden. Allerdings haben Astronomen auch eine Menge durch die gute alte Beobachtung bei gewöhnlichem, sichtbarem Licht gelernt.

Später in der Nacht, als der jenseitige Glanz der Milchstraße den dunklen, mondlosen Himmel beherrschte, bekam ich die seltene und völlig unerwartete Gelegenheit, durch das größte Instrument von Apache Point zu blicken. Das 3,5 Meter große ARC-Teleskop ist in einem hoch aufragenden Observatoriumsgebäude untergebracht, nur ein paar Gehminuten vom Sloan Telescope entfernt. Normalerweise wird es über das Internet ferngesteuert, was Beobachtern das Erforschen des Himmels erlaubt, ganz gleich, wo sie sich aufhalten. Doch in dieser Nacht wurde ein Aufsatz angebracht, damit eine Gruppe Doktoranden der University of Virginia mit eigenen Augen den Blick in die Sterne ausprobieren konnten. Im Kontrollraum war gerade nichts los, also schlug Karen vor, ich sollte mich der Gruppe anschließen und selbst einen Blick riskieren.

Im Observatorium war es dunkel und eiskalt, Licht kam nur von den Sternen, die durch eine winzige Öffnung vorn am Gebäude hereinschienen. Candace Gray als ARC-Teleskop-Beobachterin steuerte das große Instrument von einem Computer am anderen Ende des Raums aus. Als sie begann, ein erstes Untersuchungsziel auszusuchen, spürte ich, wie sich das gesamte Gebäude unter mir zu drehen begann, und ich sah die Sterne in der Öffnung vor mir wandern, während das Teleskop sich zu den exakten Koordinaten schwenkte, die ihm per Computer befohlen worden waren.

Um die Studenten ein wenig auf die Folter zu spannen, gab ihnen Candace einen verschlüsselten Hinweis auf das erste Objekt der Nacht. »Elfter Doktor«, sagte sie neckend, woraufhin sie Schweigen erntete. Offensichtlich waren diese Amerikaner in ihren 20ern keine *Doctor-Who*-Fans. »Natürlich Matt Smith«, platzte ich ziemlich selbstzufrieden raus. »Eine Fliege!« Für mich war klar, dass sie auf die »bow tie« der Filmfigur angespielt hatte, um uns eine »Bow Tie Nebula« anzukündigen.

Als ich dran war, dauerte es zunächst ein wenig, bis sich meine Augen an das Licht gewöhnt hatten, doch als es so weit war, erblickte ich ein schwaches, zerbrechliches Objekt. Was ich mir da anschaute, waren die Überreste eines sonnenähnlichen Sterns, die Astronomen mit dem irreführenden Namen planetarischer Nebel* bezeichnen. In seiner Mitte befand sich ein leuchtender Weißer Zwerg, umgeben von zwei wulstigen Lappen aus glänzendem Gas. Mit etwas Fantasie sieht dieser Nebel aus wie eine eher schlecht gebundene Fliege, daher der Spitzname »Bow Tie Nebula«. Wie versteinert sah ich für einige Augenblicke hinauf – ich hatte noch nie einen toten Stern mit eigenen Augen gesehen. Außerdem war dies genau ein solches Objekt, das den meisten Kohlenstoff in der uns umgebenden Welt produzierte.

Doch was ist mit dem Sauerstoff? Sonnenähnliche Sterne erzeugen tatsächlich gegen Ende ihres Lebens Sauerstoff, doch spektroskopische Untersuchungen der planetarischen Nebel haben ergeben, dass er zumeist im dichten Weißen Zwerg eingeschlossen bleibt und folglich nie ins weitere Universum gelangt. Ein Blick auf Jennifer Johnsons farbcodiertes Periodensystem verrät, dass wir nach dem Sauerstoff in unserem Apfelkuchen an anderer Stelle suchen müssen.

Draußen, in der kalten Nacht, war inzwischen der Mond aufgegangen, und sein Licht erschien mir, verglichen mit der Dunkelheit zuvor, fast blendend. Die Milchstraße war verblasst, nur noch ihre hellsten Sterne waren zu sehen. Im Osten stieg der Orion auf, den man sofort an dem klar auszumachenden Gürtel aus drei hellen Sternen erkennt. Für die antiken Griechen war Orion ein Jäger, der mit ein paar Betrügereien auf sich aufmerksam machte: So lief er etwa über Wasser, griff betrunken Prinzessinnen an und drohte jedem Tier auf Erden mit dem Tod (klingt ganz nach einem Hammertyp), bis er dann in einem Kampf gegen einen überdimensionierten Skorpion

---

* Der Ausdruck »planetarischer Nebel« wurde Ende des 18. Jahrhunderts geprägt, als Astronomen noch nicht wirklich ahnten, was genau sie da in den Blick genommen hatten. Sie dachten, es sehe aus wie verblassende Planeten.

eins auf die Nase bekam und von Zeus an den Himmel strafversetzt wurde. Die Sterne im Orion sollen jedenfalls wie besagter Jäger aussehen, und wenn man seiner Fantasie freien Lauf lässt und es mit den Details nicht so ernst nimmt, kann man ihn dort auch erkennen.

Folgt man einer Linie von Orions Gürtel über dessen linke Schulter, erblickt man einen besonders hellen Stern, der unübersehbar rötlich schimmert. Sein Name ist Beteigeuze oder Betelgeuse, und er ist ein absolutes Monster, das Astronomen offiziell einen Roten Überriesen nennen. Würde man Beteigeuze ins Zentrum unseres Sonnensystems stellen, würde seine riesige, gasartige Masse alle inneren Planeten verschlucken, darunter Erde und Mars, und sein Umfang würde bis an den Orbit des Jupiters reichen. Beteigeuze nähert sich dem Ende seiner Lebensspanne und ist damit eine überdimensionierte Version unserer Sonne, wie sie in fünf Milliarden Jahren aussehen wird. Doch sein endgültiges Schicksal wird noch viel spektakulärer.

Unter ansonsten gleichen Bedingungen hängt das Leben eines Sterns von seiner Masse ab. Je größer sie ist, desto stärker wird sein Kern von der Gravitation zerdrückt, und je mehr Druck auf dem Kern lastet, desto heißer wird er. Wie wir gesehen haben, sausen Atomkerne bei höheren Temperaturen schneller umher, was bedeutet, dass sie die elektrische Abstoßung leichter überwinden und eher miteinander fusionieren können. Mit anderen Worten: Ein schwerer Stern verbrennt seinen Kerntreibstoff schneller als ein leichter, weshalb es auch heißt: »Der Stern, der doppelt so hell strahlt, leuchtet auch nur halb so lang.« Unsere Sonne ist nach himmlischem Maßstab relativ klein, weshalb es rund zehn Milliarden Jahre dauern wird, bis sie ihren Wasserstoffvorrat aufgebraucht hat. Beteigeuze hingegen ist zwischen zehn und zwanzig Mal massereicher als die Sonne, und obwohl er erst acht Millionen Jahre alt ist, hat er bereits seinen Wasserstoff abgebrannt wie ein gewaltiges gefräßiges Kleinkind. So schwoll er zu einem Roten Überriesen an.

Wir wissen es nicht ganz sicher, doch viele Astronomen geben Beteigeuze vielleicht noch eine Million Jahre, bevor auch sein Helium aufgebraucht ist und er mit einem Kohlenstoff-Sauerstoff-Kern zurückbleibt. Während das für die Sonne das Ende des Wegs bedeuten würde, kann es dank Beteigeuzes gigantischer Größe noch zu etwas Außergewöhnlichem kommen.

Nachdem das Verbrennen von Helium vorbei ist, kollabiert der Kohlenstoff-Sauerstoff-Kern unter seinem gewaltigen Gewicht, wobei er sich auf mehr als eine halbe Milliarde Grad erhitzt. Bei diesen höllischen Temperaturen rasen Kohlenstoffkerne mit derartigem Tempo umher, dass sie ihre hohe elektrische Abstoßung überwinden können und zu schwereren Elementen wie Neon, Magnesium, Natrium und Sauerstoff fusionieren.

Diese Phase der Kohlenstoffverbrennung dauert nur rund tausend Jahre, in astronomischen Verhältnissen ein Wimpernschlag. Ist der Kohlenstoff ausgegangen, ereignet sich eine Reihe weiterer Zusammenbrüche, wodurch sich jedes Mal die Temperatur erhöht und neue Kernbrennstoffe entzündet werden, zuerst Neon und dann Sauerstoff. Während dieser kurzen Phase ähnelt der Stern einer thermonuklearen Zwiebel, bei der in konzentrischen Kreisen immer schwerere Elemente fusioniert werden, je näher man dem Kern kommt. Im letzten Atemzug des Sterns erhitzt sich der Kern bis auf prickelnde drei Milliarden Grad, was die letzte nukleare Reaktion in Gang setzt: Silikon fusioniert zu Eisen und Nickel. Einen Tag lang.

Nachdem der Stern einmal in Eisen und Nickel verwandelt ist, heißt es: Game over. Diese beiden sind die stabilsten Kerne im Periodensystem, was bedeutet, dass bei der Fusion von Nickel und Eisen zu noch schwereren Elemente im Endeffekt Energie aufgenommen wird. Der Stern hat nun tatsächlich keinen Saft mehr. Und ohne Hitzequelle, die sich gegen die Gravitation stemmen könnte, beginnt der Kern seinen letzten, unvermeidlichen und katastrophalen Kollaps.

Der Kern implodiert, wird dichter und dichter und versinkt unaufhaltsam in Richtung Umnachtung. Kerne werden zusammengezwungen, bis das gesamte Herz des Planeten die gleiche Dichte wie ein Atomkern erreicht hat. Doch Protonen und Neutronen mögen es nicht so gern, näher zusammenrücken zu müssen als in einem Atomkern, weshalb die starke Kernkraft, sobald es zu eng wird, zurückschlägt und die einfallende Materie wieder abstößt. Das führt zu einer umwälzenden Schockwelle, die sich nach außen an die Oberfläche des Sterns fortsetzt. Zur selben Zeit werden Elektronen und Protonen zusammengepresst, um Neutrinos zu bilden: Eine gewaltige Neutrino-Welle wird freigesetzt, die so heftig ist, dass sie den einstürzenden Kern des Sterns hinaus ins Weltall sprengt.

Die Konsequenz ist eines der mächtigsten Ereignisse des Universums, eine Supernova. In dem Moment, in dem ein Stern zerfällt, pumpt er kurzfristig mehr Energie in das All als alle Hunderte Milliarden Sterne in einer Galaxie zusammen. Wenn Beteigeuze in der nächsten Million Jahre zu Supernova wird, leuchtet er heller als der Vollmond und wird problemlos am helllichten Tage zu sehen sein.* Glücklicherweise ist Beteigeuze weit genug von der Erde entfernt, um uns ernsthaft schädigen zu können, doch es wird sicher eine Wahnsinnsshow. Außerdem wird Orion seine Schulter verlieren, aber das hat er vermutlich verdient.

Supernovae spielen eine ausschlaggebende Rolle bei der Entstehung von Elementen, die für die Existenz des Lebens wichtig sind. Der Sauerstoff, das Natrium, Magnesium und Eisen in unserem Apfelkuchen wurden vor Milliarden Jahren beim katastrophalen Tod riesiger Sterne geschmiedet. Ihr gewalttätiger Tod bereicherte das Universum mit schweren Elementen, die sich mit den Überbleibseln kleinerer Sterne wie unserer Sonne vermischten und schließlich den Planeten formten, auf dem wir leben. Carl Sagan, der wie kaum ein anderer Naturwissenschaften auf fast lyrische Art und Weise vermitteln konnte, sagte dazu: »Der Stickstoff in unserer DNA, das Kalzium in unseren Zähnen, das Eisen in unserem Blut, der Kohlenstoff in unserem Apfelkuchen wurden aus dem Innern kollabierender Sterne gemacht. Wir bestehen aus Sternenzeugs.«

Während viel von dem, was ich hier eben schilderte, bereits in dem B^2FH-Aufsatz von 1957 stand, gibt es noch heute vieles, was wir über

---

* Kurz nach meinem Ausflug nach Apache Point tauchten wilde Spekulationen auf, Beteigeuze stünde kurz vor dem Knall, denn er hatte sich im Winter 2019/2020 unvermittelt verdunkelt. Schlussendlich stellte sich heraus, dass dies nur mit Staub zu tun hatte, der sein Licht blockierte.

die Ursprünge der chemischen Elemente nicht wissen. »Natrium ist eine absolute Katastrophe«, hatte mir Jennifer bei unserem Skype-Gespräch erklärt, »und wir wissen nicht einmal, wen wir dafür verantwortlich machen können!« Der Theorie nach entsteht es in Supernovae, doch das Problem ist, dass Supernovae Magnesium und Natrium zusammen herstellen sollten, weshalb man erwarten dürfte, dass das Mengenverhältnis zwischen den beiden überall in der Galaxie eng miteinander verknüpft ist. Merkwürdigerweise können Jennifer und ihre Kollegen eine solch enge Verbindung zwischen den beiden Elementen jedoch nicht finden, was wohl bedeutet, dass zumindest Natrium irgendwo anders produziert wird.

Der größten Herausforderung in Bezug auf unser Wissen über die Ursprünge der Elemente stehen wir jedoch erst seit ein paar Jahren gegenüber. Am 17. August 2017 entdeckte die LIGO-Kollaboration[*] – zwei Observatorien, die 3000 Kilometer voneinander entfernt sind, eines befindet sich im US-Staat Washington, das andere in Louisiana – Gravitationswellen, die von der unfassbaren Karambolage zweier ultradichter Objekte, sogenannter Neutronensterne, erzeugt wurden. Zugegeben, in dem Satz steckt vieles, was wir noch genauer klären müssen. Was sind Gravitationswellen?, dürften Sie aus gutem Grund fragen. Dazu später mehr – Gravitationswellen sind einfach zu komplex und wichtig, um sie nebenbei abzuhandeln –, doch fürs Erste nur so viel: Sie sind Kräuselungen in der Raumzeit, die entstehen, wenn extrem massereiche Objekte zusammenstoßen.

Ein Neutronenstern ist das mögliche Endergebnis einer Supernova. Wenn der sterbende Stern schwer, aber nicht zu schwer ist (etwa zwischen 8 und 29 Sonnen), werden beim Kollaps des Kerns Elektronen in die Atomkerne gezwungen, was dabei alle Protonen in Neutronen verwandelt und schließlich zu einem einzigen enormen Atomkern führt, der ausschließlich aus Neutronen besteht. Wenn die Supernova den Rest des Sterns gerade ins All geschleudert hat, bleibt ein kleiner, unglaublich dichter Neutronenstern übrig, der nur etwa

---

[*] LIGO steht für **L**aser **I**nterferometer **G**ravitational-Wave **O**bservatory, also Laser-Interferometer Gravitationswellen-Observatorium.

Sternenzeugs 163

20 Kilometer Durchmesser hat, dafür aber die Masse von einer oder zwei Sonnen. Wenn Sie glauben, dass schon ein Weißer Zwerg sehr dicht ist, dann schauen Sie sich das an: Eine halbe Tasse der Materie eines Neutronensterns wiegt etwa so viel wie der Mount Everest.

Wenn zwei dieser Neutronensterne nahe genug aneinander entstanden sind, kann es zu einer Kollision kommen, bei der heftige Wellen durch Raum und Zeit geschickt werden. Als LIGO zum ersten Mal ein solches Signal auffing, richteten astronomische Observatorien rund um den Globus ihre Teleskope auf den Punkt am Himmel, von dem man annahm, dass von dort die Wellen ausgingen. Und wirklich, sie sahen ein Licht, und als man dieses spektroskopisch analysierte, fand man Hinweise auf große Mengen schwerer Metalle, die dort entstanden, von Gold bis Uran. Laut einer Schätzung produzierte diese Kollision genug Gold, um 30 Erden aus reinem Gold zu formen. Doch bevor Sie nun ans Telefon stürzen, um mit Elon Musk einen Plan auszuhandeln, mit dem Sie schnell reich werden können, sollten Sie wissen: Der Zusammenstoß geschah in einer Galaxie, die rund 130 Millionen Lichtjahre von uns entfernt ist. Das ist selbst in der flottesten Rakete eine ganz schöne Strecke.

Jahrzehntelang ging man davon aus, dass die schweren Elemente unseres Universums durch Supernova-Explosionen entstanden sind, doch Jennifer und ihre Kollegen vermuten inzwischen, dass ein Großteil wohl doch eher aus diesen katastrophalen Neutronenstern-Kollisionen stammt. Es ist seltsam, sich vorzustellen, dass das meiste Gold in einem ganz gewöhnlichen Schmuckstück ein kleines Stück eines Neutronensterns ist. (Zugegeben, in einem Apfelkuchen ist nicht so sehr viel Gold enthalten, aber vielleicht können wir ja auch einen ganz abgefahrenen backen, einen mit etwas essbarem Blattgold obendrauf.)

In Apache Point schuftete Karen unermüdlich die ganze Nacht, arbeitete sich durch ein Ziel nach dem anderen und achtete stets darauf, dass das Sloan-Teleskop und APOGEE wie erwartet funktionierten. Jedes Mal, wenn sie genug Licht für einen bestimmten Himmelsausschnitt gesammelt hatten, musste Viktor, der kalte Beobachter, ins Stockdunkel hinaus, um, mit nur einer Taschenlampe ausgerüstet, die verbrauchte 150-Kilo-Kartusche durch eine neue auszutauschen. Um 1 Uhr morgens war ich erschöpft und legte mich im angeschlossenen Schlafsaal für ein paar Stunden ins Bett. Gegen 5 Uhr stand ich wieder auf, um mit Karen den Sonnenaufgang zu erleben.

Als ich sie fand, hielt sie eine Tasse Tee in der Hand und sah verschlafen aus, war aber doch mit dem Verlauf der Nacht zufrieden. Die Bedingungen für die Beobachtungen waren ziemlich perfekt gewesen, und Sloan hatte problemlos funktioniert. In ein paar Stunden würden die Beobachtungen der Nacht Hunderten von Wissenschaftlern des Sloan Digital Sky Survey überall auf der Welt zur Verfügung stehen.

Jennifer und ihr Team suchen nun nach den ältesten Sternen im Universum. Während sich das Universum entwickelte, haben Sterne den interstellaren Raum zunehmend mit dem angereichert, was Astronomen Metalle nennen, also alle Elemente, die schwerer als Helium sind. Die Folge: Jüngere Sterne sind eher reich an Metallen, wohingegen die ältesten Sterne arm an ihnen sind. Mithilfe von APOGEE lässt sich herausfinden, welche Elemente in der Atmosphäre eines Sterns vorhanden sind, wodurch Astronomen auf dessen Alter schließen können. Der Traum wäre es, einen Stern zu entdecken, der aus dem ursprünglichen, unverschmutzten Gas gebildet wurde, mit dem das Universum gefüllt war, bevor die ersten Sterne das Licht anknipsten.

Ein solcher Stern, sollte man ihn je finden, wäre ein Relikt aus der Zeit der Geburt des Universums und dürfte zu 75 Prozent aus Wasserstoff und zu 25 Prozent aus Helium bestehen. Doch auch das führt uns wieder zu einer Frage. In den letzten 13 Milliarden Jahren haben Generationen von Sternen gerade einmal zwei Prozent der Materie des Universums in schwerere Elemente umgewandelt. Wenn dem so ist und wir davon ausgehen, dass alle Materie als einfachstes Element, als Wasserstoff, begann, woher stammt dann das ganze Helium? In den 1950er-Jahren konnten Fred Hoyle und seine Mitarbeiter keine Antwort auf diese Frage finden.

In der kalten, frischen Luft außerhalb des Observatoriums breitete sich über dem baumbestandenen Bergkamm im Osten ein fahles Licht aus. Karen und ich gingen schweigend zum Sloan-Teleskop hinunter, das noch auf das letzte Ziel der Nacht ausgerichtet war. Als sie die Teleskophülle schloss, wollte ich von ihr wissen, wie sie das nur aushalten konnte, so viele schlaflose Nächte, fern der Heimat. Sie drehte sich um und wies auf die Aussicht. Hinter dem Tularosa-Becken funkelten die Lichter von Alamogordo sanft in der Morgenluft, und die Gipfel der San Andres Mountains leuchteten im Licht der aufgehenden Sonne. »Dafür lohnt es sich.«

KAPITEL 7

DER ULTIMATIVE KOSMISCHE HERD

Die Atome, aus denen Ihr Körper besteht, wurden vor Milliarden Jahren tief im Innern von Sternen erschaffen. Das dürfte die poetischste Idee sein, die Wissenschaft je hervorgebracht hat. Sie verbindet Ihr irdisches, alltägliches Leben mit dem Kosmos. Wir und alles, was uns umgibt, darunter auch Apfelkuchen, sind Teil der Geschichte des Lebens und des Sterbens von Sternen. Wenig überraschend inspirierte die Entdeckung unserer himmlischen Ursprünge schon bald die Vorstellungswelten von Künstlern, Schriftstellern und Musikern. Joni Mitchell verwob 1969 die Idee in ihre Folk-Hymne »Woodstock«, die das Sehnen der jüngeren Generation nach einem harmonischeren Zustand mit sich selbst und der Natur zum Ausdruck brachte: »*We are stardust (billion year old carbon) / We are golden (caught in the devil's bargain) / And we've got to get ourselves / Back to the garden.*«[*] Definitiv, wir müssen zurück in den Garten Eden ... und uns auf einer Wiese grandios wegschießen. Natürlich führt dies zur nächsten Frage, nämlich: Woher stammt all das Zeugs ursprünglich, aus dem die Sterne gemacht sind? In gewissem Ausmaß lautet die Antwort: von anderen Sternen, die verloschen und

---

[*] »Wir sind Sternenstaub (Milliarden Jahre alter Kohlenstoff) / Wir sind aus Gold (gefangen in einem Geschäft mit dem Teufel) / Und wir müssen zurückgelangen / Zurück in den Garten.«

ihre Materie in das Weltall pusteten, wo diese sich dann mit anderem Staub und Gas vermischte und neue Sterne bildete. Doch an einer bestimmten Stelle muss diese Logikkette einmal abbrechen.

Die Tatsache, dass noch immer eine Menge Wasserstoff im Universum vorhanden ist, bedeutet, dass eine von zwei Möglichkeiten zutrifft. Entweder: Wenn das Universum unendlich alt ist und Sterne ununterbrochen Wasserstoff in schwerere Elemente verwandeln, dann muss irgendwie neuer Wasserstoff gebildet werden, der den von den Sternen aufgebrauchten ersetzt. Oder: Das Universum ist nicht unendlich alt und die Bildung von Sternen begann an einem bestimmten Punkt in der Vergangenheit, womöglich vor Milliarden Jahren, aber sicher nicht vor einer *Unendlichkeit.*

Deshalb ist die Frage, woher die Materie für die Sterne stammt, untrennbar mit einer tiefergehenden Frage verbunden, vermutlich sogar mit der am tiefsten gehenden Frage, die Wissenschaftler je gestellt haben: *Hat* das Universum überhaupt einen Anfang?

Während Joni Mitchell noch über Sternenstaub sang, fand eine über viele Jahre ausgetragene, manchmal heftig geführte Auseinandersetzung über die Ursprünge des Universums (oder hat es gar keine?) ihr Ende. Auf der einen Seite standen jene, nach deren Meinung das Universum schon immer da gewesen ist und das Weltall, trotz aller Dynamiken, die wir am Himmel erkennen können, im Gesamtbild unveränderlich und ewig ist, ohne Anfang oder Ende. Ein Wortführer der Verteidiger dieses konstanten, gleichgewichtigen Universums war der Architekt der stellaren Nukleosynthese, Fred Hoyle. Wie üblich schwamm er gegen den Strom.

Hoyle und seinen Unterstützern diametral entgegengesetzt befanden sich jene, die den von Hoyle selbst so getauften »Big Bang« für plausibel hielten. Ihrer Meinung nach entstand das Universum vor Milliarden von Jahren, indem es aus einem einzigen Punkt unvorstellbarer Dichte hervorbrach und dabei Raum, Zeit, Licht und Materie schuf.

Hoyle *hasste* die Vorstellung eines Urknalls. In seinen Augen war sie unwissenschaftlich, da sie von einem Schöpfungsmoment ausgeht, dessen Ursache sich nie würde wissenschaftlich beweisen lassen.

Schlimmer noch, als erklärter Atheist gefiel ihm der Hauch des Religiösen nicht, der dem Urknall anhängt. Gesteht man dem Universum zu, einen Anfang gehabt zu haben, so öffnet man allen möglichen Spekulationen darüber, wie es zu diesem Anfang kam, Tür und Tor.

Wie wir gleich noch sehen werden, gehören aber sowohl zur Urknall- als auch zur Gleichgewichtstheorie die eine oder andere Art von Schöpfungsmomenten. Der Big Bang bringt die Schöpfung in einem Rutsch gleich zu Beginn des Universums hinter sich. Die Steady-State-Theorie hingegen verlangt eine unendliche Anzahl mikroskopisch kleiner Momente der Schöpfung, bei denen überall in Raum und Zeit einzelne Materieteilchen ununterbrochen aus dem Nichts auftauchen.

Ich bin sicher, Sie wissen, wie diese Auseinandersetzung endete – schließlich gibt es keine Fernseh-Sitcom mit Namen *The Steady State Theory* –, doch die Entdeckungen, die jeweils den Urknall oder das Gleichgewicht stützten sowie die Beobachtungen, die schlussendlich dem Big Bang den Sieg einbrachten, sind unentbehrlich für unsere Suche nach dem Ursprung der Materie. Von nun an, da wir jetzt die chemischen Elemente hinter uns lassen und tiefer in die Struktur von Materie eintauchen, gibt es für uns nur noch einen relevanten Ofen. Und zwar den, der am Anfang des Universums kochte.

DAS UNIVERSUM EXPLODIERT

Vor ein paar Jahren nahm ich an einer Teilchenphysik-Konferenz in der Nähe von Melbourne (Australien) teil. Auch wenn das in Akademikerkreisen niemand sagen würde: Das war die ideale Geschäftsreise. Das Treffen fand in dem Strandort Torquay statt, einem Mekka für Surfer und der Zugang zur Great Ocean Road, einer 243 Kilometer langen Straße, die sich westwärts an Kalkstein-Cliffs, langen weißen Stränden und üppigem Regenwald entlangschlängelt. Bevor die Woche mit intensiven PowerPoint-Präsentationen anfing, mietete ich mir ein Auto und verbrachte ein paar Tage damit, die berühmte Strecke mit ihren hübschen Küstenorten zu erkunden.

Eines Abends fuhr ich nach einem eher enttäuschenden Bootstrip auf einem See, der als »Schnabeltier-Beobachtungstour« beworben wurde, bei dem die Schnabeltiere aber auffällig abwesend blieben, zurück in mein Hostel in Apollo Bay. Als ich den Wald hinter mir gelassen hatte, bog ich in die unbeleuchtete Straße Richtung Küste ab. Die Nacht war außergewöhnlich klar, und da ich Kilometer von der nächsten Stadt entfernt war, entschloss ich mich, anzuhalten und den Nachthimmel zu betrachten.

Ich schaltete die Scheinwerfer aus und stieg aus dem Auto. Der Anblick ließ mich schwindeln. Über mir erstreckte sich quer über den Himmel die Milchstraße, Tausende von Sternen, die heller leuchteten, als ich es je gesehen hatte. Mich überkam eine Art Taumel, für einen Augenblick verlor ich das Gleichgewicht und musste mich am Dach meines Autos abstützen.

Da ich einen Großteil meines Lebens in Großstädten oder in ihrer Nähe verbracht hatte, hatte ich bislang nur ein paarmal den schwachen Glanz der Milchstraße gesehen. Doch hier, in dieser mondlosen Nacht, weitab von jeder Lichtverschmutzung, beherrschte sie den Himmel. Direkt über mir hing der strahlende Bulge des galaktischen Zentrums, also die dicke Ausbuchtung in der Mitte unserer Galaxie, die sich im immensen Schatten des Great Rift windet, einem riesigen Band molekularer Staubwolken, die wie Nebel vor der dahinterliegenden Galaxie hängen. Auf einer Seite waren zwei leuchtende Flecken zu erkennen – die Große und die Kleine Magellansche Wolke –, zwei Zwerggalaxien, die sich um die viel größere Milchstraße drehen. Der Nachthimmel meiner Heimatstadt London ist ein zweidimensionales Ding, eine dunkle Folie, die von ein paar Lichtpixern durchbrochen wird. Doch dieser Anblick hier war so brillant, so detailliert, dass ich zum ersten Mal das Gefühl bekam, wirklich ein dreidimensionales Objekt zu betrachten.

Ich glaube, in diesem Moment spürte ich Ehrfurcht im wahrsten Sinne des Wortes: eine Mischung aus Verwunderung, Freude und Angst. So, wie sich die Galaxie über mir am Himmel abzeichnete, fühlte ich mich zugleich unbedeutend und aufgeregt. Die Erfahrung erinnerte mich an den Totalen Durchblicksstrudel aus Douglas Adams' *Per Anhalter durch die Galaxis* – ein Folterinstrument, das seine unglücklichen Opfer dadurch in den Wahnsinn stürzt, dass es ihnen die unermessliche Größe des Universums zeigt und zugleich auf einen mikroskopisch kleinen Punkt verweist, der mit »Da bist du« beschriftet ist.

Bis in die 1920er-Jahre glaubten die meisten Astronomen, die Milchstraße umfasse das gesamte Universum: eine gigantische Sterneninsel, einsam in der Dunkelheit des Alls. Allerdings wurde diskutiert, und hin und wieder sogar recht heftig, ob Spiralnebel – schwache, wie Strudel aussehende Kleckse, die über den Nachthimmel verteilt sind – nun Staub- und Gaswolken in der Milchstraße oder womöglich ganz eigene Universum-Inseln sind, weit jenseits der Grenzen unserer Galaxie. Das Problem war, dass es keine Möglichkeit gab, zu messen, wie weit sie wirklich von uns entfernt waren. Bis der amerikanischen Astronomin Henriette Swan Leavitt der entscheidende Durchbruch gelang.

1904 entdeckte Leavitt eine Reihe matter Sterne in der Kleinen Magellanschen Wolke, deren Helligkeit im Laufe der Zeit zu schwanken schien. In den folgenden Jahren stieß sie auf Hunderte weitere dieser veränderlichen Sterne, und 1912 konnte sie einen klaren Zusammenhang belegen zwischen ihrer Leuchtkraft und der Geschwindigkeit, mit der sie heller oder dunkler wurden; je heller der Stern im Durchschnitt ist, umso langsamer pulsiert er.

Diese Perioden-Leuchtkraft-Beziehung, hin und wieder auch Leavitt-Gesetz genannt, war der entscheidende Hinweis, der es Astronomen zum ersten Mal erlaubte, Entfernungen zu Objekten außerhalb unserer galaktischen Nachbarschaft zu bestimmen. Indem man das Pulsieren dieser veränderlichen Sterne maß, konnte ein Astronom herausfinden, wie hell er leuchtet, und vergleicht man das damit, wie hell er *erscheint* (weiter entfernte Sterne wirken dunkler als nahe), kann man bestimmen, wie weit entfernt er ist.

1923 entdeckte der amerikanische Astronom Edwin Hubble einen veränderlichen Stern im größten Spiralnebel am Nachthimmel,

Andromeda. Mithilfe der Perioden-Leuchtkraft-Beziehung schätzte er die Entfernung zwischen Andromeda und der Erde auf fast eine Million Lichtjahre*, eine schockierend große Zahl, wenn man bedenkt, dass kurz zuvor das gesamte Universum noch auf die Größe von insgesamt 1000 Lichtjahren geschätzt wurde. Mit einem Federstrich war der Kosmos um den Faktor 1000 gewachsen.

Innerhalb weniger Jahre hatte sich die Art und Weise, wie Menschen sich das Weltall vorstellen, vollständig geändert. Es wurde deutlich, dass Spiralnebel keine Staub- und Gaswolken in der Milchstraße sind, sondern eigenständige Galaxien, die Milliarden Sterne enthalten und weit entfernt von unserer eigenen sind. Mit einem Schlag war das Universum deutlich größer geworden. Und eine weitaus bedeutungsvollere Entdeckung stand noch aus.

Schon ein Jahrzehnt zuvor hatte Vesto Slipher, der trotz seines nach *Star Wars* klingenden Namens ein echter Astronom am Lowell Observatory in Arizona war, die verblüffende Beobachtung gemacht, dass der Andromedanebel auf die Erde zuzurasen scheint, und zwar mit rund 300 Kilometern pro Sekunde. Als Slipher sich dann weitere Nebel ansah, erkannte er, dass sich alle zu bewegen schienen, die meisten allerdings eher von der Erde weg. Einige unter ihnen rasten mit der erstaunlichen Geschwindigkeit von mehr als 1000 Kilometern pro Sekunde. Zunächst versuchte Slipher, ihre Bewegungen so zu erklären, dass sich die Milchstraße selbst relativ zu den Nebeln durch den Raum bewegt, doch ohne das Wissen, wie weit sie entfernt waren, konnte man noch keine Schlussfolgerungen ziehen.

Mit dem Leavitt-Gesetz bewaffnet, stand Hubble nun bereit, sich an die Lösung von Sliphers Rätsel zu machen. Bei seiner Arbeit am Mount Wilson Observatory in Kalifornien untersuchte er sorgfältig veränderliche Sterne in 24 Galaxien außerhalb der Milchstraße und berechnete ihre Entfernungen. Dann verglich er seine Ergebnisse mit

---

* Heute geht man von einer noch größeren Zahl aus: 2,5 Millionen Lichtjahre. Ein Lichtjahr ist die Entfernung, die das Licht in einem Jahr zurücklegt, also rund 9,5 Billionen Kilometer, was mehr als 60 000 Mal dem Abstand zwischen Erde und Sonne entspricht.

Sliphers Schätzung ihrer Geschwindigkeiten und stieß auf ein verblüffendes Muster. Mit Ausnahme der Galaxien wie Andromeda, die sehr nahe an der Milchstraße liegen, schien jede Galaxie am Nachthimmel sich von der Erde wegzubewegen. Und je weiter sie entfernt war, umso schneller zogen sie sich zurück. Es sah aus, als würde sich das gesamte Universum von uns entfernen. Als Hubble 1929 seine Erkenntnisse publizierte, war er jedoch vorsichtig genug, keine solch gewagte Behauptung aufzustellen.

Am Anfang gab es einige Fragezeichen, ob Hubbles Ergebnisse auch verlässlich seien, dann gelangen ihm aber 1931 neue Messungen, darunter solche von Galaxien, die mehr als 100 Millionen Lichtjahre entfernt waren. Die neuen Daten ließen keinen Raum mehr für Zweifel; der Effekt ist real. Außerdem war unzweifelhaft eine lineare Beziehung zwischen der Geschwindigkeit einer Galaxie und ihrer Entfernung zu erkennen – mit anderen Worten: eine Galaxie, die doppelt so weit von der Erde entfernt ist wie eine andere, bewegt sich doppelt so schnell wie jene andere. Kontrovers blieb nur, wie dies zu interpretieren war. Viele Physiker, darunter Einstein, hingen der Idee eines statischen, unveränderlichen, ewigen Universums an. Wer zugab, dass sich das Universum ausbreitete, eröffnete die Möglichkeit, dass es auch einen Anfang gehabt hatte, und diese Idee bereitete vielen Physikern Bauchschmerzen.

Einer, der keine derartige Übelkeit verspürte, war der belgische Physiker und Priester Georges Lemaître. Er war nicht nur der Meinung, dass das Universum sich ausdehnt, sondern er führte die Argumentation an ihr logisches Extrem: Wenn das Universum größer wurde, muss es in der Vergangenheit kleiner gewesen sein. Und wenn man die Uhr immer weiter zurückdreht, kommt man irgendwann an den Punkt, an dem alles im Universum in ein einziges, unvorstellbar dichtes Objekt gepresst war, das Lemaître »U« nannte.

Indem er sich von der Radioaktivität inspirieren ließ, stellte Lemaître sich das Uratom wie einen Atomkern vor, aber eben einen wirklich, wirklich schweren, der so viel wog wie das gesamte Universum. Nach Lemaître begann das Universum, als dieser kosmische Kern plötzlich wie ein Feuerwerk explodierte, in sterngroße Atome zersprang, die immer weiter in kleinere und kleinere Stücke auseinanderfielen, bis schließlich all das entstanden war, was wir heute kennen.

Doch im Gegensatz zu einem Feuerwerk explodierte Lemaîtres Uratom nicht in einem Raum, der schon existierte – die Explosion *war* der Raum. Vor dem Feuerwerk war der gesamte Raum in das Uratom hineingepresst, und danach war es der Raum selbst, der sich ausdehnte. Es gab kein Zentrum von Lemaîtres Feuerwerk – die Explosion geschah überall im Universum zur selben Zeit. Überall war im Innern des Uratoms, und das Uratom war überall. Es stimmt schon, fast jede Galaxie am Himmel bewegt sich von uns weg, doch zugleich bewegen sie sich nicht wirklich durch den Raum. Es ist der Raum zwischen der Galaxie und uns, der größer wird, was jede Galaxie weiter und weiter auseinandertreibt, als würden sie alle auf der Außenhaut eines sich schnell aufblähenden Luftballons sitzen.

Obgleich das Feuerwerk-Universum Lemaître zu einer Art öffentlichen Berühmtheit machte, so muss doch auch erwähnt werden, dass seine Theorie nicht überall in der Wissenschafts-Community begeistert aufgenommen wurde. Viele waren von der Idee eines Schöpfungsmoments schockiert, vor allem, da sie Raum schuf für einen Schöpfer. Arthur Eddington, der seinen ehemaligen Studenten sehr respektierte, nannte die Vorstellung »widerlich«[45]. Einstein hingegen, der schon eine Weile Schwierigkeiten hatte, das Konzept eines statischen Universums aufrechtzuerhalten, ließ sich von Lemaître überzeugen und nannte die Theorie »schönste und am meisten zufriedenstellende Erklärung der Erschaffung«, die er je gehört habe[46].

Das Problem war, dass Lemaîtres Theorie nur eine von vielen Möglichkeiten war, die Evolution des Universums zu beschreiben. Bis in die 1930er-Jahre hinein basierten alle derartigen kosmologischen Modelle auf dem mächtigen Rahmenwerk, das Einsteins Allgemeine Relativitätstheorie geliefert hatte. Dieses Juwel war Einsteins Meisterwerk, eine elegante und hoch mathematische, von Grund auf neue Vorstellung dessen, was wir unter Raum, Zeit und Gravitation verstehen. Die Allgemeine Relativität ermöglichte es, eine einfache Gleichung zu verfassen, die die Größe, Form und Entwicklung des gesamten Universums beschrieb, gewissermaßen die moderne Wissenschaft der Kosmologie erschuf, das Studium des Universums als Ganzes. Nun gab es aber nicht die eine Formel, sondern es gab viele, die alle unterschiedliche Universen beschrieben, mit einer unterschiedlichen Geschichte und einer unterschiedlichen Zukunft. Lemaîtres Feuerwerk-Universum war nur eine von ihnen, und auch wenn sie erklären konnte, warum fast jede Galaxie sich anscheinend vor uns verdrückt, so gab es doch auch andere Theorien, die das ebenfalls konnten, ohne dass sie den philosophisch verwirrenden Moment der Schöpfung verlangten.

Im Großen und Ganzen blieben derartig hochgeistige kosmologische Debatten auf eine kleine Gruppe von Anhängern der Allgemeinen Relativität beschränkt, unter anderem Einstein, Lemaître und Eddington. Doch Ende der 1930er-Jahre entwickelten auch Kernphysiker Interesse an Lemaîtres Feuerwerk-Universum, und zwar nicht als Möglichkeit, Probleme der Astronomie per se zu lösen, sondern als Chance, den Ursprüngen der chemischen Elemente auf die Spur zu kommen. Damals war man überzeugt, dass Sterne nicht heiß genug werden konnten, um die schwereren Elemente zu erzeugen, doch es gab sicherlich einen Ort, der diese Temperaturen erreichen konnte: der ultimative thermonukleare Herd am Anbeginn der Zeit.

BLITZFRITIERTES HELIUM

Die Idee des Urknalls lässt sich nicht einer einzelnen Person zuschreiben. Die Theorie entstand stoßweise und war das Kind vieler Eltern. Und doch gab es einen Menschen, der das Ganze in Gang brachte: George Gamow.

Gamow hatte nie vorgehabt, eine Theorie über den Beginn des Universums zu entwickeln. Er kam eher per Zufall zum Big Bang, während er nach den Ursprüngen der Elemente suchte, eine Forschung, die bis zu seinen koffeingetränkten Diskussionen mit Fritz Houtermans im Sommer 1928 zurückreichte. Gamow war gut ausgerüstet, um mit dem Universum als Ganzem zurechtzukommen. Als junger Student in Petrograd hatte ihm der russische Physiker und Mathematiker Alexander Friedmann – der Erste, der Einsteins Theorie genutzt hatte, um eine Gleichung zu formulieren, die das sich ausdehnende Universum beschreibt – die Allgemeine Relativitätstheorie vermittelt.

Als Hans Bethe 1939 behauptete, Sterne wären nicht heiß genug, um Elemente jenseits von Helium zu fusionieren, stellte sich Gamow die Frage, ob zu Beginn des Universums womöglich die richtigen Bedingungen geherrscht hatten, um das zu erledigen. Im Gegensatz zu vielen seiner Kollegen wurde Gamow während des Zweiten Weltkriegs von den Forschungen zur Atombombe ausgeschlossen. Womöglich waren die US-Behörden wegen seiner russischen Wurzeln besorgt, oder vielleicht lag es auch schlicht an seiner unberechenbaren Persönlichkeit oder seiner Liebe zu einer guten Geschichte, die man sich bei ein bis drei Martini erzählt. Auf jeden Fall hatte er eine Menge Zeit, seine Ideen zu verfolgen, und gegen Ende des Krieges stand bereits das Gerüst einer Theorie.

Gamows Urknalltheorie begann mit einem Universum, das unglaublich klein und dicht war, gefüllt mit einer kalten, dafür aber ungemein dicken Suppe aus Neutronen, bei der jeder Kubikzentimeter eine Tonne wog. Dann dehnte sich das Universum aus, und zwar so, wie es eine von Friedmann und Lemaître entwickelte Gleichung beschrieben hatte: Es wuchs in etwas mehr als einer Sekunde um den Faktor 10. Bei dieser Ausdehnung des Raums fusionierten (oder »koagulierten«, wie Gamow es nannte) die Neutronen miteinander und bildeten größere Kerne aus Neutronen. Zugleich zerfielen einige der Neutronen zu Protonen, wodurch manche der Nur-Neutronen-Kerne zu welchen wurden, die sowohl Protonen als auch Neutronen enthielten. Und das führte schließlich zu den uns bekannten chemischen Elementen.

Gamows Vorhaben war unglaublich ehrgeizig: Sein Ziel war es, die Entstehung jedes einzelnen chemischen Elements durch eine gewaltigen Explosion zu Beginn unserer Zeit zu beweisen. Damit das stimmen konnte, musste seine Theorie ganz exakt die relative Menge

Der ultimative kosmische Herd 177

jedes Elements reproduzieren können, wie wir sie in der uns umgebenden Welt vorfinden. Glücklicherweise hatte der schweizerisch-norwegische Geochemiker Victor Goldschmidt kurz vor dem Krieg die Ergebnisse einer umfassenden Studie zum Vorkommen der Elemente vorgelegt, die aus der Vermessung von Gestein, Meteoriten und Spektren des Sternenlichts zusammengetragen wurde. Goldschmidts Daten waren eine archäologische Fundgrube, die die gesamte kosmische Geschichte der Elemente umfasste. Sollte Gamows Urknalltheorie die Daten von Goldschmidt nachbilden können, hätte er sein Ziel erreicht.

Gamow mochte eine großartige Vorstellungskraft besessen haben, doch für die mühsame Arbeit, die detaillierten Konsequenzen seiner wilden Ideen zu berechnen, brachte er nicht viel Begeisterung auf. Also übertrug er das Problem, vorherzusagen, wie viel von jedem Element in seinem Big Bang entstanden sein müsste, einfach seinem Doktoranden Ralph Alpher. Dieser war, was die Kernphysik anging, eher ein Anfänger, denn in diesen Forschungsbereich war er hineingerutscht, als er zu seinem Entsetzen feststellen musste, dass das Thema seiner Promotion, an dem er bereits ein Jahr gearbeitet hatte, schon von einem anderen Physiker behandelt worden war.* Zu dieser Zeit stand Gamow ziemlich alleine da, weshalb Alpher sich dachte, dass er in diesem Fall wenigstens keine Konkurrenz zu fürchten bräuchte.

Während seiner Promotionsphase riss Alpher eine 40-Stunden-Woche mit militärischen Forschungsaufträgen im Johns Hopkins Applied Physicy Lab ab und arbeitete dann nachts mit Gamow an der George Washington University an der Urknall-Physik. Die Gespräche über den Fortschritt ihrer Unternehmung fanden in Gamows Lieblingsrestaurant statt, dem Little Vienna[47], wo Alpher sich zwischen den beiden Jobs schnell ein paar Bissen hineinstopfte, wohingegen der trinkfeste Gamow einen Martini nach dem anderen kippte. Im Labor führte Alpher später dann nüchternere Diskussionen mit

---

* Er war tatsächlich so verdammt sauer darüber, dass er alle Ergebnisse seiner einjährigen Forschung zerriss und die Toilette hinunterspülte.

seinem Nachbarn am Johns Hopkins, Robert Herman, der von Alphers und Gamows Theorie fasziniert war und sich ihnen später als Mitarbeiter anschloss.

Der Durchbruch gelang, als Alpher einen Vortrag von Donald Hughes hörte, der in Experimenten Neutronen auf unterschiedliche Elemente abgefeuert hatte. Hughes interessierte sich dafür, wie es unterschiedlichen Materialien in der rauen Umgebung eines Kernreaktors erging, weshalb er so viele Elemente wie nur möglich mit Neutronen beschoss. Alpher erkannte augenblicklich, dass Hughes Daten genau das waren, was er brauchte.

Indem er Hughes Neutronen-Daten mit Goldschmidts Ergebnis zum Elemente-Vorkommen verglich, erkannte Alpher ein Muster. Elemente, die zum Schlucken von Neutronen tendieren, kommen viel seltener vor als solche, für die das Umgekehrte gilt, was auch durchaus logisch erscheint, wenn man sich das noch einmal klarmacht. Ein Element, das gut darin ist, Neutronen zu verschlingen, wäre während Gamows Urknall schnell in ein schwereres Element konvertiert worden, weshalb relativ wenig von dem ursprünglichen Element übrigbleiben würde. Auf der anderen Seite dürfte ein Element, das eher keine Neutronen absorbiert, nach seinem Entstehen lange ungestört bleiben, was erklären würde, warum es häufiger vorkommt. Das war zwar nur ein Hinweis, der aber nahelegte, dass Gamow auf der richtigen Spur war.

Im Sommer 1948 hatte Alpher seine Doktorarbeit abgeschlossen. In der Zwischenzeit war ihm und Herman deutlich geworden, dass Gamows anfängliche Vermutung einer kalten Neutronensuppe falsch war. Das junge Weltall musste vielmehr von Licht statt von Neutronen dominiert und derart höllisch heiß gewesen sein, dass jedes Element, das sich in den ersten Minuten gebildet hatte, durch den Zusammenprall mit hochenergetischen Photonen sofort wieder zerschossen wurde. In dem verbesserten Modell ging das kosmische Kochen erst dann los, nachdem sich das Universum rund fünf Minuten lang ausgedehnt und auf etwa eine Milliarde Grad abgekühlt hatte.

Allerdings leben Neutronen ja nur für etwa 15 Minuten, bevor sie in Protonen, Elektronen und Neutrinos zerfallen, somit dürften nach diesen ersten fünf Minuten schon viele Neutronen verschwunden gewesen sein. Das bedeutet: Zu den ersten Kernreaktionen nach dem Urknall dürfte die Fusion eines Protons und eines Neutrons gehört haben, aus der das schwere Isotop des Wasserstoffs entsteht, auch als Deuterium bekannt. War nun erst einmal Deuterium zubereitet, konnte es ein weiteres Neutron oder Proton aufnehmen, um entweder Tritium (ein schweres Wasserstoff-Isotop mit einem Proton und zwei Neutronen) oder Helium-3 (zwei Protonen und ein Neutron) zu bilden. Die konnten dann zu Helium-4 fusionieren, das weitere Neutronen schluckte, bis nach und nach alle Elemente des Periodensystems vorhanden waren. Zu seiner großen Freude passten die Ergebnisse zur Elemente-Verteilung, die Alpher aus der Big-Bang-Vorhersage berechnete, ziemlich gut zu Goldschmidts Daten.

Als Alpher und Gamow im Frühjahr 1948 eine Kurzfassung ihrer Theorie veröffentlichen, war das Echo in den Medien gewaltig. Der Artikel eines örtlichen Journalisten erschien landesweit in Zeitungen, und die *Washington Post* schrieb: »Die Welt begann in fünf Minuten.« Gamow, im typischen Gamowschen Stil, formulierte es ein wenig bunter: »Die Elemente wurden in weniger Zeit erzeugt, als man für das Zubereiten einer Ente mit gebackenen Kartoffeln braucht.«[48]

Mehrere Journalisten betonten die Symmetrie zwischen der schöpferischen thermonuklearen Explosion des Urknalls und der zerstörerischen Explosion einer Kernwaffe. Andere verirrten sich in religiösen Themen, weshalb Alpher mehrere Briefe besorgter Christen erhielt, die für seine Seele beten wollten. Dabei hatte er sorgfältig vermieden, Gott in seiner Arbeit zu erwähnen. Der Medien-Hype war derart, dass sich zur mündlichen Verteidigung von Alphers Doktorarbeit rund 300 Menschen in einen Raum der George Washington University drängten, um von ihm selbst zu hören, wie das Universum angefangen hat.

Im Verlauf der folgenden Jahre legten Alpher und Herman nach und entwickelten den Big Bang zu einer sauberen, quantitativen wissenschaftlichen Theorie. Und dennoch stieß das ganze Projekt bald an eine Grenze. Ein eher unangenehmes Problem, das die Physiker schon fast zwei Jahrzehnte nervte, war dabei das Alter des Universums. Kosmologen hatten Hubbles Messungen zur Geschwindigkeit der Ausdehnung aufgegriffen und die Uhr zurückgedreht: Sie wollten herausfinden, wann der Urknall vermutlich stattgefunden hatte. Sie landeten bei rund zwei Milliarden Jahren, was leider eine unangenehm kleine Zahl ist, wenn man bedenkt, dass die Radiokarbonbestimmung der Erde ein Alter von mehr als vier Milliarden Jahren ergeben hatte. Wie kann das Universum jünger sein als die Erde?

Sie werden zustimmen, das ist kein Problem, über das man einfach so hinweggehen kann, doch Gamow ließ sich nicht beirren. 1949 zeigte er, dass man mit ein wenig cleverem Herumfummeln an den kosmologischen Gleichungen das Alter des Universums so weit verlängern konnte, wie man wollte. Das verlangte jedoch ziemlich schamlose Taschenspielertricks, die Einstein, wie viele andere auch, nicht so einfach schlucken wollte.

Eine noch schwerer wiegende Schwachstelle in der Alpher-Gamow-Herman-Theorie war genau das Thema, mit dem Astrophysiker schon eine ganze Weile kämpften: die Tatsache, dass es keine stabilen Kerne mit der Masse 5 oder 8 gibt. Hat der Urknall erst einmal Helium-4 zubereitet, ist er am Ende angelangt. Ein weiteres Neutron hinzuzufügen oder zwei Heliumkerne zu fusionieren, führt nirgendwohin. Alpher, Herman und einige andere Physiker, darunter der große Italiener Enrico Fermi, bemühten sich erfolglos, einen Weg über die Masselücke hinweg zu finden, doch jedes Mal, wenn sie eine klapprige Brücke hinüber zu den schwereren Elementen errichtet hatten, stürzte sie ihnen wieder ein.

Da die Big-Bang-Theorie offenbar bereits auf dem letzten Loch pfiff, war einer ihrer entschiedensten Gegner, Fred Hoyle, mehr als glücklich: Er konnte nun versuchen, ihr den endgültigen Todesstoß zu versetzen. Angetrieben von der tiefen Ablehnung der Schöpfungsidee, hatten er und seine Mitarbeiter jenseits des Atlantiks, die in Cambridge arbeitenden Hermann Bondi und Thomas Gold, eine radikale Alternativgeschichte des Universums entworfen. Die Gleichgewichtstheorie (Steady-State-Theorie) besagt, dass das Universum schon immer da war und immer da sein wird und sich trotz des endlosen Kreislaufs vom Leben und Sterben der Sterne nicht verändert.

Aber: Wie kann man ein sich ausdehnendes Universum haben, das immer gleich bleibt? Die Lösung fand Thomas Gold – die spontane Erzeugung von Materie. Da sich das Universum ausdehnt und die Galaxien immer weiter auseinanderrücken, schlug der Astrophysiker vor, dass unablässig neue Atome erzeugt werden, um die Lücken zu füllen. Diese neue Materie klumpe sich bei der Bildung neuer Sterne und Galaxien zusammen, während die alten vergehen und verglühen, sodass das Universum bis in alle Ewigkeit gleich aussieht. Das klingt zunächst nach einer ziemlich verrückten Idee. Zuallererst wohl deshalb, da es gegen den Energieerhaltungssatz verstößt, wenn Materie einfach so aus dem Nichts auftaucht. Doch andererseits braucht man wirklich nur eine sehr kleine Menge an Materie-Erschaffung, um das Universum im Gleichgewicht zu halten,»etwa ein Atom alle hundert Jahre in einem Volumen der Größe des Empire State Building«, wie es Hoyle anschaulich formulierte[49].

Da Gamow und seine Kollegen Probleme hatten, die schweren Elemente beim Urknall »herzustellen«, gelang der Steady-State-Theorie 1957 ein wichtiger Sieg, als Hoyle, Fowler und die Burbidges jenen Tour-de-Force-Aufsatz zur Zubereitung der chemischen Elemente in den Sternen veröffentlichten, der in Anlehnung an ihre Nachnamen auch als B²FH bekannt ist. Mit einem Pinselstrich war die ursprüngliche Raison d'Être des Big Bang hinfällig geworden. Dank ihrer These brauchte man keinen Urknall mehr für die schweren Elemente; die Sterne konnten das schon ganz allein, vielen Dank.

Und doch, und doch. Auch wenn es so schien, als ob sich die Gleichgewichtstheorie im Aufwind befand, so tauchten zeitgleich erste Hinweise auf ihren Niedergang auf. Verbesserte Messungen der Ausdehnung des Weltalls hatten Schritt für Schritt dafür gesorgt, dass sich das Alter des Universums erhöhte, bis man 1958 auf 13 Milliarden Jahre gekommen war. Das ist viel älter als die ältesten auf der Erde gefundenen Steine. In der Zwischenzeit stellten zudem neue Analysen von Röntgenstrahlen und Radiowellen aus den Tiefen des Weltalls einige der grundlegenden Ansätze der Steady-State-Theorie infrage. Nun fielen sogar einige ihrer Anhänger von ihr ab.

Ein anderes Problem, das seltsamerweise bei der Veröffentlichung von B²FH einfach übergangen worden war, drehte sich um die haarige Angelegenheit Helium. Helium ist das am zweithäufigsten vorkommende Element des Universums und für etwa 25 Prozent der Gesamtmasse aller Atome verantwortlich, der Rest entfällt zu circa 75 Prozent auf Wasserstoff und zu einem winzigen Bruchteil auf schwerere Elemente. Alles andere – der Kohlenstoff in unseren Knochen, der Sauerstoff in unseren Lungen, das Eisen in unserem Blut, die Goldschicht auf unserem Apfelkuchen – ist nur eine dünne Staubschicht auf der Zuckerkruste des großen Wasserstoff-Helium-Kuchens. Doch da Sterne Helium *und* die anderen Elemente *zusammen* herstellen, lässt sich nicht denken, wie es möglich sein kann, dass sie so viel Helium zubereiten, aber nur so wenig von den anderen. Angenommen, alle Materie begann ursprünglich als Wasserstoff, dann muss ein Großteil des Heliums im Weltall aus einer anderen Quelle stammen. Doch aus welcher?

Hoyle, der fast fanatisch an seine Gleichgewichtstheorie glaubte, versuchte dieses Problem zu umschiffen, indem er die Existenz »Schwarzer Sterne« postulierte, gigantische Objekte mit der tausend- oder sogar millionenfachen Masse der Sonne, die praktischerweise durch riesige Gaswolken unserem Blick entzogen waren. Dank ihrer enormen Größe müssten diese Megasterne eine Reihe gewaltiger Explosionen und Kollapse durchgemacht haben, quasi Mini-Urknalle, durch die Temperaturen von mehreren zehn Milliarden Grad in ihrem Innern entstanden und gewaltige Mengen an Wasserstoff zu Helium fusioniert wurden. Das Pech für Hoyle war, dass es überhaupt keinen Beweis für diese Schwarzen Sterne gab, und viele seiner Kollegen hielten sie für einen verzweifelten Versuch, eine sterbende Theorie irgendwie am Leben zu erhalten.

Damit schien es nun wieder so, als könnte der Big Bang der richtige Lösungsvorschlag sein. Auch wenn er nicht in der Lage schien, die schweren Elemente zu erzeugen, so hatte die Theorie immerhin keine Probleme mit der Herstellung von Helium. Die Frage war, wie viel Helium würde man als Fusionsprodukt beim Urknall herausbekommen. Und, noch entscheidender, passt diese Menge zu dem, was wir im Universum um uns herum beobachten?

Der ultimative kosmische Herd

Um das zu beantworten, müssen wir zurückgehen in die ersten paar Minuten unseres Universums, in eine Zeit, in der der gesamte Raum mit lodernden Plasmateilchen angefüllt war. Heute wird unser Universum von Materie beherrscht – Gas, Staub, Sterne, Dunkle Materie*, die in einem ansonsten leeren Raum verteilt sind –, doch damals dominierte Licht. Man könnte sogar sagen, dass das Universum aus Licht bestand. Die Materieteilchen, die Protonen, Neutronen und Elektronen, die dann alles erzeugen sollten, was wir heute um uns herum erblicken, waren nicht viel mehr als Schaum auf dem wilden Ozean der Photonen.

In den ersten Minuten war dieses Ursprungslicht so stark, dass ein einzelnes Photon genug Energie besaß, einen Atomkern in Stücke zu sprengen. Das Ergebnis: Es konnte sich fast kein Kern bilden. Wenn ein Proton und ein Neutron es doch schafften, zu fusionieren und Deuterium zu erzeugen, wurden sie augenblicklich durch einen Zusammenstoß mit einem hochenergetischen Photon wieder auseinandergerissen. Doch in den Anfangsminuten dehnte sich das Universum extrem schnell aus und kühlte bei dieser Ausdehnung ab. Nach etwa drei Minuten hatte sich der kosmische Herd auf ein paar Milliarden Grad abgekühlt, und die Photonen besaßen nicht mehr genug Wumms, um einen Deuteriumkern zu zerstören. Mit einem Mal schoss die Menge an Deuterium im Universum in die Höhe, und der kosmische Kochvorgang kam in Schwung.

In wenig mehr als einer Minute verwandelte ein Tornado nuklearer Reaktionen Deuterium in Tritium und Helium-3, anschließend dann in Helium-4 um. Nach etwa 100 Sekunden waren fast alle verfügbaren Neutronen aufgebraucht, und alles war vorüber. Für eine Weile gingen noch einige letzte Kernreaktionen in einer eher unzusammenhängenden Frequenz weiter, doch bereits 20 Minuten nach dem Urknall war der kosmische Ofen zu kalt, das thermonukleare Kochen kam an sein Ende, und die Menge an Helium im Weltall war entschieden.

---

* Sie wissen nicht, was Dunkle Materie ist? Keine Sorge, das wissen Physiker auch nicht. Wir kommen darauf zurück …

Doch wie viel Helium war das? Erstaunlicherweise hängt die Antwort von einem einzigen Verhältnis ab: die Anzahl der Neutronen pro einzelnem Proton in dem Moment, in dem die Kernfusion begann. Da fast alle Neutronen schlussendlich in Helium verwandelt werden und Helium zwei Neutronen und zwei Protonen enthält, verrät uns dieses einfache Neutronen-Protonen-Verhältnis ganz genau, wie viel Helium entsteht. Und die Anzahl der Neutronen hängt entscheidend davon ab, was in der allerersten Sekunde geschieht.

Während der ersten Sekunde der kosmischen Zeit war die Energie der Teilchen im Ur-Feuerball so hoch, dass durch Kollisionen mit hochenergetischen Teilchen ständig Neutronen und Protonen ineinander verwandelt wurden. Anfangs verliefen die Reaktionen, die Protonen in Neutronen konvertierten, im gleichen Verhältnis wie die gegenläufigen Reaktionen, die Neutronen zurück in Protonen verwandelten. Es herrschte Gleichgewicht.

Doch sobald sich das Universum ein wenig abkühlte, brachte die Tatsache, dass das Neutron etwas schwerer ist als das Proton, die Balance durcheinander. Das kleine Extrabisschen, das es brauchte, um ein Proton in ein Neutron zu verändern, machte die Reaktion ein wenig unwahrscheinlicher als ihr Gegenstück, weshalb die Anzahl der Neutronen im Verhältnis zu den Protonen zurückging. Nachdem die erste Sekunde vorüber war, war die Temperatur des Universums so stark abgekühlt, dass die Teilchen nicht mehr genug Energie hatten, um ein Proton in ein Neutron zu verwandeln, und die Anzahl der Neutronen blieb stehen. Das Verhältnis fror ein auf ein Neutron auf je sechs Protonen.

Alles, was wir jetzt noch tun müssen, ist ein paar Minuten zu warten, bis das Universum ausreichend abgekühlt ist, damit die Kernfusion in Schwung kommt. Während dieser Zeit kommt jedoch noch ein neuer Faktor ins Spiel – die Tatsache, dass das Neutron instabil ist und durchschnittlich nur etwa 15 Minuten durchhält, bevor es in ein Proton, ein Elektron und ein Antineutrino zerfällt. Das Resultat: Während dieser zweiminütigen Wartezeit zerfällt eine gewisse Anzahl der Neutronen in Protonen, und damit kommen in dem Moment, in dem die Fusion beginnt, auf jedes Neutron nun sieben Protonen.

Innerhalb etwa einer Minute fusionieren dann fast alle dieser Neutronen zu Helium-4, das ja, wie wir bereits wissen, aus zwei Neutronen und zwei Protonen besteht. Wenn wir also beispielsweise mit 14 Protonen auf zwei Neutronen beginnen, dann können wir erwarten, dass nach der Bildung eines einzelnen Heliumkerns 12 Protonen übrigbleiben. Da Helium vier Mal so viel wiegt wie ein Proton, haben wir ein Verhältnis von 4:12 Helium zu Wasserstoff. Mit anderen Worte: Die Urknalltheorie sagt voraus, dass 25 Prozent der Atommasse im Universum als Helium endet, die restlichen 75 Prozent bleiben als unfusionierter Wasserstoff zurück. Und das ist genau das, was wir heute im Universum sehen!

Entschuldigen Sie bitte, dass ich Ihren Geist hier mit etwas Arithmetik herausgefordert habe, doch ich hoffe, die Schlussaussage ist deutlich geworden: Die Urknalltheorie prognostiziert genau die Menge an Wasserstoff und Helium, die Astronomen erkennen, wenn sie ins Weltall blicken. Auch Hoyle kam zu dieser Schlussfolgerung, als er 1964 mit einem jüngeren Kollegen, Roger Tayler, einen Aufsatz veröffentlichte. Doch obgleich Tayler dies als klaren Beweis für den Big Bang ansah, konnte der dogmatische Hoyle die Steady-State-Theorie noch nicht aufgeben und hielt dickköpfig an seinen unsichtbaren Schwarzen Sternen fest.

Mitte der 1960er-Jahre allerdings war der große Krieg über die Geschichte des Universums entschieden.

Der entscheidende Schlag kam 1965, als zwei Radioastronomen, Arno Penzias und Robert Wilson, eine schwache Mikrowellenstrahlung entdeckten, die aus dem gesamten Himmel abgestrahlt wird. Die beiden wollten eigentlich eine große Antenne in den Bell-Laboratorien in New Jersey nutzen, um Radiostrahlung von Objekten in der Milchstraße zu untersuchen. Doch während sie ihre Ausrüstung kalibrierten, wurden sie von einem niedrigfrequenten Mikrowellenlärm genervt, den sie einfach nicht loswerden konnten. Da ihnen klar war, dass dieses Hintergrundrauschen jegliche astronomischen Beobachtungen unmöglich machte, verbrachten sie einen Großteil des Jahres damit, herauszufinden, woher dieser Lärm stammte. Sie schlossen einen ganzen Katalog möglicher Ursachen aus, sowohl solche aus dem All als auch irdische, darunter störende Radiosender aus New York City, ein paar Kilometer über die Lower Bay entfernt. Doch es blieb dabei: Ganz egal, in welche Richtung sie die Antenne ausrichteten, das Rauschen blieb unverändert konstant. Die Verwirrung blieb groß, und das Überprüfen des riesigen Hornstrahlers ging endlos weiter, wobei es zu der berühmten Situation kam, dass Penzias und Wilson ein paar rastende Tauben von der Antenne verscheuchten und das »weiße, dielektrische Material« entfernten, das diese hinterlassen hatten. Erst spät erkannten die beiden die Bedeutung ihrer Entdeckung: Das schwache Mikrowellensignal war keine Taubenscheiße, es war das Nachglühen der Schöpfung.

Es war in Vergessenheit geraten, doch schon 1948 hatten Alpher und Herman vorhergesagt, dass das Furcht einflößende Licht, das den ersten Feuerball des Big Bang dominiert hatte, auch heute noch irgendwo aufzutreiben sein müsste. Rund 380 000 Jahre nach Beginn des Universums müsste es sich so weit abgekühlt haben, dass negativ geladene Elektronen positiv geladene Kerne an sich binden konnten und so die ersten neutralen Atome entstanden. Vor diesem Schlüsselmoment in der kosmischen Geschichte konnten Photonen nicht weit durch den Raum reisen, ohne von geladenen Teilchen des Urfeuerballs zurückgeworfen zu werden. Doch nachdem sich die ersten neutralen Atome gebildet hatten, wandelte sich das Universum von einem wilden Plasma zu einem durchsichtigen Gas aus Wasserstoff und Helium. Mit einem Mal waren die Photonen frei, um ungehindert durch den Raum reisen zu können.

Dieses Licht ist seitdem durch den Kosmos unterwegs. Bei seiner Reise hat die Ausdehnung des Weltalls das einstmals sichtbare Licht mit kurzer Wellenlänge und einer Temperatur von rund 3000 Grad gestreckt zu einem schwachen Mikrowellensignal mit gerade einmal 2,7 Grad über dem absoluten Nullpunkt. Dieser schwache Abglanz der wilden Geburt unseres Universums war es, über den Penzias und Wilson gestolpert sind. Er scheint aus dem gesamten Himmel zu kommen, da der Urknall überall geschah. Oder sagen wir es anders: Alles war einmal innerhalb dieses uralten Feuerballs.

Die Entdeckung dessen, was heute als »kosmische Mikrowellen-Hintergrundstrahlung« bekannt ist, war der letzte noch fehlende Beweis, um Kosmologen davon zu überzeugen, dass unser Universum tatsächlich mit einem Knall begann. Ich kenne keine tiefgreifendere wissenschaftliche Entdeckung als diese. Im Verlauf von nur ein paar Jahrzehnten gelangten wir von der Überzeugung, unsere Milchstraßen-Galaxie umfasse das gesamte Universum, hin zu dem Wissen, dass wir beim Blick in die Sterne einen enorm großen, sich stets weiter ausdehnenden Kosmos vor Augen haben, dessen Ursprünge zurückverfolgt werden können auf ein einziges unvorstellbar heftiges Ereignis vor 13,8 Milliarden Jahren. Penzias und Wilson bekamen zu Recht den Nobelpreis für ihre mühsame Arbeit, die diese Erkenntnis möglich gemacht hat: ein großartiges Beispiel dafür, wie Gewissenhaftigkeit und Sorgfalt beim Experimentieren zu wirklich großen Entdeckungen führen können. Wie der Science-Fiction-Autor Isaac Asimov einmal schrieb: »Die aufregendste Äußerung, die man in der Wissenschaft finden kann, jene, die neue Entdeckungen ankündigt, ist nicht ›Heureka!‹ (›Ich habe es gefunden!‹), sondern ›Das ist ja seltsam …‹.«[50]

Gamow, Alpher und Herman jedoch waren mehr als nur ein wenig verbittert. Ihre Vorhersage der kosmischen Mikrowellen-Hintergrundstrahlung war einfach übergangen worden. Die Princeton-Physiker Robert Dicke und Jim Peebles erkannten die Bedeutung von Penzias' und Wilsons Mikrowellen-Summen, doch als sie ihren Aufsatz veröffentlichten, hatten sie keine Ahnung, dass Gamow, Alpher und Herman genau dies schon zwei Jahrzehnte vor ihnen prophezeit hatten. Und trotz ihrer zahlreichen Beiträge zum Verständnis der Ursprünge der Elemente, der Sterne und des Universums selbst, verlieh man weder George Gamow noch Fred Hoyle einen Nobelpreis. Vielleicht lag es an Gamows Weigerung, irgendetwas ernst zu nehmen, und an seiner Neigung zu peinlichen, von Alkohol beeinflussten Eskapaden, dass man ihn überging. In Hoyles Fall dürften es seine ausgesprochene Unhöflichkeit und im späteren Leben zunehmend übergeschnappten wissenschaftlichen Ansichten gewesen sein, die ihn von seinen Kollegen entzweiten. So erklärte er etwa, Grippewellen entstünden durch Mikroben, die aus dem Weltall auf uns herabregneten, und das Fossil des vogelähnlichen Dinosauriers Archaeopteryx sei eine Fälschung.

Ganz gleich, ob ausgezeichnet oder nicht, Gamow und Hoyle legten gemeinsam die Grundlagen für unser Verständnis davon, woher die chemischen Elemente stammen, und sie hatten, ironischerweise, beide zugleich recht und unrecht. Die Elemente wurden nicht alle in Sternen erzeugt, wie Hoyle ernsthaft gehofft hatte, aber sie entstanden auch nicht ausschließlich im wilden Mahlstrom von Gamows Urknall. Sie kommen aus beiden. Der Big Bang gebar unser Universum, und in diesem Prozess wurde der Raum mit Wasserstoff und Helium versorgt*, die dann die ersten Sterne bildeten. Diese wiederum fusionierten dann alles andere, angefangen beim Kohlenstoff in unserem Apfelkuchen bis hin zum Uran, das den Kern unseres Planeten wärmt. Wir und alles um uns herum sind Produkte dieser atemberaubenden Ereignisse. Wir sind Kinder sowohl des Urknalls als auch der Sterne.

Hier haben wir nun einen Wendepunkt in unserer kosmischen Kochshow erreicht. Endlich wissen wir, woher die chemischen Elemente stammen, die aus unserem albernen ersten Apfelkuchenexperiment hervorblubberten. Der Kohlenstoff entstand in Sternen wie unserer Sonne, als sie die Endphase ihres Lebens erreicht hatten, und der Sauerstoff wurde von furchterregenden Supernovae ins All geblasen. Die Sterne selbst bildeten sich letztlich aus dem Wasserstoff und Helium, die vom Urknall übrig waren. Doch bleibt nun noch eine Zutat des Apfelkuchens übrig, dessen Herkunft wir noch immer nicht erklärt haben, die einfachste von allen, das Rohmaterial, aus dem alle anderen bestehen: Wasserstoff.

In gewisser Weise wissen wir, woher Wasserstoff stammt: Die ersten Wasserstoffatome bildeten sich 380 000 Jahre nach dem Urknall, als Protonen und Elektronen zum ersten Mal zusammenblieben. Wenn ich sage, dass wir noch nicht wissen, woher der Wasserstoff stammt, dann meine ich damit eigentlich, dass wir nicht wissen, wo-

---

* Und ein paar Spuren eines dritten Elements, Lithium.

her Protonen und Elektronen stammen. Um diese Frage zu beantworten, müssen wir die chemischen Elemente jetzt endgültig hinter uns lassen und kopfüber eintauchen in die wunderbare Welt der Teilchen. Und uns dabei noch genauer in die erste Sekunde der kosmischen Geschichte vertiefen.

KAPITEL 8

WIE MAN EIN PROTON ZUBEREITET

Zum ersten Mal sah ich Daten des Large Hadron Collider an einem grauen Freitagmorgen im April 2010. Ich saß an meinem Schreibtisch in den Eingeweiden des neuen Cavendish Laboratory, einem in den 1970ern gebauten Haufen trüben Betons, der das berühmte Labor ersetzte – das knarrende Gebäude im Stadtzentrum war zu eng geworden und der Neubau auf dieses windgepeitschte Feld am Rande Cambridges versetzt worden.

Ich teilte mir ein fensterloses Büro mit zwei anderen Doktoranden. Da war der depressive Italiener, der einen Großteil seiner Zeit mit Jammern über die rückständigen britischen Sanitäreinrichtungen verbrachte – »Warum gibt es bei euch keine Mischbatterien?«, lautete seine häufig wiederkehrende Klage. »Wenn ich mich wasche, erfriere ich entweder oder ich verbrühe mir mein Gesicht. Eure Wasserhähne sind nicht für menschliches Leben konzipiert ...« Und es gab die verbitterte Studentin im letzten Jahr ihrer Promotion, deren Galgenhumor mich und den Italiener ahnen ließ, welche Qualen noch auf uns zukommen würden.

Ich war gerade in Cambridge eingetroffen, nachdem ich den Winter am CERN damit verbracht hatte, die ersten hochenergetischen Kollisionen am LHC vorzubereiten. Die letzten Wochen dort hatte ich im Zustand ständiger nervöser Anspannung verbracht, da ich fürchtete, jederzeit in den Kontrollraum gerufen zu werden, um ein

Problem zu lösen, von dem ich keinen blassen Schimmer hatte. Verzögerungen beim Teilchenbeschleuniger hatten jedenfalls dafür gesorgt, dass ich Genf genau zu dem Zeitpunkt verlassen musste, als die ersten Protonen im LHCb-Detektor ineinanderprallten. Kaum waren die Neuigkeiten von den Kollisionen eingetroffen, als auch schon eine E-Mail meines Vorgesetzten eintraf, mit der er sich erkundigte, ob ich mir schon die Daten ansehe. Der Algorithmus, der sich durch die bei der Kollision erzeugten Daten graben und nach den spezifischen Teilchen suchen sollte, an denen wir interessiert waren, war schon fertig und stand bereit. Meine Aufgabe war also durchaus lösbar: einfach auf »Go« klicken und abwarten. Seit den ersten Kollisionen am 30. März hatten sich immer mehr Daten angesammelt, und jeder neue Zusammenstoß fügte ein wenig mehr zu dem kleinen, aber schnell wachsenden Vorrat an neuen Informationen über die subatomare Welt hinzu.

Heutzutage dauert es Wochen, um die riesigen LHCb-Datenmengen zu analysieren, doch in den Anfangstagen waren nur wenige Kollisionen aufgezeichnet worden, sodass die Ergebnisse in etwas mehr als einer Stunde vorlagen, nachdem ich den Algorithmus gestartet hatte. Ich öffnete das Datenpaket und navigierte eilig hindurch zu dem entscheidenden Diagramm, von dem ich wusste, dass es uns verraten würde: Sind wir im Geschäft oder nicht?

Ein zittriger Doppelklick auf das Massenspektrum, und dann sah ich sie, eine deutliche Spitze über dem niedrigeren Hintergrundlärm, das unmissverständliche Anzeichen für das Teilchen, nach dem wir suchten. Ich erinnere mich noch gut, wie aufgeregt ich plötzlich war. Bis zu diesem Augenblick hatte ich nur Computersimulationen untersucht, doch jetzt, hier auf meinem Bildschirm, war sonnenklar der Beweis zu erkennen, dass diese Teilchen wirklich *in der realen Welt existieren*. Nicht nur das – ich blickte auch auf das Ergebnis eines der ambitioniertesten wissenschaftlichen Projekte, die je angegangen wurden, ein Teilchenbeschleuniger in der Größe einer Stadt. Es hatte Jahrzehnte gedauert, ihn zu entwerfen und aufzubauen, er war zu einem unglaublich komplexen Detektor geworden, zusammengesetzt durch die internationale Zusammenarbeit von mehr als 700 Wissenschaftlern, gestützt durch ein weltweites Gitter aus Computerfarmen, die die Daten speichern, verarbeiten und rund um den Globus verteilen, und ganz am Ende ein kleiner Algorithmus, den ich geschrieben hatte. Wie durch ein Wunder hatte das alles funktioniert.

Ich schrieb eine aufgeregte E-Mail an meinen Betreuer, Val Gibson, den Leiter der Cambridge-Gruppe, und hängte eine Kopie des besagten Diagramms an. Der Peak war ein klarer Hinweis, dass D-Mesonen – exotische Teilchen mit etwa der doppelten Masse eines Protons – bei der Kollision im Herzen unseres Detektors entstehen. Sie zu finden war kein Durchbruch – man hatte sie bereits in den 1970er-Jahren entdeckt –, doch wir konnten nun eine Unmenge detaillierter Studien anfangen, in der Hoffnung, Beweise für ihr Fehlverhalten – sofern man die allgemein akzeptierte Theorie der Teilchenphysik zugrunde legt – zu finden.

D-Mesonen bestehen nur für etwa eine halbe Billionstelsekunde, sie treiben sich also nicht wirklich in der weiteren Welt herum. Sie entstehen im LHC, wenn die gewaltige kinetische Energie zweier kollidierender Protonen in neue Materie umgewandelt wird. In ihrer Begleitung findet sich ein wahres Füllhorn an anderen Teilchen, die aus dem Ort des Zusammenpralls wie glühende Funken aus einem Feuerwerk herausgeschleudert werden. Unter den Hunderten unterschiedlicher Typen sind bekannte wie Protonen, Neutronen und Elektronen, aber auch solche mit seltsamen und exotischen Namen: Pionen, Kaonen, Lambda-Baryon, Delta-Baryon, Eta-Meson, Rho-Meson, Sigma-Baryon, Psion, Phi-Meson, Leptoquarks, Kaskadenteilchen oder Omega-Baryon. Eine typische Kollision sieht aus, als hätte jemand eine Stange Dynamit in einer Dose mit griechischer Buchstabensuppe gezündet.

Was sind das alles für Teilchen, und woher kommen sie? Die Antwort auf diese Frage ist eng verbunden mit unserer Suche nach dem ultimativen Rezept für Apfelkuchen. Es stellt sich heraus, dass die Protonen und Neutronen, aus denen wir bestehen, nur zwei Mitglieder einer deutlich größeren Familie miteinander verwandter Teilchen sind, die bei Experimenten seit den 1930er-Jahren nach und nach auftauchten. Ihr Erscheinen bei den Familientreffen war anfangs nicht sonderlich willkommen und sorgte viele Jahre lang für endlose Verwirrung. Doch langsam, aber sicher bildete sich ein Muster heraus, das auf eine grundlegendere Struktur zu verweisen scheint. Die Entdeckung dessen, was sich darunter verbarg, sollte eine Möglichkeit für das tiefere Verständnis der Natur von Materie schaffen und damit die ultimative Quelle der Protonen verraten, aus denen unser Universum aufgebaut ist.

WER HAT DAS BESTELLT?

Gar nicht weit von meinem Büro im Cavendish entfernt befindet sich ein Flur mit lauter Holzschränken. Darin sind Dinge ausgestellt, die man leicht für die Art von Zeugs hält, die auch in Großvaters Schuppen stehen könnten. Aber: Wenn die Teilchenphysik eine Hall of Fame hätte, wäre sie genau hier. Unter den historischen Kuriositäten befindet sich die Kathodenstrahlröhre, mit der J. J. Thomson das Elektron entdeckte, Rutherfords verbeulte Messingbox, die das Proton zu erkennen gab, und ganz am Ende ein großer Kolben des Teilchenbeschleunigers, der zum ersten Mal einen Atomkern in Teile zerhauen hatte. Unter diesem Experimentier-Nippes befindet sich auch, leicht zu übersehen, ein schlichter Apparat aus Messing und Glas, der die Teilchenphysik revolutionierte: die erste Nebelkammer.

Wie der Name schon vermuten lässt, wurde die Nebelkammer ursprünglich konstruiert, um künstlichen Nebel und Wolken im Labor zu erzeugen. Ihr Erfinder, der Schotte Charles Wilson, hatte auf dem Ben Nevis in den schottischen Highlands gearbeitet und dort faszinierende atmosphärische Effekte kennengelernt, die ihn nicht wieder losließen. Um die Vermutung zu überprüfen, dass sich Wolken dann bilden, wenn sich Wasserdampf an die in der Luft befindlichen Staubkörner heftet, baute er eine mit Wasserdampf gefüllte Kammer, in der die Verunreinigung der Luft möglichst gering gehalten werden konnte. Wilson erwartete, dass sich keine Wolken würden bilden können, da es keine Staubpartikel gab, die ihr Entstehen ermöglichten. Doch als er sich seine Kammer ansah, musst er überrascht erkennen, dass sich doch feinste Linien mit Wassertröpfchen formten, die quer in alle Richtungen über das Glas zogen. Wie die Kondensstreifen eine Flotte winziger Flugzeuge. (Na ja, er entdeckte das 1895, also dürfte ihm dieser Vergleich nicht wirklich in den Sinn gekommen sein.)

Völlig zufällig hatte Wilson die erste Apparatur gebaut, mit der subatomare Teilchen für das menschliche Auge sichtbar gemacht werden können. Jede dieser flüchtigen Spuren wurde verursacht durch ein einziges geladenes Teilchen, das durch die Kammer flitzte und auf seinem Weg Elektronen aus ihren Gasmolekülen herausschoss. Es hinterließ damit eine Spur positiv und negativ geladener Ionen. Diese Ionen zogen Wassermoleküle aus dem Dampf an und wuchsen immer weiter an, bis sie Spuren aus Tropfen bildeten, die so groß waren, dass man sie sehen konnte.

Die Nebelkammer war eine Offenbarung im wahrsten Sinne des Wortes. Denn Physikern stand mit ihr zum ersten Mal ein Fenster zur verborgenen Welt der Atome und Teilchen offen, durch das sie beobachten und sogar fotografieren konnten, während die Teilchen ihren ansonsten unsichtbaren Geschäften nachgingen. Ernest Rutherford nannte die Nebelkammer »das originellste und wundervollste Instrument der Wissenschaftsgeschichte«[51], und sie wurde zum wichtigsten Handwerkszeug der subatomaren Physik in der ersten Hälfte des 20. Jahrhunderts. Drei mit dem Nobelpreis geehrte Entdeckungen gehen direkt auf ihr Konto.

Einer der unbestrittenen Meister der Nebelkammerfotografie war der amerikanische Physiker Carl Anderson. Anderson verbrachte einen Großteil der 1930er-Jahre damit, mithilfe der Nebelkammer Fotografien von kosmischer Strahlung anzufertigen – von Teilchen, die aus dem Weltall auf die Erde herabstürzen. 1932 versetzte er die Physikwelt in Aufregung, als ihm das erste Foto eines Antiteilchens gelang, ein positiv geladenes Spiegelbild des Elektrons, auch als »Positron« bekannt.

Das Positron war nicht gänzlich unerwartet – der britische Physiktheoretiker Paul Dirac hatte seine Existenz drei Jahre zuvor postuliert –, doch Anderson und sein Kollege Seth Neddermeyer entdeckten 1936 dann noch ein Teilchen, das dann wirklich alles über den Haufen warf. Ein Jahr zuvor hatten sie realisiert, dass sie, wollten sie bessere Bilder der kosmischen Strahlung erhalten, näher an den Ort des Geschehens heranrücken sollten. Also luden sie ihre Nebelkammer auf einen Tieflader, den sie bei einem Gebrauchtwagenhändler in der Nähe ihres Labors am Caltech in Pasadena erstanden hatten, und machten sich auf in die Colorado Rockies. Sie stellten ihre Instrumente auf dem Gipfel des Pikes Peak auf, einer 4300 Meter hohen pinken Granitformation, nicht weit von Colorado Springs entfernt, und campierten nachts in einer Arbeiterbaracke auf halber Höhe des Bergs. Nach Monaten mit langen Tag- und Nachtschichten in großer Höhe kehrten sie nach Pasadena zurück, um ihre Bilder zu entwickeln und die Ergebnisse zu analysieren. Als sie sich die wunderschönen Nebelkammerspuren anschauten, die alle Dutzende von Teilchenspuren zeigten, wie sie elegant in ihrem kräftigen Magnetfeld ihre Bahnen zogen, stießen sie auf ein Teilchen, das so ganz anders war als alle, die sie zuvor beobachtet hatten.

Sie überprüften, dass diese neuen Teilchen weder die federgewichtigen Elektronen noch die eher schweren Protonen waren. Denn tatsächlich wiesen ihre groben Berechnungen darauf hin, dass sie eine Masse irgendwo in der Mitte zwischen diesen beiden hatten – etwa 200-mal schwerer als ein Elektron oder ein Zehntel der Masse eines Protons. Angesichts dieser Mittendrin-Masse prägten Anderson und Neddermeyer den Begriff »Mesotron« – *mesos* heißt auf Griechisch »Mitte« –, doch heute kennen wir es eher als Myon.

Ein Myon schien kein konstituierendes Teil eines Atoms zu sein – offenbar war es nur in kosmischer Strahlung zu finden –, wozu war es also gut? Nun, auf den ersten Blick schien es ein guter Treffer für jenes Teilchen zu sein, das der japanischer Theoretiker Hideki Yukawa vorhergesagt hatte: Er hatte über die Kraft nachgedacht, die Protonen und Neutronen innerhalb des Atomkerns zusammenhält. Da alle Protonen positiv geladen sind, müssten sie eigentlich eine gewaltig große Abstoßungskraft aufeinander ausüben, wenn man sie in einen derart vollgestopften Raum wie einen Atomkern packt. Der Kern konnte also nur zusammenhalten, wenn eine noch deutlich größere Anziehungskraft zwischen seinen Bestandteilen die elektrische Abstoßung überwand. Das Verblüffende an dieser starken Kernkraft, ist, wie wir uns erinnern, dass sie solange überhaupt keine Auswirkungen zu haben scheint, bis zwei Protonen und Neutronen einander fast berühren. Ab einer Entfernung von mehr als einem Tausendstel eines Billionstel Meters scheint die Kraft vollständig verschwunden zu sein. Wie lässt sich die verblüffend kurze Reichweite der starken Kernkraft erklären? Yukawas clevere Idee war, dass die Kraft zwischen Protonen und Neutronen durch den Austausch eines neuen Typs von »schwerem Teilchen«, wie Yukawa es nannte, übertragen wurde. Entscheidend an diesem Vorschlag war, dass das Teilchen schwer sein sollte: Die große Masse des Teilchens bedeutete, dass es nur eine sehr kurze Strecke reisen konnte[*], was die Reichweite der starken Kernkraft deutlich begrenzt. Auf Grundlage von Messungen, wie Protonen, Neutronen und Kerne einander abstießen, berechnete Yukawa, dass sein Teilchen die Masse von 100 MeV haben müsste; zum Vergleich – die Masse eines Elektrons ist 0,5 MeV, die eines Protons 938 MeV.

Zunächst sah es also so aus, als hätten Anderson und Neddermeyer Yukawas schweres Teilchen eingetütet, denn die Masse schien ziemlich präzise mit Yukawas Vorhersage übereinzustimmen. Die Physiker-Community schnappte aufgeregt nach Luft. Endlich schien die Beschaffenheit der starken Kernkraft verständlich zu sein. Doch schon bald meldeten sich erste Zweifel. Zum einen war das neu entdeckte Teilchen offenbar in der Lage, viel weiter durch Metallplatten hindurchzugehen, als man es von einem Teilchen der starken Kernkraft erwarten würde, das ja eigentlich begeistert mit dem Atomkern interagieren und abrupt angehalten werden sollte. Außerdem lebte das Teilchen von Anderson und Neddermeyer deutlich länger, als Yukawa es prophezeit hatte.

---

[*] Das hat mit der Heisenbergschen Unschärferelation in der Quantenmechanik zu tun, was zu erläutern aber für den Fortgang unserer Geschichte hier eher ein Umweg wäre. Lassen Sie mich später darauf zurückkommen.

Es sollte noch mehr als ein Jahrzehnt dauern, bis die Unklarheit beseitigt war. 1947 nutzte eine von Cecil Powell angeleitete Gruppe an der University of Bristol eine gänzlich andere Technik – bei der man Fotoplatten der kosmischen Strahlung aussetzte – und entdeckte so ein neues geladenes Teilchen, das sie dann das »π-Meson« taufte, heute kurz Pion genannt. Hier war nun endlich der von Yukawa vorhergesagte Träger der starken Kernkraft! Es gibt sogar drei Arten von Pionen, ein positives, ein negatives und eine elektrisch neutrale Version, die ein paar Jahre später auftauchte. Yukawa erhielt kurz darauf den Nobelpreis für seine mutige Vorhersage, Powell einen für den experimentellen Nachweis.

Ein deutlicheres Bild vom Aufbau der Materie schälte sich langsam heraus: Elektronen umkreisen Atomkerne, die aus Protonen und Neutronen bestehen, wobei die beiden durch den fieberhaften Austausch von drei Arten Pionen in ihrem nuklearen Gefängnis festgehalten werden. Was für uns den angenehmen Nebeneffekt hat, dass Apfelkuchen teilweise auch aus Pionen besteht. Das Myon von Anderson und Neddermeyer trieb sich misslicherweise für sich alleine herum und wirkte wie eine schwere und instabile Version eines Elektrons, aber ohne dass es für irgendetwas nützlich war, soweit man wusste. Der Physiker Isidor Rabi fasste die vom Myon erzeugte Verwirrung in den treffenden Spruch: »Wer hat das bestellt?«[52], so als wäre es eine Pizza, die bei einer Lieferung völlig unerwartet auftaucht.

Das Erscheinen der Pionen trat eine Welle neuer Entdeckungen in Gang. Noch im selben Jahr erblickten die beiden in Manchester forschenden George Rochester und Clifford Butler seltsame Paare sich gabelnder Spuren, die offenbar vom Zerfall eines neuen Teilchens mit der tausendfachen Masse eines Elektrons stammten. Ursprünglich aufgrund des typischen V-förmigen Zerfalls »V-Teilchen« getauft, kennt man es heute als K-Meson oder Kaon. Und bald darauf standen die Physiker vor einer Vielzahl sich immer weiter vermehrender Teilchen: einige leichter als Protonen und Neutronen, andere schwerer.

Wofür wurden all diese neu entdeckten Teilchen gebraucht? Niemand hatte auch nur einen blassen Schimmer. Die Verwirrung war so groß, dass sich ein Physiker zu der Aussage hinreißen ließ: »Früher wurde der Entdecker eines neuen Elementarteilchens mit dem Nobelpreis ausgezeichnet. Heute sollte eine solche Entdeckung mit zehntausend Dollar Strafe belegt werden.«[53] Die Physik schien der Gefahr ausgesetzt, von einem eleganten Fach mit nur ein paar wenigen Zutaten, die von ein paar einfachen, vereinheitlichenden Prinzipien regiert wurden, zu etwas zu werden, was eher der Zoologie ähnelte: Eine rätselhafte Vielfalt unterschiedlicher Spezies versuchte in einem weiter wachsenden Teilchenzoo ihren Platz zu behaupten. Physiker, die oft mit ihrer Unfähigkeit kokettieren, sich so etwas Banales wie eine Liste mit Fakten, Daten oder Namen merken zu können, bekamen Albträume. Enrico Fermi brummte missbilligend: »Wenn ich mir die Namen all dieser Teilchen merken könnte, hätte ich auch Botaniker werden können!«[54]

Mitten in diesem Chaos gaben Physiker ihr Bestes, um so etwas wie eine Ordnung einzuführen. Es gab ja ein paar Kriterien. Zunächst einmal erfuhren alle diese neuen Teilchen, mit der bemerkenswerten Ausnahme des Myons, die kräftige Anziehung der starken Kernkraft. Um sie also von all den Teilchen zu unterscheiden, bei denen das nicht so war – etwa das Elektron, das Myon oder das Photon – tauften Physiker die neue Familie der stark interagierenden Teilchen »Hadronen«. Die Hadronen ließen sich wiederum in zwei weitere Kategorien aufspalten: jene, deren Masse irgendwo zwischen dem Elektron und dem Proton lag, sie nannte man »Mesonen«, und jene, die schwerer waren als das Proton, die »Baryonen«.

Noch mehr konnte man herausbekommen, wenn man die Hadronen nach ihren typischen Merkmalen oder Quantenzahlen sortierte. Ein Beispiel dafür, über das wir bereits gestolpert sind, ist die elektrische Ladung; ein Proton hat die elektrische Ladung von +1, wohingegen das Kaon von Rochester und Butler eine Ladung von 0 hat. Ein weiteres, extrem wichtiges Merkmal ist der Eigendrehimpuls des Teilchens, sein Spin. Wenn der Impuls die Menge des Schwungs ist, die ein Teilchen entlang seiner Bewegung auf einer geraden Linie besitzt, dann ist der Eigendrehimpuls die Menge des Schwungs, die es bei seiner Drehung besitzt. Quantenmechanischer Spin kommt in einzelnen Stückchen der Größe ½ daher und kann nur Werte aus der Sequenz 0, ½, 1, ³⁄₂, 2, ⁵⁄₂ und so weiter annehmen. Man investierte viel Zeit und Mühe darin, die Spins des Teilchenzoos herauszufinden, zumal immer neue Teilchen in Experimenten auftauchten. Zu Beginn dachte man, dass alle Mesonen den Spin 0 und alle Baryonen den Spin ½ hätten, doch dann entdeckte man Mesonen mit dem Spin 1 und Baryonen mit dem Spin ³⁄₂.

In den 1950er Jahren waren die Physiker nicht länger damit zufrieden, einfach darauf zu warten, dass Teilchen aus dem Weltall in ihren Nebelkammern auftauchten. Nun kamen immer mehr große Teilchenbeschleuniger in Mode, die exotische Teilchen auf Knopfdruck produzieren konnten: Man feuerte Protonen oder Elektronen auf passende Ziele, und ihre kinetische Energie verwandelte sich dabei in neue Teilchen. 1953 wurde ein riesenhafter ringförmiger Teilchenbeschleuniger am Brookhaven National Laboratory auf Long Island, New York, eingeweiht, das Cosmotron. Als erster Beschleuniger jenseits der Milliarden-Volt-Marke nutzte das Cosmotron eine Reihe leistungsstarker Magnete, um einen Protonenstrahl im Ring herumzuleiten, sodass er bei jeder Runde beschleunigt werden konnte. Wenn die Energie der Protonen dann hoch genug war, kam es zur Kollision, und sie erschufen das volle Panoptikum der Teilchen, die man zuvor nur in kosmischer Strahlung nachgewiesen hatte.

Eine Errungenschaft von Cosmotron war es, eine weitere Eigenschaft einiger Teilchen zu bestimmen. Manche Mitspieler dieses Teilchenzoos lebten vor ihrem Zerfall weitaus länger, als Theoretiker naiverweise angenommen hatten. Außerdem tauchten diese Teilchen offenbar immer in Paaren auf. 1953 schlugen die theoretischen Physiker Kazuhiko Nishijima und Murray Gell-Mann unabhängig voneinander vor, dass der Grund für dieses ungewöhnlich lange Leben in einer neuen Quanteneigenschaft begründet sein könnte. Da sie für dieses seltsame Verhalten verantwortlich war, nannten sie sie schlicht »Strangeness« oder »Seltsamkeit«, und dieser Name blieb bis heute bestehen. Das Cosmotron konnte Protonen mit so viel Energie anreichern, dass es alle seltsamen Teilchen erschaffen konnte, die man bis dato allein in der kosmischen Strahlung gesehen hatte. Und außerdem ein seltsames neues Meson, das man vorher noch nicht gekannt hatte.

Das Cosmotron bekam Hilfe durch die Ankunft eines brandneuen Typs von Detektor, der es Physikern ermöglichte, die Kaskaden der zerfallenden Teilchen in bislang unbekannter Genauigkeit aufzuzeichnen. Dieser Nachfolger der Nebelkammer ist die Blasenkammer, und anstatt mit Gas wird sie mit extrem gekühlten Flüssigkeiten – meist flüssigem Wasserstoff, Xenon oder Kohlenwasserstoffen wie Propan – gefüllt. Die Flüssigkeit wird kurz unter dem Siedepunkt gehalten (der bei Wasserstoff bei −252,9 °C liegt), bis die Physiker bereit sind, einen Teilchenstrahl in die Kammer zu leiten. Geht der Schuss los, wird der Druck in der Kammer auf einen Schlag deutlich reduziert, daraufhin steigt die Temperatur des Wasserstoffs schlagartig an, und kleine Gasbläschen tauchen auf dem Weg auf, den die elektrisch geladenen Teilchen durch die Kammer nehmen. Nun schickt man Lichtblitze hinterher, die die wunderschönen Spuren der Bläschen erhellen: So können sie von Kameras aufgezeichnet werden, die am Rand der Kammer durch Bullaugen hineinschauen.

Die erfolgreiche Kombination aus Energie-Höchstleistung und strahlend neuer Blasenkammer ermöglichte es dem Cosmotron, seinen Konkurrenten einen Schritt voraus zu sein. Doch der Erfolg löste einen Rüstungswettlauf rund um Teilchenbeschleuniger aus. Immer größere und mächtigere Maschinen wurden überall auf der Welt gebaut, und viele bekamen aufregend futuristische Namen. In der Bucht gegenüber von San Fransisco, in Berkeley, wo zu Beginn der 1930er-Jahre der erste ringförmige Teilchenbeschleuniger erfunden worden war, brach 1955 das Bevatron den vom Cosmotron aufgestellten Rekord, erreichte eine Strahlenenergie von 6,2 Gigaelektronenvolt (GeV)* und führte zur Entdeckung des Antiprotons. Um sich nicht von seinem kapitalistischen Widersacher ausstechen zu lassen, errichtete die Sowjetunion in Dubna bei Moskau ihren eigenen, clever auf den Namen Synchrophasotron getauften Teilchenbeschleu-

---

* Ein Gigaelektronenvolt entspricht einer Milliarde Elektronenvolt, also der kinetischen Energie eines Elektrons, das von einer Milliarde Volt beschleunigt wurde.

niger, der mit 10 GeV die Amerikaner alt aussehen ließ. Dann übernahm Europa zwischenzeitlich die Führung, als es 1959 im CERN sein 28 GeV Proton Synchrotron abfeuerte. Bis die Vereinigten Staaten 1961 in Brookhaven das Alternating Gradient Synchrotron (AGS) anschalteten.

Das Streben nach immer höheren Energien brachte eine Flut neuer Teilchen mit sich, wodurch die gigantischen Beschleunigerkomplexe zu Goldgräberstädten für die Teilchenphysik wurden – bevölkert von ehrgeizigen Forschern, die hofften, einen glänzenden neuen Nugget aus der subatomaren Schutthalde herauszusieben. Der Teilchenzoo nahm weiter zu, und während er wuchs, zeigten sich erste Hinweise auf eine grundlegende Ordnung in dem, was zunächst wie unzusammenhängende Fragmente gewirkt hatte. Wobei: Es fehlten immer noch große Verbindungsstücke, und die Beziehungen zwischen den Teilen waren durch die Unordnung der experimentellen Daten noch völlig verdeckt. Es brauchte einen Geist von außergewöhnlicher Vision und Durchsicht, um diesen Nebel zu durchdringen und die darunter verborgene, juwelenartige Symmetrie zu erkennen. Zum Glück tauchte mit Murray Gell-Mann ein solcher Geist auf.

AUSBRUCH AUS DEM ZOO

Murray Gell-Mann wuchs in den 1930er- und 1940er-Jahren in Manhattan als Sohn jüdischer Immigranten aus dem österreichisch-ungarischen Kaiserreich auf. Sein älterer Bruder Ben brachte ihm mithilfe einer Sunshine-Cracker-Box im Alter von drei Jahren das Lesen bei und machte ihn mit der Liebe zum Beobachten von Vögeln und Landtieren vertraut, außerdem mit Botanik und dem Sammeln von Insekten.[55] Als Kinder ließen sich Ben und Murray durch ganz New York City treiben und suchten nach den letzten verbliebenen Flecken unberührter Natur, wo sie noch interessante Tiere oder faszinierende Pflanzen entdecken konnten. Murrays ordnender Geist fand Freude daran, dass man all die unterschiedlichen Lebewesen, denen sie begegneten, in die Hierarchie einer Systematik einsortieren konnte, wobei sie alle über den Baum der Evolution miteinander verbunden waren.

1960, Gell-Mann war bereits einer der weltweit angesehensten Theoretiker, hatte er eine Eingebung, die schlussendlich die Rätsel des Teilchenzoos lüften sollte. Wie ein Zoologe sortierte er unterschiedliche Spezies in Gattungen und Familien ein. Dabei begann er die bekannten Hadronen in ihre eigenen großen Gruppierungen zu arrangieren, die Spin-0-Mesone und die Spin-½-Baryonen, bevor er sich dann auf die Suche nach den tieferen Verbindungen zwischen den einzelnen Mitgliedern machte. Protonen und Neutronen schienen ein klares Pärchen zu bilden, mit fast der identischen Masse, aber unterschiedlicher elektrischer Ladung; und da beide außerdem den Spin ½ hatten, schienen sie eindeutig zu den Baryonen zu gehören. Dann gab es da die Pionen, die in positiven, negativen und neutralen Fassungen vorkamen, sowie die beiden seltsamen Kaonen, positiv und negativ, die alle Spin-0-Mesonen waren.

Beim Herumspielen mit dieser Teilchenkategorisierung gewann Gell-Mann die Überzeugung, dass unter der Oberfläche eine tiefe Symmetrie verborgen lag. Da er nach einer Struktur suchte, die die von ihm erkannten Muster beschrieb, wandte er sich einem bis dahin ziemlich vernachlässigten Feld der Mathematik zu, der »Gruppentheorie«.

Eine der vielen Anwendungen der Gruppentheorie ist ihre Verwendung bei der Beschreibung von Symmetrien. Kurz gesagt: Es liegt eine Symmetrie vor, wenn man einem System etwas antun kann, das es aber unverändert lässt. Nehmen wir als Beispiel einen gewöhnlichen Würfel. Ein Würfel hat ein hohes Maß an Symmetrie, denn es gibt viele Arten, ihn rotieren zu lassen – und jedes Mal ist sein Aussehen am Ende genau so wie am Anfang. Diese Rotationen bilden etwas, das wir Gruppe nennen, also im Grunde die Sammlung aller möglichen Arten, einen Würfel rotieren zu lassen, wobei er jedes Mal unverändert aussieht.

Wie Gell-Mann so über seinem Hadronen-Puzzle saß, glaubte er den Abdruck einer eher abstrakten mathematischen Gruppe mit dem

Namen SU(3) erkannt zu haben. Nun gibt es leider kein leicht zu vermittelndes Bild, um eine SU(3)-Gruppe zu erläutern, ohne tief in die Mathematik einzusteigen. Doch wichtig ist hier vor allem, dass Gell-Mann erkannte: Man kann die Symmetrien der SU(3)-Gruppe nutzen, um die Hadronen auf einem Gitter entsprechend ihres Spins, ihrer elektrischen Ladung und Strangeness anzuordnen, woraufhin sich Reihen von Sechsecken ergeben, bei dem je ein Teilchen in jeder Ecke und zwei in der Mitte sitzen.

Indem er die Hadronen auf diese Art und Weise anordnete, tat Gell-Mann für sie das, was Dmitri Mendelejew ein Jahrhundert zuvor für die chemischen Elemente getan hatte. Genau wie Mendelejew aus Lücken in seinem Periodensystem die Existenz neuer Elemente voraussagen konnte, so war Gell-Mann in der Lage, neue Hadronen zu prophezeien. Die Symmetrie der SU(3)-Gruppe verlangte, dass es acht Spin-0-Mesonen und acht Spin-½-Baryonen geben musste, doch bislang waren nur sieben Spin-0-Mesonen bekannt.

Als Gell-Mann seine Theorie 1961 der Öffentlichkeit vorstellte, bemerkte er, dass ein weiterer Physiker, Juval Ne'eman vom Imperial College in London, fast gleichzeitig exakt dieselbe Idee gehabt hatte. Doch da Ne'eman, der erst kurz zuvor das israelische Militär verlassen hatte und in die Welt der Physik eingestiegen war, sich noch keinen Namen gemacht hatte, wohingegen Gell-Mann bereits eine hoch respektierte Figur und ein fähiger Kommunikator war, erreichte seine Theorie eine weit größere Verbreitung.

Gelehrt und gescheit und auch nicht zu schüchtern, das zu zeigen, griff Gell-Mann auf eine alte buddhistische Weisheit zurück, um seiner Theorie einen Namen zu geben: Der »Eightfold Way« (Achtfache Weg) beschreibt den Pfad, der jene vom endlosen Kreislauf aus Tod und Wiedergeburt befreit, die ihm folgen. Als bereits wenige Monate später das bis dahin unbekannte achte Meson, das Eta-Meson, von einem Team in Berkeley experimentell nachgewiesen werden konnte, begannen Physiker daran zu glauben, dass Gell-Mann den Weg zum Hadronen-Nirvana gefunden haben mochte.

Doch der Beweis wurde erst mit der Entdeckung eines Grüppchens neuer, noch schwererer Teilchen erbracht. Der Eightfold Way sagte nicht nur ein Oktett aus Spin-0-Mesonen und Spin-½-Baryonen voraus, sondern verlangte auch, dass es zehn Baryonen mit dem Spin ³⁄₂ geben müsse. Ordnete man diese Spin-³⁄₂-Teilchen auf demselben Gitter entsprechend der elektrischen Ladung und Strangeness an, bildeten sie die Form einer Pyramide. Doch zu dem Zeitpunkt, an dem Gell-Mann und Ne'eman ihre Theorien veröffentlichten, waren nur vier dieser Teilchen bekannt, die sogenannten Delta-Baryonen mit 0 Strangeness, was sie vermutlich zur Basis dieser Pyramide machte. Im Juli 1962 strömten dann Physiker zu einer großen Konferenz im CERN zusammen, wo Teilchenjäger erklärten, solide Hinweise auf drei neue Sigma-Stern-Baryonen mit der Strangeness −1 und ein Paar Xi-Stern-Baryonen mit der Strangeness −2 gefunden zu haben.

Gell-Mann und Ne'eman erkannten augenblicklich, dass diese fünf neuen Teilchen die nächsten beiden Schichten der Pyramide bilden mussten. Nachdem diese Entdeckungen verkündet worden waren, sprang Gell-Mann auf und sagte die Existenz eines zehnten und damit des letzten fehlenden Teilchens voraus, das an die Spitze der Pyramide gehörte und die Strangeness −3 besitzen müsste. Er taufte es Omega, nach dem letzten Buchstaben des griechischen Alphabets. Ne'eman, der weiter hinten im Zuhörerraum saß, hob ebenfalls die Hand für einen Redebeitrag, musste dann allerdings niedergeschlagen mitanhören, wie Gell-Mann genau die Ankündigung machte, die ihm selbst auf der Zunge gelegen hatte.

Später, als Gell-Mann mit zwei jungen Experimentatoren aus Brookhaven, Nicholas Samios und Jack Leitner, beim Mittagessen saß, schnappte er sich eine Serviette und skizzierte mit ein paar Strichen, wie das Omega-Teilchen gefunden werden konnte, indem man nach seinen Zerfallsprodukten suchte. Die beiden Forscher nahmen das Tuch mit nach Brookhaven und überzeugten damit den Direktor des Labors, ihnen Zeit am AGS einzuräumen, dem damals stärksten Teilchenbeschleuniger der Welt. Sie brauchten fast ein Jahr, um den Beschleuniger und die Blasenkammer arbeitsfähig einzurichten. Kurz vor Weihnachten konnte das Team dann anfangen, Daten zu sammeln; und es arbeitete wie besessen bis ins neue Jahr rund um die

Uhr. Die Wissenschaftler grübelten anschließend über zehntausenden Blasenkammerfotos, und auf jedem verliefen unzählige Teilchenspuren hin und her, doch Samios entdeckte ein einzelnes Bild, auf dem mehrere seltsame Teilchen alle zu einem gemeinsamen Ursprung zurückzugehen schienen – der schlagende Beweis für das Omega-Teilchen.

Mit der Entdeckung von Omega war der Eightfold Way durchgesetzt. Bis 1964 machte sich das unverkennbare Gefühl breit, dass eine weitere große Revolution unseres Verständnisses von der subatomaren Welt in vollem Gange war. Endlich war der Teilchenzoo gezähmt.

Aber was hieß das jetzt alles? Wie wir gesehen haben, ergaben sich aus den Mustern in Mendelejews Periodensystem die ersten Hinweise darauf, dass die angeblich unteilbaren Atome noch eine innere Struktur besitzen, die schlussendlich die typischen Eigenschaften jedes einzelnen chemischen Elements bestimmen. Könnte der Eightfold Way auf etwas Vergleichbares hindeuten? Waren all diese Hadronen, darunter auch die Protonen und Neutronen, aus denen die chemischen Elemente bestehen, womöglich noch aus kleineren Dingen aufgebaut?

Nicht zwangsläufig. Die damals populärste Erklärung für die Existenz von Hadronen räumte mit der Unterscheidung zwischen Elementarteilchen ohne innere Struktur und zusammengesetzten Teilchen, die aus kleineren Dingen bestehen, auf. Der amerikanische Physiktheoretiker Geoffrey Chew zeigte sich vielmehr überzeugt, es gebe eine »Nukleare Demokratie«, in der kein Teilchen als grundlegender als ein anderes angesehen werden könne. Laut Chew war jedes Hadron eine Mischung aus all den anderen.

Diese Idee, die im Grunde allen Erwartungen widerspricht, wurde als »Bootstrap-Hypothese« bekannt und ging davon aus, dass Hadronen sich schlussendlich selbst aus dem Nichts erschaffen – vergleichbar mit der unsinnigen Redensart, nach der man sich an seinem eigenen Schopfe aus dem Sumpf ziehen kann (nur dass man eben im englischsprachigen Raum am eigenen Stiefelriemen zerrt). Die große Hoffnung der Bootstrap-Theoretiker war, dass es nur ein mögliches Set an Hadronen gab, das ohne Hilfe von außen plötzlich entstand.

In diesem Falle hätte man eine fantastische ökonomische Theorie, die alle bekannten Teilchen ohne externen Input erklären könnte. Womöglich war der Eightfold Way eine Konsequenz aus der von der Bootstrap-Hypothese gelieferten tieferen Wahrheit, weshalb so viele hofften, sie würde sich bald als richtig beweisen lassen.

Doch die Boostrap-Hypothese war nicht das einzige Angebot, das vorlag. Murray Gell-Mann hatte schon ein paar Jahre lang mit der Idee gespielt, dass die von ihm bei den Hadronen erkannte Symmetrie auch erklärt werden konnte, wenn man sie sich als aus noch kleineren Teilchen bestehend vorstellte. Er hatte diese Überlegung nie sehr weit getrieben, zum Teil weil er sie für unvereinbar mit der ästhetisch schickeren Bootstrap-Hypothese hielt, zum Teil weil er damit beschäftigt war, drängendere Probleme zu lösen. Zudem müssten diese kleineren Stückchen, was immer sie auch sein mochten, dann elektrische Teilladungen von $1/3$ oder $2/3$ der Ladung von Elektronen haben, doch soweit man wusste, hatte jedes Teilchen, das man in der Natur beobachtet hatte, das ganzzahlige Vielfache der Elementarladung.

Im März 1963 saß Gell-Mann mit einigen Kollegen der Columbia University in New York beim Lunch zusammen, als er mit dem Physiker Robert Serber ins Gespräch kam, der sich ebenfalls Gedanken über kleine Bausteine machte, aus denen sich Hadronen zusammensetzten. Gell-Mann äußerte sich herablassend, als Serber ihn beim Essen nach seiner Meinung dazu fragte, doch später am Abend brachte ihre Unterhaltung Gell-Mann zu der Überlegung: Was, wenn diese anteilig geladenen Stückchen für immer im Innern der Hadronen eingesperrt sind und niemals in die äußere Welt gelangen können? Wäre dem so, könnte man das liebgewonnenene Prinzip der Nuklearen Demokratie aufrechterhalten, und die Bootstrap-Hypothese wäre noch immer gültig.

Gell-Mann, der ein Talent dafür besaß, einprägsame Spitznamen zu prägen, taufte diese unaufspürbaren kleinen Teilchen »qworks« – ein Nonsenswort im Stile eines Lewis Carroll. Ein paar Monate später studierte er den für seine Unverständlichkeit bekannten Roman *Finnegans Wake* von James Joyce, als er dort unter Joyces Kauderwelsch auf den Satz »Three quarks for Muster Mark!« stieß. Gell-Mann erkannte sofort, dass er die perfekte Gelegenheit gefunden hatte, seinen kleinen Bausteinen einen literarischen Touch zu verpassen. Aber noch viel wichtiger war: Würde er ihren Namen von einem solch schwer verständlichen Werk ableiten, könnte er seine Kollegen weiter damit beeindrucken, wie belesen und klug er war. Und so wurden aus den »qworks« die »Quarks«.

Laut Gell-Mann ließen sich die Symmetrien in den Hadronen erklären, wenn man von drei solcher Quarks ausging, die er dann »up«, »down« und »strange« nannte. Das Up-Quark hat eine Ladung von $+2/3$, wohingegen das Down- und das Strange-Quark eine Ladung von $-1/3$ besitzen. Indem man diese drei Teilchen (und ihre Antiversionen) kombiniert, lassen sich die Eigenschaften aller bekannten Hadronen erklären. Mesonen wie das Pion oder das Kaon wären danach die Verbindung eines Quarks und eines Antiquarks, während ein Baryon aus drei Quarks bestünde. Für unsere Absichten hier ist es am wichtigsten, dass sich somit ein Proton also aus zwei Up-Quarks und einem Down-Quark zusammengesetzt vorstellen lässt, wohingegen ein Neutron aus zwei Down- und einem Up-Quark besteht.

In der Zwischenzeit hatte ein junger, in Russland geborener Postdoc und ehemaliger Doktorand von Gell-Mann namens George Zweig am CERN über ziemlich genau das Gleiche nachgedacht. Völlig unabhängig von seinem Doktorvater und mehrere tausend Kilometer entfernt war Zweig klar geworden, dass die Symmetrien des Eightfold Way erklärt werden können, wenn es drei einzelne Grundbausteine gibt mit den elektrischen Ladungen $+2/3$, $-1/3$ und $-1/3$. Er nannte sie »aces« (nach den »Assen« bei Spielkarten).

Auch wenn die beiden Ideen in Hinblick auf die Verantwortlichkeit für die Symmetrien bei den Hadronen übereinstimmten, so zogen Zweig und Gell-Mann doch grundsätzlich andere Schlussfolgerungen daraus. Gell-Mann freute sich, die Quarks als mathematische Hilfestellungen anstatt als reale physikalische Entitäten auffassen zu können. Die echten fundamentalen Zutaten der Hadronen waren, wenn es nach ihm ging, die mathematischen Symmetrien, denen sie zu gehorchen schienen. Quarks waren schlicht eine bequeme Art und

Weise, diese fundamentalen Symmetrien im Auge zu behalten, aber man würde sie vermutlich nie in der realen Welt beobachten können. Für Zweig hingegen waren Quarks (oder Aces) genauso real wie Protonen, Neutronen und Elektronen. Das Pech des jungen Physikers war es, dass solche Ideen zu dieser Zeit überhaupt nicht en vogue waren, da man lieber der irren, aber eleganten Bootstrap-Hypothese anhing. Zu behaupten, dass Hadronen aus kleineren Teilchen bestehen, klang einfältig, sogar kindisch. Gell-Mann selbst sprach von Zweigs Aces einmal als das »Betonklotz-Modell«[56]. Das Ergebnis: Gell-Mann konnte seine Quark-Theorie problemlos in einer angesehenen Fachzeitschrift veröffentlichen, wohingegen Zweig einem Kritik-Sperrfeuer seiner Gutachter ausgesetzt war, sodass sein Aufsatz in keinem Fachmedium erschien, also nie das Licht der Welt erblickte, sieht man einmal von einem kleinen CERN-Vorabdruck ab, den das Labor selbst herausgab.

Obgleich einige Physiktheoretiker die Idee der Quarks hochnäsig ablehnten, erkannten viele Experimentatoren, dass die Möglichkeit zur Entdeckung einer neuen Schicht der Realität viel zu gut war, als dass man sie sich entgehen lassen durfte. Kurz darauf beugten sich Physiker über Tausende von alten Blasenkammerfotos auf der Suche nach anteilig geladenen Teilchen, die sie übersehen haben mochten. Neue Teilchenstrahlexperimente wurden hastig am CERN und in Brookhaven vorbereitet, da man sich erhoffte, ein Quark aus einem seiner Hadronen herausschießen zu können. Sogar einige hartgesottene Kosmosstrahlungsphysiker beteiligten sich und suchten in den Teilchenschauern, die aus dem Himmel auf uns herabgehen, nach Quarks.

Doch die Quarks ließen sich nirgends aufspüren. Bis 1966 hatten zwanzig Experimente nach ihnen gesucht, zwanzigmal war man mit leeren Händen ausgegangen. Als Gell-Mann in diesem Jahr an der Royal Society in London einen Vortrag hielt, erklärte er: »Wir müssen uns an die Möglichkeit gewöhnen, dass Quarks nicht real sind.«[57]

Hilfe tauchte aus einer unerwarteten Richtung auf. An der Stanford University in Northern California legte man an den weltgrößten und teuersten Teilchenbeschleuniger letzte Hand an. Der Stanford

Linear Accelerator – 3,2 Kilometer schnurgerade unter dem sanft geschwungenen Parkgelände des Stanford-Campus und direkt unter der Interstate 280 hindurch verlegt – war gewissermaßen eine riesige Teilchenkanone, die Elektronen auf kolossale 20 GeV beschleunigen konnte. Seine enorme Größe und das 100-Millionen-Dollar-Preisschild sorgten für seinen Spitznamen: »the Monster«, und es hatte mehr als ein Jahrzehnt der Planung, der Entwicklung und des Baus gebraucht, ihn fertigzubekommen – lässt man einmal die Bemühungen, das Projekt durch den US-Kongress zu bekommen, beiseite.

Zu einer Zeit, als sich die meisten Physiker auf die aufregenden neuen Entdeckungen bei den hoch energiereichen Protonenbeschleunigern am CERN und in Brookhaven konzentrierten, war das Monster ein etwas seltsames Ungeheuer. Im Gegensatz zu seinen Ringfreunden, bei denen Protonenstrahlen im Kreis herumgejagt und bei jeder vollständigen Umdrehung beschleunigt werden, feuert das Monster Elektronen in eine unglaublich gerade 3,2 Kilometer lange Röhre[*], wobei sie immer schneller werden, bis sie kopfüber am anderen Ende in ihr Ziel knallen. Die Auswirkungen dieser Kollisionen werden dann von hohen Spektrometern aufgezeichnet, die die Energien und Richtungen der zerstreuten Elektronen messen.

Im Grunde ist das Monster ein gewaltiges Mikroskop, das bis aufs Proton hineinzoomen kann, um dessen Größe und Form in noch nie da gewesener Detailgenauigkeit zu erforschen. Je höher die Energie des Elektronenstrahls, umso kürzer die Abstände, die der Beschleuniger erforschen kann, was zu immer genaueren Details führt. Der Grund, weshalb die höherenergiereichen Teilchen es erlauben, kürzere Abstände zu erkunden, liegt im quantenmechanischen Phänomen des Welle-Teilchen-Dualismus – genau gesagt darin, dass ein Teilchen wie ein Elektron dabei erwischt werden kann, sich wie eine Welle zu verhalten, wenn man ein Experiment passend aufbaut. Die Wellenlänge eines Elektrons, oder überhaupt jedes Teilchens, hängt umgekehrt vom Impuls des Teilchens ab, mit anderen Worten: Je schneller sich das Teilchen bewegt, desto kürzer ist seine Wellenlänge.

---

[*] Zur damaligen Zeit galt die Röhre als das geradeste Objekt der Welt.

Als man das Stanford-Monster 1966 abfeuerte, konnte es Elektronen auf 99,99999997 Prozent der Lichtgeschwindigkeit beschleunigen, wodurch sie eine Wellenlänge von ungefähr 6×10^{-17} Metern hatten (das Sechzigmillionstel eines Billionstelmeters). Experimente hatten gezeigt, dass Protonen und Neutronen ungefähr 1×10^{-15} Meter groß sind, wodurch der Strahl des Monsters im Prinzip in der Lage sein müsste, Dinge, die weit, weit kleiner als diese grundlegenden Bausteine der Atome sind, aufzulösen.

Mitte der 60er-Jahre stellten sich Theoretiker das Proton als unscharfe, substanzlose Kugel ohne innere Struktur vor. Folglich erwarteten die Mitarbeiter am Monster-Projekt beim Beschießen eines Protons mit ihrem superenergiereichen Elektronenstrahl, dass die meisten Elektronen so ziemlich ungehindert durch das Proton hindurchgehen würden. Erinnert Sie das an irgendetwas?

Genau: Anfang des 20. Jahrhunderts hatten sich Physiker auf ganz ähnliche Art und Weise das Atom als substanzloses, puddingartiges Objekt vorgestellt, weshalb Ernest Rutherford so vom Donner gerührt war, als die Alpha-Teilchen von den Goldatomen zurückgeworfen wurden. Dieses berühmte Ergebnis hat unser Verständnis von Atomen grundlegend verändert und den ungestümen Neuseeländer zu der Schlussfolgerung geführt, das Atom müsse einen winzigen Kern in seiner Mitte besitzen.

Etwas furchterregend Ähnliches sollte nun in Stanford passieren: Ihr riesiger Beschleuniger war einfach nur Rutherfords Goldfolienexperiment in riesengroß, wenngleich auch in einem Größenverhältnis, das 1908 noch völlig unvorstellbar gewesen wäre. Sechzig Jahre nach der Entdeckung des Atomkerns nutzten Physiker immer noch Rutherfords bewährte Technik des Beschießens eines Ziels mit Teilchen, um dann abzuwarten, wie sie abprallten.

Stanford hatte sogar seine eigene Version eines Rutherford in Gestalt des fürchterlichen Richard Taylor. Die wütende, dröhnende Stimme des hochgewachsenen Mannes füllte nicht selten die Flure. Nach Abschluss einer ersten Reihe von Elektronenzerstreuungsexperimenten 1966 übernahm Taylor die Leitung des gemeinsamen Stanford-MIT-Teams, um zum ersten Mal noch tiefer in das Proton hineinzuschauen. 1967 tauchten dann die ersten Hinweise auf, dass da etwas Seltsames im Gange war. Elektronen schienen weitaus mehr Energie zu verlieren, wenn sie durch das Proton hindurchgingen, als erwartet.

Zunächst wurde der Effekt als Lärm abgetan, doch Anfang 1968 waren die Forscher überzeugt, dass das, was sie da sahen, echt war. Genau wie Rutherfords Alpha-Teilchen wurden die Elektronen in viel breiteren Winkeln zerstreut, als man es erwarten durfte, wenn das Proton wirklich nur eine diffuse Kugel aus elektrischer Ladung war. Es schien nur eine logische Erklärung dafür zu geben – die Elektronen prallten von unvorstellbar kleinen Objekten *im Innern* des Protons ab.

Entgegen allen Erwartungen hatte dieser gewaltige Beschleuniger einen Blick auf die grundlegenden Bausteine der Materie ermöglicht und eine brandneue Schicht der Realität freigelegt. Trotz der Popularität solch origineller Ideen wie der Bootstrap-Hypothese schien das alte, bewährte und erprobte atomare Modell der Materie ein weiteres Mal gewonnen zu haben. Protonen, Neutronen und all die Hadronen im Teilchenzoo schienen wirklich aus noch kleineren Teilchen zu bestehen.

Und dennoch musste sich das Stanford-MIT-Team regelrecht anstrengen, die Leute davon zu überzeugen, dass sie Quarks gesehen hatten. Die Wirkung der Bootstrap-Hypothese war derart dominant, dass die Elektronenzerstreuungsergebnisse zunächst kaum auf Interesse stießen. Es sollte Jahre weiterer experimenteller und theoretischer Arbeit dauern, ganz zu schweigen von der begeisterten Fürsprache des charismatischsten Kommunikators der Physik, Richard Feynman, bis die Welt davon überzeugt war, dass das Monster wirklich die Bausteine des Protons erblickt hatte.

Erst als 1973 in der gigantischen Blasenkammer des CERN mit Namen Gargamelle Neutrinos erkannt wurden, die von punktartigen Objekten innerhalb eines Protons abprallten, war der Beweis für die Existenz von Quarks nicht mehr zu übersehen. Durch einen Vergleich der Ergebnisse von Monster und Gargamelle waren Physiker in der Lage, drei derartige Teilchen innerhalb des Protons zu unterscheiden; zudem schienen diese Teilchen die anteiligen Ladungen zu haben, die Gell-Mann und Zweig vorausgesagt hatten. Trotz Gell-Manns Skepsis über die Realität seiner eigenen Erfindung waren Quarks nun doch reale physikalische Objekte geworden, an die Physiker glauben konnten.

Nun, zumindest fast. Ein großes Rätsel blieb bestehen – noch nie hatte jemand ein Quark gesehen. Jeder Beweis für ihre Existenz ging auf von Hadronen abprallende Teilchen zurück. Keinem Beschleuniger, ganz gleich, wie stark, war es gelungen, ein einziges, singuläres Quark aus seiner Hadronen-Gefängniszelle herauszubrechen. Quarks schienen unerbittlich in deren Innern eingesperrt zu sein.

Wie sich herausstellte, scheint das mit einer Kraft zu tun zu haben, die die Quarks im Innern der Hadronen zusammenhält. Diese Kraft – bekannt unter den Namen starke Kraft oder starke Wechselwirkung – ist die stärkste Anziehungskraft, die man je entdeckt hat. Die starke *Kern*kraft, die Protonen und Neutronen in einem Atomkern zusammenhält, ist eine Art Echo dieser viel stärkeren Kraft. Um die Bindungen der starken Wechselwirkung aufzubrechen und Quarks aus dem Innern von Protonen und Neutronen freizusetzen, bräuchte man Temperaturen, die weit heißer sind als die heißesten Sterne. Wir sprechen hier von Temperaturen von Billionen Grad.

Solche Temperaturen gab es im Universum seit einer Millionstelsekunde nach dem Urknall nicht mehr. Während dieser ersten Mikrosekunde der kosmischen Zeit entstanden die Protonen und Neutronen, aus denen wir aufgebaut sind. Um ganz an den Anfang der Materie zu gelangen, müssen wir einen Weg finden, die Physik dieses Billionen-Grad-Universums zu erforschen. So unglaublich es klingen mag, doch heutzutage werden derartige Temperaturen routinemäßig hier auf der Erde erzeugt, und zwar nur ein paar Kilometer vom geschäftigen Zentrum New Yorks entfernt.

BILLIONEN-GRAD-SUPPE

Für ein Land, das sich selbst als lässig ansieht, als Leuchtturm der Freiheit, in dem Halt-die-Regierung-aus-meinen-Angelegenheiten-raus oder Wer-ist-die-Regierung-dass-sie-mir-vorschreiben-will-ich-darf-keine-Boden-Luft-Rakete-besitzen? zum Alltag zu gehören scheinen, können die Vereinigten Staaten von Amerika erstaunlich bürokratisch sein. Vor meinem Besuch am Brookhaven National Laboratory musste ich ein mehrseitiges Online-Antragsformular ausfüllen, an das sich ein längerer, mehrfacher E-Mail-Austausch mit den (absolut hilfsbereiten) Verwaltungsmitarbeitern des Labors anschloss, die etwas über die Absicht meines Besuchs erfahren wollten. Sie gaben mir den entscheidenden Tipp, ich müsse bei der Einreise in die Vereinigten Staaten unbedingt darauf achten, den richtigen Stempel bei der »immigration« zu bekommen – mit dem falschen würde mir der Zugang zur Anlage verwehrt bleiben. Dem folgte später eine ausschweifende Diskussion mit zwei ratlos dreinblickenden US-Grenzbeamten, denen ich zu erklären versuchte, was ich in ihrem Land vorhatte, dass ich also ein Regierungslabor besuchen und mich mit ein paar Wissenschaftlern völlig harmlos und absolut ungeheimdienstlerisch unterhalten wollte, während ich zugleich krampfhaft bemüht war, das Wort »nuklear« zu vermeiden. Im Vergleich dazu war es früher durchaus möglich, auf das CERN-Gelände zu gelangen, indem man dem desinteressierten Sicherheitsmann mit einer Shopping-VIP-Card zuwinkte.*

Folglich fühlte ich mich etwas beklommen, als ich mich der Sicherheitskontrolle an der bewaldeten Straße kurz vor der Brookhaven-Anlage vorstellte. Ich schwenkte meinen Reisepass, in dem sich ein beängstigend blasser Einreisestempel befand. Die Frau am Schalter betrachtete ihn misstrauisch. »Ich glaube, ihnen ging langsam die Tinte aus«, erklärte ich schwach lächelnd. Nach ein paar

---

* Bevor Sie nun einen Einbruch ins CERN ins Auge fassen, sollte ich vielleicht erwähnen, dass es dort inzwischen ein bisschen strenger zugeht.

Zungenschnalzern und Getippe auf dem Computer hellte sich zu meiner großen Erleichterung ihr Gesicht auf, und sie gab mir meinen Pass zurück. »Willkommen in Brookhaven.«
Das Brookhaven National Laboratory hat eine lange und illustre Vergangenheit, was die Teilchenphysik angeht. 1947 auf dem Gelände eines alten U. S.-Army-Trainingslagers gegründet, bestand die erste wichtige Einrichtung in einem experimentellen Kernreaktor, dem dann 1953 der die Milliarden-Volt-Grenze knackende Cosmotron-Beschleuniger folgte – ihm kam, wie wir sahen, eine bahnbrechende Bedeutung bei der Erkundung des Teilchenzoos zu. 1960 baute man das Alternating Gradient Synchrotron (AGS), das als der Beschleuniger mit der weltweit höchsten Energie für einen Großteil des Jahrzehnts den Ton angab.

Zu den zahlreichen Leistungen des AGS gehört eine wichtige Beobachtung, die Teilchenphysiker 1974 in helle Aufregung versetzte. Die Novemberrevolution, wie sie unter Eingeweihten genannt wird, begann, als ein von Samuel Ting geleitetes Team in seinen Daten eine auffällige Spitze bei einer Energie von etwa 3,1 GeV beobachtete, also etwa der dreifachen Masse des Protons. 4000 Kilometer von Brookhaven entfernt, starrte Burton Richters Forschungsgruppe am kalifornischen Stanford-Monster auf genau denselben Ausschlag in ihren eigenen Aufzeichnungen. Beide Gruppen gaben ihre Entdeckungen am 11. November bekannt. Die Spitze erwies sich als Beweis für ein Hadron, das aus einem brandneuen, noch nie zuvor gesehenen Quark-Typ bestand – dem »Charm-Quark« –, einem schwereren Cousin des positiv geladenen Up-Quarks, das man in Protonen und Neutronen gefunden hatte.[*]

Die Entdeckung am AGS beseitigte die letzten Zweifel an der Existenz von Quarks und legte damit wichtige Grundlagen für unsere gegenwärtige Theorie der Teilchenphysik. Auch heute läuft der ehrwürdige Beschleuniger noch und dient als Vorbeschleuniger für einen

---

[*] Heute wissen wir von insgesamt sechs Quarks: Das Up-, Charm- und Top-Quark haben eine elektrische Ladung von $+2/3$ und das Down-, Strange- und Bottom-Quark eine elektrische Ladung von $-1/3$.

noch größeren und stärkeren Atomzerstörer – den Relativistic Heavy Ion Collider, kurz RHIC. Ich war angereist, um diese Maschine zu besuchen.

Um besser zu verstehen, worauf die Wissenschaftler am RHIC aus sind, müssen wir uns noch ein wenig tiefer in die Physik der Quarks vertiefen, aus denen Protonen und Neutronen bestehen. Zur gleichen Zeit, also Anfang der 1970er-Jahre, als sich zunehmend durchsetzte, dass Quarks real sind, bemühten sich Physiker auch um ein Verständnis der seltsamen starken Wechselwirkung, die diese im Innern von Hadronen festhielt.

Bis 1973 hatte sich dafür eine mögliche Theorie herausgeschält, die auf genau jener SU(3)-Symmetriegruppe basierte, die Gell-Mann und Ne'eman für die Kategorisierung der Hadronen im Eightfold Way genutzt hatten. Doch in diesem Fall beschrieb die Symmetrie die starke Wechselwirkung selbst.

Genau wie Protonen und Elektronen sich aufgrund der elektromagnetischen Kraft über ihre unterschiedlichen elektrischen Ladungen anziehen, so ziehen Quarks sich gegenseitig an, weil sie die äquivalente Ladung der starken Wechselwirkung tragen. Doch während es nur eine Art elektrischer Ladung gibt, die entweder positiv oder negativ sein kann, verlangt die SU(3)-Symmetrie, dass die starke Wechselwirkung drei unterschiedliche Typen von Ladung hat, wobei jede ebenfalls positiv oder negativ sein kann. Und ein weiteres Mal bewies Gell-Mann sein frappierendes Talent für das Auswählen von Namen, die hängenbleiben: Er nannte diese drei Typen der starken Wechselwirkung »Farben«. Die darf man nicht mit den herkömmlichen Farben verwechseln, also etwa der Farbe meines Pullis (orange, nur falls Sie sich gefragt haben ...), denn die Farbe eines Quarks ist nur eine Bezeichnung für die Ladung, die festlegt, wie die starke Wechselwirkung hier angreift. Ursprünglich hatte Gell-Mann als US-Patriot vorgeschlagen, diese drei Farben sollten Rot, Weiß und Blau sein, doch heute entscheiden sich Physiker in der Regel für das eher neutrale Rot, Grün und Blau.

Wenn Quarks in roter, grüner und blauer Variation existieren, dann müssen die Antiquarks in antirot, antigrün und antiblau vorkommen. Und genau wie es bei der elektrischen Ladung ist, stoßen sich gleiche Farben ab und ziehen sich unterschiedliche Farben an. Zwei rote Quarks werden sich also abstoßen, wohingegen ein grünes Quark und ein antigrünes Antiquark sich zusammenschließen werden. Allerdings gibt es etwas, das die starke Wechselwirkung komplizierter als die elektromagnetische Kraft macht, nämlich, dass sich die drei unterschiedlichen Farben ebenfalls untereinander anziehen: Ein rotes Up-Quark, ein grünes Up-Quark und ein blaues Down-Quark bilden aufgrund dieser Anziehung zusammen ein Proton. Hadronen (also aus Quarks gebildete Teilchen) sind insgesamt gesehen immer farblos; entweder verbindet sich eine Farbe mit ihrer Antifarbe in einem Meson oder alle drei Farben vermischen sich in einem Baryon. Dank all dieser Farbgeschichten bekam diese Theorie einen ziemlich cool klingenden Namen: Quantenchromodynamik (QCD), die Quantentheorie der Farbladung.

Die QCD geht nicht nur von den drei Farbladungen aus, in denen Quarks vorkommen, sondern erklärt uns auch, dass die starke Wechselwirkung durch Gluonen genannte Teilchen übertragen wird – die heißen so, da sie die Quarks zusammenkleben (aus dem Englischen »to glue« = kleben). Auf den ersten Blick sehen Gluonen ziemlich genau wie Photonen aus, die Kraftüberträger des Elektromagnetismus. Genau wie Photonen haben sie die Masse 0 und einen Spin von 1. Allerdings verlangen die speziellen Bedingungen der SU(3)-Symmetriegruppe, dass es zwar nur eine Art Photon, dafür aber *acht* unterschiedliche Typen von Gluonen gibt. Außerdem, und das ist wichtig, trägt ein Photon keine elektrische Ladung, wohingegen Gluonen farbig sind. Und hier liegt der entscheidende Grund, weshalb bis heute noch niemand jemals ein Quark auf Solotour erlebt hat.

Und zwar deshalb: Photonen interagieren direkt nur mit elektrisch geladenen Teilchen wie Protonen und Elektronen. Da Photonen elektrisch neutral sind, bedeutet das: Feuert man zwei Photonen aufeinander, huschen sie (fast immer) einfach so aneinander vorbei und nehmen sich nicht mal wirklich Zeit für einen kurzen Gruß. Sie passieren einander wie zwei Schiffe in der Nacht.

Bei Gluonen ist das anders. Jedes Gluon trägt eine Kombination aus Farbladung und Antifarbladung, und da Gluonen von farbigen Teilchen angezogen werden, werden sie auf jeden Fall *untereinander* interagieren. Das heißt, die starke Wechselwirkung zwischen zwei Quarks ist etwas völlig anderes als die elektromagnetische Kraft zwischen, sagen wir, einem Proton und einem Elektron.

Wir haben jetzt fast den Punkt erreicht, an dem einleuchtet, warum noch niemand ein sozusagen nacktes Quark gesehen hat, also folgen Sie mir noch kurz. Stellen Sie sich ein Elektron und ein Proton vor, die sich mit ein wenig Abstand voneinander niedergelassen haben. Zum Beispiel in einem Wasserstoffatom. Man kann sich die elektromagnetische Anziehungskraft zwischen den beiden in etwa so vorstellen, dass sowohl das Proton als auch das Elektron Photonen in alle Richtungen abfeuern*, ein bisschen so wie diese Diskokugeln, die man manchmal noch bei 80er-Jahre-Retro-Partys sieht. Da das Proton und das Elektron recht nah beieinander sind, wird ein Großteil der vom Elektron abgegebenen Photonen vom Proton angezogen und absorbiert – und umgekehrt. Dieser Austausch von Photonen erschafft die Anziehungskraft zwischen den beiden geladenen Teilchen.

Nun stellen Sie sich vor, wir ergreifen das Elektron und das Proton und fangen an, sie auseinanderzuziehen. Da die Entfernung zwischen den beiden zunimmt, werden immer weniger und weniger der abgegebenen Photonen vom anderen Partner aufgenommen, womit die Anziehungskraft zwischen Elektron und Proton immer schwächer wird. Anfangs muss man sich anstrengen, die Anziehungskraft zu überwinden, doch sobald man die beiden Teilchen einmal voneinan-

---

* Hier gibt es allerdings eine Feinheit zu beachten – die Photonen, die die Teilchen in meinem Beispiel abfeuern, sind keine echten, beobachtbaren Photonen, wie sie etwa eine Glühbirne produziert. Sie sind vielmehr das, was wir »virtuelle« Teilchen nennen. Virtuelle Teilchen sind absolut nicht nachweisbar und wirklich nur eine gedankliche Hilfe, um sich besser vorstellen zu können, wie Kräfte zwischen Teilchen wechselwirken. Unter uns: Ich finde das Konzept der virtuellen Teilchen nicht besonders hilfreich – eine weitaus bessere Erklärung ist mit dem physikalischen Gebilde namens »Quantenfeld« verbunden, auf das wir noch zu sprechen kommen werden –, doch für die Absicht dieser Analogie ist es durchaus *nützlich*.

der getrennt hat, fällt es zunehmend leichter, bis man schlussendlich ein freies Elektron und ein freies Proton hat.

Stellen wir uns nun die entsprechende Situation mit zwei Quarks vor. Anstelle von Photonen feuern die beiden Quarks nun Gluonen in jede Richtung. Gluonen, die in Richtung des anderen Quarks abgeschossen werden, werden von diesem angezogen und absorbiert, wodurch sich eine Anziehungskraft zwischen den beiden entwickelt, genau wie beim Proton und Elektron. Doch ab jetzt sorgt die Tatsache, dass Gluonen auch eine Farbladung tragen, für einen Unterschied. Der Austausch von Gluonen schafft ein Überangebot von Farbladungen in der Region zwischen den beiden Quarks. Stellen Sie sich die zwischen den beiden Quarks hin- und hersausenden Gluonen als rote, grüne und blaue Röhre vor, an deren Ende jeweils ein Quark sitzt. Diese bunte Röhre lockt auch andere Gluonen aus der Nähe an, die dann ebenfalls in die Lücke zwischen den beiden Quarks gezogen werden, sodass die Röhre immer dichter und farbiger wird. Schließlich ist derart viel Farbladung in der Röhre, dass *sämtliche* der von den Quarks abgeschossenen Gluonen dorthinein eingesogen werden – und sich eine bunte Bindung zwischen den beiden Quarks bildet.

Nun malen wir uns einmal aus, wir wollten diese beiden Quarks trennen. Wir greifen sie uns und ziehen. Das ist verdammt anstrengend, aber irgendwann rücken sie ein winziges Stückchen auseinander. Doch da alle Gluonen noch immer in dieser Röhre zwischen den beiden Quarks konzentriert sind, wird die Kraft, gegen die wir ankämpfen müssen, nicht geringer. Im Gegenteil: Die Gluonenröhre dehnt sich wie ein Gummiband, und genau wie ein Gummiband, das wir weiter und weiter dehnen, sammelt sich in der Röhre die steigende Spannung. Aber sobald – und das ist die interessante Stelle – die in der gespannten Gluonenröhre gespeicherte Menge an Energie genauso groß ist wie die Masse eines neuen Quark-Antiquark-Pärchens, reißt die Röhre. Doch anstatt zwei freier Quarks haben wir nun ein neues Quark und ein neues Antiquark, die aus der in der gedehnten Gluonenröhre gespeicherten Energie gebildet wurden. Und sie heften sich jeweils an eines der beiden abgebrochenen Enden der

Bindungen an. Was wir herausbekommen, sind zwei Quark-Pärchen, die beide immer noch fest zusammenhalten. Genau das ist der Grund, weshalb Sie noch nie ein unbegleitetes oder unbekleidetes Quark gesehen haben. Wenn Sie versuchen, ein Quark aus einem Hadron herauszuziehen, enden Sie wie der Zauberer, der ein Taschentuch aus seinem Ärmel zieht, denn Sie stehen plötzlich vor einer nicht enden wollenden Kette aus Hadronen, die immer länger wird, je fester Sie ziehen. Wenn wir Protonen im LHC miteinander kollidieren lassen, bekommen wir große Jets mit Dutzenden von Hadronen heraus – alle erschaffen durch die Energie des anfänglichen Kicks, der die ursprünglichen Quarks auseinanderfliegen ließ.

Laut dieser Argumentation scheint es so, als seien Quarks dazu verdammt, bis in alle Ewigkeit im Innern von Hadronen gefangen zu sein. Doch 1973 machten die Theoretiker David Gross, Frank Wilczek und David Politzer eine verblüffende Entdeckung über die Eigenschaften der starken Wechselwirkung. Sie berechneten, dass bei der Kollision von Hadronen bei immer höheren Energien der schraubstockartige Zugriff der starken Wechselwirkung anfängt nachzulassen. Daraus ergab sich, dass bei ausreichend hohen Energien die starke Wechselwirkung so schwach wird, dass die Hadronen gewissermaßen schmelzen und sich in superheißes Gas aus freien Quarks und Gluonen verwandeln.

Dieses superheiße Zeug nennt sich »Quark-Gluon-Plasma«, ein überwältigend heißer und dichter Materiezustand, in dem Quarks und Gluonen endlich frei genug sind, um außerhalb des Confinements (d. h. des Eingesperrtseins in einzelnen Hadronen) hin und her zu sausen. Um ein solches herzustellen, braucht man Temperaturen und Dichten weit jenseits dessen, was Mitte der 1970er-Jahre in einem Labor möglich gewesen wäre. Denn es gab nur einen Moment in der Geschichte des Universums, in dem die Bedingungen extrem genug waren, um ein Quark-Gluon-Plasma zu erzeugen, die entscheidende erste Millionstelsekunde nach dem Urknall.

Damals war das Universum so heiß und dicht, dass sich keine Hadronen bilden konnten; die Gesamtheit des Weltraums war mit dieser kochenden Masse aus Quarks und Gluonen gefüllt. Als sich aber dann das Universum ausdehnte, kühlte es ab, und nach rund einer Mikrosekunde war die Temperatur so weit gefallen, dass Quarks und Gluonen fusionieren und die ersten Protonen und Neutronen bilden konnten. Das bedeutet: Wollen Physiker die Anfänge von Materie verstehen, müssen sie einen Weg finden, ein Quark-Gluon-Plasma im Labor zu erzeugen.

Auftritt: RHIC, der 4 Kilometer Kreisumfang lange Collider, untief vergraben in einem Tunnel unter dem weichen, sandigen Boden von Long Island. Das Funktionsprinzip des RHIC ist vergleichbar mit dem jedes anderen Teilchenbeschleunigers: Zwei Teilchenstrahlen werden in einen annähernd sechseckigen Ring hineingeschossen, wobei einer im Uhrzeigersinn, der andere gegen den Uhrzeigersinn läuft, auf Kurs gehalten von starken Elektromagneten. Bei jeder Umdrehung um den Ring geben Hochspannungs-Elektrofelder den Teilchen beim Vorbeikommen eine extra Schubs, wodurch sich nach und nach ihre Energie erhöht. Sobald die Teilchen die gewünschte Energie erreicht haben, werden die Wege der beiden Strahlen mithilfe von Magneten verändert, sodass sie direkt innerhalb großer Detektoren kollidieren. Die Aufgabe der Detektoren ist es, den subatomaren Schaden aufzuzeichnen, der durch diesen Zusammenprall entsteht.

Was den RHIC von anderen Teilchenbeschleunigern unterscheidet, sind die Projektile, die er benutzt. Wie schon der Name verrät – Relativistic Heavy Ion Collider –, so liegt sein Hauptaugenmerk auf der Kollision von Ionen[*] schwerer Elemente, darunter Aluminium, Kupfer, Uran und – ganz besonders sexy – Gold. Der Kern dieser Elemente enthält Hunderte von Protonen und Neutronen, weshalb bei ihren Kollisionen enorme Dichten erschaffen werden, womöglich hoch genug, um ein Quark-Gluon-Plasma zu erzeugen.

In Brookhaven angekommen, traf ich mich mit Helen Caines und Zhangbu Xu, den beiden Leitern – dort als »Sprecher« bezeichnet – des STAR-Experiments[**]. So heißt einer der beiden großen Detekto-

---

[*] In diesem Fall ist ein Ion ein Atom, dem man einige Elektronen weggenommen hat, was es insgesamt positiv geladen werden lässt.
[**] Sie mögen Abkürzungen? STAR steht für Solenoidal Tracker at RHIC.

ren, die man zur Untersuchung der durch den RHIC produzierten Kollisionen nutzt. Wir saßen bei einer Tasse Kaffee im großen Empfangsgebäude des Brookhaven-Geländes zusammen, einer Mischung aus Verwaltungsbüros und Experimentierhallen, die sich über 21 Quadratkilometer Land erstrecken, umgeben von dichten Wäldern.

Inmitten des Getöses von Mitarbeitern, die sich ihre lebenswichtige erste Koffein-Injektion des Tages abholten, führten Helen und Zhangbu mich durch die Höhen und Tiefen von zwanzig Jahren Forschung am extremsten Zustand der Materie unseres Universums. Helen hatte erste Erfahrungen als Doktorandin an der University of Birmingham gesammelt, bevor sie den Ozean überquerte, um 1996 ihren ersten Forschungsauftrag anzunehmen. Für jemanden, der am Quark-Gluon-Plasma interessiert war, gab es Ende der 1990er keinen passenderen Ort. Das RHIC war nur noch wenige Jahre davon entfernt gewesen, seine ersten Kollisionen zu erzeugen, und als junge Wissenschaftlerin konnte Helen von Anfang daran mitwirken, da sie gleich nach ihrer Ankunft in den Vereinigten Staaten an der STAR Collaboration beteiligt war. Damals war ihr zukünftiger Mit-Sprecher, Zhangbu, mit seiner Promotion in Yale beschäftigt, nachdem er zuvor in seinem Heimatland China Physik studiert hatte. Als die Datenerhebung am RHIC begann, waren die beiden jungen Physiker an der richtigen Stelle, um die Suche nach dem Quark-Gluon-Plasma anzuleiten.

Bevor die Experimente jedoch so richtig beginnen konnten, mussten die Physiker am RHIC allerdings noch auf Zeitungsschlagzeilen reagieren, die der auf Hawaii ansässige Walter L. Wagner verursacht hatte. Wagner sorgte sich, die hochenergiereichen Kollisionen am RHIC könnten zur Zerstörung der Welt führen, und lieferte diensteifrig gleich eine ganze Liste von Weltuntergangsszenarien nach, die seiner Meinung nach alle zur Auswahl standen. Der Teilchenbeschleuniger könne ein winziges Schwarzes Loch produzieren, das die Erde verschlingt, oder vielleicht eine neue Form »seltsamer Materie« produzieren, die unseren Planeten in einen formlosen Klecks verwandelt. Am aufregendsten war jedoch die Aussicht, womöglich würde ein Multiversum mit unterschiedlichen physikalischen Gesetzen erschaffen werden, das sich dann mit Lichtgeschwindigkeit ausbreitet und nicht nur unseren Planeten, sondern *den gesamten Kosmos* vernichtet. Der Physiktheoretiker Frank Wilczek sprang in die Bresche, um Wagners Bedenken auszuräumen. Doch damit wurde das Interesse der Medien erst recht geweckt, weshalb Brookhaven schlussendlich gezwungen war, einen ausführlichen Bericht zu veröffentlichen, warum der neue Teilchenbeschleuniger eher nicht für das Ende aller Tage verantwortlich sein dürfte.* Das beruhigte die Lage ein wenig, hielt Wagner aber nicht davon ab, sowohl in New York als auch in San Francisco Prozesse anzustrengen, mit denen die Kollisionen verhindert werden sollten. Glücklicherweise drehte sich die Welt, nachdem am 12. Juni 2000 die ersten Gold-Atomkerne ineinanderkrachten, unbeeindruckt weiter.

In den ersten Tagen nach dem Start der Datensammlung preschten einige Theoretiker eifrig vor und behaupteten, das Quark-Gluon-Plasma sei vom RHIC bereits erzeugt worden, wenn man sich die von STAR und den drei anderen Detektoren erhobenen Daten ansehe, die zu diesem Zeitpunkt arbeiteten. Helen, Zhangbu und ihre Experimentatorenkollegen waren da deutlich zurückhaltender.

Die große Herausforderung bei der Beantwortung der Frage, ob man ein Quark-Gluon-Plasma erzeugt hat, besteht darin, dass man dessen Eigenschaften unmöglich direkt messen kann. Wenn zwei Goldatomkerne im RHIC kollidieren, erzeugen sie einen superheißen Materieklecks, der jedoch nur für einen Augenblick existiert. Schon nach dem Zehnbillionstel einer Billionstelsekunde dehnt sich dieser Feuerball aus und kühlt ab, woraufhin er sich dann in eine

---

* Der Hauptgrund, weshalb es wenig wahrscheinlich war, dass der RHIC die Welt zerstörte, lautete, dass kosmische Strahlung mit weit höheren Energien, als die Kollisionen am RHIC sie haben, seit Milliarden von Jahren die Erde, den Mond und andere Himmelskörper bombardiert. Wäre dadurch die Erzeugung von erdverschlingenden Schwarzen Löchern, seltsamer Materie oder Multiversen möglich, wäre das schon längst passiert, und wir würden gar nicht existieren.

Explosion von Tausenden von Hadronen umwandelt, die beinahe mit Lichtgeschwindigkeit durch den Detektor rasen. Und diese Hadronen sind das Einzige, das STAR sehen kann. Nur durch die Untersuchung ihrer Eigenschaften kann man ableiten, ob sich ein Quark-Gluon-Plasma gebildet hat. Mit der Zeit begannen die Physiker am RHIC jedoch, vielversprechende Hinweise zu entdecken. Zuerst erkannten sie, dass die Tausenden bei jeder Kollision von ihren Detektoren aufgezeichneten Hadronen gemeinsam aus dem Ort des Zusammenpralls herausströmten; es sah aus wie die Bewegung einer Gnuherde, die über die Savanne jagt – und das sprach deutlich dafür, dass die Teilchen alle aus einem einzigen, vereinheitlichten Materieklecks stammten. Zudem war auch die Zahl der bei jeder Kollision erzeugten Jets deutlich geringer als erwartet, fast so, als wären die Quarks beim Waten durch eine dicke Quark-Gluon-Suppe verlangsamt worden, was sie daran hinderte, ihre kinetische Energie in Hadronenjets umzusetzen.

Die RHIC-Physiker brauchten fünf Jahre, aber 2005 waren sie sich sicher und konnten der Welt mitteilen, dass sie es durchgezogen hatten – sie hatten einen Materiezustand erzeugt, der seit dem Big Bang nicht mehr im Universum existiert hatte. Sie vermuteten, dass das von ihnen hergestellte Quark-Gluon-Plasma eine Temperatur von etwa 2 Billionen Grad hatte, also 130 000 Mal heißer als das Zentrum der Sonne, und eine Dichte von rund einer Milliarde Tonne pro Kubikzentimeter.

Das Verblüffendste an dem war, dass diese Eigenschaften ganz anders waren als das, was man erwartet hatte. Anstatt wie ein Gas aus freien Quarks und Gluonen verhielt es sich wie eine Flüssigkeit, und zwar nicht wie irgendeine beliebige Flüssigkeit, sondern wie eine nahezu perfekte Flüssigkeit. Diese seltsame Substanz schien ohne jeglichen inneren Widerstand oder Zähflüssigkeit zu fließen (um es technischer auszudrücken: Sie hatte beinahe null Viskosität). In seiner ersten Mikrosekunde war das Universums nicht von einem Feuerball ausgefüllt, sondern von einer Billionen-Grad-Suppe.

Nachdem wir unseren Kaffee getrunken hatten, verabschiedeten wir uns von Zhangbu, und Helen nahm mich mit, um mir STAR leibhaftig zu zeigen. Unterwegs sammelten wir ihre Kollegin, die technische Koordinatorin des Experiments, Lijuan Ruan, auf. Wie Zhangbu stammt Lijuan aus China und kam 2002 als junge Uni-Absolventin nach Brookhaven. Seitdem ist sie an allen Aspekten des Experiments beteiligt, doch vor allem liebt sie es, selbst Hand anzulegen. Wie glücklich und stolz sie auf die Arbeit an dem Detektor ist, war ihr deutlich anzumerken: »Nur, wenn man mit den eigenen Händen die Hardware gespürt hat, bekommt man ein Gefühl dafür, wie die ganze Sache funktioniert.«

Die hohe Halle, in der der STAR-Detektor untergebracht ist, steht auf der anderen Seite des Campus-Geländes, also stiegen wir in Helens Auto und fuhren über die (passend so genannten) Thomson Road und den Rutherford Drive hinüber. Unser erster Stopp war der Kontrollraum, ein dunkler Raum, fast wie ein Bunker, mit Dutzenden von antik wirkenden Röhrenmonitoren, auf denen man die Leistungen des Experiments überwacht. Verglichen mit der glänzenden Modernität des LHC strahlte der ganze Ort eine abgetragene Atmosphäre aus. Was eigentlich wenig überrascht für ein Experiment, das in sein drittes Jahrzehnt geht.

Vom Kontrollraum aus gingen wir zu einem langen Hangar mit einer dicken Schutzwand aus monolithischen Betonklötzen am einen Ende. Zu meiner großen Verblüffung wurde hier nirgendwo meine Iris gescannt, und es gab auch keine Strahlungsvorsichtsmaßnahmen – die Strahlungsmenge liegt weit unter dem gefährlichen Bereich, solange der RHIC nicht läuft –, und noch bevor ich wusste, wie mir geschah, stand ich vor dem aufragenden Klotz des STAR-Detektors.

Mit einem Gewicht von 1200 Tonnen und der Größe eines dreistöckigen Gebäudes ist der Detektor durchaus beeindruckend, wenn man ihm zum ersten Mal gegenübersteht. Der Hauptteil des tonnenförmigen Detektors besteht aus einem großen Elektromagneten, der zur Ablenkung der Teilchen eingesetzt wird, wenn diese aus dem Kollisionspunkt herausgeschossen kommen, wodurch es Physikern möglich ist, ihren Impuls zu messen. An das Innere des Magneten angeschmiegt ist das empfindliche STAR-Rückverfolgungssystem, das die Flugbahnen der Tausenden geladenen Teilchen aufzeichnet, die jedes Mal freigesetzt werden, wenn ein winziger Klecks Quark-Gluon-Plasma sich ausdehnt und abkühlt. Am Tag meines Besuchs war STAR gerade geöffnet, weshalb ich in das Herz des Detektors hineinblicken konnte. Mit all den funkelnden LED-Lichtern sah er aus wie etwas, das aus einem Science-Fiction-Film stammen musste.

Wir standen auf einem hohen Gerüst und blickten in das leuchtende Herz des Detektors, als Helen und Lijuan mir von ihren Plänen für die nächsten Durchläufe des RHIC und des STAR-Experiments erzählten. Nachdem sie jetzt routinemäßig in der Lage waren, Quark-Gluon-Plasma zu erzeugen und zu untersuchen, nähert sich das Team einem entscheidenden Moment in der Geschichte unseres Universums, der auch für unsere Erzählung hier ungemein wichtig ist. Rund eine Mikrosekunde nach dem Urknall war die Temperatur des Universums so weit gefallen, dass sich aus dem Quark-Gluon-Plasma die ersten Protonen und Neutronen bilden konnten. Physiker nennen dies den »Phasenübergang«, vergleichbar mit dem Vorgang, wenn sich eine Flüssigkeit zu festem Eis umwandelt. Der Plan für den nächsten Experiment-Durchlauf sieht vor, beim RHIC kontinuierlich die Energie der Kollisionen anzupassen, was in etwa der Temperaturveränderung des Quark-Gluon-Plasmas entspricht. Denn je höher die Energie der zusammenprallenden Ionen, umso höher die Temperatur.

Indem sie langsam die Kollisionsenergien scannen, hoffen Helen und ihr Team, den kritischen Punkt genau bestimmen zu können, an dem das Quark-Gluon-Plasma »einfriert« und Hadronen bildet. Herauszubekommen, wie dieser Prozess abläuft – anders gesagt, wie Protonen und Neutronen im Urknall zubereitet wurden –, könnte großen Einfluss auf unser Verständnis von der Herstellung der ersten Elemente haben.

Nachdem sie in der zweiten Hälfte des 20. Jahrhunderts weltweit eine führende Rolle in der Teilchenphysik gespielt hatten, bleibt den USA inzwischen nur noch der RHIC als Teilchenbeschleuniger. Einige Jahre lang gab es ernsthaften Zweifel daran, ob das von STAR und seinem befreundeten Rivalen und Nachbarn im Ring PHENIX* angeführte Forschungsprogramm weiter finanziert werden würde.

Noch in den 2000er-Jahren war der RHIC der einzige Schauplatz, wenn es um die Erforschung des Quark-Gluon-Plasmas ging, doch 2010 erhielt der Large Hadron Collider am CERN sein eigenes Experiment zu schweren Ionen, ALICE**. 2012 ermöglichte es die viel höhere Energie des LHC, dass ALICE den bislang vom RHIC gehaltenen Rekord für die höchste jemals gemessene Temperatur einstellte: Vom LHC gelieferte Bleiionenkollisionen erzeugten ein Quark-Gluon-Plasma mit mehr als 5,5 Billionen Grad.

Doch während der LHC in Fragen der Größe und Energie den RHIC deutlich in den Schatten stellt, gibt es noch ein paar Tricks, die der europäische Konkurrent nicht auf Lager hat. Insbesondere die Möglichkeit des RHIC, seine Kollisionsenergie auf niedrigere Werte als der LHC einzustellen, bedeutet, dass er der einzige Teilchenbeschleuniger ist, der nach dem Kipppunkt suchen kann, an dem freie Quarks und Gluonen zu Hadronen fusionieren. Zumindest kurzfristig sieht die Finanzsituation von Amerikas letztem Teilchenbeschleuniger eigentlich recht rosig aus. Mit etwas Glück ist es nicht mehr so lange hin, bis Helen, Zhangbu, Lijuan und ihre Kollegen sich dem ultimativen Rezept für ein Proton nähern.

---

* Wollen Sie wissen, wofür PHENIX steht? Nun, das heißt anscheinend **P**ioneering **H**igh **E**nergy **N**uclear **I**nteraction e**X**periment.
** ALICE steht für **A** **L**arge **I**on **C**ollider **E**xperiment – ein seltenes Beispiel dafür, dass das Akronym eines Teilchenphysikexperiments auch mal wirklich hinhaut.

KAPITEL 9

WAS IST DENN JETZT WIRKLICH EIN TEILCHEN?

Die Zutatenliste für unseren Apfelkuchen ist geschrumpft. Deutlich geschrumpft. Wir haben mit einem ganzen Einkaufswagen von Zutaten begonnen – Sauerstoff, Kohlenstoff, Wasserstoff, Natrium, Stickstoff, Phosphor, Kalzium, Chlor, Eisen und noch weitere – und sind jetzt nur noch bei drei: Elektronen, Up-Quarks und Down-Quarks. Gut, das ist ein bisschen geschummelt, denn um die Materieteilchen zur Bindung in Atomen zu bekommen, brauchen wir auch die elektromagnetische Kraft und die starke Wechselwirkung. Also fügen wir zu unserer Liste noch Photonen und Gluonen hinzu. Aber das ist immer noch eine wunderbar sparsame Liste grundlegender Zutaten, vor allem wenn man bedenkt, dass man aus ihnen wirklich *alles* zubereiten kann, inklusive Apfelkuchen.

Quarks und Elektronen sind Teilchen, ein Begriff, den ich zugegebenermaßen bis hierher ein wenig zu locker eingesetzt habe, unter der Annahme, dass Sie sich darunter vermutlich eine kleine Kugel vorstellen, vielleicht so eine Art Murmel. Bei unserem Weg immer tiefer in die Struktur von Materie hinein hat uns dieses mentale Bild ziemlich gute Dienste geleistet; unter vielen Gesichtspunkten verhalten sich Teilchen auch tatsächlich so wie kleine harte Bälle, die zusammenhalten, um Kerne und Atome zu bilden. Die Objekte, die aus den Kollisionen am Large Hadron Collider herausschießen, bewegen sich wie mikroskopische* Kugeln durch unsere Detektoren. Wenn wir Bilder dieser Kollisionen erstellen – heutzutage meist nur noch für Zwecke der Öffentlichkeitsarbeit; denn es gibt in Wirklichkeit viel zu viele davon, als dass wir sie alle einzeln mit den Augen untersuchen könnten –, dann zeichnen wir den Weg, den jedes einzelne Teilchen nahm, als wäre es tatsächlich ein genau definiertes Klümpchen. Was ja auch der Name nahelegt.

Dieses klumpige Bild der Materie hat einen langen Stammbaum, den man bis zu John Daltons Atomtheorie zurückverfolgen kann, und wenn Sie mal mit Ihrem Wissen prahlen wollen, könnten Sie an dieser Stelle noch die antiken griechischen Philosophen Demokrit und Leukipp erwähnen, die zu den Ersten gehörten, für die die Materie aus unteilbaren, harten, teilchenartigen Dingen bestand. Wie dem auch sei, das moderne Konzept eines Teilchens hat kaum mehr etwas mit dem zu tun, was Dalton oder die alten Atomisten darunter verstanden. Das Wort »Teilchen« wurde zu einer Art Eisberg; seine Alltagsbedeutung ist dabei der sichtbare Teil über Wasser, wohingegen unter der Oberfläche eine riesige Menge an Eigenschaften, Konzepten und halb verstandenen Phänomenen lauern, die sich in Jahrzehnten des Experimentierens und Theoretisierens angehäuft haben. Sogar Teilchenphysiker sind sich meistens nur schemenhaft der vollen Bedeutung des Wortes »Teilchen« bewusst. Ich zum Beispiel denke tatsächlich an kleine Murmeln, wenn ich meine Alltagsaufgaben erledige. Dieses geistige Bild vor Augen zu haben hilft einen Großteil der Zeit. Aber es ist falsch.

Diesem vereinfachenden Bild fehlen die wahre Komplexität, Schönheit und völlige Verrücktheit dessen, was uns die moderne Elementarteilchenphysik über die ultimativen Bausteine der Welt erzählt. Dieses tiefergehende Bild lässt sich nur erkennen, wenn wir uns wirklich anstrengen beim Nachdenken über Teilchen. Dabei werden wir entdecken, dass sie ganz und gar nicht die grundlegenden Bau-

---

* Noch ein missbrauchtes Wort. »Mikro« bezieht sich auf den millionsten Teil eines Längenmeters; ein Proton hat jedoch den Durchmesser von 10^{-15} Metern, weshalb der korrekte Begriff hier »femtoskopisch« wäre.

steine der Natur sind. Sondern es taucht ein neues Set an Objekten auf, die noch viel seltsamer und weniger fassbar sind als alles, was wir tagein, tagaus so erleben. Diese Objekte sind bis heute nur teilweise verstanden, sogar von den klügsten Gehirnen der Welt, doch scheinen sie die wahren Zutaten unseres Universums zu sein.

SCHÖPFUNG UND ZERSTÖRUNG

Vor einigen Jahren wirkte ich an einer kleinen Ausstellung des Science Museum in London mit und gestaltete dafür ein paar der großen Vitrinen in einer Ecke der belebten *Exploring-Space*-Gallerie. Wilde Kindergruppen, die wie Schwärme erregter, in Warnwesten gepackter Gänse aussahen, tobten durch die Ausstellung und an den dort untergebrachten verschiedenen Physik-Alltagsgegenständen vorbei. Darunter befand sich ein lose gebundener Stapel Papier – das Original von Paul Diracs Dissertation. Der Titel, handschriftlich in charmant ungleichmäßigen Großbuchstaben vermerkt, lautet schlicht »Quantum Mechanics« (»Quantenmechanik«). Das ist mal ein schlagkräftiger Titel für eine Promotion.*

Paul Dirac war einer der genialsten theoretischen Physiker des 20. Jahrhunderts, an Bedeutung wohl nur noch von Albert Einstein übertroffen. Um Ihnen ein Gefühl für seine erstaunlichen Fähigkeiten zu vermitteln: Nur drei Monate, nachdem er einen Aufsatz des deutschen Theoretikers Werner Heisenberg gelesen hatte, in dem dieser die Grundlagen der Quantenmechanik legte, stellte Dirac eine brandneue Version dieser Theorie vor, mit der er Heisenbergs Ideen in einer eleganteren mathematischen Sprache umdeutete und erweiterte. Und das im Alter von erst 23. Es sind Menschen wie er, die einem immer wieder klarmachen, wie wenig man selbst doch erreicht hat.

---

* Nur mal so zum Vergleich – meine trug den Titel »A measurement of the Bs0 to K+K-lifetime at the LHCb Experiment«. Nun raten Sie mal, welche Arbeit mehr Einfluss hatte.

Dirac war zudem eine der skurrilsten Figuren der Physik, und wenn Sie schon einige Physiker getroffen haben, wissen Sie, dass es in meinem Fachgebiet eine große Konkurrenz um diesen Titel gibt. Im Umgang mit anderen war er linkisch, er nahm die Dinge zu wörtlich und war dermaßen ungesprächig, dass seine Kollegen die Maßeinheit »ein Dirac« als ein gesprochenes Wort pro Stunde definierten. Als wäre er ein Besucher von einem anderen Stern, so schwer fiel es ihm, viele alltägliche Dinge zu verstehen, mit denen wir Menschen uns zum Zeitvertreib beschäftigen. Insbesondere Lyrik – die er zusammenfasste als Darstellung des offensichtlich Unverständlichen – und, noch schlimmer, tanzen. Zu den vielen Dirac-Anekdoten, die sich seine Kollegen erzählten, gehört auch die Geschichte, nach der er Heisenberg auf einer gemeinsamen wissenschaftlichen Reise in Japan fragte, warum er so gerne tanze. Nachdem Heisenberg geantwortet hatte, dass es ein Vergnügen sei, mit diesen netten Mädchen zu tanzen, grübelte Dirac mehrere Minuten lang schweigend nach und antwortete dann: »Heisenberg, wie können Sie *vorher* wissen, dass diese Mädchen nett sind?«[58]

Trotz seiner Schwierigkeiten, das normale menschliche Verhalten in seinem Kopf ordnen zu können, war Paul Dirac doch konkurrenzlos, was das Verständnis der kleinsten Zutaten der Natur anging. Schon während seiner ersten Jahre als Wissenschaftler schuf er die Voraussetzungen für all das, worauf die moderne Teilchenphysik heute aufgebaut ist. Sein erster Schritt war dabei, sinnvoll zu erklären, was passiert, wenn ein Photon geboren wird.

Photonen entstehen und vergehen ununterbrochen. Jedes Mal, wenn Sie einen Lichtschalter bedienen oder gelangweilt auf Ihr Smartphone tippen, erschaffen Sie Milliarden und Abermilliarden von Photonen, die dann fast augenblicklich wieder zerstört werden, sobald sie in Ihr Auge fallen, gegen die Wände Ihres Zimmers stoßen oder auf irgendetwas anderes prallen, das ihnen in die Quere kommt. Sobald ein Elektron von seiner »Umlaufbahn« um ein Atom aus einem höheren Energielevel in ein niedrigeres zurückfällt, entsteht dabei ein Photon, das dann den Energieunterschied zwischen diesen beiden Ebenen mit sich führt. Die Frage ist: Was genau passiert, wenn ein Photon entsteht?

Um diese Frage zu beantworten, müssen wir zurückgehen zum Verständnis von Licht in der Vorquanten-Zeit, einem Verständnis, das auf dem Konzept des elektromagnetischen Felds aus dem 19. Jahrhundert basiert. Ein Großteil der Vorstellungen über Felder verdanken wir dem englischen Wissenschaftler Michael Faraday, der in jahrelanger, praxisnaher Forschung elektromagnetische Phänomene untersuchte und dazu mit Magneten, Drahtspulen und Dynamos in seinem Kellerlabor der Royal Institution in London experimentierte. Im Laufe der Zeit kam er zu der Überzeugung, dass die elektrischen und magnetischen Kräfte, mit denen er herumspielte, durch unsichtbare und doch unzweifelhaft physikalische Entitäten miteinander kommunizierten – über elektrische und magnetische Felder.

Formal betrachtet ist ein Feld ein ziemlich abstraktes Konzept: ein mathematisches Objekt, das an jedem Punkt im Raum einen Zahlenwert besitzt. Nun sind Felder aber weit mehr als nur mathematische Abstraktionen. Wenn Sie schon einmal zwei Stabmagneten in den Händen gehalten und versucht haben, die Pluspole aufeinander zuzubewegen, werden Sie eine starke Kraft gespürt haben, die sich dagegen sträubt. Wenn Sie nun die Magnete ein wenig hin und her drehen, ändern sich Stärke und Richtung der Kraft, als würden Sie die Kanten von irgendeinem unsichtbaren, abstoßenden Gegenstand fühlen. Sie können so angestrengt auf die Lücke zwischen den beiden Magneten starren, wie Sie möchten, Sie werden nichts als leeren Raum sehen, und doch spüren Sie, dass da etwas ist. Was Sie hier spüren, ist ein magnetisches Feld, und sobald Sie das einmal erfahren haben, werden Sie nicht mehr leugnen können, dass es wirklich existiert.

Faraday fand heraus, dass er Magnetfelder sichtbar machen konnte. Verteilte er Eisenfeilspäne auf einem Blatt gewachstem Papier und legte dieses auf einen Magneten, konnte er wunderschöne Bilder erzeugen, auf denen die ansonsten unsichtbare Kraft des Feldes nun doch zu sehen war. Noch heute können Sie Faradays verblüffende Feldkarten sehen, wenn Sie in London zur Royal Institution in der Albemarle Street gehen und höflich darum bitten. Als Sohn eines Schmieds hatte Faraday keine eingehende formale mathematische

Ausbildung erhalten, weshalb er eigene eindrückliche visuelle Darstellungen seiner elektrischen und magnetischen Felder entwickelte, die auf Kraftlinien basierten: Er zeichnete sie als aus dem Pluspol eines Magneten herausströmende und in den Minuspol zurücklaufende Linien beziehungsweise als von einer positiven elektrischen Ladung zu einer negativen verlaufende. Vermutlich mussten Sie in der Schule ganz ähnliche Schaubilder zeichnen; ich jedenfalls musste es. Faraday hielt diese Linien für reale physikalische Objekte, die sich bewegten oder gar vibrierten, wenn sich Magnete oder elektrische Ladungen bewegten. Das wäre vergleichbar mit einer Welle, die Sie erzeugen können, wenn Sie das Ende eines Seils plötzlich zur Seite schnalzen.

Der schottische Physiker James Clerk Maxwell war es dann, der Faradays intuitives Verständnis des elektromagnetischen Phänomens in die Sprache der Mathematik übersetzte. Dabei entwickelte er eine Gleichung, die eine Welle aus miteinander verflochtenen elektrischen und magnetischen Feldern beschreibt, die zusammen durch den Raum tanzen. Verblüffend stellte er bei der Berechnung der Geschwindigkeit dieser Welle fest, dass sie genau der Lichtgeschwindigkeit entsprach. Maxwells Theorie schien zu zeigen, dass Licht eine Welle in einem vereinten elektromagnetischen Feld war.

Als nun der junge Paul Dirac in den späten 1920er-Jahren begann, als Wissenschaftler zu arbeiten, hatte Maxwells elektromagnetische Theorie des Lichts eine beeindruckende Erfolgsgeschichte hingelegt, nicht zuletzt als Grundlage für die Funktechnik und die Radioübertragung. Allerdings war Maxwells und Faradays elektromagnetisches Feld ein fortlaufendes Objekt, und es war schwer zu verstehen, wie es mit der Quantentheorie versöhnt werden konnte, die Licht als Strom einzelner Photonen beschrieb. Die Herausforderung bestand darin, die beiden Beschreibungen von Licht so zusammenzubringen, dass sie sich miteinander vertrugen.

Der Durchbruch gelang Dirac im Herbst 1926 während eines sechsmonatigen Aufenthalts an Niels Bohrs Institut für theoretische Physik in Kopenhagen, den er gleich nach seiner gefeierten Dissertation angetreten hatte. Während Bohr eine offene, entspannte Atmosphäre pflegte, in der lebhafte Diskussionen erwünscht waren, bevorzugte es Dirac, allein zu arbeiten. Er zog sich tagsüber in die Bibliothek zurück und unternahm nach Sonnenuntergang lange einsame Spaziergänge durch die Stadt. Und wenn er doch einmal an einer Diskussionsrunde teilnahm, saß er schweigend daneben, hörte zu und antwortete, wenn man ihn ansprach, einsilbig mit Ja oder Nein. Seine Kollegen, genau wie Bohr selbst, wussten nicht so recht, was sie mit dem seltsamen Engländer anfangen sollten.

Wahrscheinlich war es an einem dieser einsamen Tage in der Institutsbibliothek, als Dirac sich daranmachte, das dornige Thema der Bildung von Photonen zu beackern. Als Physiker, der sich im Zentrum der Quantenrevolution befindet, würde man vielleicht erwarten, dass Dirac Lichtquanten als Ausgangspunkt für seine Untersuchungen heranzog und versuchte, das elektromagnetische Feld aus einer Vielzahl winziger Photonen zu bilden, etwa so, wie ein Ozean aus einer großen Anzahl einzelner Wassermoleküle besteht. Doch Dirac tat etwas anderes, er nahm das elektromagnetische Feld als Grundlage. Photonen entstanden aus dem elektromagnetischen Feld, nicht umgekehrt. Ein Photon, so Dirac, war nichts anderes als eine einzelne vorbeigehende kleine Kräuselung im allgegenwärtigen elektromagnetischen Feld.

Dirac hatte gerade eine brandneue physikalische Entität erfunden, ein »Quantenfeld« – eine seltsame Vereinigung von Faradays elektromagnetischem Feld und Einsteins Photonen. In vielerlei Hinsicht ähnelt die quantenfeldtheoretische Beschreibung des elektromagnetischen Felds der klassischen Auffassung, Faradays gewöhnlicher Nicht-Quanten-Version. In beiden Fällen war das Feld unsichtbar und füllte doch den gesamten Raum aus, konnte elektrische und magnetische Kräfte übermitteln und, wenn man es auf die richtige Art und Weise hin- und herschlenkert, Wellen aufnehmen, die es in Form von Licht durchreisen. Allerdings gibt es einen entscheidenden Unterschied zwischen dem Quantenfeld und dem alten, klassischen Feld. Während man im klassischen elektromagnetischen Feld eine Welle in jeder beliebigen Größe erschaffen kann, gibt es in der Quantenfeldtheorie einen grundsätzlichen minimalen Betrag der Welligkeit, den man haben kann. Das ist das, was wir ein »Photon« nennen.

Um das ein bisschen besser zu verstehen, stellen wir uns zwei Freunde vor, nennen wir sie Alice und Bob*, die ein paar Meter auseinanderstehen und beide je ein Ende eines straff gespannten langen Gummiseils festhalten. Bei dieser Analogie steht das eindimensionale Springseil für das (zugegeben) dreidimensionale elektromagnetische Feld, aber wir wollen die Dinge hier ja nicht verkomplizieren. Nun stellen wir uns vor, dass Alice ihr Ende des Seils auf und ab bewegt, und zwar, sagen wir, in einer Geschwindigkeit von drei Schlenkern pro Sekunde; Bob hält sein Ende still. Nachdem Alice mit den Handbewegungen angefangen hat, kräuseln sich Wellen entlang des Seils, bis sie Bob am anderen Ende erreicht haben. Und da dies nun ein gewöhnliches, klassisches Springseil ist, kann Alice sich aussuchen, wie weit sie ihre Hand auf und ab bewegen will; so kann sie kleine Wellen mit fünf Zentimetern Höhe erzeugen oder ihre Hand wild umherwerfen und Wellen entstehen lassen, die so groß sind wie sie selbst – oder irgendeine beliebige Größe dazwischen. So ähnlich funktioniert es mit Lichtwellen, die in einem klassischen elektromagnetischen Feld entstehen; Sie müssen dazu nur Alices Hand gegen ein geladenes Teilchen wie ein Elektron austauschen.

Okay. Nun geben wir Alice und Bob aber ein Quanten-Springseil in die Hand (nur um es völlig klarzustellen: So etwas gibt es nicht, nur hier in unserem Gedankenexperiment). Da das Seil nun den Gesetzen der Quantenfeldtheorie gehorcht, stellt Alice etwas Seltsames fest. Sie kann nicht mehr Wellen in jeder beliebigen Größe entstehen lassen. Wenn sie ihre Hand auf und ab bewegt, wieder mit der Frequenz von drei Schlenkern pro Sekunde und mit fünf Zentimetern Höhe, bleibt das Quanten-Gummiseil unbewegt. Sie kann sich so viel Mühe geben, wie sie will, sie kann keine Welle mit fünf Zentimetern Höhe erzeugen, auch keine mit sechs oder sieben Zentimetern,

---

* Die beiden sind die Stars in vielen physikalischen Analogien und tauchten zum ersten Mal 1978 in einem Aufsatz von Ron Rivest, Adi Shamir und Leonard Adleman über Kryptografie auf.

auch nicht mit acht Zentimetern. Doch wenn sie ihre Hand genau zehn Zentimeter auf und ab bewegt, setzt sich plötzlich eine Welle entlang des Seils in Gang und reißt womöglich Bob aus seinen Tagträumen. Es scheint eine grundsätzliche minimale Amplitude zu geben, die eine Welle auf diesem Springseil haben muss. Im elektromagnetischen Feld würden wir diese kleinste mögliche Welle ein Photon nennen, weshalb ich vermute, wir können in dieser Analogie das Quantum des Gummiseils ein »Gummion« nennen.

Das Gleiche gilt für die quantenfeldtheoretische Beschreibung des elektromagnetischen Felds. Für eine gegebene Lichtfrequenz kann man dem elektromagnetischen Feld nur Energie in einzelnen kleinen Portionen zuführen. Das Feld kann kein Photon, ein Photon, zwei Photonen oder eine Quadrillion Photonen enthalten, die durch es hindurchkräuseln, aber nur ein Teil eines Photons kann es nicht sein. Sie müssen in ganzen Zahlen daherkommen – oder, um es wissenschaftlicher zu sagen, das elektromagnetische Feld ist »quantisiert«.

Dirac beschrieb den Prozess der Erschaffung und Auslöschung von Photonen in eher abstrakten Begriffen und erfand dazu mathematische Objekte mit Namen wie »Erzeugungsoperator« und »Vernichtungsoperator«. Wie die Namen schon verraten, injiziert der Erzeugungsoperator ein Photon in das elektromagnetische Feld, wohingegen der Vernichtungsoperator es herausnimmt. Indem er diese mathematische Sprache verwendete, war Dirac in der Lage zu berechnen, wie wahrscheinlich ein Atom ein Photon unter bestimmten Voraussetzungen absorbiert oder freisetzt. Und seine Antwort passte perfekt zu einer zehn Jahre zuvor eher ad hoc durchgeführten Berechnung Einsteins.

Diracs Quantenfeldtheorie wurde zu einem großen Erfolg; er war nicht nur einen Schritt weitergekommen als Einstein, er hatte seiner Ansicht nach auch ein für alle Mal das Händeringen über die Welle-Teilchen-Dualität beendet.[*] Man musste Photonen nicht länger manchmal als Wellen und manchmal als Teilchen auffassen; vielmehr

---

[*] Hatte er nicht. Es gibt heute eine große Gemeinschaft von Forschern, die ihre Zeit damit verbringen, genau darüber nachzudenken.

ließen sie sich als Vibrationen eines einzelnen vereinheitlichten Objekts verstehen, die quantenfeldtheoretische Beschreibung des elektromagnetischen Felds.

Nun war Diracs Theorie aber nur die Hälfte der Geschichte. Gut, man kann sich Photonen als kleine Wellen in einem elektromagnetischen Feld vorstellen, aber was ist mit den Materieteilchen? Elektronen und Protonen scheinen eher ein anderes Kaliber zu sein. Auch wenn sie die gleiche Welle-Teilchen-Dualität wie Photonen zeigen, war es doch, soweit man bis dahin sagen konnte, unmöglich, sie zu erzeugen oder zu vernichten. Im Gegensatz zu Photonen, die mir nichts, dir nichts einfach so auftauchen und wieder verschwinden, schienen Elektronen und Protonen unsterblich zu sein.

Um die Geburt und den Tod von Materieteilchen zu verstehen, müssen wir auf die andere große, revolutionäre Theorie vom Anfang des 20. Jahrhunderts zurückgreifen, die Spezielle Relativitätstheorie. Genau wie die Quantenmechanik die Gesetze, die Atome und Teilchen beherrschen, auf den Kopf stellte, definierte die Spezielle Relativität das, was wir unter Raum und Zeit verstehen, völlig neu und präsentierte uns einige Ergebnisse, die auf entzückende Weise allen Erwartungen widersprechen. In ihrem Zentrum steht das von Einstein vorgeschlagene Prinzip, dass die Gesetze der Physik – und, ganz wichtig, auch die Lichtgeschwindigkeit – immer gleich sind, ganz egal, wie schnell man sich bewegt. Es stellte sich heraus, dass, wenn dies stimmen sollte, die universelle Definition von Raum und Zeit, der jeder zustimmen kann, nicht zu halten war. Aus Gründen, die hier jetzt ein wenig zu dornig sind, um sie alle auszuführen, werden Raum und Zeit stattdessen *relativ*. Die Abstände, die wir zwischen Objekten messen, oder die Anzahl der Ticks eines Sekundenzeigers zwischen zwei Ereignissen hängen also davon ab, wie schnell wir uns relativ zueinander bewegen.

Die Mitte der 1920er-Jahre kursierenden Versionen der Quantenmechanik passten nicht zur Speziellen Relativitätstheorie. Mit anderen Worten: Zwei Beobachter, die sich in unterschiedlichen Geschwindigkeiten bewegten, könnten sich nicht darüber einigen, wie die Gesetze der Quantenmechanik lauteten. Es war klar: Dies bedeutete, dass die Quantenmechanik im besten Fall noch unvollständig war, doch sie mit der Speziellen Relativitätstheorie zu vereinen, erwies sich als schwierige Aufgabe.

Im Sommer 1926 glaubten gleich sechs Physiker, sie hätten eine Gleichung gefunden, die diese Aufgabe löste. Sie wurde als Klein-Gordon-Gleichung bekannt (nach zwei ihrer Entdecker, Oskar Klein und Walter Gordon) und schien das Quantenverhalten eines Elektrons zu beschreiben, das mit beinahe Lichtgeschwindigkeit auf eine Art unterwegs ist, die mit den Bedingungen der Speziellen Relativitätstheorie vereinbar ist. Dies betraf insbesondere die berühmteste Konsequenz der Speziellen Relativitätstheorie – die Äquivalenz von Masse und Energie, wie sie in der Gleichung $E=mc^2$ gefasst ist –, da die Gleichung die Masse-Energie des Elektrons als Term enthält.

Zumindest Niels Bohr hielt damit das Problem, zu einer relativistischen Gleichung für das Elektron zu gelangen, für erledigt. Dirac war da ein wenig skeptischer. Denn die Wellenfunktionen der Klein-Gordon-Gleichung konnte nicht ohne Weiteres als Wahrscheinlichkeit des Findens eines Teilchens an einem bestimmten Ort interpretiert werden, wie es bei der gewöhnlichen Quantenmechanik der Fall war. Dirac war sich sicher, er könne das besser machen.

Nachdem er ein paar Monate in der hübschen, mittelalterlich geprägten Universitätsstadt Göttingen verbracht und dort mit dem Quanten-Powertrio Max Born, Werner Heisenberg und Pascual Jordan diskutiert hatte, kehrte Dirac im Herbst 1927 nach Cambridge zurück und ging diese Frage mit stiller Entschlossenheit an. Nun war er kein kleiner Doktorand mehr, sondern Fellow am renommierten St. John's College, weshalb Dirac auf dem pittoresken Gelände des Colleges am Ufer des Cam nun über sein eigenes komfortables, wenn auch spartanisch eingerichtetes Zimmer verfügte. Wie üblich arbeitete er allein, brachte vom frühen Morgen bis nach Sonnenuntergang an seinem Schreibtisch algebraische Formeln aufs Papier und machte nur sonntags Pause. Dann brach er zu langen Spaziergängen in der ländlichen Gegend Cambridgeshires auf, wobei er hin und wieder auf einen Baum kletterte, immer in einen dreiteiligen Anzug gekleidet.

Paul Dirac wusste, dass es ihm vermutlich nicht gelingen würde, die relativistische Gleichung für das Elektron von einem tiefgehenden universellen Prinzip abzuleiten, so wie Einstein es für die Relativität gemacht hatte. Vielmehr würde er, wie es in der Physik so oft der Fall ist, eine Reihe von gut begründeten Vermutungen anstellen müssen. Allerdings wusste er von einigen Merkmalen, die die Gleichung besitzen musste und die er als Leitplanken nutzen konnte. Zum einen musste sie mit der Speziellen Relativitätstheorie übereinstimmen, was hieß, sie musste – unabhängig davon, wie schnell sich ein Beobachter bewegte – stets gleich aussehen, und sie musste die Masse-Energie des Elektrons umfassen. Zum anderen musste die Gleichung bei Geschwindigkeiten weit unter der Lichtgeschwindigkeit wie gewöhnliche Quantenmechanik aussehen. Und schließlich war er überzeugt, dass die Gleichung – um sicherzustellen, dass die Wellenfunktion des Elektrons unmittelbar als Wahrscheinlichkeit interpretiert werden konnte – bezüglich Raum und Zeit »erster Ordnung« sein musste – mit anderen Worten, sie musste Raum und Zeit genau so, wie sie waren, enthalten und nicht im Quadrat (zweite Ordnung), wie sie in der Klein-Gordon-Gleichung auftauchten.

Nach Monaten des Vermutens, Testens und Verwerfens möglicher Kandidaten hatte Dirac schließlich eine vielversprechend aussehende Gleichung gefunden. Sie stimmte nicht nur sowohl mit der Relativität als auch mit der Quantenmechanik überein, sie erklärte zudem ganz natürlich auch noch eine bis dahin rätselhafte Eigenschaft des Elektrons, nämlich dass es sich so verhielt, als würde es einen Spin besitzen und sich um sich selbst drehen.* Löste er diese Gleichung, erhielt Dirac zwei mögliche Ergebnisse: Eines beschrieb das Elektron mit seinem Spin nach oben, das andere mit einem Spin nach unten. Der Spin des Elektrons tauchte fast wie von Geisterhand aus Diracs

---

* Alle Materieteilchen, darunter das Elektron, haben insgesamt den Spin ½, der entweder nach »oben« gerichtet (Spin +½) oder nach »unten« gerichtet sein kann (Spin −½).

Was ist denn jetzt wirklich ein Teilchen? 241

Vereinigung von Quantenmechanik und Spezieller Relativitätstheorie auf. Wäre der Spin des Elektrons nicht bereits in Experimenten beobachtet worden, so hätte Diracs Gleichung ihn vorhergesagt. Dirac war mehr als nur erfreut. Er hatte nicht nur eine der größten Heldentaten in der Geschichte der theoretischen Physik begangen, er hatte auch eine Gleichung von fast unvergleichlicher Schönheit geschaffen. Nun ist das Konzept der mathematischen Schönheit etwas schwer zu definieren, obgleich viele Mathematiker sie augenblicklich erkennen, sobald sie sie sehen – ein bisschen so, wie wenn man Schönheit in den glatten, sauberen Linien eines Segelschiffs erkennt. Diracs Gleichung besitzt eine bestechende Einfachheit, löst gleichzeitig mehrere hartnäckige Probleme, wozu sie aber nur das absolute Minimum an äußerem Schnickschnack verwendet, wie eine rasiermesserscharfe Klinge, die durch ein dichtes Gewirr von Gestrüpp schneidet. Die Gleichung hat etwas, das einige Theoretiker als das Gefühl der Zwangsläufigkeit beschreiben würden; das Gefühl, dass sie derart einfach, derart elegant und zugleich so stark ist, dass sie gar nicht anders kann, als genau so lauten. Ich begehe nun den Kardinalfehler aller Autoren im populären Sachbuch, indem ich Ihnen die Gleichung zeige, von der ich hier fasele:

$$(i\gamma^\mu \partial_\mu - m)\psi = 0$$

Ist das nicht wunderschön? Selbst wenn der Anblick von Algebra Sie ein wenig schwindlig werden lässt, so hoffe ich doch, dass ich Sie damit beeindrucken kann, wie schlank und schlagkräftig diese Gleichung ist.* Sie besteht nur aus drei Teilen – der erste Term, $i\gamma^\mu \partial_\mu$, beschreibt, wie sich das Elektron durch Raum und Zeit verändert, wobei zweitens das m seine Masse und drittens das ψ die Wellenfunktion des Elektrons bezeichnen (jenes mathematische Objekt, das Ihnen die Wahrscheinlichkeit angibt, mit der man das Elektron in

---

* Um ehrlich zu sein: Diese Version der Gleichung nutzt eine noch kompaktere Notation als die doch noch etwas mehr einschüchternde Version, die Dirac zuerst festhielt. Dabei sind die Physik und die Struktur der beiden Gleichungen identisch.

einem bestimmten Zustand oder an einem bestimmten Ort antrifft) –, und trotz dieser Einfachheit beschreibt sie jedes Elektron, das jemals war und jemals sein wird.

Dirac behielt diese monumentale Entdeckung für mehr als einen Monat für sich und musste in dieser Zeit immer wieder heftige Panikattacken aushalten, wenn ihn die Angst überkam, seine wunderschöne Gleichung könnte sich in Luft auflösen, sobald man sie zur Konfrontation mit der experimentellen Realität zwang. Aus Furcht vor dem Ergebnis schob er die Überprüfung, ob die Gleichung die Energielevel eines Wasserstoffatoms korrekt voraussagen konnte, vor sich her, obwohl er wusste, dass sie diesen Test würde bestehen müssen. Als er sich dann doch überwand und an die Berechnungen machte, erkannte er, dass nicht nur die richtige Antwort herauskam, sondern dass seine Gleichung noch genauer zu den experimentellen Daten passte als die herkömmliche Quantenmechanik.

Als Dirac sein Ergebnis Anfang 1928 dann in der freien Wildbahn aussetze, steckte er damit die Welt der Physik in Brand. Seine Rivalen in den europäischen Kraftzentren der theoretischen Physik reagierten mit einer Mischung aus Verblüffung und Bestürzung. Pascual Jordan, der an demselben Problem gearbeitet hatte, zeigte sich völlig demoralisiert, wohingegen Heisenberg von einem englischen Physiker sprach, der so clever sei, dass es keinen Sinn mache, mit ihm konkurrieren zu wollen.

Allerdings nagte in Diracs Hinterkopf eine bohrende Angst; er vermutete, dass mit seiner Gleichung etwas ganz grundsätzlich nicht stimmen könne. Ihm war nämlich aufgefallen, dass sie nicht zwei, sondern vier mögliche Lösungen hatte. Die ersten beiden waren okay und sauber, denn sie beschrieben die schon bekannten Up-Spin- und Down-Spin-Zustände des Elektrons. Die anderen zwei hingegen schienen etwas zutiefst Verstörendes zu beschreiben – Elektronen mit *negativer Energie* (nicht zu verwechseln mit negativer Ladung).

Die Vorstellung eines Elektrons mit negativer Energie ist in etwa so sinnvoll wie die eines Teichs mit einer negativen Anzahl von Enten darauf. Im ersten Moment war Paul Dirac versucht, diese Lösungen unter den Teppich zu kehren, doch bald darauf erkannte er, dass sie nicht einfach so ignoriert werden konnten. Wenn diese Zustände negativer Energie existierten, dann müssten gewöhnliche Elektronen mit positiver Energie in der Lage sein, in sie hineinzustürzen, wie eine Billardkugel in die Taschen an den Ecken eines Billardtischs. Das Problem: Noch nie hatte jemand beobachtet, dass ein Elektron in einen Zustand negativer Energie gefallen war. Entschlossen, seine wunderbare Gleichung zu retten, schlug Dirac eine eher dreiste Lösung vor: Der Grund, weshalb wir noch nie Elektronen beim Umschlagen in den negativen Energiezustand beobachtet haben, ist der, dass die negativen Energiezustände schon voll sind. Ein Elektron, das von einem positiven in einen negativen Energiezustand stürzen will, stößt auf ein bereis existierendes Elektron, das ihm den Weg versperrt – wie die Billardkugel, die nicht in die Tasche fallen kann, weil dort schon eine Menge versenkter Kugeln angehäuft ist.

Im Prinzip bedeutet das, dass unser gesamtes Universum mit einem unendlichen See von Elektronen mit negativer Energie angefüllt sein müsste. Was zur naheliegenden Frage führt: Warum nehmen wir sie nicht wahr? Es müsste doch ziemlich auffällig sein, wenn wir unser ganzes Leben damit verbringen, durch eine unendliche Anzahl von Elektronen zu waten? Nicht unbedingt, befand Dirac. Solange diese Elektronen mit negativer Energie perfekt gleichmäßig im Raum verteilt sind, würden sie im Hintergrund verschwinden.

Diese Lösung mit dem Elektronen-See erlöste Dirac aber nicht aus seiner Not. Was zum Beispiel, wenn ein Photon auf eines dieser Elektronen mit negativer Energie prallt und es in den Zustand positiver Energie befördert? Plötzlich würden wir sehen, wie ein Elektron aus dem Nichts erscheint, so als würde es von unter der Wasseroberfläche auftauchen. Und in der Zwischenzeit bliebe ein Loch in Form eines Elektrons im See zurück, wodurch dessen perfekte Einförmigkeit beendet wäre. Wäre der See nicht mehr perfekt gleichförmig, könnten wir ihn sehen. Doch anstatt diesen Vorgang wie ein Loch im unendlichen See negativ geladener Elektronen mit negativer Energie anzusehen, erkannte Dirac, dass sich das Loch wie ein Elektron mit positiver Energie verhalten würde – aber eines mit *positiver* Ladung.

Hier liegt allerdings der Hund begraben; in keinem der bis dahin durchgeführten Experimente war so etwas wie ein positiv geladenes Elektron aufgetaucht. Jedes Elektron, das man bislang beobachtet hatte, war negativ geladen gewesen. Anfangs bemühte sich Dirac, zu beweisen, dass diese positiv geladenen Löcher womöglich Protonen sind, doch man müsste ja erwarten, dass das Loch dieselbe Masse hat wie ein Elektron, und ein Proton wiegt fast 2000-mal so viel. Aber noch schlimmer: Sollten die Löcher in dem See mit negativer Energie tatsächlich Protonen sein, müssten Elektronen in der Lage sein, in sie hineinzufallen, wodurch sowohl Elektron als auch Proton ausgelöscht würden – und das würde dann zur sofortigen Zerstörung jedes Atoms im Universum führen.

Trotz dieser Schwierigkeiten und des Trübsinns vieler Kollegen hielt Dirac unerschütterlich an der Schönheit und Korrektheit seiner Gleichung fest. Nachdem bis 1931 alle Versuche fehlgeschlagen waren, die Zustände negativer Energie irgendwie loszuwerden, war Dirac so weit, seine mutigste Behauptung aufzustellen: Da draußen müssen irgendwo auch positiv geladene Elektronen existieren.

Was dann geschah, sorgt bei mir noch heute für eine Gänsehaut. Ein Jahr später und Tausende Kilometer entfernt, tauchte in Kalifornien ein positiv geladenes Elektron auf einem Foto aus einer Nebelkammer auf. Aufgenommen hatte es der junge Experimentalphysiker Carl Anderson, der die auf uns herabstürzende kosmische Strahlung untersuchte. Kurz nach der Veröffentlichung von Andersons Entdeckung beobachteten die am Cavendish forschenden Physiker Patrick Blackett und Giuseppe Occhialini noch mehr positive Elektronen, die, dieses Mal begleitet von gewöhnlichen negativ geladenen Elektronen, aus dem Nichts auftauchten, als Weltraumstrahlung in ihrer Nebelkammer auf ein Atom prallte. Dirac, der das damals noch immer vom aufbrausenden Ernest Rutherford beherrschte Cavendish Laboratory häufig besuchte, beugte sich wenig später zusammen mit Blackett über dessen Fotografien, stellte Berechnungen an und verglich die Resultate mit seiner Gleichung. Es dauerte nicht lange, dann war klar: Diese positiven Elektronen waren genau die Teilchen, deren Existenz Dirac vorhergesagt hatte.

Dirac hatte beinahe so etwas wie ein Wunder vollbracht. Nur mithilfe seiner Gedankenkraft hatte er die Existenz einer Materieform heraufbeschworen, die noch nie zuvor in der Natur erblickt worden war. Indem er Quantenmechanik und Spezielle Relativitätstheorie zusammenfasste und seinem Gespür folgte, öffnete er ein Fenster in die Welt der Antimaterie, ein Spiegelbild des gewöhnlichen Zeugs, aus dem das sichtbare Universum besteht. Nun wissen wir, dass jedes Materieteilchen seine Antiversion besitzt, mit genau denselben Eigenschaften, aber der entgegengesetzten Ladung. Diracs positives Elektron kennen wir heute als Positron oder Antielektron. Daneben hat auch das Proton seine negativ geladene Version, das Antiproton, und es gibt zudem Antineutrinos, Antimyonen, Antiquarks und Antineutrinos. Die Tatsache, dass Dirac nur durch wirklich angestrengtes Nachdenken etwas so Fantastisches vorhersagen konnte, gehört ohne Zweifel zu den unglaublichsten Heldentaten der Wissenschaftsgeschichte.

Außerdem zerstörte die Entdeckung von Antimaterie die Vorstellung, Materie sei ewig. Seitdem ist klar: Materieteilchen können erschaffen werden, wenn man ein Teilchen mit genug Energie auf ein anderes schießt, sodass ein neues Teilchen-Antiteilchen-Paar entsteht. Aber auch der umgekehrte Vorgang ist möglich – hat ein Teilchen das Pech, auf sein Antiteilchen zu treffen, löschen sie einander aus und verschwinden mit einem Strahlungsblitz im Nichts.

Das führt natürlich zu der Frage: Wenn Materie und Antimaterie immer zusammen erzeugt und vernichtet werden, wie kommt es dann, dass das Universum nur aus gewöhnlicher Materie besteht? Weiter unten soll deutlich werden, dass uns dieses Rätsel noch einmal ziemlich auf die Nerven gehen wird.

Ein Teil von Diracs Arbeit hat sich jedoch nicht bewährt: die Vorstellung, dass Antiteilchen Löcher im See der negativen Energie sind. Innerhalb weniger Jahre fanden Physiker einen Weg, um den Dirac-See völlig trockenzulegen, indem sie Elektronen und Positronen auf genau die Art beschrieben wie Photonen – als Vibrationen in Quantenfeldern. Die Grenzen zwischen Feldern und Teilchen, Licht und Materie waren schlussendlich aufgehoben.

Heute stellen sich Physiker alle Teilchen auf diese Weise vor. Für jedes Teilchen, dem wir auf unserer Reise bis hierher begegnet sind, gibt es ein entsprechendes Quantenfeld. Photonen sind kleine Kräuselungen im elektromagnetischen Feld, Elektronen und Positronen ganz ähnliche Kräuselungen in etwas, das wir »Elektronenfeld« nennen. Up-Quarks sind kleine Kräuselungen im Up-Quark-Feld und so weiter und so fort. Stoßen im LHC zwei Protonen aufeinander, bringen sie das Quantenfeld der Natur zum Läuten wie Kirchenglocken, das heißt, sie senden eine Kaskade von Kräuselungen nach außen durch unsere Detektoren, wobei jede eine andere musikalische Note in der quantenmechanischen Sinfonie ist.

Wir interpretieren diese Kräuselungen als Teilchen, doch was wir wirklich zu sehen glauben, sind vorübergehende Schwankungen in den Quantenfeldern.

Sie könnten nun sogar hingehen und erklären, so etwas wie ein Teilchen gibt es gar nicht. Soweit wir wissen, sind die wahren Bausteine des Universums Quantenfelder: unsichtbare Substanzen, einer Flüssigkeit nicht unähnlich, die wir weder sehen noch schmecken, noch fühlen können und die doch überall um uns herum existieren, sich von tief innen im kleinsten Atom unseres Wesens bis zu den am weitesten entfernten Ecken des Kosmos erstrecken. Quantenfelder – und nicht chemische Elemente, nicht Atome, ja nicht einmal Elektronen oder Quarks – sind die wahren Zutaten von Materie. Wir gehen, sprechen, denken Bündel winziger, sich selbst verstetigender Störungen, die in nicht greifbaren Quantenfeldern umherschwappen.

Aber natürlich ist die Sache dann auch wieder nicht so einfach. Auch wenn es schön und beruhigend wäre, könnten wir uns ein Elektron einfach als kleine Kräuselung in einem Elektronenfeld vorstellen, so ist das in Wirklichkeit doch nur die halbe Wahrheit. Es stellt sich nämlich heraus, dass sogar ein so einfaches Objekt wie ein Elektron ein ungemein komplexes Ding ist. Nicht bloß eine Kräuselung in einem Elektronenfeld, sondern vielmehr eine barocke Mischung aus *jedem* Quantenfeld der Natur. Obgleich dies Berechnungen in der Quantenfeldtheorie teuflisch schwer macht, eröffnet es doch auch Möglichkeiten, die Natur auf eine Art und Weise zu erkunden, die entweder nur in der Quantenmechanik oder nur in der Speziellen Relativitätstheorie unmöglich wären. Insbesondere Experimente, die das Elektron in feinsten Details ausleuchten, haben das Potential, uns mehr sowohl über das Elektron selbst als auch über das Quantenfeld zu verraten als je zuvor. Eines dieser Experimente führt man unter den hektischen Straßen der englischen Hauptstadt durch.

DAS ELEKTRON ZURICHTEN

In ein schäbiges Kellerlabor des Imperial College mitten in London gedrängt, findet ein Experiment statt, das den gleichen Trick versucht wie der Large Hadron Collider, aber für einen Bruchteil der Kosten. Nur Meter unter dem donnernden Großstadtverkehr und dem unaufhörlichen Hämmern der Schritte Tausender Touristen und Schulkinder, die sich in die Museen in South Kensington drängeln, unternimmt ein kleines Team von Physikern den Versuch, ein Elementarteilchen so genau zu vermessen wie noch nie zuvor.

Ihre Aufgabe ist es, die Form des Elektrons zu bestimmen. Die Vorstellung, dass ein Elementarteilchen überhaupt eine Form haben kann, mag seltsam erscheinen, zumal wir ja gerade eben noch festgehalten haben, dass Teilchen gestaltverändernde Kräuselungen in Quantenfeldern sind. Bitte parken Sie diesen Gedanken vorerst kurz an anderer Stelle. Das wirklich Überraschende ist, dass durch das unglaublich präzise Messen der Form des Elektrons die Gruppe am Imperial nach Hinweisen auf Quantenfelder suchen kann, die wir nie zuvor gesehen haben, also möglicherweise Beweise für Teilchen mit Massen aufdeckt, die so groß sind, dass nicht einmal der LHC in der Lage ist, sie zu produzieren.

Wie um alles in der Welt kann das Vermessen der Form eines mickrigen kleinen Elektrons uns etwas über Teilchen mit gigantischen Massen verraten? Nun, alles läuft darauf hinaus, dass Teilchen wirklich nur Kräuselungen in Quantenfeldern sind, eine Tatsache, die dramatische Konsequenzen für die Eigenschaften eines Elektrons hat. Um ganz zu verstehen, auf was die Physiker am Imperial College abzielen, müssen wir ernsthaft darüber nachdenken, was ein Elektron wirklich ist. Auch wenn es irre klingt, so könnte der beste Einstieg dazu sein, sich zu überlegen, was die Quantenfeldtheorie über den leeren Raum sagt, über das, was Physiker als das Vakuum bezeichnen.

Stellen Sie sich einen kleinen Raum vor, aus dem wir dann alle Atome heraussaugen, alle Teilchen, jeden letzten Rest von Photonen und Neutrinos. Was bleibt übrig? Wenn keine Teilchen mehr vorhanden sind, lautet die Antwort vermutlich: überhaupt nichts. Doch die Quantenfeldtheorie erklärt uns, dass dieser kleine »leere« Raum noch immer ein erstaunlich dicht vollgepackter Ort ist; er ist überfüllt mit Quantenfeldern. Es mögen keine Teilchen mehr vorhanden sein, doch die Felder, in denen sie Kräuselungen sind, sind noch immer vorhanden. Im Standardmodell der Elementarteilchenphysik gibt es Dutzende von Feldern (die genaue Zahl hängt davon ab, wie man sie zählt, doch unserer Argumentation zuliebe sagen wir hier, es gibt 25), darunter das Elektronenfeld, die Neutrinofelder, die Quarkfelder, das elektromagnetische Feld, die Gluonfelder und noch andere. All diese Felder existieren überall, selbst im Vakuum. Leerer Raum ist alles andere als leer.

Malen wir uns einmal aus, dass wir nun ausreichend Energie in das Elektronenfeld geben, um eine kleine quantisierte Kräuselung zu erzeugen – ein einzelnes Elektron. Da das Elektron eine elektrische Ladung besitzt, wirkt es unmittelbar auch auf die Quantenfelder, die im Vakuum abhängen. Das Offensichtlichste, das nun passiert, ist, dass die Ladung des Elektrons die Form des elektromagnetischen Felds in der Umgebung um das Elektron verzerrt. Ganz nahe am Elektron wird das elektromagnetische Feld stark, wohingegen es weiter weg vom Elektron schwächer wird, bis es schließlich auf (fast) null abnimmt. Grundsätzlich erzeugt die Krümmung im elektromagnetischen Feld etwas Energie, weshalb wir, wenn wir an ein Elektron denken, im Grunde die Kräuselung im Elektronenfeld *plus* die Verzerrung, die es im elektromagnetischen Feld erzeugt, zusammen denken sollten.

Doch damit noch nicht genug. Da es das elektromagnetische Feld ist, das die elektromagnetische Kraft kommuniziert, ist es mit jedem anderen Quantenfeld, das eine elektrische Ladung hat, »verbunden«.

Das heißt: Die Krümmung, die das Elektron im elektromagnetischen Feld erzeugt, sorgt zudem für weitere Krümmungen in einer ganzen Reihe anderer Felder, darunter in den elektrisch geladenen Quarkfeldern. Nun haben Quarks diese Eigenschaft, die wir »Farbe« nennen, was bedeutet, dass sie mit den Gluonfeldern (den Feldern der starken Wechselwirkung) interagieren: Die Krümmung in den Quarkfeldern verursachen in der Folge weitere Krümmungen in den Gluonfeldern. Außerdem gibt es sogar eine Rückreaktion, bei der die Krümmung im elektromagnetischen Feld eine weitere Krümmung im ursprünglichen Elektronenfeld verursacht. Und das geht so weiter und weiter. Das Fazit aus all dem: Ein Elektron ist nicht einfach eine Kräuselung im Elektronenfeld, es ist eine Kräuselung im Elektronenfeld *plus* Krümmungen in jedem Quantenfeld, das wir bislang entdeckt haben. Was wir das nackte Elektron nennen könnten – die reine Kräuselung im Elektronenfeld –, kleidet sich in ein kunstvolles Kleid, das aus jedem Quantenfeld der Natur gewebt wurde.

Diese Art und Weise, in der Quantenfelder das Elektron (und übrigens jedes andere Teilchen auch) so einkleiden, macht es in der Quantenfeldtheorie so teuflisch kompliziert, selbst einfachste Prozesse zu berechnen. Doch andererseits eröffnet uns das eine fantastische Möglichkeit, nach dem Einfluss von Quantenfeldern zu suchen, die wir noch nie zuvor gesehen haben. Wie wir in den folgenden Kapiteln noch sehen werden, gibt es gute Gründe, davon auszugehen, dass es mehr als nur die rund 25 Felder gibt, von denen wir bisher wissen. Ein gutes Beispiel dafür wäre die Dunkle Materie, eine rätselhafte Substanz, von der Astronomen und Kosmologen gezeigt haben, dass es von ihr etwa fünf Mal mehr geben muss als von dem gewöhnlichen atomaren Zeugs, aus dem Sie, ich sowie jeder Stern und jeder Planet am Himmelszelt bestehen. In der Regel nimmt man an, dass Dunkle Materie auch irgendeine Art von Teilchen ist. Das würde bedeuten, dass unser oben beschriebenes Vakuum auch noch ein extra Quantenfeld enthält, nämlich das Quantenfeld, in dem sich Dunkle-Materie-Teilchen kräuseln.

Am LHC begibt man sich mit einem Ansatz brachialer Gewalt auf die Suche nach Dunkler Materie: Man lässt zwei Protonen wirklich ganz, ganz fest aufeinanderknallen und hofft, dass die Kollision genug Energie hat, um eine Vibration im Dunkle-Materie-Feld auszulösen. Wenn wir Glück haben und die Menge Energie, die es braucht, um das Dunkle-Materie-Feld ins Schwanken zu bringen – mit anderen Worten: die Masse eines Teilchens der Dunklen Materie –, liegt im Bereich, den der LHC erzeugen kann, dann sollten wir in der Lage sein, Beweise für die Teilchen der Dunklen Materie aus den Kollisionen herausfliegen zu sehen. Falls die Masse der Dunklen-Materie-Teilchen jedoch größer als die maximale Energie des LHC ist, werden wir es so nicht schaffen, eine Vibration im Feld der Dunklen Materie auszulösen, und in diesem Fall wird die Dunkle Materie ein Rätsel bleiben.

Es gibt aber noch einen anderen Ansatz. Er beruht auf der Art und Weise, wie Quantenfelder die Elementarteilchen kostümieren. Wenn es ein Quantenfeld für Dunkle Materie gibt und dieses zumindest mit einem der anderen Quantenfelder des Standardmodells interagiert, dann sollte das Dunkle Materiefeld im Prinzip auch zu dem kunstvollen Quantenfeld-Kleid beitragen, das das Elektron trägt. Wenn Sie sich dieses Kleid als Stoff vorstellen, der aus Fäden der verschiedenen Quantenfelder gewebt wurde, dann müssten ein paar der Fäden im Elektron-Kleid auch vom Dunkle-Materie-Feld erzeugt worden sein. Da wir in Experimenten das nackte Elektron vermessen plus dessen Outfit, könnte es möglich sein, dass wir bei ungemein präzisen Messungen des Elektrons die feinsten Auswirkungen eines *neuen* Quantenfelds erkennen, und zwar durch seinen Beitrag zum Sonntagsstaat des Elektrons.

Das ist genau das, was das Team am Imperial versucht. Ich las 2011, kurz nach dem ersten Probeschuss des LHC, zum ersten Mal von ihrem Vorhaben. Auf den ersten Blick schien das, was sie da vorhatten, unmöglich; in einem kleinen Labor in London, mit einem Budget von Millionen und nicht Milliarden, wollten sie die Existenz des Quantenfelds ausschließen, nach dem Tausende Physiker am weltweit größten Experiment gerade suchten. Seit ich davon wusste, war ich ständig auf der Suche nach einer Ausrede, diesem Labor einmal einen Besuch abzustatten und einen Blick auf diese Wundermaschine zu werfen, die sich sicher unter den Straßen von South Ken verbarg.

An einem frischen kalten Februarmorgen stand ich vor dem Blackett Laboratory des Imperial College, einem 60er-Jahre-Klotz, unbefangen zwischen die viktorianische Noblesse der Nachbarschaft hingeworfen, quasi schräg gegenüber der Royal Albert Hall. Im Foyer erwarteten mich Isabel Rabey und Sid Wright, zwei junge Postdoc-Forscher, die diesem Experiment einiges an Lebenszeit geopfert haben. Isabel war gerade zurück in der Stadt, um ihr altes Team wiederzusehen – sie hatte hier im Keller an ihrer Promotion gearbeitet und dabei das Experiment verbessert, bevor sie eine Stelle am Max-Planck-Institut in Garching bei München antrat. Sid hingegen war eher ein Newcomer, hatte aber einen Großteil der Arbeit übernommen und stand nach Isabels Abgang nun an vorderster Front. Die beiden schienen sich zu freuen, über das berichten zu können, was ihnen ganz offensichtlich am Herzen lag. Ich erklärte ihnen, warum ich als LHC-Physiker an ihrem unglaublichen Experiment interessiert war, das uns am CERN das Leben alles andere als leicht machte. Isabel lachte. »Ich denke, Sie werden sich noch wundern.«

Am Ende einiger Absätze eines widerhallenden Treppenhauses und eines kurzen Flurs hießen mich die beiden Forscher in ihrem Labor willkommen. Es war wirklich winzig, kaum größer als das Wohnzimmer meiner nun wirklich nicht großen Londoner Wohnung. Isabel berichtete, dass Besucher der nationalen Behörde, die große Teilchenphysik- und Astronomieprojekte im Vereinigten Königreich finanziert, jedes Mal befremdet dreinschauten, sobald sie erkannten, wie klein das Experiment war. »Wir haben immer das Gefühl, als würden sie denken: ›Bauen Sie das ein bisschen größer, dann können wir Sie vielleicht unterstützen.‹«

Um uns den Aufbau besser anschauen zu können, mussten wir uns einer nach dem anderen zwischen der Wand und einem dicken Gerät vorbeidrängen, das das Experiment vor jeglichen magnetischen Streufeldern schützte, die die haarfeinen Messungen beeinflussen könnten. Rechts von uns stand eine Reihe Oszilloskope und elektrischer Apparate, die man zum Auslesen und Überwachen des Experiments nutzte; der große Tisch auf der linken Seite war mit optischen Geräten besetzt, die in grellgrünem Laserlicht leuchteten; und in der Mitte thronte das Hauptstück des Experiments, das in meinen unerfahrenen Augen wie ein metallener Mülleimer aussah (ich hoffe, Isabel und Sid nehmen mir diese Formulierung nicht übel). Das war zweifelsohne ein himmelweiter Unterschied zu dem hoch aufragenden Experiment des Large Hadron Collider. Ein Journalist, den ich einmal durch die Anlage geführt hatte, verglich ihn mit dem gewaltigen Alien-Portal der 1990er-Scifi-Serie *Stargate*. Wenn der LHC *Stargate* ist, dann war Isabels und Sids Experiment eher Doc Browns Zeitreise-DeLorean aus *Zurück in die Zukunft* – ein bisschen marode, aber erstaunlich effektiv.

Isabel und Sid machten sich tapfer daran, mir zu erklären, wie das Experiment funktionierte. Ich gebe gern zu, dass meine Kenntnisse in Atom- und Molekularphysik ein wenig eingerostet waren, und ich fühlte mich wie ein Bummelant, während ich mich bemühte, das komplexe System aus Lasern sowie magnetischen und elektrischen Feldern zu verstehen, mit denen die Form des Elektrons vermessen wird.

Als Erstes müssen wir uns klarmachen, was wir mit der Form des Elektrons meinen. Streng genommen misst das Experiment etwas, das wir »elektrisches Dipolmoment« (EDM) nennen. Es ist ein Maß dafür, wie die elektrische Ladung des Elektrons im Raum verteilt ist. Ein EDM von null bedeutet, die Ladung des Elektrons ist in einer perfekt symmetrischen Kugel verteilt, wohingegen ein EDM von nicht-null bedeutet, dass das Elektron eher wie eine Zigarre geformt ist, mehr negativ geladen an einem Ende und eher positiv geladen am anderen. Das EDM eines Elektrons stellte sich als extrem abhängig davon heraus, welche Quantenfelder im Vakuum in der Nähe des Elektrons aufzufinden sind, weshalb dies für eine solche Messung eine so unglaublich interessante Größe ist. Verarbeitet man eine wirklich große Datenmenge und nutzt dabei nur die Quantenfelder, von denen wir bereits wissen, dann stellt sich heraus, dass das EDM des Elektrons unglaublich klein ist, mit einem Wert von 10^{-38} e cm (ein e cm ist die Einheit des elektrischen Dipolmoments, wobei e für die Ladung des Elektrons steht und cm für Zentimeter, aber machen Sie sich nicht zu viele Gedanken über die Details; wichtig ist nur, dass 10^{-38} wirklich sehr, sehr wenig ist). Das ist so winzig, dass, sollte es wirklich keine neuen Quantenfelder außer denen geben, von denen wir heute schon wissen, das Elektron in jedem Experiment, das wir uns derzeit ausdenken können, in einer perfekten Kugelform erscheinen sollte.

Allerdings führen viele populäre Theorien, die Dunkle Materie und andere Mysterien zu erklären versuchen, neue Quantenfelder ein, die das Elektron in ein deutliches Zigarrenform-Kleid stecken müssten. In manchen Fällen würde sein EDM um einen Faktor von mehr als einer Billion erhöht werden. Solch riesige Steigerungen brächten das Elektron in die Reichweite des Experiments am Imperial College, was es dem dortigen Team erlauben würde, Hinweise auf neue Quantenfelder zu entdecken – ohne die Hilfe eines 27-Kilometer-Teilchenbeschleunigers.

Doch selbst mit einem großen Schub neuer Quantenfelder wäre das EDM des Elektrons noch immer unbeschreiblich klein, und es zu bestimmen verlangt folglich ein entsprechend erfindungsreiches Experiment. Anstatt die Elektronen selbst zu messen, untersucht das Team am Imperial College Ytterbiumfluorid, ein Molekül, das sich aus dem seltenen Metall Ytterbium und Fluorgas zusammensetzt. Man hat sich für dieses Molekül entschieden, da es sich als ganz besonders empfindlich für das EDM des Elektrons erwiesen hat: Das liegt insbesondere daran, dass das äußerste Elektron eines Ytterbiumfluoridmoleküls in zwei unterschiedlichen Energielevel existieren kann – bei einem ist der Spin des Elektrons nach oben gerichtet, beim anderen nach unten. Entscheidend ist nun, dass die Energien dieser Up- und Down-Level durch das EDM des Elektrons in die *entgegengesetzte* Richtung verschoben werden. Mit anderen Worten: Wenn das Elektron ein großes EDM hat, verschiebt sich ein Energielevel nach oben, wohingegen das andere nach unten rutscht. Kann man die Differenz zwischen den Energien der beiden Level messen, kann man indirekt das EDM des Elektrons feststellen. Diese Eigenschaft bedeutet, dass Ytterbiumfluorid ein wenig wie ein Vergrößerungsglas wirkt, das eine Million Mal empfindlicher für den EDM macht, als wenn man versuchen würde, zur Bestimmung Elektronen zu nutzen, die außerhalb des begrenzten Raums eines Atoms oder Moleküls herumsausen.

Mit diesen Molekülen zu arbeiten hat seinen Preis, was unter anderem an der Tatsache liegt, dass Ytterbiumfluorid so instabil ist, dass es im Innern des Versuchsaufbaus immer wieder neu hergestellt werden muss. Wie wir so im Labor standen, wies mich Sid auf ein unaufhörliches *drr-drr-drr-drr-drr* hin – das Geräusch eines Lasers, der 25-mal pro Sekunde auf ein Ytterbium-Metall trifft, wobei er jedes Mal eine Prise Ytterbium aus dem festen Metallblock verdampft. Diese reagiert dann mit Fluorgas und formt winzige Wölkchen Ytterbiumfluoridmoleküle. Ein cleveres System aus Lasern, Radiowellen und Mikrowellen versetzt die Moleküle dann in das Spin-Up- oder Spin-Down-Energielevel, bevor sie in den Metallzylinder aufsteigen (den ich mit einem Metallmülleimer verglichen habe). Hier ist dann ein elektrisches Feld angelegt.

Die Up- und Down-Zustände bekommen durch das elektrische Feld gegensätzliche Energieverschiebungen, und die Größe dieser Verschiebungen hängt von der Größe des EDM des Elektrons ab – je größer das EDM, umso größer die Energieverschiebung. Sobald die Moleküle das elektrische Feld am oberen Ende des Zylinders wieder verlassen, werden sie per Laser vermessen, was es Isabel, Sid und dem restlichen Team ermöglicht, die Energieverschiebung zu berechnen und, nach monatelanger, mühsamer Datenerfassung, das EDM des Elektrons zu bestimmen.

So weit zumindest die Theorie. In der Praxis stellte sich heraus, dass die Vermessung extrem knifflig ist. Das Instrument ist so empfindlich, dass es anfällig für alle möglichen äußeren Einflüsse ist. Besonders große Probleme bereiten magnetische Streufelder. Die Wissenschaftler mussten in der Vergangenheit feststellen, dass ihr Experiment Probleme machte, da ein anderes Forscherteam zwei Stockwerke über ihnen mit einem starken Magneten arbeitete. Ein Machtwort ihres Chefs, des Erfinders des EDM-Experiments, Professor Ed Hinds,

Was ist denn jetzt wirklich ein Teilchen? 255

sorgte dann dafür, dass das andere Team nachgab und seinen Magneten noch ein paar Etagen weiter nach oben trug. Sid konnte zudem berichten, dass die magnetische Interferenz schlimmer wird, wenn die Londoner U-Bahn vorbeifährt.[*]

Das von Ed Hinds geleitete Team am Imperial College veröffentlichte seine ersten Messungen bereits 2011: Sie besagten, dass das Elektron offenbar außergewöhnlich rund ist, bis hinunter auf eine Präzision von 10^{-27} e cm. Um Ihnen einen Eindruck davon zu geben, wie kugelförmig das ist: Stellen Sie sich vor, Sie blasen ein Elektron auf die Größe des Sonnensystems auf, dann wäre die Abweichung von der Kugelform nicht größer, als ein einzelnes menschliches Haar dick ist! Enttäuschenderweise (so sahen das wohl vor allem Teilchenphysiker) schloss diese wunderbare Rundung des Elektrons die Existenz eines ganzen Bündels neuer Quantenfelder aus, nach denen meine Kollegen und ich am LHC zu diesem Zeitpunkt eifrig suchten. Die Messungen an sich waren dafür aber auch eine wirkliche Tour de Force gewesen; sie waren nicht nur die genauesten der Welt, es war auch zum ersten Mal gelungen, Moleküle anstelle von Atomen für eine EDM-Messung zu verwenden. Damals hatte jedes andere Experiment einzelne Atome verwendet, und viele Konkurrenten der Imperial-Gruppe hatten gedacht, in London würde man nur Zeit verschwenden, wenn man diese sensible Messung mit den vergleichsweise chaotischen Molekülen anstellt. Heute jedoch folgen fast alle damaligen Rivalen dem vom Imperial College-Team freigelegten Weg, dank der Vergrößerungseigenschaften des starken Molekül-EDM.

Allerdings hat das ACME-Experiment, durchgeführt von einem Harvard-Yale-Team in den Vereinigten Staaten, inzwischen die Messungen der Pioniere deutlich überholt und das EDM noch einmal um einen weiteren Hunderterfaktor gesteigert. Eine Forschergruppe in Colorado ist dem ganz knapp auf den Fersen. Um das wieder aufzuholen, hat die Mannschaft am Imperial College eine neue Geheimwaffe entwickelt, ein Upgrade für ihr Experiment, auf das ich im be-

---

[*] Offenbar ist die Piccadilly Line der schlimmste Übeltäter.

nachbarten, deutlich größeren Labor einen Blick werfen durfte. »Das wird vermutlich eher so aussehen, wie Sie es vom CERN gewohnt sind«, versicherte mir Sid auf dem Weg dorthin. Vor uns glänzte eine Edelstahlröhre, einem Teilchenbeschleuniger gar nicht mal so unähnlich, die am Ende die gesamte Länge des Labors ausfüllen soll. Eine längere Röhre heißt, dass die Moleküle mehr Zeit im elektrischen Feld verbringen werden, was ihnen eine größere Energieverschiebung und der Empfindlichkeit des Experiments einen deutlichen Schub geben wird. Sobald ihr neues Instrument einsatzbereit ist und Daten erfasst, wird es tatsächlich Quantenfelder erforschen, deren Teilchen deutlich größere Massen haben könnten als die, die der LHC direkt erzeugen kann. Das wäre eine fantastische Möglichkeit, noch mehr grundlegende Zutaten der Natur zu entdecken.

Vom ersten Apfelkuchenversuch bis hierher haben wir einen ziemlich weiten Weg zurückgelegt. Zu Beginn hatten wir es mit greifbaren Dingen zu tun, die Sie schmecken und berühren konnten: schroffe Bröckchen schwarzer Kohle, ölige Flüssigkeiten, sich kräuselnden Schwaden beißender Gerüche. Die Zutaten, mit denen wir es nun zu tun haben, sind so weit vom Greifbaren entfernt, wie es nur geht – unsichtbare, ätherische, omnipräsente Quantenfelder. Die scheinbare Festigkeit der Welt stellt sich als Illusion heraus, als Zaubertrick. Es gibt keine unteilbaren Atome, so wie die antiken Denker glaubten. Demokrit hatte, trotz seiner antiken bärtigen Weisheit, unrecht. Die Natur ist ganz unten an ihren Wurzeln ein Kontinuum und nicht in Einzelteile aufgespalten. Ich habe in diesem Buch stets den Ausdruck »Bausteine« verwendet, wenn ich von den grundlegenden Zutaten der Natur sprach, doch in Wirklichkeit gibt es so etwas gar nicht. Die scheinbare »Bausteinigkeit« der Materie löst sich auf, schaut man nur genau genug hin. Teilchen sind keine Teilchen, sie sind vorbeiziehende Störungen in Quantenfeldern, Entitäten, die die Vorstellungskraft beanspruchen und doch den Kosmos bis auf den letzten Kubikzentimeter anfüllen. Alle Objekte – Apfelkuchen, Menschen, Sterne – sind Zusammenballungen einer riesigen Vielzahl dieser Vibrationen, die zusammen sich derart bewegen, dass die

Illusion von Festigkeit entsteht, von Dauerhaftigkeit. Und außerdem: Da es nur ein einziges Elektronenfeld, ein einziges Up-Quark-Feld, ein einziges Down-Quark-Feld gibt, sind Sie, liebe Leserin, lieber Leser, und ich miteinander verbunden. Jedes unserer Atome ist eine Kräuselung im selben kosmischen Ozean. Wir sind miteinander eins, und mit uns alle Schöpfung.*

Am Anfang dieses Kapitels hieß es, die Zutaten eines Apfelkuchens seien Elektronen, Up-Quarks und Down-Quarks. Die Quantenfeldtheorie hingegen behauptet nun, dass diese drei Teilchen Vibrationen in drei korrespondierenden Feldern sind. Wie wir aber soeben gesehen haben, ist selbst dies eine grobe Vereinfachung. Ein Elektron ist nicht einfach eine Kräuselung im Elektronenfeld, sondern eine komplizierte Mischung aus Störungen in jedem Quantenfeld, das wir bislang entdeckt haben. Das gilt auch für die Up-Quarks und Down-Quarks, aus denen Protonen und Neutronen im Atomkern bestehen. Das bedeutet: Um den Aufbau unseres Apfelkuchens voll und ganz zu verstehen, müssen wir über jedes Quantenfeld der Natur Bescheid wissen, selbst über die, deren Teilchen zu instabil oder schwach interaktiv sind, um sich zu Atomen zusammenzufügen.

Unsere derzeit beste Beschreibung der bekannten Quantenfelder ist das Standardmodell der Teilchenphysik. Wir haben schon viele seiner Helden kennengelernt: das Elektron, die Quarks, Neutrinos, Gluonen. Allerdings gibt es ein entscheidendes Teil dieses Bilds, das man erst in den letzten Jahren entdeckt hat, die letzte Zutat unseres Apfelkuchens und eine, die Pandoras Büchse mit neuen Problemen und Möglichkeiten öffnet.

---

* Auch wenn sich das hier womöglich ein bisschen zu sehr nach Neil deGrasse Tyson, dem populären Astrophysiker, anhört, bedeutet dies auch, dass wir mit einer Menge unangenehmer Dinge eins sind: etwa dem Ebolavirus, Hundescheiße und Donald Trump.

KAPITEL 10

DIE LETZTE ZUTAT

Zum allerersten Mal kam ich an einem sonnigen Nachmittag im Juli 2007 an das CERN, zur Europäischen Organisation für Kernforschung in der Nähe von Genf. Ich war ein unerfahrener, 21-jähriger Student mit unverbrauchter Begeisterung für Physik und schulterlangen Haaren. Letzteres sollte sich im Nachhinein als eher unklug herausstellen. Einige Wochen lang durfte ich zusammen mit etwa einhundert anderen Sommerstudenten aus ganz Europa einen Vorgeschmack auf das Leben an vorderster Front der Teilchenphysikforschung bekommen.

In meiner Vorstellung war das CERN ein strahlender, futuristischer Ort gewesen und direkt einem Science-Fiction-Buch entsprungen. Hier saßen übermenschliche Wissenschaftler an gigantischen unterirdischen Maschinen, um das Wesen der Realität zu erkunden. Dementsprechend empfand ich es als etwas ernüchternd, an den Toren zu etwas abgesetzt zu werden, das eher wie ein heruntergekommener Uni-Campus aus den 1960ern aussah, der sehr viel liebevolle Zuneigung nötig gehabt hätte: ein chaotisches Durcheinander aus schäbigen Bürogebäuden und baufälligen Lagerhäusern, deren Wandfarbe abblätterte und deren Wellblechdächer rosteten.

Vielen Neuankömmlingen am CERN geht das so: Sie erleben eine Art Kulturschock, eine mildere Version des sogenannten Paris-Syndroms, von dem Besucher der Stadt der Liebe ergriffen werden, wenn sie sich plötzlich in einer Stadt wiederfinden, die deutlich schmuddeliger, lauter und unfreundlicher ist als in den Romanen und Liebesfilmen. Andererseits kann das Paris-Syndrom offenbar zu solch extremen Symptomen wie Paranoia, Schwindelgefühlen und Halluzinationen führen, wohingegen sich das CERN-Syndrom bei mir nur in einem vagen Gefühl der Enttäuschung äußerte.

Auch wenn dem Ganzen die geniale Scifi-Aura fehlte, so war ich doch zum denkbar aufregendsten Moment eingetroffen. Nach drei Jahrzehnten Planung, Fundraising und Entwicklung fehlten der größten Maschine der Welt, dem Large Hadron Collider, nur noch Monate bis zum ersten Schuss. Ich sollte den Sommer über am CMS-Experiment arbeiten, an einem der kirchturmgroßen Detektoren, deren Job es war, die vom LHC erzeugten Kollisionen nach neuen Elementarteilchen zu durchforsten.

Konkret war es meine Aufgabe, eines der Subsysteme des CMS dazu zu bekommen, diese Daten erst einmal zu sammeln. Im Alltag bedeutete dies, dass ich in einem Büro saß und verwirrt auf Unmengen von Computercodes starrte – eine Aufgabe, auf die ich elendig schlecht vorbereitet war; niemand hatte an der Uni daran gedacht, uns das Programmieren beizubringen.* Was die Sache noch übler machte: Die Person, die mich anleiten sollte, war die ersten zwei Wochen nicht am CERN, was meinen Eindruck noch verstärkte, in einer seltsamen, trostlosen Welt verlorengegangen zu sein.

Dann, nach zwei Wochen, änderte sich alles. Eines Nachmittags wurden ein paar andere Studenten und ich per Minibus an das gegenüberliegende Ende des 27 Kilometer langen LHC-Rings gefahren, um den tatsächlichen Ort des CMS-Experiments kennenzulernen. Wir hielten an einem umzäunten Gelände an, in dessen Mitte ein hangarartiges Gebäude stand. Was ich in dessen Innern erblickte, raubte mir den Atem. Vor uns türmten sich die riesigen Teile des Detektors auf, jedes größer als ein dreistöckiges Gebäude. Sie warteten darauf, in den

---

* Na ja, um fair zu sein: Wir haben gelernt, wie man die Stärke der Gravitationskraft misst, indem man einen Ball eine Schräge hinunterrollen lässt. Das stellte sich als ausgezeichnetes Training für eine Karriere als Physiker heraus (sofern man im 17. Jahrhundert lebte).

gewaltigen Betonschacht am anderen Ende des Hangars versenkt zu werden. Und dieser Schacht bohrte sich schnurgerade hundert Meter tief in die Erde, wo sich die Halle für die Experimente befand.

Endlich spürte ich die Scifi-Magie, auf die ich gewartet hatte. Am faszinierendsten war das riesige Objekt, das noch am weitesten entfernt von dem Zugangstunnel entfernt stand, jenes Teil, das als letztes hinabgelassen und mit dem der Versuchsaufbau abgeschlossen würde – die sogenannte Endkappe. Leider gibt es keine auf der Hand liegenden Vergleiche, um Ihnen ein Bild dieser Endkappe zu vermitteln, sie wirkt wie von einer anderen Welt. Aber falls Sie sich eine zwölfeckige Scheibe vorstellen können, die auf ihrer Schmalseite balanciert, vom Boden aus 15 Meter in die Höhe ragt und damit die Größe von drei aufeinandergestapelten Doppeldeckerbussen hat, sind Sie schon nahe dran. Über ihre rote Oberfläche verliefen hellblaue Kabel, und in der Mitte der Scheibe saß ein großer, schwarzer und silberner Zylinder, der nach außen hervorragte wie die Radkappe eine gigantischen außerirdischen Reifens.

Der Anblick dieser monumentalen Detektorscheiben, die auf ihren Transport unter die Erde warteten, ließ die ganze Unternehmung für mich plötzlich deutlich realer werden. Als ich vor ihnen stand, konnte ich die jahrzehntelange Arbeit wertschätzen, die investiert worden war, um dieses Experiment Wirklichkeit werden zu lassen. Jedes noch so kleine Teil war in Laboren auf der ganzen Welt sorgsam erforscht, entwickelt, gebaut und getestet worden, bevor man es an das CERN lieferte, wo es noch einmal untersucht wurde, bevor man es schließlich einbaute.

Doch das Beste stand noch aus. Nachdem wir ein paar Minuten durch den Hangar spaziert waren und die großen Detektorscheiben bestaunt hatten, fuhren wir selbst per Lift in die Experimentierkaverne hinab. Dort standen wir auf einem Metallgerüst etwa zehn Meter über dem Höhlenboden, von wo aus wir das beinahe fertiggestellte Experiment gut überblicken konnten. CMS steht für Compact Muon Solenoid, was ich schon immer für eine seltsame Verwendung des Wortes »kompakt« hielt. Der Detektor wirkte wie ein riesiges, auf der Seite liegendes Fass; er ist 15 Meter hoch, 22 Meter lang und wiegt mal locker 12 500 Tonnen. Der gesamte Brocken enthält genug Eisen, um zwei Eiffeltürme damit zu bauen.*

Im Zentrum dieses großen Fasses kollidieren inzwischen Protonen und schleudern dann Teilchen umher, die durch die konzentrisch angebrachten Subdetektoren wie durch die Schichten einer Zwiebel sausen, wobei jede Schicht unterschiedliche Informationen über die Teilchen sammelt: ihren Impuls, ihre Energie, Richtung und so weiter. Mein spezifisches Projekt sollte dafür sorgen, dass einer dieser Zwiebelringe, bekannt als »elektromagnetisches Kalorimeter« (ECAL), Daten sammeln konnte.

Das ECAL ist eine der Besonderheiten des CMS: ein funkelnder Kristallzylinder, der aus mehr als 75 000 durchsichtigen Blöcken Bleiwolframat besteht, einer Verbindung aus Blei, Wolframat und Sauerstoff, die wie Glas aussieht, aber das Gewicht eines Bleiblocks hat. Sobald ein Elektron oder Photon in einen dieser Kristallblöcke knallt, entsteht ein Lichtblitz, der von einem an einem Ende des Zylinders festgeklebten Sensor aufgezeichnet wird. Damit lässt sich die Energie des Photons oder Elektrons bestimmen.

Die Herausforderungen, vor denen die Konstrukteure des ECAL standen, waren immens. Jeder Kristall musste langsam über einen Zeitraum von zwei Tagen in speziell dafür entworfenen, mit Platin gefütterten Tiegeln gezogen werden. Dabei war die benötigte Anzahl an Kristallen so groß, dass eine ehemalige sowjetische Militärfabrik für diesen Zweck umgewidmet wurde und zudem eine zweite Anlage in China zehn Jahre lang tagein, tagaus, Kristalle auswarf. Allerdings hatte die chinesische Anlage nicht ausreichend Zugang zu den Mengen Platin, die man zum Ausfüttern der Tiegel brauchte – also wandte sich das CMS-Management an die UBS-Bank in Zürich und bat darum, sich Platin im Wert von 10 Millionen Dollar aus den Tresoren ausleihen zu dürfen, unter dem Versprechen, dass es nach dem Züchten der Kristalle zurückgegeben würde.

---

* »Kompakt« ist, vermutlich, einfach relativ. Ein anderes Experiment am CERN, das am gegenüberliegenden Teil des Rings liegt, ATLAS, ist fast zwei Mal so hoch, breit und lang wie das CMS.

Nun fragen Sie sich vielleicht, warum man sich derart viel Mühe gibt, nur ein einzelnes Teil des Detektors zu bauen. Nun, die Antwort darauf lautet: Das ECAL nimmt eine absolut entscheidende Rolle in diesem Experiment ein. Es soll die Energien der Photonen und Elektronen messen, und zwar mit unglaublicher Genauigkeit. Warum? Damit kommen wir auf die Raison d'Être des Large Hadron Collider: um das letzte noch fehlende Teil des Standardmodells der Teilchenphysik zu finden, ein Teilchen, dessen Existenz endlich die Ursprünge zweier Naturkräfte erklären könnte und warum Elementarteilchen überhaupt eine Masse haben. Es war für unser Verständnis der Naturgesetze so wichtig, dass es, wenn auch übertrieben (und wenig hilfreich) als »Gottesteilchen« bekannt wurde. Ich rede natürlich vom Higgs-Boson.

Damals, in den 1990ern, als die Physiker das CMS planten, wurde ihnen klar, dass die beste Möglichkeit, Spuren des Higgs-Teilchens zu entdecken, über dessen Zerfall in zwei hochenergetische Photonen bestünde. Es war wie meistens, wenn es um in Teilchenbeschleunigern neu zu entdeckende Teilchen geht – man durfte nicht darauf hoffen, ein Higgs-Boson direkt zu entdecken. Würde eines durch eine Kollision am LHC entstehen, würde es quasi im selben Augenblick, in dem es erzeugt wurde, auch schon wieder in andere Teilchen zerfallen. Es würde nicht lange genug leben, um die sensiblen Bereiche des Detektors zu erreichen. Stattdessen müsste man aber die Teilchen erkennen können, in die es zerfallen ist. Physiker müssten dann durch Berge von Daten waten, um Teilchen zu suchen, die vom Zerfall eines Higgs erzeugt sein könnten, und dessen Zerfall in zwei Photonen wäre am einfachsten zu entdecken. Einfach ist natürlich auch relativ.

So schwer das CMS auch zu bauen war, die Physiker waren überzeugt, dass das elektromagnetische Kalorimeter mit Bleiwolframat-Kristallen ihnen die beste Möglichkeit bot, Higgs' verräterischen Zerfall in zwei Photonen einzufangen. Als ich im Juli 2007 durch diesen Hangar lief, stand das riesenhafte Bauprojekt kurz vor seinem Abschluss. Und nur wenige Monate später sollte die letzte gewaltige CMS-Scheibe von dem auf dem Hangar-Dach befestigten Kran langsam und vorsichtig an ihre Position herabgelassen werden.

Mein kleiner Beitrag zu all dem bestand darin, ein paar Zeilen Computercode zu schreiben, der die Lichtmenge, die von den am Kristallblock befestigten Sensoren aufgezeichnet wurde, in ein Energiemaß umrechnete. Bevor ich das CMS mit eigenen Augen gesehen hatte, hatte es mir ein wenig an Motivation für diese Aufgabe gemangelt, doch nach diesem Ausflug wurde mir klar, wie glücklich ich mich schätzen konnte, meinen kleinen Teil zu dieser Herkulesaufgabe beitragen zu können.

Die ganzen heißen Sommermonate über lag eine spürbare Anspannung in der Luft. Während wir Studenten unsere kleinen Projekte bearbeiteten und das für unser bescheidenes Studentenbudget zugängliche, also unzureichende Nachtleben in Genf erforschten (woraufhin wir am nächsten Morgen mit rot unterlaufenen Augen in der Vorlesung saßen), arbeiteten Tausende Physiker, Ingenieure und Computerwissenschaftler entschlossen daran, den Start dieses größten Experiments vorzubereiten, das die Menschheit je angegangen war.

Das Hauptziel dieser kolossalen Maschine sollte es sein, das Higgs-Boson aufzuspüren, ein Teilchen, das fast ein halbes Jahrhundert zuvor vorhergesagt worden war und das als Schlussstein für unser modernes Verständnis vom Aufbau der Materie galt. Außerdem ist es die bislang letzte Zutat, die wir unserem Apfelkuchen noch hinzufügen müssen. Um zu verstehen, weshalb das Higgs-Boson so wichtig ist und warum man Jahrzehnte der Arbeit und Millionen Dollar investierte, um es zu finden, müssen wir noch tiefer in die seltsame Welt der Quantenfelder einsteigen. Eine Warnung vorab: Was nun folgt, hat mit Dingen zu tun, die Ihr Gehirnschmalz womöglich zum Dampfen bringt. Aber wenn Sie durchhalten, werde ich mein Bestes tun, um Ihnen einige der am tiefgehendsten und schönsten Ideen der modernen Wissenschaft näherzubringen.

VERBORGENE SYMMETRIEN, VEREINHEITLICHUNG UND DIE GEBURT EINES BOSONS

Wenn wir verstehen wollen, warum das Higgs-Boson so verflixt wichtig ist, müssen wir zu den Basics zurückkehren und über die Struktur der Materie nachdenken. Alles besteht aus Atomen, und ein Atom besteht aus einem negativ geladenen Elektron, das seine Bahnen um einen winzigen positiv geladenen Kern dreht. Bohrt man tief in diesen Kern hinein, kommen Protonen und Neutronen zum Vorschein, bohrt man noch tiefer, erkennt man, dass Protonen und Neutronen aus Up- und Down-Quarks bestehen. Folglich besteht alle Materie aus nur drei Elementarteilchen: Elektronen, Up-Quarks und Down-Quarks. So weit, so bekannt.

Natürlich ist Materie nicht einfach die Summe ihrer Teile. Die Struktur eines Atoms ist ebenso von den Kräften bestimmt, die es zusammenhalten, wie von seinen Bausteinen. Wir haben bereits zwei dieser Kräfte kennengelernt: die elektromagnetische Kraft, die Elektronen an den Kern fesselt, und die starke Wechselwirkung, die Quarks im Innern von Protonen und Neutronen festhält. Beide Kräfte werden über Quantenfelder kommuniziert – das elektromagnetische Feld und das Gluonfeld –, und wenn man ein einzelnes Energiepaket in eines dieser Quantenfelder bringt, erschafft man eine kleine, quantisierte Kräuselung (auch bekannt als Teilchen), die man Photon oder Gluon nennt.

Allerdings gibt es noch eine dritte Kraft, die wir noch nicht ausführlich besprochen haben, die vermutlich merkwürdigste der Grundkräfte: die schwache Wechselwirkung. Die schwache Wechselwirkung ist unter den bekannten Kräften einzigartig, da nur sie es einem Elementarteilchen erlaubt, sich in ein anderes zu verwandeln. Den ersten Beweis für den Einfluss der schwachen Wechselwirkung erbrachte Henri Becquerel, als er 1896 die Radioaktivität entdeckte. Wie Ernest Rutherford es ein paar Jahre später beschrieb, gehört zum als Betazerfall bekannten Typ der Radioaktivität, dass ein instabiler Kern ein Elektron ausspuckt. Das führte für viele Jahre zu großer Verwirrung, da Physiker vernünftigerweise annehmen, dass in einem Kern, der ein Elektron ausstößt, zuvor auch ein Elektron enthalten gewesen sein müsse. Doch in den 1930er-Jahren war deutlich geworden, dass sie sich getäuscht hatten. Es gibt keine Elektronen im Atomkern; vielmehr wird beim Betazerfall ein Neutron in ein Proton, ein Elektron und ein Antineutrino *transformiert*, und dies geschieht über eine neue Grundkraft, die schwache Wechselwirkung.*

In den 1930er-Jahren war man dennoch weit von einem genauen Verständnis der schwachen Wechselwirkung entfernt. Der italienisch-amerikanische Physik-Superstar Enrico Fermi verfasste zwar eine erfolgreiche Theorie, die besagt, dass beim Betazerfall ein Neutron direkt in ein Proton, ein Elektron und ein Antineutrino zerfällt, ohne dass er zusätzliche Kraftfelder brauchte, um dem Zerfall auf die Sprünge zu helfen. Allerdings wurde bald deutlich, dass Fermis Theorie nur eine annähernde Beschreibung war: Berechnete man ihre Konsequenzen bei immer höheren Energien, brach die Theorie irgendwann zusammen und lieferte unsinnige Antworten wie etwa Wahrscheinlichkeiten von über 100 Prozent.

Offensichtlich brauchte man eine noch grundlegendere Theorie, und in den 1950ern hatten Physiker etwas gefunden, was wie der perfekte Kandidat wirkte: die Quantenfeldtheorie. Die erste erfolgreiche Quantenfeldtheorie beschrieb die elektromagnetische Kraft. Unter dem Namen »Quantenelektrodynamik« bekannt geworden, war sie über viele Jahre hinweg von einem Spitzenensemble von Physikern entwickelt worden, darunter Hans Bethe, Freeman Dyson, Richard Feynman, Julian Schwinger und Shin'ichirō Tomonaga. Die Quantenelektrodynamik, kurz QED, ist die genaueste wissenschaftliche Theorie, die je festgehalten wurde: Sie beschreibt mit verblüffender Präzision, wie geladene Teilchen mit dem elektromagnetischen Feld

---

* Heute wissen wir, dass Neutronen und Protonen aus Quarks bestehen, genauer gesagt im Fall des Neutrons aus Up-Down-Down und im Fall des Protons aus Up-Up-Down. Was also auf Elementarebene passiert, ist, dass ein Down-Quark sich in ein Up-Quark, ein Elektron und ein Neutrino verwandelt.

Die letzte Zutat

interagieren. In manchen Fällen erlaubt sie Vorhersagen, die sich in Experimenten mit einer Genauigkeit von unter einem Zehnmilliardstel bestätigen lassen.

Im Zentrum dieser irre erfolgreichen Theorie steht ein wahrhaft schönes Prinzip, das Prinzip der »lokalen Eichsymmetrie«. Es wurde zum ersten Mal von Julian Schwinger beschrieben, und das, was es besagt, hat etwas äußerst Magisches an sich – dass nämlich die Grundkräfte der Physik aus tiefen Symmetrien in den Naturgesetzen hervorgehen.

Das ist eine ziemlich heftige Behauptung und verlangt eine etwas genauere Erläuterung. Treten wir dazu zunächst einen Schritt zurück und betrachten die größere Rolle, die Symmetrie in der Physik spielt.

Der erste Mensch, dem die Kraft der Symmetrie bei der Ausbildung der physischen Welt wirklich klar geworden ist, war die brillante deutsche Mathematikerin Emmy Noether. Ihr größtes Geschenk für die Physik war das Noether-Theorem: Wenn das Universum in einer bestimmten Art symmetrisch ist, dann muss die dazugehörige Erhaltungsgröße immer bewahrt bleiben. Was meinen wir mit symmetrisch?

Nun, wie wir schon gesehen haben, besteht Symmetrie, wenn man einem System, sei es ein physikalisches Objekt oder gleich das gesamte Universum, etwas antun kann, das es unverändert lässt. Nehmen Sie ein Quadrat und drehen Sie es um 90, 180, 270 oder 360 Grad, und es wird genauso aussehen wie vor der Drehung – ein Quadrat hat eine Rotationssymmetrie.

Das stimmt auch für die Naturgesetze selbst. Stellen Sie sich vor, Sie sind Wissenschaftler an Bord eines interstellaren Raumschiffs, weit draußen im All, weit von den Gravitationseinflüssen der Erde oder Sonne entfernt. Dann könnten Sie sich nun folgende Frage stellen: Ändert die Richtung, in die mein Raumschiff zeigt, irgendetwas am Ergebnis irgendeines der Experimente, die ich an Bord durchführen könnte? Lautet die Antwort auf diese Frage, dass es keinen Unterschied macht, dann können wir sagen, dass die Naturgesetze unter der Rotation im All symmetrisch sind. Oder formulieren wir es anders: Dem Universum ist es egal, in welche Richtung Sie zeigen.*

Das Noether-Theorem sagt uns nun, dass diese Rotationssymmetrie die Existenz einer Erhaltungsgröße – eine Menge, die weder größer noch kleiner wird – impliziert. Und es stellte sich heraus, dass diese unveränderliche Größe der Drehimpuls ist, als Menge des Rotationsschwungs, den ein System besitzt.** Zahllose Experimente haben gezeigt, dass er immer erhalten bleibt; er kann weder ab- noch zunehmen, er kann nur über die Einzelteile eines Systems neu verteilt werden. Das heißt: Gibt man einem steifen Objekt im Vakuum-Raum einen Drehimpuls, wird es sich in alle Ewigkeit weiterdrehen, und zwar in genau demselben Tempo, solange nichts vorbeikommt und mit ihm zusammenstößt. Das ist auch der Grund, weshalb sich die Erde so zuverlässig dreht – jeder Nacht folgt deshalb ein Tag, weil es die Rotationssymmetrie der Naturgesetze gibt.

Genau dieses Symmetrieprinzip erklärt auch, warum Energie und Drehimpuls immer erhalten bleiben. Die Energieerhaltung verdankt sich der Tatsache, dass sich die Naturgesetze nicht mit der Zeit verändern, wohingegen die Drehimpulserhaltung sich der Tatsache verdankt, dass die Naturgesetze überall im Raum dieselben sind. Es gibt allerdings eine noch viel bemerkenswertere Konsequenz aus der Symmetrie: Symmetrien scheinen für die Naturkräfte verantwortlich zu sein.

Die Symmetrien, die mit den Erhaltungssätzen verbunden sind, die ich gerade beschrieben habe, nennt man »globale Symmetrien«, was bedeutet, dass sie Transformationen mit sich bringen, die zu jedem Punkt in Zeit und Raum die gleichen sind. So könnte eine globale Transformation etwa die Rotation des gesamten Universums um 90 Grad oder die Verschiebung des vollständigen Weltalls um

---

* Natürlich würde dies nicht stimmen, wenn Sie zu nahe an einem massereichen Körper wie der Erde vorbeifliegen. Die Gravitation der Erde definiert eine bevorzugte Richtung im Raum, die die Rotationssymmetrie zerstört.

** Nicht-quantenmechanisch betrachtet hängt der Drehimpuls von der Größe, Form und Masse eines Objekts ab sowie von der Geschwindigkeit seiner Rotation. Auch subatomare Teilchen können einen Drehimpuls besitzen, dann spricht man vom Spin.

einen Meter nach rechts mit sich bringen. Sieht das Universum, nachdem Sie das gemacht haben, noch immer so aus wie zuvor, dann besitzt es globale Symmetrie.

Allerdings sind die mit den Grundkräften verbundenen Symmetrien *lokale* Symmetrien, was bedeutet, dass sie Transformationen mit sich bringen, die sich in Raum und Zeit verändern. Diese Art lokaler Transformationen, die in der Teilchenphysik eine Rolle spielen, kann man sich nur schlecht vorstellen, also versuchen wir es einmal mit einer Analogie.

Denken wir uns zwei Mannschaften, die auf einem flachen, gut gepflegten Rasen eine Runde Fußball spielen. Nehmen wir einmal an, wir hätten gottähnliche Mächte und könnten das Feld um einen beliebigen Wert anheben, ganz egal, ob einen Meter oder einen Kilometer. Abgesehen von der Tatsache, dass die Spieler ein bisschen Probleme beim Luftholen bekommen könnten, wenn wir das Spielfeld zu hoch heben, sollte dies keinerlei Einfluss auf den Verlauf des Spiels haben. Im Ergebnis können wir sagen, dass Fußball unter einer globalen Veränderung der Feldhöhe symmetrisch ist.

Nur stellen wir uns vor, dass wir nicht mehr das gesamte Feld um das gleiche Maß erhöhen, sondern wir haben uns irgendwie verschworen, es in einem Winkel anzukippen, sodass ein Team fortan bergauf und das andere bergab spielen muss. Das würde als lokale Transformation zählen, da die Änderung der Bodenhöhe davon abhängt, wo man auf dem Feld steht. Und natürlich würde eine solche Transformation großen Einfluss auf das Spiel haben; ich könnte mir vorstellen (auch wenn Ihnen meine Freunde jetzt zurufen würden, dass ich keinen blassen Schimmer von Fußball habe), dass es deutlich leichter wäre, zum Tor am unteren Ende des Feldes zu kommen als zu dem am oberen Ende, was einer der beiden Mannschaften einen gewaltigen Vorteil verschafft. Mit anderen Worten: Diese lokale Transformation bringt keine Symmetrie mit sich.

Wir sind nun aber einmal dickköpfig und bestehen darauf, dass wir irgendwie zu einem fairen Spiel zurückkommen möchten. Nun, eine Möglichkeit wäre, unsere schon erwähnten gottähnlichen Kräfte einzusetzen und einen Wind zu erschaffen, der unablässig bergauf bläst. Das macht es für die bergab spielende Mannschaft schwieriger, ein Tor zu erzielen, und entsprechend leichter für die bergauf spielende Mannschaft. Mit anderen Worten: Die Symmetrie wird durch die Einführung einer Kraft wiederhergestellt.

Erstaunlicherweise ist das gar nicht so weit davon entfernt, wie die elektromagnetischen Kräfte in der QED auftauchen. Mit dem kleinen Unterschied, dass wir anstatt eines Fußballspiels nun die Regeln betrachten, nach denen sich Elektronen und andere geladene Teilchen verhalten. Wie wir in den letzten Kapiteln schon gesehen haben, ist ein Elektron eine Welle oder eine Vibration im Elektronenfeld. Genau wie eine Welle im Ozean verändert sich diese Welle über die Zeit. Schaut man sich einen bestimmten Punkt im Raum an, ist die Vibration im Elektronenfeld mal größer, zu anderen Zeiten kleiner, wobei die Welle bei ihrem Schwingen einem charakteristischen Zyklus folgt. Wo man sich in diesem Zyklus befindet, ist als »Phase« der Welle bekannt. Sie können sich die Phase wie eine kleine Uhr vorstellen, die Ihnen sagt, wie weit Sie durch eine Schwankung im Elektronenfeld hindurch sind.

Genau wie bei unserem imaginären Fußballfeld können wir uns auch fragen, was passiert, wenn wir Transformationen an der Phase des Elektronenfelds vornehmen. Sagen wir, wir fangen mit einer globalen Transformation an und verschieben die innere Uhr des Elektrons um einen einheitlichen Betrag, beispielsweise einen halben Zyklus, überall in Raum und Zeit. Nach dem Noether-Theorem müsste eine Erhaltungsgröße existieren, wenn diese globale Transformation keine Auswirkung auf das Verhalten des Elektronenfelds hat – und diese Erhaltungsgröße ist, so erstaunlich es auch klingt, die elektrische Ladung. Formulieren wir es etwas anders: Die elektrische Ladung bleibt aufgrund der globalen Symmetrie erhalten.

Nun kommen wir zum wirklich verblüffenden Teil. Lassen Sie uns eine in Raum und Zeit ungleichmäßige Phasenverschiebung einführen. Wenn Sie möchten, stellen Sie sich vor, dass eine große Menge winziger Uhren die Phase des Elektronenfelds beschreibt; jeweils eine für jeden Punkt in Raum und Zeit. Eine lokale Transformation könnte dann bedeuten, dass Sie an diesem einen Ort die Uhr um eine

Vierteldrehung nach vorne verstellen, hingegen dort drüben um eine halbe Drehung zurück. Soll es möglich sein, unterschiedliche Phasenverschiebungen an unterschiedlichen Punkten in Raum und Zeit einzuführen, *ohne* dass sich dies auf das Verhalten des Elektronenfelds auswirkt, dann entdecken wir, dass wir keine andere Wahl haben, als ein neues Quantenfeld einzuführen. Und das Erstaunlichste ist: Dieses neue Feld verhält sich so wie der Wind auf unserem angeschrägten Fußballfeld, denn es korrigiert die durch Raum und Zeit ungleichmäßige Phasenverschiebung des Elektronenfelds.

Es lohnt sich, hier innezuhalten und sich klarzumachen, was für eine gewaltige Erkenntnis das ist. Nach der QED hält der Magnet schlussendlich deshalb an Ihrem Kühlschrank, fließt Strom deshalb durch ein Kabel und besitzen Atome deshalb die Struktur, die sie haben, weil es in den Naturgesetzen Symmetrien gibt. Als ich zum ersten Mal davon gehört habe, als Student vor dem Vordiplom, flößte mir das Ehrfurcht ein. Und auch Jahre später fühlt es sich ein wenig wie Magie an.

In der Quantenelektrodynamik wird die Gesamtheit der Phasentransformationen, die das elektromagnetische Feld erzeugen, als ein mathematisches Feld beschrieben, das als U(1)-Symmetriegruppe bekannt wurde. Was diese Gruppe im Detail genau meint, ist für unseren Zweck hier nicht so bedeutsam, wichtig ist vielmehr dies: Verlangt man, dass sich die Naturgesetze nicht ändern, wenn man eine lokale U(1)-Phasentransformation durchführt, dann muss das elektromagnetische Feld existieren. Es wird sogar noch besser: Die mathematische Struktur der U(1)-Symmetriegruppe bestimmt vollständig alle Regeln des Elektromagnetismus sowie alle Phänomene, die von ihm abhängen, und zwar angefangen bei der Art und Weise, wie sich das Sonnenlicht auf der Oberfläche eines Sees spiegelt bis zur gewaltigen Kraft eines Blitzes. Wichtig ist auch die Konsequenz, dass das Photon, das Lichtteilchen, masselos sein muss. Das Äquivalent zu unserer Fußballanalogie wäre die Entdeckung eines tiefgehenden Symmetrieprinzips, das automatisch das komplette Regelwerk für das Fußballspiel erschafft, inklusive der Abseitsregel und den Bestimmungen zur Größe des Balls.

Diese Idee der Symmetrie bringt uns dahin zurück, wo wir begonnen hatten – zum Higgs-Teilchen und dem Problem der schwachen Wechselwirkung. Sobald man die QED entdeckt hatte, wollten Physiker natürlich herausfinden, ob andere Quantenfeldtheorien zur Beschreibung der schwachen und starken Wechselwirkung auf ähnlichen Symmetrieprinzipien basierten. Chen Ning Yang und Robert Mills entwickelten 1954 eine Klasse solcher Theorien, doch sie alle krankten an einem Problem, das sich anscheinend nicht beseitigen ließ – sie sagten die Existenz von neuen, masselosen Teilchen voraus. Diese Teilchen müssten Photonen ähneln – den Teilchen des elektromagnetischen Felds –, insofern sie keine Masse haben, sich aber von ihnen dadurch unterscheiden, dass sie geladen sind. Das Problem war nun: Sollten diese Teilchen existieren, müssten sie hier überall um uns herumschwirren, weshalb wir sie eigentlich schon lange entdeckt haben sollten. Dieser Umstand führte dazu, dass die meisten Physiker zu Überzeugung gelangten, die sogenannte Yang-Mills-Theorie, die auf ähnlichen Symmetrieprinzipien beruhte, sei ein Rohrkrepierer.

Nun haben wir aber im Fall der starken Wechselwirkung schon gesehen, dass derartige masselose Teilchen *tatsächlich* existieren – sie heißen Gluonen –, doch 1954 waren sie noch nicht bekannt, denn Gluonen sind erbarmungslos im Innern von Protonen und Neutronen weggeschlossen, dank der unglaublichen Kraft der starken Wechselwirkung.

Bei der schwachen Wechselwirkung lässt sich die Abwesenheit von masselosen Teilchen aber nicht entsprechend erklären. Die Symmetriegruppe, die als vielversprechendster Kandidat für eine Quantenfeldtheorie identifiziert wurde, trägt den Namen $SU(2)$, und sie sagt drei neue Kraftfelder voraus, zu denen die jeweilen masselosen Teilchen gehören: das W^+-, W^-- und das Z^0-Boson.

Falls Sie sich jetzt fragen, was es noch mal mit den Bosonen auf sich hatte, hier ein kleiner Exkurs. Teilchen werden in zwei Kategorien aufgeteilt, je nach ihrem Spin. Wir haben schon gehört, dass Spin in Portion von $\frac{1}{2}$ vorkommt und dass Teilchen mit sogenanntem halbzahligen Spin – also in der Reihenfolge $\frac{1}{2}$, $\frac{3}{2}$, $\frac{5}{2}$ etc. – als Fermionen bezeichnet werden. Die Materieteilchen, darunter Elekt-

Die letzte Zutat

ronen und Quarks, sind alle Spin-½-Fermionen. Bosonen wiederum haben ganzzahligen Spin in der Reihenfolge 0, 1, 2 usw., zu ihnen gehören die Austauschteilchen wie Photonen, Gluonen sowie die W- und Z-Bosonen, die alle einen Spin 1 haben.

Die SU(2)-Theorie verfügt über viele passende Eigenschaften; zum Beispiel kann sie erklären, was wirklich beim Betazerfall passiert. Anstatt dass ein Neutron direkt in ein Proton, Elektron und Antineutrino zerfällt, wie es Fermi gedeutet hatte, zerfällt das Neutron nun zunächst in ein Proton, indem es ein W⁻-Boson abgibt, das sich dann in ein Elektron und ein Antineutrino verwandelt.

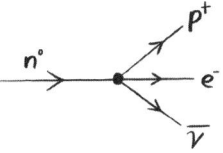

Fermi-Theorie: Ein Neutron (n⁰) verwandelt sich direkt in ein Proton (p⁺), ein Elektron (e⁻) sowie ein Antineutrino (ῡ).

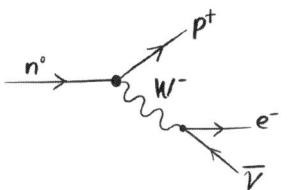

SU(2)-Theorie: Ein Neutron (n⁰) verwandelt sich in ein Proton (p⁺) und ein W⁻-Boson, das dann wiederum zu einem Elektron (e⁻) und einem Antineutrino (ῡ) wird.

Bei Kraftfeldern wie dem elektromagnetischen Feld oder dem Feld der schwachen Wechselwirkung kann die Masse der Teilchen, die zu dem Feld gehören, wie eine Art Energiezoll verstanden werden, den man für die Nutzung des Feldes entrichten muss. Ein bisschen wie eine Gebühr, die man beim Überqueren einer Brücke bezahlt. Da Photonen die Masse 0 haben, ist der Zoll für die Überquerung des elektromagnetischen Felds gleich 0 – und das bedeutet zweierlei. Zum einen: Hat man zwei elektrisch geladene Teilchen, üben sie über das elektromagnetische Feld eine Kraft aufeinander aus, ganz gleich, wie weit sie voneinander entfernt sind. Natürlich nimmt die Kraft ab, je größer der Abstand der beiden wird, aber nichtsdestotrotz wird weiter eine Kraft ausgeübt. Im Physiker-Sprachgebrauch heißt es dann, dass die elektromagnetische Kraft eine »lange Reichweite« hat. Die zweite Konsequenz: Da der Zoll für die Nutzung des elektromagnetischen Felds 0 ist, ist die elektromagnetische Kraft eine relativ starke Kraft.

Nun gibt es leider ein großes Problem mit dieser Theorie. Da sie vorhersagt, dass das W^+, W^- und Z^0 masselose Bosonen sind, sollte es unglaublich leicht sein, sie zu erzeugen, etwa wenn zwei Teilchen aufeinanderprallen. Genau wie das Licht, das aus Photonen besteht, müssten wir sie in der realen Welt überall umherfliegen sehen. Die Tatsache, dass noch nie jemand ein W- oder Z-Boson gesehen hat, bedeutete, dass die Theorie falsch sein musste. Schlimmer noch – masselose Teilchen würden die schwache Wechselwirkung in eine starke Wechselwirkung umwandeln.

Wenn die schwachen Teilchen also masselos wären, müsste das auch für die schwache Wechselwirkung zutreffen – sie würde eine große Reichweite haben und stark sein. Doch der Name verrät es bereits: Die schwache Wechselwirkung ist schwach und hat eine extrem kurze Reichweite; ihre Auswirkung ist nur bei Entfernungen spürbar, die kürzer sind als der Durchmesser eines Atomkerns. Das ist auch der Grund, weshalb uns die schwache Wechselwirkung im Alltag nicht auffällt.

Eine Möglichkeit, die schwache Wechselwirkung schwach zu halten, wäre es, den W- und Z-Teilchen sehr große Massen zuzuteilen – mit anderen Worten, einen großen Energiezoll für die Nutzung der schwachen Felder zu erheben. Das wäre so, als würde man tausend Euro für jeden Meter verlangen, den man über die Brücke fährt. Plötzlich würden nur die reichsten Fahrer (das heißt für uns: die mit der meisten Energie) sie nutzen können, und die Fahrten würden sehr kurz werden. Die Konsequenz wäre, dass große Massen die schwache Wechselwirkung mit kurzer Reichweite erzeugen würden; außerdem wäre geklärt, warum in den 1950er- und 1960er-Jahren niemand ein W- oder Z-Teilchen gesehen hatte – wären ihre Massen ausreichend groß, wären sie zu schwer, um in irgendeinem der Experimente zu dieser Zeit erzeugt worden zu sein.

Die schöne Idee hatte allerdings einen schweren Haken. Dem W- und Z-Teilchen eine Masse zuzuweisen, zerstörte die schöne SU(2)-Symmetrie, über die man überhaupt erst die Form der schwachen Wechselwirkung bestimmt hatte. Hinzu kam, dass die Theorie dann von Unendlichkeiten heimgesucht würde – Wahrscheinlichkeitsberechnungen, die unendliche Antworten liefern –, was sie im Endeffekt nutzlos machte.

Theoretiker hatten es mit ähnlichen Unendlichkeiten zu tun gehabt, als die QED in den 1930er- und 1940er-Jahren entstand, doch nach und nach war es gelungen, diese Probleme zu überwinden und die QED in eine Theorie zu verwandeln, die sinnvolle Antworten liefert. Diese Technik, als »Renormierung« bekannt, war für den Erfolg der QED so entscheidend, dass sie Schwinger, Feynmann und Tomonaga 1965 den Nobelpreis einbrachte. Dabei schien die Renormierung für die schwache Wechselwirkung nicht zu funktionieren, wenn man massereiche Teilchen unterstellte. Der Weg zu einer Quantenfeldtheorie der schwachen Wechselwirkung schien nun wirklich und endgültig verstellt.

Es sollte ein Jahrzehnt vergehen, bis eine Lösung gefunden wurde, und noch mehr Zeit, bis diese Lösung in eine voll funktionierende Theorie der realen Welt eingebaut werden konnte. Die Geschichte ihrer Entdeckung ist lang und verworren; sie war die Leistung einer ganzen Gruppe mit einigen herausragenden Protagonisten. Julian Schwinger, Yoichiro Nambu, Jeffrey Goldstone und Philip Anderson legten die Grundlagen; Robert Brout, François Englert, Peter Higgs, Gerald Guralnik, Carl Hagen und Tom Kibble stießen auf eine mögliche Lösung; Abdus Salam, Sheldon Glashow und Steven Weinberg wandten diese Lösung auf die schwache Wechselwirkung an; und schließlich bewiesen Gerard 't Hooft und Martin Veltman, dass die sich ergebene Theorie frei von Unendlichkeiten war. Die komplexe Geschichte hinter dieser Theorie könnte ein Buch für sich füllen*, da-

---

* Wenn Sie genauer wissen möchten, wer was dazu beigetragen und wer mehr oder weniger Ruhm verdient hat, dann empfehle ich Ihnen das Buch *The Infinity Puzzle* von Frank Close.

her will ich mich hier nur auf die Physik konzentrieren. Die finale Theorie ist wie eine Kathedrale, hochaufragend, wunderschön und die Arbeit vieler Hände über viele Jahre. Sie ist das Zentrum des Standardmodells der Teilchenphysik.

Physiker standen vor einem Paradox: Sie wussten, dass die Teilchen der schwachen Wechselwirkung große Massen haben mussten, ansonsten wäre die schwache Wechselwirkung eine starke und hätte eine lange Reichweite wie der Elektromagnetismus, die sie nicht hat. Allerdings führen massereiche Teilchen zu einer Theorie, die unendliche Ergebnisse hervorbringt und die äußerst kostbare Symmetrie zerstört, die aber überhaupt erst zu dieser Form der schwachen Wechselwirkung geführt hatte.

Doch was, wenn die Symmetrie nicht zerstört würde? Was, wenn sie bloß versteckt wäre? Oder anders: Was, wenn die schwachen Teilchen *grundsätzlich* masselos wären und ihre Masse nur von woanders bekämen? Auftritt: Higgs-Feld.

Das Higgs-Feld ist ein brandneuer Typ von Quantenfeld, und es ist anders als alles, das wir bisher kennengelernt haben. Alle Felder, die uns bis hierher begegnet sind, sind entweder Materiefelder mit Spin ½, wie Elektronen, oder Spin-1-Kraftfelder, wie Photonen. Dieses neue Feld braucht als einziges einen Spin von 0.

Es ist auch in anderer Hinsicht einzigartig: Es muss überall im Raum einen von null unterschiedenen Wert haben. Das ist ein großer Unterschied etwa zum elektromagnetischen Feld. Geht man zu einem wirklich leeren Stück im Raum und entfernt alle Photonen, sodass wirklich keine Kräuselungen mehr durch das elektromagnetische Feld herumschwappen, dann ist der Wert des Feldes ziemlich bei null, abgesehen von ein wenig Bibbern, das von der Quantenunschärfe herrührt. Wenn man jedoch alle Teilchen aus dem Higgs-Feld entfernt, hat es noch immer einen großen, von null verschiedenen Wert, was das gesamte Universum mit einer gleichförmigen Higgs-Feld-Suppe füllt.

Die entscheidende Einsicht war, dass eine solche Higgs-Suppe den schwachen Teilchen eine Masse geben könnte. Die Geschichte lautet in etwa so. Es war einmal ganz, ganz am Anfang, in den ersten Mo-

Die letzte Zutat

menten des Universums, da war der Wert des Higgs-Fe¹ und folglich hatten die drei schwachen Teilchen, das W^+, u. das Z^0, alle die Masse null, und es herrschte Symmetrie. Doch a. etwa nach einer Billionstelsekunde, wurde das Higgs-Feld »angeschaltet«, es stieg von null auf einen bestimmten Wert, füllte damit das Universum mit einer Higgs-Feld-Suppe und machte die schwachen Teilchen plötzlich massereich. Als dies geschah, wurde die perfekte Symmetrie, die zu Beginn der Zeit manifest war, versteckt, und das, was wir heute als schwache Wechselwirkung kennen, verwandelte sich: von stark und mit großer Reichweite zu schwach mit kurzer Reichweite.

Gleichzeitig erwischen wir die Materieteilchen, aus denen unser Apfelkuchen besteht, also etwa Elektronen und Quarks, die zuvor mit Lichtgeschwindigkeit durch das Universum sausten, dabei, wie sie plötzlich durch diese dicke Higgs-Suppe waten. Bei ihrer Interaktion mit dem Higgs-Feld werden auch sie – zuvor lebhaft und masselos – zu schwerfälligen, massereichen Teilchen. Vielleicht hilft Ihnen die Vorstellung, dass das Higgs-Feld wie eine schleimige Substanz ist, die an Teilchen wie Elektronen und Quarks haftet, sie dadurch verlangsamt und sie mit den Eigenschaften von Masse durchsetzt. Dabei bleiben Teilchen wie Photonen und Gluonen masselos, da sie nicht direkt mit dem Higgs-Feld interagieren.

Damit ist das Higgs-Feld nicht nur verantwortlich dafür, den Teilchen der schwachen Wechselwirkung Masse zu verleihen, sondern es sorgt auch für die Masse bei den Elementarteilchen der Materie.* Damit wird es zu einer absolut unentbehrlichen Zutat für unseren Apfelkuchen und, ein klein wenig weitergedacht, für unser gesamtes Universum. Ohne das Higgs-Feld könnte die Welt, wie wir sie kennen, nicht existieren. Teilchen wie Elektronen hätten ansonsten keine

---

* Eine wichtige Einschränkung dabei ist, dass das Higgs-Feld nur den Elementarteilchen der Materie, darunter Elektronen und Quarks, Masse verleiht. Dennoch stammt der überwiegende Teil der Masse von Protonen und Neutronen nicht aus den Quarks, aus denen sie bestehen, sondern von der Energie, die in den Gluonfeldern gespeichert ist, die die Quarks zusammenhalten. Das bedeutet, der Großteil der Masse eines Atoms beruht auf der starken Wechselwirkung und nicht auf dem Higgs.

Masse, könnten mit Lichtgeschwindigkeit umhersausen und würden niemals zusammenkommen, um Atome zu formen. Außerdem wären die uns bekannten und von uns geliebten Naturkräfte völlig andere. Wie ein higgsloses Universum aussehen würde, lässt sich nur schwer sagen, aber es wäre sicher kein Ort, an dem wir leben könnten.

Die grundlegenden Prinzipien dieses Mechanismus wurden 1964 zum ersten Mal veröffentlicht, und zwar unabhängig voneinander von drei Gruppen: Zuerst gedruckt wurden die Ergebnisse von Robert Brout und François Englert aus Brüssel, dann kam Peter Higgs aus Edinburgh, und schließlich folgten Gerald Guralnik, Carl Hagen und Tom Kibble aus London. Warum also, könnten Sie nun fragen, ist Peter Higgs der Einzige, dessen Name an dieser Idee kleben geblieben ist? Nun, im Grunde läuft es auf eine unfaire Laune des Schicksals hinaus. Der stets bescheidene Higgs selbst spricht in diesem Zusammenhang immer vom ABEGHHK'tH*-Mechanismus, womit er den vielen Theoretikern danken möchte, die zu der Idee beigetragen haben. Allerdings könnten Ihre Zuhörer, wenn Sie diesen Namen laut aussprechen, zu der Auffassung kommen, Sie wären gerade dabei, einen Haarballen wieder hochzuwürgen.

Es gibt eine Sache, die Higgs vom Rest der Meute unterscheidet. Als der erste Entwurf seines Artikels von einer Fachzeitschrift abgelehnt worden war, entschloss sich Higgs, ihn ein wenig aufzupeppen, indem er ein paar experimentelle Konsequenzen aus seiner Idee hinzufügte. Ein neues kosmisches Energiefeld zu erfinden ist ja schön und gut, aber woher weiß man, dass ein solches Ding auch tatsächlich existiert? Higgs wusste, dass es wie bei allen anderen Quantenfeldern möglich sein musste, eine Kräuselung in diesem neuen Feld zu erzeugen, die sich in Experimenten als neues Teilchen würde finden lassen. Nun war zwar für jeden, der sich schon mal ein bisschen mit der Quantenfeldtheorie beschäftigt hatte, die Tatsache, dass mit dem neuen Feld auch ein neues Teilchen auftauchen musste, ziemlich offensichtlich, nur hatte eben niemand anderes daran gedacht, das

---

* Das steht für Anderson, Brout, Englert, Guralnik, Hagen, Higgs, Kibble, 't Hooft.

Die letzte Zutat 279

auch ausdrücklich zu betonen. Also haftet Higgs' Name nun für immer an diesem Teilchen – dem berühmten Higgs-Boson.

Was diese Sechser-Gang entworfen hatte, war das Grundprinzip, wie mithilfe eines neuen Quantenfelds Teilchen Masse verliehen bekommen. Allerdings musste es noch angepasst werden, um die schwache Wechselwirkung auch vollständig beschreiben zu können. 1968 nutzten Sheldon Glashow, Abdus Salam und Steven Weinberg es, um eine umfassende Theorie der realen Welt zu entwerfen. Dabei entdeckten sie, dass die einzige Möglichkeit, den masseverleihenden Mechanismus zu integrieren, darin bestand, auch die elektromagnetische Kraft in die Theorie mitaufzunehmen. Das führte zu einer der tiefgreifendsten Erkenntnisse des 20. Jahrhunderts: Die elektromagnetische Kraft und die schwache Wechselwirkung, die in unserer Alltagswelt als völlig verschieden erscheinen, sind in Wirklichkeit unterschiedliche Aspekte der vereinheitlichten *elektroschwachen* Wechselwirkung. Der einzige Grund, weshalb wir zwei getrennte Kräfte sehen, ist, dass ganz früh im Universum das Higgs-Feld den W- und Z-Bosonen Masse verlieh, die Photonen aber masselos beließ.

Diese wahrhaft unglaubliche Offenbarung markierte die größte Vereinheitlichung in der Physik seit Faraday und Maxwell gezeigt hatten, dass Elektrizität und Magnetismus ein und dasselbe Phänomen sind, Aspekte eines einzigen, vereinheitlichten elektromagnetischen Felds. Nun war das elektromagnetische Feld mit der schwachen Wechselwirkung durch die Anwendung von Prinzipien der tiefen Symmetrie vereinheitlicht worden. Die sich ergebende elektroschwache Theorie sagte die Existenz von drei neuen, massereichen Austauschteilchen voraus, das W^+, das W^- und das Z^0 – und tatsächlich wurden die drei Bosonen 1983 auf spektakuläre Art und Weise vom Super Proton Synchrotron Collider des CERN aufgespürt. Endlich war die schwache Wechselwirkung verstanden, und die elektroschwache Theorie rückte ins Zentrum des modernen Standardmodells der Elementarteilchenphysik.

Ein Puzzleteil war aber noch immer nicht an seinem Platz: das Higgs-Boson selbst. Ohne das Higgs fehlte der Schlussstein der wunderschönen Theorie-Kathedrale, die in den 1960er- und 1970er-Jahren aufgebaut worden war. Es war das Higgs-Boson, das die Stärke der schwachen Wechselwirkung erklärte, sie mit dem Elektromagnetismus vereinheitlichte und den Teilchen Masse verlieh, damit sich überall im Universum Atome bilden konnten. Deshalb war es so wichtig, es zu finden, und deshalb begannen einige weitsichtige Physiker am CERN in den späten 1970ern, das wagemutigste wissenschaftliche Experiment zu planen, das je versucht worden war.

DIE URKNALLMASCHINE

Am Dienstag, den 30. März 2010, kurz vor der Mittagspause standen zwei unverdächtig wirkende Protonen kurz davor, Geschichte zu schreiben. Ihr Tag hatte wie üblich begonnen, sie schubsten sich zufrieden in einem Kanister mit Wasserstoffgas hin und her, der in einem nicht näher bekannten Gebäude des CERN steht, ein paar Kilometer vom Stadtzentrum Genfs entfernt. Es sollte ein absolut unvergesslicher Tag für sie werden. Dabei hatten sie, nach menschlichem Maßstab, beide bereits unvorstellbare lange und abwechslungsreiche Leben gelebt und waren vor 13,8 Milliarden Jahren in der furiosen Hitze des Urknalls zur Welt gekommen.

Was sie nicht schon alles gesehen hatten! Sie waren dabei, als das gleißende Licht der Schöpfung aufging, und hatten das endlose Dunkel miterlebt, bevor die ersten Sterne aufleuchteten. Sie hatten in der strahlenden Atmosphäre der blauen Hyperriesen getanzt und waren auf den Schockwellen von Supernovae durch den Kosmos gesurft. Eines von beiden hatte in einer kleinen Hautzelle sogar etwas Zeit auf dem linken Mittelfinger von Paul McCartney verbracht, wenn auch nur zur Zeit von Wings.

Was sie allerdings noch nicht wussten, war, dass ihre langen Leben kurz davorstanden, brutal abgekürzt zu werden. Hätten sie nicht das Pech gehabt, in dieser speziellen Wasserstoff-Gasflasche gefangen zu sein, hätten sie durchaus noch das Ende der Menschheit erleben können, den Tod der Sonne und vielleicht sogar das Aufziehen einer

Die letzte Zutat 281

zweiten großen Dunkelheit am Ende des Universums. Unglücklicherweise war genau dieser Kanister ausgesucht worden, als Protonenquelle für den stärksten Teilchenbeschleuniger auf dem Planeten Erde zu dienen. Die beiden waren kurz davor, zu Märtyrern im Dienst der Wissenschaft zu werden.

Völlig unvermittelt und ohne viel Aufhebens saugt sie nun aber eine Ventilöffnung aus ihrer Gasflasche in eine benachbarte Metallbox, in der ein heftiger Stromstoß sie rücksichtslos von ihren Wasserstoffmolekülen trennt. Nachdem sie sich von ihren begleitenden Elektronen verabschiedet haben, sind die Protonen nackt und allein und sausen eine evakuierte Röhre entlang in die Mitte des ersten Beschleunigers. Damit beginnt eine lange Kette, auf der sie unausweichlich ihrem Untergang entgegeneilen. Als sie den schlicht Linear Accelerator 2 genannten Beschleuniger nach nur etwa 30 Metern wieder verlassen, haben sie bereits ein Drittel der Lichtgeschwindigkeit erreicht. Keines der beiden Protonen ist in den letzten Milliarden Jahren so schnell unterwegs gewesen, und doch, ein Drittel der Lichtgeschwindigkeit ist noch nichts, worüber man sich als Proton allzu viele Gedanken macht. Viele ihrer Genossen waren als kosmische Strahlung mit weit höherem Tempo auf die Erde gestürzt.

Als sie jedoch durch eine Reihe immer größer werdender Ringbeschleuniger hindurchgehen, wird ihnen langsam doch mulmig. Bei jeder Runde geben ihnen mächtige elektrische Felder einen Extra-Energiekick, während stärkere und stärkere Magnetfelder sie immer fester in ihren Kreisbahnen halten. Schon kurz darauf bemerken sie, dass sie in einem großen Ring mit sieben Kilometer Umfang herumrasen, dem Super Proton Synchrotron (SPS), einstmals CERNs stärkster Teilchenbeschleuniger. Die beiden Protonen fliegen nun in einem dicht gepackten Schwarm mit Milliarden ihrer ehemaligen Kanisterkameraden und werden nach und nach auf immer aufsehenerregendere Geschwindigkeiten beschleunigt. Als das SPS seine Spitzenleistung mit 99,9998 Prozent der Lichtgeschwindigkeit erreicht hat, hoffen die beiden, ihre Tortur könne gleich vorbei sein.

Ist sie aber nicht. Ein plötzlicher magnetischer Stoß kickt die beiden Protonen aus dem SPS und über eine Verbindung in einen noch größeren Ring, sogar in den größten überhaupt, den Large Hadron Collider. Unseren beiden Protonen wird zu ihrer großen Beunruhigung klar, dass sie sich in *gegensätzlicher* Richtung um den 27 Kilometer langen Ring bewegen. Das kann nichts Gutes verheißen. Etwas Trost erfahren sie aus der Tatsache, dass der größere Radius der neuen Maschine dazu führt, dass sie nicht mehr so fest von den Magneten des LHC gepackt werden. Allerdings währt diese Freude nur kurz.

Um 11:40 Uhr, nachdem sie sich als zwei vollständig geladene Strahlen eingerichtet haben, die in entgegengesetzter Richtung umeinander kreisen, fängt der LHC an, die Protonen in völliges Neuland zu stoßen: Bei jeder Umrundung der Kreisbahn passieren die beiden einen kurzen Abschnitt mit metallischen Ausbuchtungen, in denen sie einer Kaskade heftiger Kinnhaken eines 2-Millionen-Volt-Felds ausgesetzt sind. Das bringt sie noch näher an die Lichtgeschwindigkeit heran. Gleichzeitig beginnen mehr als tausend supraleitende Magneten, die den Großteil der gesamten Anlage ausmachen, die Magnetfelder immer weiter zu verstärken, wodurch unsere Protonen mit stets stärker werdender Kraft in die Mitte der Ringbahn gezogen werden.

Eine Stunde lang müssen die Protonen die elektromagnetische Folter aushalten. Zum Glück für die Protonen: Aus ihrer Sicht vergeht dank der wahnsinnigen Geschwindigkeiten und der zeitkrümmenden Effekte der Relativität diese eine Stunde in nur etwas mehr als einer Sekunde. Um 12:38 Uhr, nachdem sie etwa 40 Millionen Mal den 27 Kilometer langen Ring umkreist haben, haben sie ihre endgültige Reisegeschwindigkeit erreicht: 99,999996 Prozent der Lichtgeschwindigkeit.

Jedes Proton ist nun ein Projektil mit konkurrenzloser Macht und trägt 3,5 Billionen Elektronenvolt (TeV) mit sich, was etwa dem 3700-Fachen seiner Masse entspricht. Wie sie so alle 90 Mikrosekunden einmal um den gesamten Ring rasen, durchqueren sie immer wieder die Zentren der vier großen Detektoren – ATLAS, ALICE, CMS und LHCb –, die geduldig darauf warten, den Untergang der Protonen aufzuzeichnen. Im Moment noch werden die beiden gegenläufigen Rotationen auseinandergehalten. Die beiden kommen bei jeder Runde bis auf ein paar Millimeter aneinander heran, treffen sich aber noch nicht.

Ein paar Minuten später, gegen 12:56 Uhr, bemerken die Protonen, wie sich ihre Orbits langsam verändern, da die an den Seiten der vier Detektoren befestigten Magnete anfangen, die beiden in Gegenrichtung verlaufenden Strahlen immer weiter einander anzunähern. Bei jeder Umrundung wird der Abstand zwischen den beiden immer kleiner, bis kaum mehr eine Haaresbreite Platz ist.

12:58 Uhr. Unsere beiden Protonen, die sich nun schneller bewegen als jemals seit dem Beginn des Universums, kommen ein letztes Mal aneinander vorbei und beginnen ihre letzte 27-Kilometer-Runde. Nach kaum 22,5 Mikrosekunden haben sie die Hälfte davon bereits zurückgelegt. Weitere 22,5 Mikrosekunden später sausen sie aus unterschiedlichen Richtungen in eine der Detektorenkammern hinein. Zu ihrem Glück können sie einander nicht kommen sehen, da man als Proton keine Augen hat und es im LHC sowieso stockdunkel ist.

Nachdem sich die Wege der beiden kräftigen Strahlen in allen vier Detektoren des LHC gekreuzt haben, knallen unsere unglückseligen Protonen kopfüber aufeinander, und zwar mit einer Gewalt, wie es sie seit dem Urknall nicht mehr gegeben hat. Der bis dahin bestehende Weltrekord für eine Kollision mit der höchsten Energie zerplatzt.

Die Heftigkeit des Aufpralls löscht die Protonen vollständig aus. Ihr Inneres wird in einem Feuerwerk aus Quarks und Gluonen nach außen gefeuert. Zur gleichen Zeit schickt ihre enorme Energie Kräuselungen durch die Quantenfelder der Natur, wobei durch die Kraft des Aufschlags neue Teilchen erschaffen werden: Elektronen, Myonen, Photonen, Gluonen, Quarks und viele weitere. In dem Moment, in dem unsere beiden Protonen sterben, kommen neue Teilchen auf die Welt. Ihr Tod erschafft aus Energie neue Materie. $E=mc^2$.

Rund hundert Meter darüber erscheinen die ersten Bilder der Kollisionen auf den Bildschirmen der Kontrollräume rund um den LHC-Ring – und die Ingenieure und Physiker brechen in Jubel aus. Nach mehr als 30 Jahren träumen, planen, bauen, testen, Rückschläge einstecken und sich wieder aufrappeln hatte das aufwendigste je begonnene wissenschaftliche Experiment Fahrt aufgenommen. Diese Leistung ist für die mit dem LHC beauftragten Ingenieure im CERN-Kontrollzentrum umso erfreulicher, als viele von ihnen das gesamte letzte Jahr unablässig im 27 Kilometer langen Tunnel gearbeitet hatten, nachdem sich der Beschleuniger kurz nach seiner Inbetriebnahme im September 2008 teilweise selbst in die Luft gesprengt hatte. Und noch während man überall im CERN die Sektflaschen entkorkt, schreibt Mirko Pojer, einer der beiden verantwortlichen Ingenieure, die an diesem Tag Dienst hatten, mit schlichten Worten ins Protokoll: »Erste Kollisionen bei 3,5 TeV pro Strahl!«

Dienstag, der 30. März 2010, war für alle am CERN ein großer Tag. Er markierte den Start des LHC-Physikprogramms und mit ihm den Beginn der Suche nach Antworten auf die tiefsten Fragen, die man über unser Universum stellen kann. Ich erinnere mich noch lebhaft an diese ersten Wochen: die Spannung beim Blick auf die frischen Ereignisse, die auf gestreute Teilchen im LHCb-Detektor hinwiesen, das Gefühl von Verantwortung und Druck, die dadurch entstanden, dass wir unseren kleinen Beitrag zum gelungenen Ablauf des Experiments geleistet hatten, die Aufregung, dass die ersten Daten zeigten, dass wir *wirklich echte* Teilchen in *unserem* Detektor erzeugt hatten.

Im Verlauf der folgenden Tage und Nächte registrierten die vier LHC-Experimente mehr und mehr Kollisionen, da die Ingenieure, die am CERN-Kontrollzentrum für den Betrieb des LHC verantwortlich waren, immer besser lernten, wie sie die unglaublich komplexe Maschine bedienen mussten, die sie erbaut hatten. Nachdem der Weltrekord für die Kollision mit der höchsten Energie in einem Labor geknackt worden war, bestand die Aufgabe nun darin, die *Frequenz* der Kollisionen zu erhöhen, sodass jeden Tag von den vier Experimenten mehr und mehr Daten aufgezeichnet werden konnten.

Das LHCb-Experiment, an dem ich arbeite, ist ein Detektor, der vor allem entworfen wurde, um die als »Bottom-Quarks« bekannten Teilchen zu erforschen. Sie sind schwere Begleiter der gewöhnlichen Down-Quarks, aus denen Protonen und Neutronen bestehen, und

Die letzte Zutat

indem wir ganz genau ihre Eigenschaften vermessen, können wir eine Menge sowohl über das Standardmodell als auch über potenzielle neue Quantenfelder lernen, die wir noch gar nicht entdeckt haben. Allerdings ist der LHCb für eines nicht gebaut, nämlich für die Suche nach dem Higgs-Boson.

Das Higgs-Teilchen war das Ziel der beiden größten Experimente am LHC: ATLAS und CMS.

Diese beiden Riesen sind »vielseitige« Detektoren, was bedeutet, dass sie dafür gebaut wurden, so viele unterschiedliche Teilchen wie möglich zu finden. Sie sitzen auf gegenüberliegenden Stellen des Rings; ATLAS in der Nähe der CERN-Zentrale und damit nahe an all den Annehmlichkeiten wie Restaurants, wohingegen CMS mehrere Kilometer entfernt mitten in der französischen Landschaft liegt, was sehr pittoresk ist, aber etwas ärgerlich, wenn man mittags gern zum Essen ins CERN zurückmöchte.

Jedes dieser Experimente ist mit einem Team von mehr als 3000 Physikern, Ingenieuren und Computerwissenschaftlern aus der ganzen Welt ausgestattet, die einen kleineren oder auch nicht so kleinen Beitrag dazu leisten, das ultimative Ziel, also die Entdeckung neuer Eigenschaften der subatomaren Landschaft, zu erreichen. Es gibt leitende Physiker, von denen viele schon an ganz frühen Phasen der Planung der Experimente beteiligt waren und nun Managementaufgaben bei der Zusammenarbeit und der Strategieplanung beziehungsweise die nicht zu vernachlässigende Aufgabe übernehmen, unter den Tausenden manchmal übergroßen Egos einen Konsens herzustellen. Dann gibt es die Hardware- und Software-Experten, die das Equipment der Experimente entwerfen und erstellen. Sie sind absolut unerlässlich für den Betrieb und die Aufrechterhaltung der Detektoren sowie für die weitere Planung und zukünftige Upgrades. Und dann gibt es eine wahre Armee von Physikern, viele von ihnen junge Doktoranden und Postdoc-Forscher, deren Job es ist, die unermessliche Flut an Daten zu analysieren und nach Hinweisen auf neue Teilchen zu suchen.

Die Experimente sind nur möglich dank dieser enormen internationalen Anstrengung aller, und doch ergab sich die Suche nach dem Higgs-Boson schlussendlich als Werk nur einer Handvoll junger Leute, die die unglaubliche Verantwortung schulterten, eine sich über fünfzig Jahre hinziehende Suche zu ihrem dramatischen Schlusspunkt zu bringen und damit eine Antwort auf die Frage zu liefern, warum Teilchen eine Masse haben. Einer dieser wenigen Glücklichen war Matt Kenzie, ein ehemaliger Kollege von mir aus Cambridge, der in dieser Anfangsphase des LHC Doktorand am Imperial College London war und als Neuling ans CMS kam.

Matt traf im Frühling 2011 am CERN ein, gerade als am LHC das zweite Jahr mit den Kollisionen anbrach. Er hatte seine Physiker-Laufbahn mit der Absicht begonnen, Theoretiker zu werden und vielleicht so etwas Unbedeutendes wie die Entdeckung einer Quantentheorie der Gravitation beizutragen. Doch nach einem Jahr Studium für seinen Masterabschluss wurde ihm klar, dass das Leben eines Theoretikers nichts für ihn war, und so gab er in allerletzter Minute noch eine Bewerbung für eine Promotion im Fachgebiet experimentelle Teilchenphysik ab. Die Bewerbung war derart in allerletzter Minute, dass die Bewerbungsfrist bereits abgelaufen war, doch dank eines sehr glücklichen Zufalls hatte das Imperial noch einen Platz für ihn frei, da ein anderer Kandidat mit Zusage wieder zurückgetreten war. Nach einem eiligst arrangierten Bewerbungsgespräch machte er sich schon bald an seine Doktorarbeit, und noch bevor er richtig wusste, wie ihm geschah, war er unterwegs zum CERN, um dort nach dem Higgs-Boson zu suchen.

Von den 3000 Menschen am CERN waren Hunderte mehr oder weniger direkt mit der Higgs-Suche beschäftigt, doch die alltägliche Arbeit erledigte dann doch eine eher überschaubare Gruppe von ein paar Dutzend Wissenschaftlern. Nach Matts eigener Aussage war es einfach nur Glück, dass er zu einem der Auserwählten gehörte, die das erstaunliche Privileg hatten, jene Daten zu analysieren, die eine der am längsten drängenden Fragen der Physik beantworten sollten. »Es war wirklich ein kompletter Glückstreffer, dass ich genau im Zentrum dieser Sensationsnachrichten gelandet bin«, versicherte er mir.

Die Physiker am ATLAS- und CMS-Experiment wussten: Sollte das Higgs-Boson bei einer der Kollisionen im LHC erschaffen werden, würde es fast augenblicklich zerfallen, schon nach 10^{-22} Sekunden, einer viel zu kurzen Zeit, als dass es einen der empfindlichen Teile des Detektors würde erreichen können. Das hieß, dass der einzige Weg, einen Beweis für das Higgs-Boson zu finden, über den Nachweis der Teilchen ging, die bei seinem Zerfall durch den Detektor flitzten. Es war ein bisschen so, als würde man das Aussehen und den Typ eines Autos dadurch erkennen wollen, dass man es mit Dynamit füllte und dann die verschiedenen Teile fotografierte, die nach der Explosion stückchenweise durch die Luft fliegen.

Anders bei einem Auto, das immer in seine ehemaligen Bestandteile auseinanderfallen wird, kann das Higgs-Boson jedoch auf ganz unterschiedliche Arten und Weisen zerfallen. Einige dieser Zerfallsprodukte sind leichter zu erkennen als andere. So ist beispielsweise der Zerfall in ein Bottom-Quark und ein Antibottom-Quark bei Weitem der häufigste – mehr als die Hälfte aller Higgs-Bosone zerfallen so –, und dennoch es ist sehr schwer, dies zu erkennen, da bei einer Kollision im LHC unglaublich viele Bottom-Quarks entstehen. Diese Suche nach einem Higgs-Boson, das in ein Bottom-Antibottom-Pärchen zerfallen ist, hat weniger etwas von einer Suche nach einer Nadel im Heuhaufen als von der Suche nach einer Nadel in einem Haufen sehr ähnlich aussehender anderer Nadeln.

Zum Glück gibt es noch andere Möglichkeiten, ein Higgs-Teilchen aufzuspüren. Am vielversprechendsten ist dabei der Zerfall, bei dem aus einem Higgs entweder zwei hochenergiereiche Photonen oder zwei Z-Bosonen entstehen. Das heißt zwar nicht, dass es leicht wäre, diese Zerfälle zu beobachten, aber es ist dann doch eher wie die Suche nach einer Nadel im Heuhaufen (oder vielleicht doch eher wie die nach einer Nadel auf einem Feld voller Heuhaufen).

Matts Aufgabe am CERN war es, ein Computerprogramm mitzuentwickeln, das die Suche nach einem in zwei Photonen zerfallenden Higgs-Boson erlauben sollte. Er erinnerte sich noch gut an den Schock, den er bei einer ersten Präsentation seiner Arbeit vor einer Arbeitsgruppe am CMS erlebte, als er von einem Postdoc-Forscher des MIT ziemlich feindselig verhört worden war. Später stellte sich heraus, dass es zwischen der MIT-Gruppe und den Mitarbeitern des

Imperial College eine Rivalität gab, da beide Teams darum wetteiferten, wer die Führung bei dieser Suche übernehmen durfte, und Matt fand sich unversehens mitten in dieser Auseinandersetzung wieder. »Das war meine Feuertaufe«, erklärte er mir. »Nach meiner Präsentation hatte ich das Gefühl, in einem ziemlich rauen Umfeld gelandet zu sein.«

Zu dieser Zeit war der Druck immens hoch. Matts Team, das aus Physikern vom Imperial College, aus San Diego, vom CERN und aus Italien bestand, konkurrierte nicht nur mit der MIT-Gruppe bei der Suche nach dem Higgs-Zerfall in zwei Photonen, es gab auch noch andere Gruppen am CMS, die nach dem Higgs-Zerfall in zwei Z-Bosonen suchten, ganz zu schweigen von den 3000 anderen Forschern am gigantischen Rivalen ATLAS, die ebenfalls in dieser Richtung unterwegs waren. Matt arbeitete mit einer Reihe anderer Doktoranden und zwei Postdocs in einem eng verbundenen Team. Sie trafen sich mindestens zweimal pro Woche und saßen regelmäßig beim Mittagessen im CERN-Restaurant 1, der lebhaften Cafeteria, dem Mittelpunkt allen sozialen Lebens der Labore, und besprachen ihr weiteres Vorgehen. Immer wieder saßen sie lange nach Arbeitsschluss noch in den Büros, und ein oder zwei von ihnen arbeiteten auch rund um die Uhr, vor allem zu den Zeiten, an denen die Ergebnisse der Jagd nach dem Higgs-Boson öffentlich vorgestellt wurden.

So, und wie jagt man dann nach dem Higgs? Nun, alles fängt mit den vom LHC verursachten Kollisionen an. Gehen wir einmal davon aus, das Higgs-Feld existiert und dass Protonen, wenn sie im LHC zusammenstoßen, genug Energie besitzen, um das Higgs-Feld zum Taumeln zu kriegen und ein neues Teilchen erschaffen zu können, das Higgs-Boson. Dann ist die erste Herausforderung, dass die Wahrscheinlichkeiten, bei einer einzelnen Kollision ein Higgs entstehen zu lassen, extrem gering sind. Aufgrund der probabilistischen Natur der Quantenmechanik kann man bei der Kollision zweier Protonen nicht vorhersagen, welche Teilchen erzeugt werden. Eine solche Kollision ist wie würfeln mit einem Würfel, der unglaublich viele Seiten hat und bei der jede Seite ein unterschiedliches mögliches Ergebnis darstellt.

In den meisten Fällen sorgt eine Kollision für das Auftauchen von Teilchen, die wir schon kennen: Quarks, Gluonen, auch mal ein W- oder Z-Boson. Die Chance, ein Higgs-Boson zu erzeugen, ist sehr gering – sie liegt bei zwei zu einer Milliarde –, weshalb man schon eine Menge Kollisionen im LHC zustande bringen muss, möchte man ein paar von ihnen untersuchen. Man kann tatsächlich innerhalb von ATLAS und CMS rund eine Milliarde Kollisionen pro Sekunde erreichen, und das Soll ist es, dies 24 Stunden am Tag zu machen, rund neun Monate im Jahr, abzüglich ein paar technischer Stopps und der Zeit, die es braucht, eine neue Runde vorzubereiten. Bis Ende 2012 führte diese unglaubliche Kollisionsrate dazu, dass der LHC sechs Quadrillionen (tausend Billionen) Kollisionen produziert hatte.

Derart viele Kollisionen führen zu entsprechend großen Datenmengen, und zwar so vielen Daten, dass der LHC innerhalb weniger Tage alle Festplatten der gesamten Erde füllen könnte. Die einzige Möglichkeit, mit einem solchen digitalen Tsunami umzugehen, ist es, die meisten Kollisionen wegzuwerfen, noch bevor sie überhaupt richtig aufgezeichnet wurden. Das erledigt eine Reihe von Computeralgorithmen mit Namen »triggers«, die in Echtzeit jede Kollision anschaut – alle 25 Nanosekunden – und entscheidet, ob es interessant aussieht, was da gerade passiert ist, oder es nur die langweiligen alten Quarks und Gluonen sind, die wir schon kennen. Bei den seltenen Gelegenheiten, an denen es vielversprechend aussieht, werden die Daten aufgezeichnet, und Analysten wie Matt beginnen mit ihrer Arbeit.

Sobald die Daten gespeichert sind, läuft die Suche nach Higgs-Bosonen, die in zwei Photonen zerfallen sind, ziemlich geradlinig ab, zumindest prinzipiell. Die Teams am CMS und ATLAS nutzen maßgeschneiderte Algorithmen, um ihre Berge an Daten nach Kollisionen abzusuchen, die ein Paar hochenergiereicher Photonen enthalten. Der schwierige Teil dabei ist, dass es unglaubliche viele Möglichkeiten gibt, dass Photonen entstehen können, wenn zwei Protonen ineinanderknallen, und die allermeisten von ihnen haben überhaupt nichts mit Higgs-Bosonen zu tun. Matt und seine Kollegen brauchten einen Weg, die echten Higgs-Bosonen aus dem Hintergrund von zufälligen Photonen herauszusieben, die nicht von einem Higgs-Teilchen stammten. Man könnte dabei an das Schürfen nach einem Goldnugget aus einem schnell fließenden Strom denken. Sogar nachdem die Daten ausgesiebt wurden, bleibt noch viel mehr übrig als nur die echten Higgs, doch zum Glück kommt hier der finale Trick ins Spiel. Addiert man die Energie der beiden Photonen, erhält man augenblicklich die Masse des Teilchens, von dem sie erzeugt wurden. Bei zufälligen Hintergrundphotonen kann das so ziemlich jede Zahl ergeben. Trägt man all diese Zahlen in einen Graphen ein, werden sich all die Ergebnisse über ein breites Spektrum an Massen verteilen. Photonen hingegen, die von einem Higgs-Teilchen abstammen, werden zusammen genommen immer die *gleiche* Masse haben – die Masse des Higgs-Bosons –, deshalb werden sie sich auf dem Graphen um denselben Wert herum anhäufen, was einen kleinen Hügel über dem flachen Hintergrund bildet. Ist dieses Hügelchen ausgeprägt genug, ist das ein wichtiges Indiz dafür, dass in dem Experiment ein neues Teilchen erzeugt wurde.

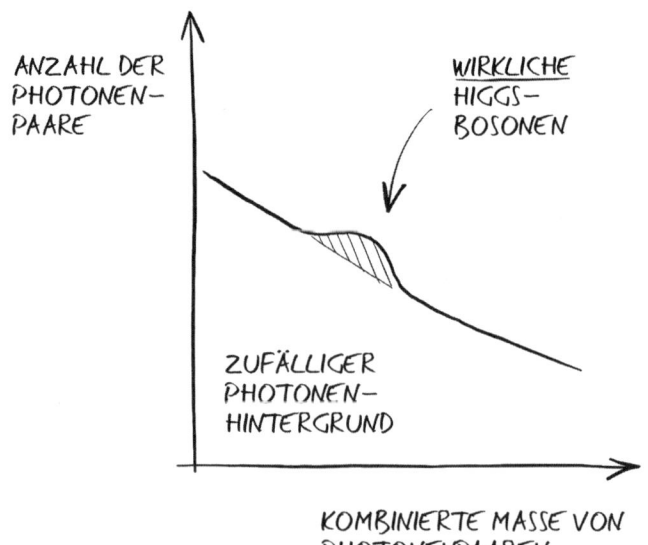

Kurz vor Weihnachten 2011 machten Gerüchte in den Fluren des CERN die Runde, ATLAS und CMS wären auf etwas gestoßen. Nach einem Jahr intensiver Datensuche und -analyse kam man am 13. Dezember zu einem besonderen Seminar zusammen, um die wissenschaftliche Community über die neuesten Entwicklungen bei der Suche nach dem flüchtigsten Teilchen der Geschichte auf den neuesten Stand zu bringen. Vor dem größten Hörsaal des CERN bildete sich eine lange Schlange von Menschen, die alle bei der Vorstellung dabei sein wollten, weshalb Matt gezwungen war, sich die Ankündigung per Livestream in seinem Büro anzuhören. Die Ergebnisse waren extrem verlockend, aber uneindeutig. Sowohl ATLAS als auch CMS hatten einen winzigen Hügel bei der Masse 125 GeV festgestellt (zum Vergleich: ein Proton hat etwa die Masse von 1 GeV, ein Z-Boson die von rund 90 GeV). Allerdings war die Häufung zu gering, um wirklich sicher zu sein, dass es sich nicht nur um statistische Fluktuationen handelte. Aber so klein diese Häufchen auch waren, die Tatsache, dass zwei voneinander unabhängige Experimente Hinweise auf ein neues Teilchen der gleichen Masse gefunden hatten, sorgte bei vielen in der Physikergemeinschaft für eine deutliche Pulsbeschleunigung.

Als im Frühling 2012 die Datensuche wiederaufgenommen wurde, nahmen alle plötzlich die Sache noch viel ernster. Da sie spürten, dass sie und ATLAS die Witterung des Higgs-Bosons aufgenommen hatten, arbeiteten Matt und sein Team noch härter, um keinesfalls den Anschluss an ihre Konkurrenten zu verlieren. Um alles vollständig geheim zu halten und der Gefahr zu entgehen, dass sie bewusst oder unbewusst ihre Methoden verfälschten und das Ergebnis damit beeinflussten, wurde die Analyse blind durchgeführt. Das hieß, die Mitarbeiter konnten sich das Endergebnis nicht ansehen, bis nicht alle Daten von der Kollaboration geprüft worden waren, was zu einem dramatischen Finale führte, an dem der Blindversuch abgeschlossen wurde. Erst dann sollten die Ergebnisse bekanntgegeben werden, und erst dann würden sie wissen, ob sie das Higgs-Teilchen gefunden hatten oder nicht.

Ende Juni 2012 hatten ATLAS und CMS bereits so viele Daten

aufgezeichnet wie im gesamten Jahr 2011 zusammen, und es wurde Zeit, einen Blick darauf zu werfen. Am Morgen der Bekanntgabe versammelten sich Matt und das kleine Team rund um ein Notebook, das sie mitten im Restaurant 1 aufgestellt hatten. Von all den aufreibenden Arbeitsstunden hatten sie rot unterlaufene Augen. Sie starrten angestrengt auf den entscheidenden Graphen. Auf dem Bildschirm war zu erkennen, dass das Hügelchen sich genau an der Stelle befand, an der sich auch schon 2011er-Daten gehäuft hatten.

Da er noch völlig neu in der Teilchenphysik war, erkannte Matt das ganze Ausmaß dessen, was sie eben gesehen hatten, erst, als die Ergebnisse am späteren Nachmittag der gesamten CMS-Kollaboration vorgestellt wurden. Hunderte Physiker drängten sich in den winzigen Seminarraum, um Mingming Yang zuzuhören, einer energischen chinesischen Doktorandin aus dem MIT-Team, die die Resultate der Suche nach dem Higgs-Boson vorstellte, das in zwei Photonen zerfiel. Sie spannte ihre Zuhörer ein wenig damit auf die Folter, dass sie die Ergebnisse nur scheibchenweise herausgab, erst jene von 2011, dann die aus 2012. Dann kam sie zum letzten Slide ihrer Präsentation, auf dem die kombinierten Endergebnisse standen. Mit einem rhetorischen Tusch fügte sie hinzu: »Ich hoffe, Sie werden sich für den Rest Ihres Lebens an diesen Moment erinnern.« Ein Klick, und im Licht des Projektors war zu sehen, dass der Graph eindeutig bei 125 GeV eine Spitze hatte. Als das Team, das das Higgs-Boson durch den Zerfall in zwei Z-Bosonen untersuchte, ein paar Minuten später exakt das gleiche Ergebnis präsentierte, »brach die Hölle über uns los«, wie sich Matt später erinnerte.

Am nächsten Tag erhielt er eine E-Mail von Joe Incandela, dem Sprecher des CMS, der ihn und fünfzig andere Physiker einlud, bei der Vorbereitung einer Pressemitteilung zu helfen, die für den 4. Juli 2012 angedacht war (der »Higgsdependence Day«, wie er spaßeshalber seitdem im CERN heißt, was sich als US-amerikanischer Unabhiggsigkeitstag übersetzen ließe). Joe hatte die gewaltige Verantwortung zu tragen, der Welt die Ergebnisse des CMS zu übermitteln, gemeinsam mit Fabiola Gianotti, die die Resultate im Namen von ATLAS bekanntgab. Die 50er-Gruppe verbrachte mehrere Tage weggeschlossen in einem Seminarraum und besprach, wie sich die Resultate am besten vermitteln ließen, und überarbeitete die abschließende Präsentation.

Zu dieser Zeit flog Matt jedes Wochenende zurück nach Großbritannien, um seinen schwerkranken Vater zu besuchen. Er bemühte sich so gut er konnte, seinen Eltern zu erklären, was sie am CERN herausgefunden hatten, doch obwohl den beiden schon deutlich wurde, dass da etwas Bedeutendes vor sich ging, spürte er doch, dass sie nicht ganz erfassten, was es mit diesem Higgs-Zeugs so auf sich hatte. »Ihre Antwort war so etwas in der Art wie ›Das ist ja ganz toll, mein Großer‹. Sie hatten zu der Zeit einfach wichtigere Dinge im Kopf.«

Das Resultat dieser Umstände war, dass Matt nicht damit gerechnet hatte, an dem für die Veröffentlichung geplanten Tag am CERN zu sein, weshalb er das Angebot einer Sitzplatzreservierung im Hauptauditorium abgelehnt hatte. Dann stellte sich aber heraus, dass er an jenem entscheidenden Tag *doch* am CERN war, und tatsächlich gelang es ihm und ein paar anderen Mitgliedern des CERN-Higgs-Teams, sich noch in den Saal zu schmuggeln.

Die Atmosphäre in dem Raum war elektrisierend; ein Physiker verglich sie gar mit der Stimmung in einem Fußballstadion. Nun weiß ich nicht, ob er jemals wirklich bei einem Fußballspiel live dabei gewesen ist, doch für die Standards der Teilchenphysik war die ganze Sache wohl recht lebhaft. Es gab Menschen, die hatten vor dem Vorlesungssaal übernachtet, nur um die Chance auf einen Sitzplatz zu bekommen, viele hundert andere mussten abgewiesen werden. Ich nahm derweil in London an einer großen Webcast-Veranstaltung in der Nähe des Londoner Parlaments teil, zusammen mit einem Haufen Wissenschaftstypen, Journalisten und Regierungsmitarbeitern, die alle darauf warteten, dass die Präsentation begann.

Ein paar Minuten vor Beginn der Veranstaltung betrat der Generaldirektor des CERN, Rolf Heuer, den Saal, in Begleitung von Peter Higgs und François Englert, deren ursprüngliche Forschungen vor fast einem halben Jahrhundert diese unglaubliche Kettenreaktion erst ausgelöst hatten. In diesem Moment wurde Matt so richtig klar, dass er an etwas Großem mitgewirkt hatte.

Zunächst stand die Präsentation des CMS an, und Joe Incandela erklärte, welche Spitzen sie vor ein paar Wochen beobachtet hatten. Nun hielt jeder den Atem an in Erwartung, ob ATLAS genau das Gleiche festgestellt hatte. Als Fabiola Gianotti einen Graphen zeigte, der einen Ausschlag genau mit der Masse wie das CMS zu erkennen gab, hielt es die Zuhörer in dem Saal nicht mehr auf den Sitzen. Die versammelten Physiker brüllten und bejubelten die großartige gemeinsame Leistung. Peter Higgs, nun deutlich in seinen Achtzigern, wurde beobachtet, wie er sich eine Träne aus dem Augenwinkel wischte. Später erklärte er, er habe niemals erwartet, dass das Teilchen, dessen Existenz er als junger Mann 1964 zum ersten Mal vorausgesagt hatte, noch zu seinen Lebzeiten entdeckt werden würde. Als dann der Generaldirektor des CERN am Ende der Veranstaltung seine Erklärung abgab, war Matt endgültig klar, woran er beteiligt gewesen war: »Als Laie würde ich nun sagen, ich glaube, wir haben es.« Sie hatten das Higgs-Boson gefunden.

ACHTUNG WISSENSCHAFTSBAUSTELLE

Die Entdeckung des Higgs-Teilchens bildet einen Wendepunkt in unserer Suche nach dem ultimativen Apfelkuchen-Rezept. Es vervollständigt das Standardmodell der Elementarteilchenphysik, einer Theorie, die verblüffend erfolgreich dabei ist, die grundlegenden Zutaten unseres Universums und der Gesetze zu beschreiben, die sein Verhalten steuern. Trotz dieses Erfolgs kann das Standardmodell ein wichtiges Detail nicht erklären – und zwar, *woher* die Materie in unserem Apfelkuchen stammt. Hier muss es noch etwas mehr geben.

Dass wir im Large Hadron Collider das Higgs-Boson nachweisen konnten, verrät uns viel über die Physik, die im Universum etwa eine Billionstelsekunde nach dem Urknall wirkte. Wir haben nun ziemlich deutliche Belege dafür, dass etwa zu dieser Zeit das Higgs-Feld angeschaltet wurde, die Elementarteilchen Masse bekamen und die Basiszutaten für das Universum, wie wir es heute kennen, entwickelt wurden. Was jedoch vor diesem Moment geschah, liegt für uns weiterhin im Dunkeln verborgen.

Wie war es möglich, dass die Teilchen in unserem Apfelkuchen auf die Welt kamen? Warum enthält unser Universum die Quantenfelder, die es enthält? Fehlen uns noch Zutaten? Wie begann das Universum? Um diese Fragen zu beantworten, müssen wir noch weiter zurückgehen als in diese erste Billionstelsekunde. In dieser kurzen, aber entscheidenden Phase begann die Materie, aus der wir und alles andere im Universum bestehen, zu existieren. Fast alle großen Fragen der modernen Physik und Kosmologie drehen sich darum, was in den ersten Augenblicken geschah, nachdem das Universum in Erscheinung trat.

Ich muss an dieser Stelle eine Warnung aussprechen, wie ein Touristenführer, der seine Gruppe vom breitgetretenen Pfad ab und in ungewisses Gelände hineinführt. Je weiter wir nun voranschreiten, umso weniger stabil wird das, worauf wir unsere Füße stellen. Wir betreten die Welt der Spekulation, in der immer mal wieder nicht einmal die Fragen ganz klar formuliert sind, geschweige denn die Antworten. Doch genau hierhin führt uns Carl Sagans Herausforderung. Es wird Zeit, das Universum zu erfinden.

KAPITEL 11

EIN REZEPT FÜR ALLES

Rund eine Millionstelsekunde nach dem Big Bang war im Grunde fast alles vorbei.

Während der ersten Mikrosekunde war das Universum so dermaßen heiß, dass unablässig Teilchen gebildet und vernichtet wurden. Quarks und Antiquarks, Elektronen und Antielektronen entstanden und vergingen wieder, tauchten aus dem siedend heißen Plasma in Teilchen-Antiteilchen-Paaren auf, nur um einen Wimpernschlag später schon wieder ausgelöscht zu werden.

In der Zwischenzeit dehnte sich das Universum ungemein aus und kühlte dabei ab. Nach einer Millionstelsekunde war das Plasma nicht mehr heiß genug, um neue Protonen und Antiprotonen zu bilden, und die Apokalypse begann. Teilchen und Antiteilchen zerstörten einander in einer großen Vernichtungswelle, die fast alle Materie des Universums in einer übermächtigen Strahlung auslöschte. Diese Vernichtung hätte das Ende aller Materie und Antimaterie bedeuten müssen, und es hätte nur ein riesiges dunkles, leeres Nichts zurückbleiben dürfen, in dem ein paar einsame Photonen durch die endlose Leere rasen.

Doch irgendwie überlebte jeweils eines von zehn Milliarden Teilchen. Wir wissen nicht, wie es dazu kam. Doch nur dank dieses Eins-zu-zehn-Milliarden-Ungleichgewichts zwischen Materie und Antimaterie existiert unser materielles Universum – Galaxien, Sterne, Planeten, Menschen, Apfelkuchen.

Bei all seinem Erfolg, was die Beschreibung des Verhaltens der Elementarteilchen unserer Welt angeht, so sagt das Standardmodell der Teilchenphysik doch voraus, dass das materielle Universum nicht existieren dürfte. Nun sollte man denken, dass jede Theorie, die die Nichtexistenz ihrer Verfasser voraussagt, in ernsthafte Schwierigkeiten gerät. Das dürfte einer der Gründe sein, weshalb Physiker davon ausgehen, dass noch immer Dinge darauf warten, von uns entdeckt zu werden.

Dieses Problem war schon zu einer Zeit bekannt, als das Standardmodell noch gar nicht aufgestellt worden war, denn bereits 1928 erkannte der junge Paul Dirac, dass aus seiner berühmten Gleichung auch Antielektronen hervorgehen. Sogar damals wusste Dirac: Sollten Antiteilchen wirklich existieren, müssten sie immer zusammen mit normalen Teilchen auftauchen. Erzeugt man ein Elektron, so Dirac, erzeugt man zugleich auch ein Antielektron. Jedes seitdem durchgeführte Experiment beweist, dass Dirac recht hatte. Es stimmt, dass der Large Hadron Collider Materie aus Energie erschafft, doch wenn man alle Teilchen zusammenzählt, die bei einer Kollision entstehen, stößt man immer auch auf genauso viele Antiteilchen. Es scheint unmöglich zu sein, ein Teilchen zu erschaffen oder zu zerstören, ohne das auf identische Weise für ein Antiteilchen zu tun.

Die perfekte Balance zwischen Materie und Antimaterie müsste eigentlich zu einem leeren Universum führen, und doch sind wir hier. Das ist eines der größten Rätsel der modernen Physik, und Versuche, es zu lösen, enthalten in der Regel neue, bislang unerkannte Quantenfelder.

Nichtsdestoweniger gibt es eine Möglichkeit, diesem Problem zu entgehen, ohne dass es eine neue Teilchenphysik braucht. Was, wenn anstelle der vollständigen gegenseitigen Auslöschung von Teilchen eine zufällige Bewegung des wogenden, ursprünglichen Plasmas zufällig zu einigen Regionen führte, in denen mehr Materie existierte, und zu anderen, an denen die Antimaterie überwog? Spulen wir dann schnell vor, bis in die Gegenwart, in der diese Regionen durch die Ausdehnung des Alls verschoben wurden und nun große Teile des Kosmos bedecken: Einige enthalten nun gewöhnliches Gas, Staub, Sterne und Galaxien und andere Antigas, Antistaub, Antisterne und Antigalaxien.

Von der Erde aus würde eine weit entfernte Antigalaxie genau wie eine gewöhnliche aussehen. Das heißt, möglicherweise sind einige der Galaxien an unserem Nachthimmel aus Antimaterie aufgebaut. Das klingt wie eine saubere Idee. Das Problem ist nur: Wenn es wirklich Regionen im Universum gibt, die aus Antimaterie bestehen, dann müssen sie zwangsläufig an Regionen grenzen, die aus gewöhnlicher Materie bestehen. Selbst die gewaltigen leeren Räume zwischen Galaxien enthalten Spuren von Wasserstoff- und Heliumgas, weshalb man in den Grenzbereichen verräterische Gammastrahlen erwarten dürfte, die bei der Auslöschung von Gas und Antigas entstehen. Die Tatsache, dass wir keine Signale derartiger Vernichtungen im Nachthimmel wahrnehmen, legt nahe, dass das gesamte sichtbare Universum nur aus gewöhnlicher Materie besteht.

Damit bleibt derzeit als einzige Lösung, dass irgendetwas in den ersten Augenblicken des Universums geschah, was dafür sorgte, dass sich ein bisschen mehr Materie als Antimaterie bildete. Dieses winzige Ungleichgewicht – 10 Milliarden und 1 Proton kamen auf 10 Milliarden Antiprotonen – ermöglichte es, dass eine ausreichend Menge Materie die große Vernichtung überlebten und all das erschuf, was wir heute um uns herum wahrnehmen können. Allerdings stellt es sich als unglaublich schwierig heraus, selbst dieses winzige Ungleichgewicht zu erklären.

Einer der ersten Menschen, die sich an dieses Thema heranwagten, war der russische Physiktheoretiker Andrei Sacharow. Er bestimmte drei Bedingungen, die erfüllt sein mussten, damit im noch jungen Universum Materie entstehen konnte. Sie sind als Sacharow-Kriterien bekannt:

1. Es muss einen Prozess geben, bei dem mehr Quarks als Antiquarks entstehen.
2. Die Symmetrie, die Materie zu Antimaterie in Beziehung setzt, muss verletzt sein.
3. In dem Moment, in dem die Materie erzeugt wurde, muss im Universum ein thermodynamisches Nichtgleichgewicht geherrscht haben.

Das Kriterium 1 ist vermutlich am leichtesten auf Anhieb zu verstehen. Wenn wir in der Lage sein wollen, mehr Materie als Antimaterie zu erzeugen, brauchen wir natürlich einen Prozess, der dafür sorgt. Doch das allein ist nicht genug, denn selbst wenn ein solcher Prozess existieren sollte, würde die Symmetrie zwischen Materie und Antimaterie dafür sorgen, dass ein spiegelbildlicher Prozess abliefe, bei dem mehr Antimaterie als Materie entstünde. Folglich brauchen wir Kriterium 2, das darauf besteht, dass die Symmetrie zwischen Materie und Antimaterie verletzt wird. Das würde es ermöglichen, dass der Entstehungsprozess von Materie schneller abläuft als der Entstehungsprozess von Antimaterie.

Damit kommen wir zum Kriterium 3: Das Universum muss im thermodynamischen Nichtgleichgewicht gewesen sein, als diese Prozesse abliefen. Per Definition verändert sich ein System nicht, wenn in ihm thermodynamisches Gleichgewicht herrscht, vor allem weil alle Prozesse, die vor und zurück ablaufen, im gleichen Verhältnis stehen. Daher müssen wir einen Zeitpunkt in der Geschichte des Universums finden, zu dem die Dinge aus dem Gleichgewicht geraten waren, was es dem Entstehungsprozess von Materie erlaubte, schneller vorwärts als rückwärts abzulaufen.

Eine der großen Herausforderungen sowohl für die theoretische wie auch die experimentelle Physik in den letzten Jahrzehnten war es, ein Rezept zu finden, das alle drei Sacharow-Kriterien zugleich erfüllt. Es sind ein paar spekulative Idee auf dem Markt, doch wir werden uns hier auf die zwei vielversprechendsten konzentrieren. Obwohl wir noch nicht wissen, welche stimmt, arbeiten Physiker überall auf der Welt verbissen daran, das Puzzle weiter zu vervollständigen, damit wir eines Tages, möglicherweise, das Rezept für alles finden.

DIE SPIEGELWELT

Wenn Sie in einen Spiegel schauen, wird sich aller Wahrscheinlichkeit nach die Person, die Sie dann erblicken, in einer feinen Nuance von der unterscheiden, die Ihre Freunde, Kollegen und Partner kennen – und sicherlich lieben. Vielleicht neigt sich Ihre Nase ein wenig nach links oder Ihr Lächeln ist ein wenig schief, was Sie natürlich nur noch attraktiver macht. Sie sollten sich auch nicht allzu viele Gedanken darüber machen: Selbst die Gesichter von Hollywood-Schauspielern und Supermodels sind nicht ganz symmetrisch. Ein bisschen schräg sind wir alle.

Im Gegensatz zu uns unvollkommenen Menschen hielt man die Gesetze der Physik lange Zeit für perfekt symmetrisch. Würde man das Universum in einem Spiegel reflektieren, würde das Spiegelbild ununterscheidbar vom Original sein, dachte man lange, und jeder Prozess würde genau so ablaufen wie zuvor. Die Idee, dass die Natur eine Neigung zur Links- oder Rechtshändigkeit haben könnte, schien völlig unsinnig. Diese Überzeugung war derart grundlegend, dass sie niemand wirklich infrage stellte, bis die chinesischstämmige US-Physikerin Chien-Shiung Wu ein verblüffendes Experiment durchführte.

Das berühmte Wu-Experiment, das sie 1956 am amerikanischen National Bureau of Standards machte, ergab ein wahrhaft erschütterndes Ergebnis: Die schwache Wechselwirkung scheint ungleichmäßig zu sein. Oder, genauer gesagt: Die schwache Wechselwirkung scheint Linkshänder-Teilchen den Rechtshänder-Teilchen vorzuziehen.

Es mag seltsam erscheinen, dass Teilchen linkshändig oder rechtshändig sein können, doch das hat damit zu tun, dass Teilchen sich tatsächlich so verhalten, als würden sie sich drehen, was in der quantenmechanischen Eigenschaft des Spins beschrieben wird. Halten Sie einmal Ihre beiden Hände zu Fäusten geballt und mit dem Daumen nach oben gestreckt vor sich: Die Windung der Finger Ihrer linken Hand beschreiben eine linkshändige Rotation, die Finger der rechten Hand eine rechtshändige Rotation. Vergleichbar entscheidet die Richtung, in die ein Teilchen sich im Vergleich zu seiner Bewegungsrichtung dreht, ob es linkshändig oder rechtshändig ist.

RECHTSHÄNDIGES ELEKTRON **LINKSHÄNDIGES ELEKTRON**

SPIN — e⁻ — Bewegungsrichtung   SPIN — e⁻ — Bewegungsrichtung

Wu entdeckte, dass die von radioaktiven Kobald-60-Atomkernen abgegebenen Elektronen eher linkshändig als rechtshändig sind. Das war ein wirklich schockierendes Ergebnis. Als der berühmte Quantenphysiker Wolfgang Pauli von Wus Experiment hörte, soll er ausgerufen haben: »Das ist völliger Schwachsinn!«[59] Aber es war kein Schwachsinn*; die schwache Wechselwirkung verletzt tatsächlich die Spiegelsymmetrie, was Physiker als »Paritätsverletzung« bezeichnen.

Der eigentliche Grund für die Paritätsverletzung ist, dass die schwache Wechselwirkung stärker mit linkshändigen Teilchen interagiert als mit rechtshändigen – mit anderen Worten: Sie »bevorzugt« linkshändige Teilchen. Sofern die beteiligten Teilchen masselos sind, interagiert sie sogar nur mit linkshändigen Teilchen. Das unterscheidet sie von der elektromagnetischen Kraft oder der starken Wechselwirkung, die beide keine Präferenz für links oder rechts haben.

Angesichts dieses Verlusts der Spiegelsymmetrie kamen Physiker auf die Idee, man könne die Ordnung wiederherstellen, indem man eine weitere Symmetrie zu der bestehenden Mischung hinzufügt: die

---

* Wu hatte ihr Experiment mit äußerster Sorgfalt durchgeführt, und doch erhielt sie für ihre Entdeckung keinen Nobelpreis, was in meinen Augen eine Schande ist. Ausgezeichnet wurden stattdessen die beiden Theoretiker, die als Erste vorhergesagt hatten, dass die schwache Wechselwirkung womöglich die Spiegelsymmetrie verletze.

Ladungssymmetrie. Nehmen Sie das Universum und spiegeln Sie es in einem Spiegel und kehren Sie *zusätzlich* das Zeichen für die Ladung um, sodass aus positiv negativ und aus negativ positiv wird, dann sollte dieses neue Spiegeluniversum nun genau so wie das ursprüngliche aussehen. Entscheidend daran: Die Umkehrung der Ladungen verwandelt die Teilchen, etwa Elektronen und Protonen, in ihre Antiteilchen, wodurch in einem solchen Universum aus linkshändigen Teilchen rechtshändige Antiteilchen würden. Kurz gesagt, man bekommt ein Spiegeluniversum aus Antimaterie!

Wenn diese kombinierte Ladungsparität-Symmetrie (CP-Symmetrie, aus dem Englischen für charge – Ladung und parity – Parität) exakt ist, würde dies bedeuten, dass die schwache Wechselwirkung nicht nur linkshändige Teilchen den rechtshändigen vorzieht, sondern dann müsste sie auch rechtshändige Antiteilchen bevorzugen anstatt linkshändige Antiteilchen. Wie Experimente später belegten, ist dem auch so. Hätte Wu die Möglichkeit gehabt, ein paar Antikobalt-60-Atome[*] in die Finger zu bekommen und so die Antielektronen beim Herumsausen zu beobachten, hätte sie mehr Rechtshänder als Linkshänder gesehen.

Die CP-Symmetrie schien die Ordnung in der Elementarteilchenwelt wiederherzustellen. Allerdings führte sie auch zu einem Problem. War die CP-Symmetrie vollkommen exakt, wäre es unmöglich gewesen, beim Urknall mehr Materie als Antimaterie zu erzeugen, und folglich würden wir nicht existieren.

Zu unser aller Glück ließ ein 1964 in Brookhaven durchgeführtes Experiment die wiederhergestellte Ladungsparitätssymmetrie zerschellen. Ein kleines, von James Cronin und Val Fitch geleitetes Team nutzte den stärksten Teilchenbeschleuniger des Labors, um Strahlen von »neutral geladenen Kaonen« (K-Mesonen) zu untersuchen. Diese exotischen Tierchen kommen in zwei Typen vor, entweder bestehen sie aus einem Strange-Quark und einem Down-Antiquark oder als

---

[*] Bis jetzt ist es noch niemandem gelungen, ein derart riesiges Antiatom zu erzeugen. Das bislang schwerste war ein Antihelium, das 2011 nach einer vom RHIC in Brookhaven produzierten Kollision beobachtet wurde.

dessen Antiteilchen aus einem Down-Quark und einem Strange-Antiquark. Als Cronin und Fitch die Ergebnisse ihres Versuchs betrachteten, mussten sie verblüfft feststellen, dass diese Teilchen auf eine Art zerfielen, die das heilige Prinzip der CP-Symmetrie verletzt.

Hatte Wus Experiment der Paritätsverletzung Schockwellen in der Welt der Physik ausgelöst, so verursachte die Entdeckung der Verletzung der CP-Symmetrie ein wahres Erdbeben. Die Beobachtungen von Cronin und Fitch waren derart überraschend, dass viele Theoretiker sich alle Mühe gaben, sie wegzuerklären. Doch es dauerte nicht lange, da beseitigten handfeste Beweise die letzten Zweifel: Die CP-Symmetrie ist keine exakte Symmetrie der Natur. Spiegelt man das Universum und vertauscht alle Ladungen, so wird das Spiegeluniversum, das Sie dann erhalten, sich ein ganz klein wenig von jenem unterscheiden, in dem wir leben. Der Spiegel der Natur verzerrt.

Die Entdeckung der CP-Verletzung erlaubt es zumindest, sich ein Rezept für die Erzeugung von mehr Materie als Antimaterie vorzustellen, aber für sich genommen genügt das noch nicht. Zum einen ist noch lange nicht klar, ob es in der Natur ausreichend häufig zu einer CP-Verletzung kommt, um die Vorherrschaft von Materie zu erklären, die wir in der uns umgebenden Welt sehen. Zu diesem heiklen Thema kommen wir gleich noch einmal zurück. Doch noch wichtiger ist, dass wir bis dato nur eines der drei Sacharow-Kriterien erfüllt haben. Wir müssen noch immer eine Möglichkeit ausmachen, mehr Teilchen als Antiteilchen zu erzeugen, etwas, das wir in der realen Welt *noch nie* beobachten konnten. Nun ist man inzwischen zu einer Vorstellung gelangt, wie so etwas doch geschehen könnte, und erstaunlicherweise braucht man dazu nicht einmal neue Teilchen oder Kräfte, von denen wir noch nichts ahnten. Allerdings verlangt sie etwas anderes, nämlich sehr, sehr komplizierte Mathematik ...

AUFTRITT SPHALERON

»Ich erinnere mich noch an diesen Geistesblitz. Ich war auf dem Heimweg, zwischen dem Mathematik-Institut in Oxford, wo ich '83 für drei Monate zu Gast war, und meiner Wohnung in der Banbury Road. Ich weiß noch ziemlich genau, wo es war und ich plötzlich erkannte: Wow! Ich hab's!«

Ich traf Nick Manton an einem feuchten Oktobermorgen zu einer Tasse Tee im Department of Applied Mathematics and Theoretical Physics von Cambridge. Während wir uns unterhielten, saßen ein paar Dutzend theoretische Physiker um uns herum, die ihre vormittägliche Kaffeepause genossen. Und überragt wurden wir alle von einer bronzenen Büste ihres verstorbenen Kollegen Stephen Hawking. Als Nick bemerkte, wie mein Blick neidisch das beeindruckende Angebot an Kuchen und Gebäck begutachtete (im Cavendish gibt es nur das, was wir uns selbst mitbringen), erklärte er mir, dass diese Freigiebigkeit Hawking zu verdanken war: Er hatte mit seinem Nachlass dafür gesorgt, dass der 11-Uhr-Vormittagskaffee der Gruppe für alle Ewigkeiten mit Leckereien ausgestattet wird. Das ist ohne jeden Zweifel der beste Weg, um sich bei seinen Kollegen dauerhaft in guter Erinnerung zu halten.

Ich hatte Nick Manton aufgesucht, um mich über einige seltsame Dinge aufklären zu lassen, die er, fast vierzig Jahre zuvor, als junger Forscher in den Gleichungen des Standardmodells entdeckte. Was als eine Art theoretische Neugier begann, eröffnete bald einen der wenigen gangbaren Wege, von denen wir wissen, dass sie die Erzeugung von mehr Teilchen als Antiteilchen ermöglichen. Diese seltsamen Dinge heißen »Sphaleronen«, und sie könnten der Grund dafür sein, dass alles im Universum existiert.

»Wissen Sie, ich grübelte über die Frage nach: ›Was hat es mit dieser Lösung für die elektroschwache Theorie auf sich?‹ Sie basierte auf der Arbeit eines anderen Physikers, jemand anderes hatte eine instabile Lösung gefunden, und ich dachte: ›Ist diese Idee relevant? Wie kann ich sie auf das anwenden, an dem ich arbeite?‹ Und dann, in einem plötzlichen Moment der Eingebung, sah ich es.«

Was genau Nick da sah, ist für jemanden, der sich nicht schon sehr lange mit Quantenfeldtheorie beschäftigt, eigentlich unmöglich zu verstehen. An diesem Tag legte er mir in seinem Büro allerdings doch geduldig die Logik der Idee dar, indem er eine Tafel mit sich überschneidenden Kugeln und Kreisen bedeckte, Symbole aufmalte, die das Higgs-Feld darstellen sollten, und Türme mit unterschiedlichen Niveaus an Teilchenenergie skizzierte, alles für den tapferen Versuch, den Kern seiner Idee zu vermitteln. Seine Erläuterungen waren so klar und methodisch, dass ich während seines Vortrags sicher war, alles verstanden zu haben, doch sobald ich sein Büro verlassen hatte, konnte ich spüren, wie sich das oberflächliche Verständnis in Luft auflöste, als sei es die Erinnerung an einen Traum.

Sphaleronen sind besondere Merkmale derselben elektroschwachen Theorie, die die Ursprünge der elektromagnetischen Kraft und der schwachen Wechselwirkung sowie des Higgs-Felds beschreiben. Als Nick 1983 durch Oxford spazierte, waren im CERN gerade erst die W- und Z-Bosonen entdeckt worden, was der elektroschwachen Theorie zum ersten Mal einen stabilen experimentellen Unterbau lieferte. Er bewegte die elektroschwachen Gleichungen in seinem Kopf hin und her, insbesondere im Hinblick auf eine bestimmte Lösungsmöglichkeit für sie, aus der sich ein instabiles Arrangement zahlreicher Felder ergab, die sich *gemeinsam* bewegten. Da diese kollektive Bewegung mehrerer Felder höchst instabil war, prägte Nick den Begriff »Sphaleron«, der sich vom griechischen Begriff *sphaleros* herleitet, »kurz vor dem Einsturz«.

Das Erste, was man über ein Sphaleron sagen muss, ist, dass es kein Teilchen ist. Ein Teilchen, etwa ein Elektron oder ein Higgs-Boson, ist das Hin- und Herschwingen eines einzelnen Quantenfelds um seinen zentralen Wert, vergleichbar einer einzelnen Note, die auf einer Gitarrensaite erzeugt wird. Ein Sphaleron hingegen ist etwas Raffinierteres. Es besteht ebenfalls aus Quantenfeldern, doch anstatt nur aus einem, ist es aus einer barocken Mixtur aus W-, Z- und Higgs-Feldern aufgebaut, die sich alle zusammen wie ein einziges Feld bewegen, quasi ein Orchester aus Quantenfeldern, die unisono eine Melodie spielen.

Die kollektive Bewegung von W-, Z- und Higgs-Feldern lässt etwas entstehen, das über eine bemerkenswerte Fähigkeit verfügt – es kann Antiteilchen in Teilchen verwandeln und umgekehrt. Ein Sphaleron kann sich wie eine Materie-Erzeugungsmaschine verhalten; alles, was man dazu tun muss, ist vorne ein bisschen Antimaterie zuzufügen, und schon taucht hinten ein Sprühregen aus gewöhnlichen Materieteilchen auf.

Diese wunderbare Fähigkeit macht aus den Sphaleronen die *einzigen* Objekte innerhalb des vom Standardmodell gegebenen Rahmens, die das perfekte Gleichgewicht zwischen Teilchen und Antiteilchen aufheben können, weshalb ihnen auch in unserem Verständnis des Ursprungs von Materie eine einzigartig bedeutsame Rolle zukommt. In allen anderen Fällen bedeutet das Entwickeln eines Rezepts für Materie zugleich die Einführung neuer exotischer Teilchen. Das Sphaleron ist deshalb so angenehm, da es sich auf die guten alten W-, Z- und Higgs-Felder beschränkt. »Man kommt ohne neues Drum und Dran aus«, wie Nick es formulierte.

Die Frage bleibt: Existieren derart bizarre Objekte wirklich in der Natur? Und falls ja, wie sähen sie aus? Nun, obwohl ein Sphaleron kein Teilchen ist, sähe es wohl sehr wie eines aus. Es hätte eine ganz bestimmte Position im Raum, es würde eine Masse und eine Größe besitzen. Außerdem kann man die Gleichungen des Standardmodells nutzen, um seine Größe und Masse zu berechnen. Die Ergebnisse sind atemberaubend.

Ein Sphaleron hätte wohl den Durchmesser von 10^{-17} Metern – das ist ein Hundertstel eines Tausendstels eines Billionstelmeters – und hätte ein Volumen, das eine Million Mal kleiner wäre als das eines Protons. Auf der anderen Seite hätte dieses unglaublich kleine Objekt eine Wahnsinnsmasse, denn es würde mit etwa 9 TeV (Billionenelektronenvolt) schwingen, was etwa zehntausend Mal schwerer ist als ein Proton und weit, weit massereicher als das schwerste Teilchen, das wir je entdeckt haben.

Seine Minigröße und sein Maxigewicht würden dafür sorgen, dass ein Sphaleron rund zehn Milliarden Mal dichter wäre als ein Proton. Um es anders auszudrücken: Ein Teelöffel voller Sphaleronen dürfte doppelt so viel wiegen wie der Mond. Eine derart unglaubliche Dichte betrachtete man als weit jenseits dessen liegend, was selbst der Large Hadron Collider mit seinen gewaltigsten Teilchenkollisionen erzeugen kann. Hinzu kommt, dass die Erzeugung eines Sphalerons nicht so einfach ist wie der Zusammenprall zweier Teilchen bei extremer Geschwindigkeit; die Energie müsste dazu in der richtigen Reihenfolge die richtige Gruppe von Feldern ansprechen. Ein Sphaleron im LHC erzeugen zu wollen ist in etwa so, als würde man ein Trommelfeuer aus Tennisbällen auf ein Orchester feuern und erwarten, Beethovens Neunte zu hören. Man braucht eben die W-, Z- und Higgs-Felder im einheitlichen Zusammenklang, und die Wahrscheinlichkeit, dass dies zufällig bei einer Teilchenkollision geschieht, hält man nun wirklich für sehr gering.

Allerdings gab es einmal eine Zeit, zu der derart extreme und doch ganz spezifische Bedingungen im Universum herrschten – in der ersten Billionstelsekunde nach dem Urknall. Damals war das Plasma, das das Universum anfüllte, ungemein dicht, so dicht, dass es Sphaleronen in großer Zahl erzeugen konnte. Zudem dürfte das Urplasma kollektiv geflossen sein, wie Strömungen durch einen Ozean, was es viel wahrscheinlicher macht, dass sich die W-, Z- und Higgs-Felder gemeinsam auf die richtige Art und Weise bewegen, als die Bedingungen in einem Teilchenbeschleuniger es zulassen.

Die Gegenwart von Sphaleronen in der Anfangszeit des Universums bietet einen fast einzigartigen Mechanismus, mit dem mehr Materie als Antimaterie erzeugt werden kann. Und so nutzen die vielversprechendsten Rezepte zur Erzeugung von Materie, die wir heute kennen, auch tatsächlich alle auf die eine oder andere Art und Weise Sphaleronen. Das Problem dabei ist eben nur: Woher wissen wir, ob diese Dinger auch wirklich existieren?

Nun, zum einen scheinen Sphaleronen die unausweichliche Konsequenz aus der elektroschwachen Theorie zu sein, und da man W-, Z- und Higgs-Bosonen genau so wie erwartet entdeckte, sind Theoretiker recht zuversichtlich, dass es auch Sphaleronen geben muss. Hinzu kommt, dass trotz der anfänglich sehr düsteren Aussichten darauf, sie in einem Teilchenbeschleuniger entdecken zu können, nun neuere theoretische Überlegungen zeigen, dass es doch eine Chance dazu geben könnte. Berechnungen lassen vermuten, dass zufällige Fluktuationen bei den Kollisionen im LHC es alle Jubeljahre einmal erlauben, dass sich ein Sphaleron bildet. Es würde dann augenblicklich in einen Sprühregen aus zehn unterschiedlichen Materieteilchen zerfallen – und diese ziemlich einzigartige Signatur könnten Physiker am ATLAS und CMS unter all den anderen subatomaren Trümmerteilen wohl recht gut erkennen.

Noch bessere Aussichten gibt es bei Kollisionen von schweren Kernen wie den Gold-Gold-Kollisionen, mit denen man in Brookhaven das Quark-Gluon-Plasma untersucht. Diese mordsmäßigen Zusammenstöße Hunderter von Protonen und Neutronen erzeugen über kurze Distanzen absolut atemberaubende Magnetfelder, deren mächtige Anziehungskraft in der Lage sein könnte, die W-, Z- und Higgs-Felder zum gemeinsamen Schwingen anzuregen, damit ein Sphaleron entsteht. Bis jetzt hat noch niemand eines beobachten können. Doch vielleicht, sehr vielleicht offenbaren sich uns eines Tages die seltsamsten Objekte des Standardmodells. Sollte dies geschehen, haben wir eine weitere der drei entscheidenden Zutaten, aus denen im frühen Universum Materie gemacht wurde.

EIN REZEPT FÜR QUARKS

Bis jetzt läuft es doch ziemlich gut. Das Standardmodell der Elementarteilchenphysik scheint zwei der drei Sacharow-Kriterien zu erfüllen, die wir brauchen, um beim Urknall mehr Materie als Antimaterie entstehen zu lassen. Sphaleronen versorgen uns mit der Möglichkeit, Teilchen und Antiteilchen hin- und herzukonvertieren, und wir wissen aus Experimenten, dass die schwache Wechselwirkung die Symmetrie zwischen Quarks und Antiquarks verletzt. Was wir nun noch brauchen, ist ein Augenblick in der Geschichte des Universums, in dem es aus dem Gleichgewicht war – und schon wären wir im Geschäft.

Erstaunlicherweise folgt aus der Entdeckung des Higgs-Bosons, dass es einen solchen Augenblick etwa eine Billionstelsekunde nach dem Urknall gegeben haben muss. In diesem Moment wurde das Higgs-Feld angeschaltet, wodurch die Elementarteilchen Masse bekamen und sich die grundlegenden Zutaten des Universums bis zur Unkenntlichkeit veränderten. Dieses entscheidende Ereignis könnte der Grund dafür sein, dass alles, was wir kennen, im Universum existiert.

Also: Bevor das Higgs-Feld auf den Plan trat, sahen die Elementarteilchen der Natur völlig anders aus als heute. Die Quarks und Elektronen, die später die gewöhnliche Materie bilden sollten, hatten noch keine Masse und flitzten mit Lichtgeschwindigkeit umher, wobei sie über eine einzige, vereinheitlichte elektroschwache Wechselwirkung miteinander interagierten. Doch nach etwa einer Billionstelsekunde war das sich rasch ausdehnende Universum so weit abgekühlt, dass die Temperatur unter die entscheidende Grenze gefallen war (rund 100 GeV): Nun konnte das Higgs-Feld auf einen konstanten Wert im gesamten Universum ansteigen und dafür sorgen, dass Quarks und Elektronen eine Masse bekamen. Damit zerbrach die elektroschwache Kraft in die beiden getrennten Kräfte der elektromagnetischen Kraft und der schwachen Wechselwirkung.

Dieses Ereignis kennt die Physik als »elektroschwacher Phasenübergang«. Entscheidend für unseren Zusammenhang ist, dass es das dritte und letzte Sacharow-Kriterum erfüllt – einen Augenblick, in dem das Universum nicht im Gleichgewicht war. Zusammen mit der experimentellen Entdeckung, dass die schwache Wechselwirkung die Symmetrie der Ladungsparität verletzt (die Symmetrie zwischen Materie und Antimaterie), und der theoretischen Vorhersage der Existenz von Sphaleronen, die Antimaterie in Materie verwandeln können (und umgekehrt), dürfte der elektroschwache Phasenübergang genau jener Moment gewesen sein, in dem die Waagschale der Natur zugunsten der gewöhnlichen Materie geneigt wurden. Und damit entstand das materielle Universum.

Wie konnte das geschehen? Na ja, der Name »Phasenübergang« deutet ja bereits an, dass in diesem Augenblick das Universum einem schnellen Zustandswechsel unterworfen war. Man könnte dies mit bekannteren Phasenübergängen vergleichen: wenn Dampf abkühlt und zu flüssigem Wasser wird oder auch wenn Wasser zu Eis gefriert. Die Erzeugung von Materie während dieses elektroschwachen Phasenübergangs hängt davon ab, wie genau der Phasenübergang ablief – genauer gesagt, ob er sanft und gleichmäßig oder abrupt und ungleichmäßig verlief.

Ein sanfter und gleichmäßiger Übergang hilft uns bei der Erzeugung von Materie gar nichts. Die Sphaleronen hätten in diesem Fall Teilchen in Antiteilchen konvertiert und in gleichem Maße Antiteilchen in Teilchen verwandelt, wodurch das perfekte Gleichgewicht zwischen Materie und Antimaterie bewahrt worden wäre. Wenn der elektroschwache Phasenübergang jedoch ungleichmäßig verlaufen ist, dann wäre es möglich geworden, dass mehr Materie als Antimaterie entsteht.

Wir kommen nicht darum herum, dass dieser Prozess sehr kompliziert verläuft, schließlich reden wir hier auch von einem Rezept für alles. Aber ich werde ihn Schritt für Schritt erklären.

Während sich das Universum abkühlte, schaltete sich das Higgs-Feld an einigen Stellen früher ein als an anderen, was dazu führte, dass sich in dem glühend heißen Plasma, das das Universum ausfüllte, Blasen bildeten. Innerhalb dieser Blasen wirkte das Higgs-Feld bereits, Quarks und Elektronen hatten Masse bekommen, und die schwache Wechselwirkung und die elektromagnetische Kraft waren entstanden. Außerhalb dieser Blasen war das Higgs-Feld noch nicht eingeschaltet, weshalb die Teilchen keine Masse hatten und es noch immer die vereinheitlichte elektroschwache Wechselwirkung gab.

Man kann sich diese Blasen wie Wassertröpfchen vorstellen, die aus einer großen Wasserdampfwolke heraus kondensieren; so wie das Licht an der Oberfläche eines Wassertropfens reflektiert wird, so reflektieren Quarks und Antiquarks an diesen Blasen. Einige der Quarks und Antiquarks, die in dem externen Plasma herumdüsten, kollidierten mit einer Blase und durchstießen entweder das sie umgebende Plasma oder wurden von ihm zurückgeworfen.

Dank der Tatsache, dass die schwache Wechselwirkung die Symmetrie der Ladungsparität verletzt – sie also leicht unterschiedlich mit Teilchen und Antiteilchen interagiert –, war die Wahrscheinlichkeit eines Antiquarks, an der Blasenhülle abzuprallen, etwas höher als die eines Quarks. Ein Quark drang also mit höherer Wahrscheinlichkeit in die Blase ein als ein Antiquark. Das Ergebnis: Es versammelten sich außerhalb der Blasen mehr Antiquarks und in ihr mehr Quarks. Die Gesamtzahl der Quarks und Antiquarks war noch immer unverändert, nur waren sie nun ungleichmäßig verteilt.

Laut unserer Theorie ist nun der Augenblick gekommen, in dem die Sphaleronen ihren Heldenauftritt bekommen. Sphaleronen konnten nicht innerhalb der Blasen existieren, da hier das Higgs-Feld bereits eingeschaltet war, doch außerhalb, dort, wo das Higgs-Feld nicht wirkte, wurden sie unablässig produziert. Die Tatsache, dass es außerhalb, aber nicht innerhalb der Blasen Sphaleronen gab, ist von großer Bedeutung: Außerhalb der Blasen verschlucken die Sphaleronen all die überzähligen Antiquarks und verwandeln sie in Quarks, während die überzähligen Quarks innerhalb der Blasen vor dem Zugriff der Sphaleronen sicher waren und sich nicht veränderten. Mit dem Resultat, dass zum ersten Mal in der (bis dahin zugegebenermaßen sehr kurzen) Geschichte des Universums nun mehr Quarks als Antiquarks existierten.

Während dies geschah, wurden die Blasen immer größer und größer und nahmen dabei die neu entstandenen Quarks auf – sie retteten sie damit vor der Rückverwandlung in Antiquarks durch die Sphaleronen. Einen winzigen Augenblick nach dem Beginn des Phasenübergangs stießen die ersten Blasen mit anderen zusammen, vereinten sich zu immer größer und größer werdenden Regionen, bis schließlich das gesamte Universum mit diesem »Higgs on«-Zustand angefüllt war. Das bedeutete das Ende der Sphaleronen, wodurch es zu keinen weiteren Umwandlungen mehr kommen konnte und das Ungleichgewicht zwischen Quarks und Antiquarks für immer festgeschrieben wurde. Dieses winzige Ungleichgewicht war ausreichend, um der Materie bei der großen Auslöschung, der Annihilation, zu der es eine Mikrosekunde später kam, den entscheidenden Vorteil zu verschaffen. Es blieb gerade genug Materie übrig, um all das zu erschaffen, was wir in der Welt um uns herum sehen können.

Ein Rezept für alles 313

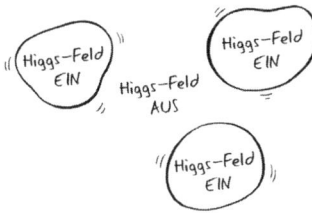

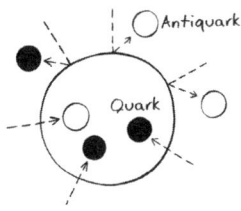

1. Das Higgs-Feld wird eingeschaltet, es bilden sich Blasen.

2. Die Verletzung der Ladungsparität bedeutet, dass von den Blasen mehr Antiquarks abprallen als Quarks. Das führt zu einem Überschuss von Antiquarks außerhalb der Blasen.

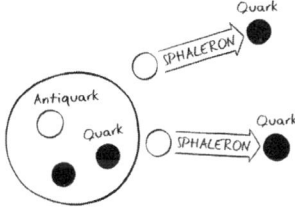

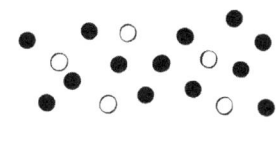

3. Sphaleronen außerhalb der Blasen konvertieren Antiquarks in Quarks.

4. Die Blasen expandieren und verschmelzen, weshalb mehr Quarks als Antiquarks übrigbleiben.

Dieser an ein Wunder grenzende Prozess heißt auch »elektroschwache Baryogenese«*, was schlicht eine geschwollene, aber prägnante Bezeichnung ist für »bei eingeschaltetem Higgs-Feld werden Quarks erzeugt«. Diese Idee ist deshalb so verführerisch, da sie sich im Experiment überprüfen lässt. Das mag sich für eine wissenschaftliche Theorie wie ein niedriges Hindernis anhören, doch wir werden noch sehen, dass es, je näher wir dem Urknall kommen, immer schwieriger bis unmöglich wird, neue Ideen experimentell zu testen – die benö-

---

* *Baryo-* bezieht sich auf die Baryonen, eine Klasse von Teilchen, die aus drei Quarks bestehen – zu ihr gehören das Proton und das Neutron; *-genese* meint »Ursprung«.

tigten Energien sind einfach zu hoch. Der elektroschwache Phasenübergang fand allerdings statt, als das Universum etwa eine Temperatur von 100 GeV hatte, was sich locker mit der Kollisionsenergie des LHC nachstellen lässt, der ja Protonen mit bis zu 14 000 GeV aufeinanderschießen kann. Das heißt, dass der LHC in der Lage sein sollte, die Teilchen und Phänomene nachzuvollziehen, die am Phasenübergang beteiligt waren, um herauszufinden, ob tatsächlich so im frühen Universum Materie entstand.

Doch unsere Idee stößt sofort wieder auf Probleme, wenn wir nur die Zutaten nutzen, die uns das Standardmodell zur Verfügung stellt. Ein großer Stolperstein ist, dass die Größe der Materie-Antimaterie-Asymmetrie, die wir bislang gemessen haben, bei Weitem zu klein ist, um den ganzen Prozess ins Laufen zu bekommen. Im Klartext: Die Wahrscheinlichkeiten, dass Quarks und Antiquarks von den higgschen Kugeln abprallen, liegen viel zu nahe beieinander, und damit wir würden keinen deutlichen Überschuss an Quarks innerhalb der Blasen finden.

Eine zweite Schwierigkeit hat mit dem elektroschwachen Phasenübergang selbst zu tun. Jetzt, da wir wissen, wie groß die Masse eines Higgs-Bosons ist, können Theoretiker diese Zahl in ihren Modellrechnungen einsetzen und bestimmen, wie der Phasenübergang abgelaufen sein muss. Dabei findet man heraus, dass der Phasenübergang überall im Universum gleichmäßig und sanft abgelaufen sein müsste und nicht ungleichmäßig in Blasen. Und ohne Blasen, die die Quarks von den Antiquarks trennen, wird der gesamte Ablauf unmöglich.

Zum Glück ist noch nicht alles verloren. Beide Probleme lassen sich lösen, sofern es neue Quantenfelder gibt, die wir allerdings bislang noch nicht gefunden haben. Diese Quantenfelder müssten die CP Symmetrie zwischen Quarks und Antiquarks verletzen und zudem die Art und Weise verändern, wie sich das Higgs-Feld verhält, um beim Einschalten während des Urknalls die Blasenbildung zu ermöglichen. Erfreulicherweise müssten diese Felder in Experimenten nachweisbar sein.

Wo sucht man nach neuen Quantenfeldern? Natürlich im Large Hadron Collider. Wenn es sie gibt, müsste der LHC in der Lage sein, sie hart genug zu treffen, um sie zum Schwingen zu bringen und einige der Teilchen zu erschaffen, die mit ihnen einhergehen. Die könnten dann von den gigantischen ATLAS- und CMS-Experimenten beobachtet werden. In der Zwischenzeit haben wir am LHCb die letzten zehn Jahre damit verbracht, nach neuen Hinweisen für die Materie-Antimaterie-Asymmetrie Ausschau zu halten, indem wir unterschiedliche Typen exotischer Quarks untersuchten. Das »b« von LHCb steht für »beauty« – so heißt ein schwerer Cousin des bekannteren Down-Quarks, den man im Innern von Protonen und Neutronen findet. Eines der Hauptziele des LHCb ist es, Milliarden und Abermilliarden von Beauty-Quarks zu untersuchen, die der LHC erzeugte, um herauszufinden, ob wir Unterschiede beim Zerfall des Beauty-Quarks und des Antiquarks erkennen können.

ATLAS und CMS haben bei den Kollisionen bislang leider keinen Hinweis auf neue Teilchen entdeckt, doch noch geben wir die Hoffnung nicht auf, schließlich wird der LHC im kommenden Jahrzehnt seine Kollisionsrate noch erhöhen. Am LHCb hingegen haben wir eine Menge Beweise dafür gefunden, dass Beauty-Quarks die Materie-Antimaterie-Symmetrie verletzen, und erst kürzlich haben wir sogar Charm-Quarks (schwere Cousins des Up-Quarks) dabei erwischt, wie sie sich ebenfalls an der Asymmetrie beteiligen. Doch die Größe der Materie-Antimaterie-Asymmetrie liegt bedauerlicherweise noch weit unter dem Level, das wir für die Erklärung bräuchten, warum Materie unser Universum beherrscht.

Wenn schon die Ergebnisse, die der LHC hervorbringt, Fans der elektroschwachen Baryogenese nicht besonders erfreuen dürften, dann sieht die Welt für sie noch deutlich trostloser aus, wenn man die Ergebnisse ganz anderer – und wesentlich kostengünstigerer – Experimente betrachtet. Verblüffenderweise kommen die stärksten Argumente gegen die elektroschwache Baryogenese von den Messungen der Form des Elektrons, darunter das ziemlich schmucklose Experiment im Keller des Imperial College, das wir schon vor eine Weile besucht haben.

Sollten neue symmetrieverletzende Quantenfelder existieren, dann müssten sie sich rund um das Elektron versammeln und es aus der fast perfekten Kugelform in etwas pressen, was eher an eine Zigarre erinnert. Doch die Tatsache, dass die empfindlichsten Elektronenform-Messungen der Welt stets herausgefunden haben, dass Elektronen so rund sind, dass es runder kaum geht, übt gewaltigen Druck auf die These aus, dass solche neuen Quantenfelder existieren.

Für dieses spezielle Rezept zur Herstellung von Materie sieht es also nicht gerade rosig aus. Natürlich ist noch genug Luft nach oben da, sodass am LHC noch etwas auftauchen kann oder eine noch genauere Vermessung des Elektrons, die in naher Zukunft möglich sein soll, ein neues Ergebnis bringt. Obwohl es daher noch nicht unbedingt Game Over heißen muss, schauen sich Theoretiker bereits eifrig nach anderen Möglichkeiten um, das Bestehen von Materie im Universum zu erklären. Die beliebteste Alternative sucht dabei Zuflucht bei den am schwersten greifbaren Teilchen, die wir bislang entdeckten: Neutrinos.

VON GEISTERN ERSCHAFFENE MATERIE

Tief unter dem Berg Ikeno in Zentraljapan befindet sich einer der spektakulärsten Orte, die der Mensch geschaffen hat. Rund tausend Meter unter der Oberfläche steht in einer alten Zinkmine ein riesiger zylindrischer Tank mit 50 000 Tonnen hochreinem Wasser – groß genug, um die komplette Freiheitsstatue aufzunehmen. An den Wänden, dem Boden und der Decke des Tanks sind Abertausende golden glänzender Kugeln befestigt: elektronische Augen, die im dunklen Wasser nach schwachen Lichtblitzen suchen, den verräterischen Hinweisen auf ein eintreffendes Neutrino. Das ist der Super-Kamiokande (Super-K), der weltweit größte Neutrinodetektor, und vielleicht hat er uns den entscheidenden Hinweis auf den Ursprung von Materie geliefert.

Im April 2020 berichtete das 150-köpfige internationale Forscherteam, das den Super-K betreut, von ersten Hinweisen, dass auch Neutrinos die Symmetrie der Ladungsparität verletzen könnten, die

Materie zu Antimaterie in Verbindung bringt. Sollte sich das nach genaueren Messungen bewahrheiten, wäre das eine bedeutende Erkenntnis. Bislang wusste man nur von Quarks, dass sie die Symmetrie der Ladungsparität verletzen, wenn sie mit der schwachen Wechselwirkung interagieren. Wenn auch Neutrinos das könnten, würde das einen zweiten möglichen Weg eröffnen, wie in den ersten Sekundenbruchteilen nach dem Urknall Materie entstand.

Um zu verstehen, warum das Resultat von Super-K so bedeutsam ist, sollten wir kurz rekapitulieren, was wir über Neutrinos wissen. Neutrinos sind die Materieteilchen, die am häufigsten im Universum vorkommen, und doch bemerken wir sie fast nie: Sie haben keine elektrische Ladung und interagieren mit gewöhnlichen Atomen nur über die schwache Wechselwirkung, weshalb sie auch durch massereiche Objekte wie Planeten und Sterne (ganz zu schweigen von italienischen Bergmassiven) hindurchgehen, als wären sie gar nicht da. Das wiederum bringt Wissenschaftsautoren in Schwierigkeiten, die verzweifelt ihren Thesaurus durchgehen auf der Suche nach neuen unheimlichen Adjektiven, sobald sie Ausdrücke wie »geisterhaft« oder »unfasslich« einige Dutzend Mal verwendet haben.[*]

Diese, ähm, gespenstischen Neutrinos kommen in drei Typen – oder »Flavours« – vor: in den Geschmacksrichtungen Elektron-, Myon- und Tauon- (oder Tau-)Neutrino, die alle jeweils zu einem elektrisch geladenen Teilchen gehören. Schießt man einen Strahl Elektron-Neutrinos mit genügend Energie auf ein paar Atome, werden sich einige der Atome in Elektronen verwandeln. Macht man dasselbe mit Myon- oder Tauon-Neutrinos, erhält man negativ geladene Teilchen, die – welche Überraschung! – »Myon« oder »Tauon« heißen, und das sind schwere, instabile Cousins des Elektrons. Zusammen bilden die drei Neutrinos und das Elektron, das Myon- und das Tauon-Teilchen eine Gruppe von sechs Elementarteilchen. Diese Gruppe heißt »Leptonen«.

---

[*] Schuldig im Sinne der Anklage.

Außerdem glaubten wir, dass Neutrinos vollständig masselos sind. Jedenfalls bis Super-K vor mehr als zwanzig Jahren eine große Entdeckung machte. 1998 verkündeten seine Wissenschaftler, Beweise dafür gefunden zu haben, dass sich Myon-Neutrinos beim Durchqueren der Erde in Tauon-Neutrinos verwandelt hatten. Dieses Phänomen kennen wir heute als »Neutrino-Oszillation«, und alle drei Neutrinos sind zu so etwas fähig. Erzeugen Sie einen Strahl aus reinen Elektron-, Myon- oder Tauon-Neutrinos und pflanzen ein paar Kilometer weiter einen Detektor hin, werden Sie feststellen, dass ein Teil der Neutrinos sich unterwegs in einen der beiden anderen Flavours gestaltgewandelt hat.

Das ist an sich schon interessant, doch die wahre Bedeutung dieser Erkenntnis der Super-K-Forscher ist, dass Neutrinos dieses quantenmechanischen Dr.-Jekyll-and-Mr-Hyde-Schauspiel nur dann vollführen können, wenn sie eine Masse haben. Bis zu diesem Augenblick hatte kein Experiment irgendeinen direkten Beweis dafür gefunden, dass Neutrinos mehr als eine irrwitzig kleine Masse haben könnten, weshalb man aus gutem Grund annahm, sie hätten gar keine Masse. In Wirklichkeit aber haben Neutrinos eine Masse, sie ist nur derart winzig, dass wir sie nicht messen konnten. Wir wissen

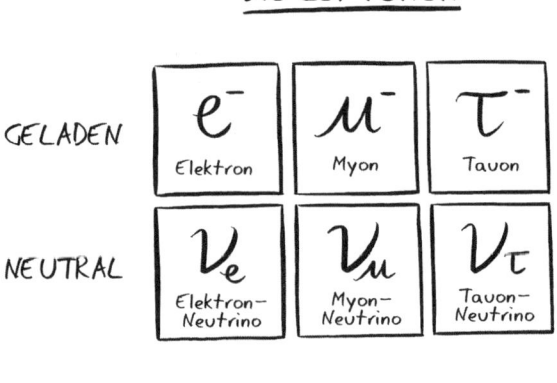

nicht viel mehr, als dass sie eine Masse von weniger als 0,5 Elektronenvolt haben, wodurch sie mehr als eine Million Mal leichter als ein Elektron sind. Die Frage ist: Warum sind ihre Massen so viel geringer als die anderer Materieteilchen?

Die populärste Antwort auf diese Frage hört auf den Namen »Seesaw-Mechanismus« (»Wippen-Mechanismus«): Wie der Name schon nahelegt, schlägt diese Theorie den Ausgleich für die Leichtgewichtigkeit der drei gewöhnlichen Neutrinos durch die Existenz von drei zusätzlichen, extrem schweren Neutrinos vor. Sie können sich das so vorstellen, dass die drei superschweren Neutrinos wie Sumoringer auf dem einen Ende der fiktiven Wippe sitzen und die drei gewöhnlichen leichten Neutrinos wie Ballerinas am anderen Ende in luftiger Höhe schweben.

Nur für den Fall der Fälle, dass Sie sich gerade am Kopf kratzen – Sie haben völlig recht, ich habe gar nicht dargelegt, warum Neutrinos eine derart winzige Masse haben, wenn man mal von dieser wackeligen visuellen Analogie absieht, in der es um eine Wippe ging. Ehrlich gesagt würde eine genau Erklärung dafür auch so viel komplexe Mathematik verlangen, dass ich hier lieber auf sie verzichten möchte. Wichtig ist an dieser Stelle nur: Falls es diese schwergewichtigen Neutrinos tatsächlich gibt – und um keine Missverständnisse aufkommen zu lassen: Wir haben bislang null Beweise dafür, dass es sie gibt –, könnten sie verantwortlich für die Entstehung von Materie beim Urknall sein.

Um zu dieser unglaublichen Leichtgewichtigkeit der gewöhnlichen Neutrinos zu passen, müssten die schweren Neutrinos wirklich absolute Klopse sein, mit Massen, die irgendwo zwischen der von einer Milliarde und tausend Billionen Protonen (das wäre dann zwischen 10^9 GeV und 10^{15} GeV) liegen. Also weit, weit schwerer als jedes Teilchen, das wir bis heute gefunden haben, und rund 100 000 Mal energiereicher als die Maximalleistung des LHC. Obgleich sie heutzutage unmöglich in Teilchenbeschleunigern zu erzeugen sind, könnten sie in den unglaublichen Bedingungen im ganz, ganz frühen Universum entstanden sein, als die Temperaturen unvorstellbar hoch waren – wir hatten darüber gesprochen.

Es könnten genau diese schweren Neutrinos gewesen sein, die für das Ungleichgewicht zwischen Materie und Antimaterie im Universum gesorgt haben. Als sich das Universum ausdehnte und abkühlte, war nicht mehr ausreichend Energie übrig, um noch mehr von ihnen zu erzeugen, und sie dürften angefangen haben, in Higgs-Bosonen und gewöhnliche Leptonen zu zerfallen (das sind die drei leichten Neutrinos und das Elektron, das Myon- und das Tauon-Teilchen).

Falls diese schweren Neutrinos die Symmetrie der Ladungsparität verletzen, dann sind sie womöglich häufiger in Antileptonen zerfallen als in Leptonen, was zu einem Universum mit mehr Antiteilchen als Teilchen geführt hätte. Nun mag dies nicht gerade hilfreich klingen, bevorzugen wir doch ein Universum mit Teilchen anstatt eines mit Antiteilchen, oder was meinen Sie? An dieser Stelle betritt unser guter alter Freund Sphaleron die Bühne und rettet uns aus dem Schlamassel.

Erinnern Sie sich, dass wir feststellten, dass Sphaleronen Antiteilchen in Teilchen umwandeln können? Nun, einen Moment später in der Geschichte des Universums (wir sprechen hier aber immer noch von der ersten Billionstelsekunde) haben nach dieser Theorie Sphaleronen dann all diese überzähligen Antileptonen in gewöhnliche Materieteilchen konvertiert, zu denen auch Quarks und Elektronen gehören. Damit wären die grundlegenden Zutaten vorhanden, damit sich all das bilden konnte, was wir rund um uns sehen.

Ich würde es Ihnen nachsehen, wenn Sie nun denken, dass dieses Materierezept auf Spekulationen aufgebaut ist. Denn genau so ist es. Sollte es diese schweren Neutrinos geben, existieren sie weit außerhalb des Zugriffs unserer heutigen Teilchenbeschleuniger. Wie können wir diese Idee also jemals überprüfen?

Hier kommt Super-K ins Spiel. Eine der wichtigsten Zutaten für dieses Rezept ist die Bedingung, dass die schweren Neutrinos die Materie-Antimaterie-Symmetrie verletzten, als sie nach dem Big Bang zerfielen. Da wir sie nicht persönlich in die Finger bekommen können, können wir das auch nicht direkt beweisen, aber falls wir gewöhnliche Neutrinos dabei erwischen würden, wie sie die Materie-Antimaterie-Symmetrie verletzen, wäre das schon mal ein überzeugender Hinweis darauf, dass ihre schweren Cousins das ebenfalls tun.

Das Tokai-to-Kamioka-Experiment (T2K) beginnt 295 Kilometer östlich des großen Super-K-Neutrinodetektors, in Tokai an der Pazifikküste. Hier schleudert ein kräftiger Teilchenbeschleuniger Protonen auf ein Ziel aus Grafit, woraufhin sich ein Teilchenschauer ergibt. Einige von ihnen zerfallen in Neutrinos, die dann direkt durch die Erde in Richtung des Super-K-Observatoriums geschickt werden. Dank ihrer geisterhaften Eigenschaften machen den Neutrinos die 295 Kilometer Reise durch Felsgestein nichts aus. Nur ein Bruchteil wird unterwegs absorbiert.

Entscheidend ist, dass T2K in der Lage ist, entweder Strahlen aus Myon-Neutrinos oder ihre Antimaterie-Version, die Myon-Antineutrinos, zu erzeugen. Bei ihrem unterirdischen Flug zum Super-K verwandeln sich die Neutrinos in andere Flavours, und bei ihrer Ankunft im Observatorium hat sich ein bestimmter Anteil von ihnen in Elektron-Neutrinos umgewandelt. Ein paar wenige dieser Elektron-Neutrinos stoßen in dem großen Super-K-Wassertank auf ein Wassermolekül und produzieren dabei Elektronen, die einen Lichtblitz abgeben, wenn sie durch die Flüssigkeit schießen. Indem man die Anzahl der erzeugten Elektronen zählt, kann T2K die Wahrscheinlichkeit berechnen, dass ein Myon-Neutrino in ein Elektron-Neutrino konvertiert. Schaltet man die Anlage auf einen Strahl aus Myon-Antineutrinos um, kann sie natürlich auch feststellen, wie häufig ein Myon-Antineutrino zu einem Elektron-Antineutrino wird.

Verletzen Neutrinos die Materie-Antimaterie-Symmetrie nicht, dann müsste T2K eine ebenso hohe Wahrscheinlichkeit für die Verwandlung von Myon-Neutrinos in Elektron-Neutrinos feststellen wie die für die Verwandlung von Myon-Antineutrinos in Elektron-Antineutrinos. Im April 2020 aber erklärte das Forscherteam, es habe überzeugende Beweise dafür gefunden, dass Neutrinos mit höherer Wahrscheinlichkeit ihren Flavour wechseln, als ihre Antiteilchen-Versionen das tun. Damit nicht genug, die Zahlen, die sie gemessen haben, legen nahe, dass Neutrinos die Materie-Antimaterie-Symmetrie nicht einfach nur ein bisschen verletzen, sie verletzen sie im höchstmöglichen Grad.

Dieses Ergebnis ist wirklich ziemlich aufregend. Wenn Neutrinos tatsächlich die Materie-Antimaterie-Symmetrie verletzen, dürfen wir davon ausgehen, dass ihre schweren Cousins zu Beginn des Universums dies ebenfalls taten. Damit wäre der Samen für die Erschaffung gewöhnlicher Materie gelegt. Ich muss aber hinzufügen, dass die bisherigen Resultate noch nicht präzise genug sind, um diese Auswirkung ganz sicher behaupten zu können. Zukünftige Verbesserungen des T2K und gigantische neue Neutrino-Experimente in Japan und den Vereinigten Staaten sollten in der Lage sein, in den nächsten Jahren für Klarheit zu sorgen.

Doch selbst wenn die T2K-Ergebnisse bestätigt werden, ist das noch immer nur andeutungsweise ein Beweis, dass die schweren Neutrinos beim Urknall für die Erzeugung von Materie verantwortlich waren. Denn die schweren Neutrinos selbst werden höchstwahrscheinlich für immer unerreichbar bleiben. An dieser Stelle stoßen wir erneut auf das Problem, das immer frustrierender wird, je näher wir uns an den Urknall herantasten: Die Energien, die am Anbeginn der Zeit herrschten, waren weit, weit größer als die, die wir selbst in den fiebrigsten Träumen der Teilchenphysiker erreichen können. Das bedeutet: Diese Theorie ruht nur sehr wackelig auf dem festen Boden experimenteller Beobachtungen. Auch deshalb ist die eben beschriebene Theorie zur Entstehung von Materie beim Anschalten des Higgs-Felds so attraktiv – sie kann schon heute, spätestens aber in naher Zukunft in Versuchen überprüft werden. Waren aber die schweren Neutrinos für das Erzeugen von Materie während des Urknalls verantwortlich, werden wir das wohl nie mit ganzer Sicherheit wissen können.

Das sollte aber nicht zu sehr unsere Stimmung trüben. Wenn uns die Geschichte der Wissenschaften eines lehrt, dann doch wohl, dass viele der bahnbrechendsten Erkenntnisse mit unerwarteten Ergebnissen begonnen haben, die die bis dahin akzeptieren Prinzipien oder Annahmen über den Haufen warfen. Kaum jemand hätte gedacht, dass die Natur die Spiegelsymmetrie verletzt – bis Wus Experiment genau dies bewies. Auch die Tatsache, dass Quarks ebenfalls die Materie-Antimaterie-Symmetrie verletzen, kam wie ein Blitz aus heiterem Himmel. Derzeit läuft am CERN ein Experiment, das das

Potential hat, zu einem solchen Ergebnis zu führen. Es geht um Dinge aus Science-Fiction-Büchern, um einen Ort, an dem ein kleines Team aus Wissenschaftlern die flüchtigste Substanz des Universums herstellt, speichert und untersucht.

DIE ANTIMATERIEFABRIK

Eines heißen Sommernachmittags stand ich vor einem großen, ansonsten aber unscheinbaren metallenen Lagerhaus irgendwo auf dem großen CERN-Gelände. Ich war immer davon ausgegangen, dass ein Scherzkeks die CERN-Gebäude nummeriert haben musste, sind sie auf dem zwei Quadratkilometer großen Laborgelände doch mehr oder weniger wahllos verteilt. Das kann die Suche nach einem unbekannten Gebäude zu einer interessanten Herausforderung werden lassen. Doch zum Glück stellte sich heraus, dass die Suche nach Gebäude 393 deutlich einfacher war als befürchtet. Das dürfte an dem riesigen blauen Schild gelegen haben, das man an eine seiner Wellblechwände geschraubt hat und auf dem steht: »ANTIMATTER FACTORY«.

Daher war schon ich fünfzehn Minuten vor der vereinbarten Zeit da: Ich hatte mich mit Jeffrey Hangst verabredet, dem Sprecher des ALPHA-Experiments. Ich gab mir alle Mühe, so unschuldig wie nur möglich auszusehen, während ich die Wartezeit vor der Sicherheitskontrolle am Eingang vertrödelte. Schließlich hat uns Hollywood in Bezug auf Teilchenphysik beigebracht, dass ein Bösewicht so ziemlich zu allem bereit wäre, um ein wenig Antimaterie in seinen Besitz zu bekommen.

Auf die Sekunde pünktlich kam Jeffrey die Straße herunter und auf mich zu. Groß, geschmeidig, mit einem schwarzen T-Shirt, Sonnenbrille und grauen Bartstoppeln – er sah eher wie ein Rockstar und weniger wie ein Physiker aus; nur das CERN-Schlüsselband um seinen Hals verriet ihn. Wie ich kurz darauf herausfinden sollte, ist ALPHA denn auch ein ziemliches Rock-'n'-Roll-Experiment. Im

Innern der Antimateriefabrik stieß ich gegen eine Wand aus Lärm: dröhnende Maschinen, das rhythmische Zwitschern der Kompressoren und hin und wieder eine Sirene, wenn die Kranbrücke hoch über unseren Köpfen hin- und herglitt. Jeffrey ist in einer Kleinstadt in Pennsylvania aufgewachsen, in deren Umgebung es vor allem Stahlfabriken gibt. Als Kind bläute man ihm ein, er müsse fleißig lernen und an der Uni studieren, sonst würde er hier in einer Stahlfabrik enden. Welch eine seltsame Ironie des Schicksals, dass er nun jeden Tag zum Arbeiten in eine Fabrik geht, wenn auch eine deutlich andere.

Hier in der Antimateriefabrik stellen Jeffrey und seine fünfzig Mitarbeiter von ALPHA Antiwasserstoff her und studieren ihn, das einfachste Atom der Antimaterie. Das ist eine beachtliche Leistung. Da in unserer kosmischen Nachbarschaft nirgends leicht zugängliche Vorräte an Antimaterie zu kriegen sind, muss ALPHA sich seine Antiatome aus dem Nichts selbst erzeugen, und zwar indem sie vorsichtig positiv geladene Antielektronen mit negativ geladenen Antiprotonen mischen. Und hat man dann eines hergestellt, ist es höchst kompliziert, den Antiwasserstoff so lange festzuhalten, dass man ihn untersuchen kann. Wie will man schließlich eine Substanz kontrollieren, die sich beim geringsten Kontakt mit gewöhnlicher Materie sofort auslöscht? Als ich unachtsam ALPHA einmal als »Detektor« bezeichnete, erntete ich einen verächtlichen Blick von Jeffrey. »ALPHA ist *kein* Detektor. Das Nachweisen ist für uns nur ein Mittel zum Zweck. Die wahre Kunst liegt darin, zu lernen, wie man neutrale Antiatome einfangen kann. Das ist wirklich schwer. Wir erzeugen Antiwasserstoff so, dass er nach seiner Entstehung sofort geschnappt wird, und wir sind das einzige Labor weltweit, das weiß, wie man so etwas macht. Also, wenn Sie das einen Detektor nennen, macht mich das ärgerlich.«

Antielektronen oder Antiprotonen einzufangen ist vergleichsweise simpel. Da sie elektrisch geladen sind, kann eine gut überlegte Anlage aus elektrischen und magnetischen Feldern sie im Zentrum eines Vakuumgefäßes festhalten. Doch will man sie kombinieren, um den neutralen Antiwasserstoff zu erzeugen, spielt man in einer ganz anderen Liga. Ohne elektrische Ladung sind Antiwasserstoffatome deutlich, deutlich schwerer beherrschbar. ALPHA war das erste Experiment weltweit, dem das gelang. Ende 2010 waren sie zum ersten Mal in der Lage, 38 Antiwasserstoffatome für etwa eine Sechstelsekunde festzuhalten; heute können sie tausend mehr oder weniger beliebig lange aufbewahren.

Jeffrey selbst sagt: Hätte man ihm, als er vor ein paar Jahrzehnten hier am CERN angefangen hat, erzählt, er würde einmal Antimaterie erzeugen und aufbewahren können, hätte dies auch für ihn wie Science-Fiction geklungen. Und genau das war es ja. 2008 führte er Ron Howard und Tom Hanks durch die Hallen, während diese die Filmfassung von Dan Browns Thriller *Illuminati* drehten. In dem Buch geht es um eine ruchlose Organisation, die einen Behälter Antimaterie aus dem CERN stiehlt, mit der sie heimtückisch den Vatikan in die Luft sprengen will. Würden sie den gesamten Antiwasserstoff an sich reißen, den CERN in Wirklichkeit bis heute hergestellt hat, könnten sie damit nicht einmal eine Fliege sprengen, geschweige denn eine ganze Stadt.*

ALPHA ist nicht im Antimateriebomben-Geschäft. In Wirklichkeit geht es um ungemein präzise Messungen der Spektrumeigenschaften von Antiwasserstoffatomen. Genau wie bei gewöhnlichem Wasserstoff umkreist hier das Antielektron das Antiproton auf genau festgelegten Quantenenergieleveln, wobei es von einem Orbit in den nächsten springen kann und dabei Photonen aufnimmt oder abgibt. Misst man nun die Frequenzen dieser Photonen, kann man sie mit dem Spektrum von gewöhnlichem Wasserstoff vergleichen, und so möchten Jeffrey und seine fünfzig Kollegen nach Verletzung der Symmetrie zwischen Materie und Antimaterie suchen. Das könnte uns vielleicht, aber eben nur vielleicht einen Hinweis liefern, wie Materie im Universum entstand.

---

* 1999 schätzte die NASA, dass ein einzelnes Gramm Antiwasserstoff (und so viel bräuchte man in etwa, um eine stadtzerstörende Bombe zu bauen) etwa so viele Jahre zur Herstellung benötigen würde, wie das Universum alt ist. Der Kostenpunkt läge bei rund 62,5 Billionen US-Dollar. Es wäre für die Illuminati also wesentlich günstiger, den Vatikan einfach zu kaufen und dann eine Armee aus Bauarbeitern zu beschäftigen, die ihn Stein für Stein abträgt.

Die Symmetrie, die zwischen einem gewöhnlichen Wasserstoffatom und seiner Antimaterie-Version besteht, nennt man die CPT-Symmetrie (aus dem Englischen: charge, parity, time – Ladung, Parität, Zeit). Die CP-Symmetrie haben wir schon kennengelernt: Bei ihr ging es um das Verwandeln von Teilchen in Antiteilchen (und wieder zurück) und dann das Reflektieren des Universums in einem Spiegel, sodass aus links rechts und aus rechts links wird. Wir wissen, dass die Natur beim Zerfall von Quarks und womöglich auch bei der Oszillation von Neutrinos die CP-Symmetrie verletzt. Wenn man nun aber noch die Symmetrie der Zeitumkehr (T) hinzufügt, was heißt, dass man die Richtung, in die Teilchen sich bewegen, umkehrt, geht man davon aus, dass die Naturgesetze letzten Endes unverändert bleiben. Um es anders zu formulieren: Ein Antimaterie-Universum, das in einem Spiegel reflektiert wurde und in dem die Zeit rückwärtsläuft, müsste völlig identisch mit dem sein, in dem wir heute leben.

Das CPT-Theorem ist für die Quantenfeldtheorie derart fundamental, dass die meisten Theoretiker davon ausgehen, dass es nicht verletzt werden kann und dass Jeffrey und seine Mitarbeiter auf einer aussichtslosen Mission sind. Aber vergessen wir nicht: Nur sehr wenige Menschen glaubten, dass entweder die Parität- oder die Ladungsparität-Symmetrie verletzt werden könnte, bevor Experimente den Beleg dafür erbrachten. Würde sich herausstellen, dass auch die CPT-Symmetrie verletzt werden kann, wäre das wirklich revolutionär und würde die Quantenfeldtheorie in ihren Grundfesten erschüttern. Oder, um wieder Jeffrey zu zitieren: »Die Theorie-Freaks sagen dann immer: ›Okay, es ist das CPT, verdammt noch mal, und das CPT ist richtig.‹ Doch diese Symmetrien sind immer nur so lange richtig, bis sie es nicht mehr sind. Das Argument, dass vom CPT als unveränderlicher Tatsache ausgeht, nimmt einfach an, dass die Quantenfeldtheorie das letzte Wort sei, und das ist einfach unglaublich arrogant. Es gibt noch so viele Dinge, die wir nicht wissen. Und ich weigere mich, es einfach hinzunehmen, wenn Leute sagen, wir wüssten, dass das CPT ein Gesetz sei, denn immer wieder lagen sie falsch. Ich glaube, als Experimentator muss man all das außen vor lassen und die Experimente in der bestmöglichen Art durchführen, zu der man in der Lage ist.«

Doch selbst wenn wir von den möglichen theoretischen Implikationen einmal absehen, macht Jeffey dies alles ganz sicher auch aus Liebe für die Herausforderung an sich. »Ich denke immer, wie könnte man das *nicht* tun? Es ist zu meinen Lebzeiten möglich geworden, Antimaterieatome herzustellen und festzuhalten. Das ist doch unglaublich! Wenn man bedenkt, wie das alles angefangen hat, mit einem bunt gemischten Haufen Menschen, und niemand hat geglaubt, wir könnten überhaupt jemals Antiwasserstoff herstellen. Niemand hat geglaubt, wir könnten ihn festhalten, sollten wir ihn doch herstellen können. Und niemand hat geglaubt, dass wir, sollte uns all das doch gelingen, je genug davon zusammenbekommen würden. Und heute kann ich eine einzelne Spektrallinie im Antiwasserstoff innerhalb eines Tages messen. Das ist inzwischen Routine für uns.«

Da es fraglos ziemlich cool ist, was das ALPHA-Team so macht, fühlt sich auch eine Menge Prominenter davon angezogen. Als wir zur Ebene der Fabrik hinuntergingen, auf der das Experiment abläuft, wies Jeffrey stolz auf ein Whiteboard mit Unterschriften von Berühmtheiten hin, die bei ALPHA zu Besuch waren. Neben einem signierten Foto von Ron Howard erkannte ich die Unterschriften von Roger Waters, David Crosby und Graham Nash, Jack White sowie die Autogramme der Bandmitglieder von Muse, Slayer, Metallica, den Pixies und den Red Hot Chili Peppers. Ganz klar wird hier Rock bevorzugt. Jeffrey selbst spielt Gitarre in einer Band, die jährlich beim CERN Hardronic Music Festival auftritt (ja, das gibt es wirklich, und es ist eine große Sache), und scheint wählerisch zu sein, welche Namen hier auftauchen dürfen. »Gibt es noch jemanden, den Sie hier gerne drauf hätten?«, fragte ich. Seine Antwort kam ohne jedes Zögern: »David Gilmour von Pink Floyd.«

Als wir eine weitere Treppe hinabgestiegen waren, standen wir vor dem Versuchsaufbau, einem anarchisch wirkenden Arrangement aus Kabeln, Röhren, elektronischen Anzeigen, blinkenden Lichtern, Metallkonstruktionen und glitzernder Isolierfolie. Im Zentrum all dessen ein glänzender Edelstahlbehälter – die Antiwasserstofffalle.

Um Antiwasserstoff herzustellen, braucht man zunächst Antiprotonen, die entstehen, wenn einer der großen Teilchenbeschleuniger des CERN Protonen auf ein Ziel schießt und damit einen Schauer aus Teilchen und Antiteilchen erzeugt. Die hier herausschießenden Antiprotonen sind allerdings viel zu schnell und viel zu chaotisch unterwegs, als dass man sie für die Herstellung von Antiwasserstoff nutzen könnte, weshalb sie zunächst von einer einzigartigen Maschine mit Namen Antiproton Decelerator (Antiprotonen-Verzögerer) eingezäunt und gebremst werden. Von hier aus erreichen sie dann ALPHA. Doch auch dann haben die Antiprotonen noch viel zu viel Energie und müssen weiter »gekühlt« werden, indem man sie durch Schichten aus Aluminiumfolie schießt und anschließend mit Elektronen mischt. Am Ende ist die Temperatur der Antiprotonen von Milliarden von Grad auf gerade einmal 100 Kelvin (-173 Grad Celsius) gefallen. In der Zwischenzeit steigen Antielektronen, erzeugt von einer radioaktiven Quelle am anderen Ende der Anlage, durch ein Magnetfeld in einer Spirale auf, wodurch auch sie abgekühlt werden. Erst dann leitet man sie in die Antiwasserstofffalle ein.

Hier hält man die Antiprotonen und Antielektronen zunächst durch ein elektrisches Feld voneinander getrennt, das man dann langsam verändert, sodass sich die beiden Wolken aus gegensätzlich geladenen Teilchen begegnen. Bei ihrer Vermischung entstehen neutrale Antiwasserstoffatome, die aufgrund ihres leichten Magnetismus von den Wänden der Falle durch extrem starke Magnetfelder abgehalten werden. Während dieser Prozess eine Achtstundenschicht lang wiederholt wird, kann das ALPHA-Team inzwischen bis zu Tausend Antiwasserstoffatome gleichzeitig lagern. Hinter dieser Leistung stecken zwei Jahrzehnte mühsamer Entwicklung, Innovation und harter Arbeit.

Sobald die Forscher eine Wolke aus Antiwasserstoffatomen beisammenhaben, folgt der letzte Schritt, das Vermessen des Spektrums. Laserlicht wird in die Falle geschossen, und falls dessen Frequenz stimmt, wird es einige der Antielektronen aus dem untersten Energielevel in ein höheres schubsen. Wird ein Antielektron derart befördert, kann ein nächstes Photon es gleich gänzlich aus dem Atom herausdrängen. Dabei entsteht ein Antiproton, das nun an die Wände der Falle treibt und dort ausgelöscht wird. Die bei dieser Auslöschung freigesetzten Teilchen können aufgespürt werden, und zählt man die Anzahl der Auslöschungen, können die Wissenschaftler ableiten, ob ihr Laser in der richtigen Frequenz eingestellt ist, um ein Antielektron zum Quantensprung anzuregen.

Nachdem es hier 2010 zum ersten Mal gelang, Antiwasserstoff einzuhegen, wurde ALPHA komplett neu aufgebaut, und 2016 konnte das Team endlich einen ersten Quantensprung des Antiwasserstoffs erreichen. Heute sind sie in der Lage, eine solche Messung an einem einzigen Tag durchzuführen, und können die Energie des Sprungs bis auf ein Billionstel genau bestimmen. »Ich kann immer noch nicht recht glauben, dass das heute geht«, erklärte mir Jeffrey mit unverhohlenem Stolz. »Wir haben uns selbst sehr überrascht.« Bislang stimmt das Spektrum des Antiwasserstoffs perfekt mit dem von gewöhnlichem Wasserstoff überein, und die Genauigkeit von ALPHAs Messungen rückt verblüffend nahe an die Vermessung des gewöhnlichen Wasserstoffs heran. »Wir sind schon bald ganz nah dran am Wasserstoff. Wasserstoff wurde bis auf ein Zehntel bis Fünfzehntel [tausend Billionenstel] vermessen. Wir haben nun ein Zehntel bis ein Zwölftel [ein Billionstel] geschafft, in nur zwei Jahren. Sie hatten zweihundert Jahre Zeit!«

Und ALPHA hat noch eine weitere, womöglich noch viel aufregendere Messung im Angebot. Jeffrey wies mich auf einen großen Metallaufbau hin, der direkt neben dem Original-Experiment mehrere Meter vom Fabrikboden aus in die Höhe ragte. In dessen Innern befindet sich eine weitere ALPHA-Version, doch dieses Mal so auf der Seite montiert, dass sie vertikal Richtung Dach zeigt. Das sei ALPHA-g, so Jeffrey, mit dem man herausfinden wolle, ob Antimaterie nach oben fällt.

Wenn man sich überlegt, dass Antimaterie schon vor rund 100 Jahren entdeckt wurde, ist es verblüffend, dass wir noch immer nicht wissen, ob sie von der Schwerkraft gewöhnlicher Materie abgestoßen wird. Auch hier gehen die meisten Theoretiker davon aus, dass dies äußerst unwahrscheinlich ist, doch bis es tatsächlich jemand nachgeprüft hat, können wir uns eben nicht sicher sein. Die Idee von ALPHA-g (wobei »g« für »Gravitation« steht) ist es, Antiwasserstoff herzustellen und ihn dann loszulassen, um zu sehen, in welche Richtung er fällt.

Sollte sich herausstellen, dass Antimaterie tatsächlich von gewöhnlicher Materie abgestoßen wird, hätte dies tiefgreifende Auswirkungen für unser Verständnis des Universums. »Es gibt da ein paar irre Grenzwissenschaftler, die behaupten, dass abstoßende Gravitation alles erklären kann: Antimaterie, Asymmetrie, Dunkle Energie, Dunkle Materie. Wäre dem wirklich so, würde das alles erklären, was wir jetzt noch nicht verstehen«, erläuterte Jeffrey, während wir auf den Tank blickten. Und in der Tat: Würde Antimaterie von gewöhnlicher Materie abgestoßen, könnte das erklären, warum wir im Universum um uns herum keine Antimaterie finden. Sie wäre nämlich gezwungen, sich in weiter entfernte Teile des Kosmos zurückzuziehen, was wiederum uns die Suche nach einem Rezept für die Herstellung von mehr Materie als Antimaterie beim Urknall ersparte. »Es gibt eine Menge Typen, die haben schon einen fertigen Artikel unter dem Kopfkissen liegen und warten nur noch auf dieses Messergebnis.«

Jeffrey und sein Team lieferten sich 2018 ein verzweifeltes Rennen gegen die Zeit: Sie wollten ALPHA-g fertighaben, bevor CERN Ende des Jahres den Teilchenbeschleunigerkomplex für einen geplanten zweijährigen Shutdown herunterfuhr, den man für Verbesserungsarbeiten am LHC und den Experimenten benötigte. Die ALPHA-Mitarbeiter wussten, dass sie so gut wie augenblicklich erfahren würden, ob Antimaterie nach oben oder nach unten fällt, sobald sie ihren Versuchsaufbau anschalten würden. »Ich habe noch nie so hart gearbeitet wie damals, von Mai bis November, sieben Tage die Woche, 12, 15 Stunden am Tag, immer mit dem Ziel, die Messungen noch vor dem Shutdown hinzubekommen. Wir wollten unbedingt diese Vermessung noch erreichen. Hätte ich noch einen zusätzlichen Monat bekommen, hätte ich es auch geschafft.«

Am Ende kamen sie dem Ziel erstaunlich nahe, konnten die Ziellinie aber nicht mehr überqueren. Also sind sie nun damit beschäftigt, die beiden ALPHAs für den Neustart in einen einwandfreien

Zustand zu bekommen. Jeffrey und seine Kollegen suchen immer nach Möglichkeiten, ihr Experiment zu verbessern. Ihr Motto dazu: »Wenn es funktioniert, reparier es.«
Übrigens hat das ALPHA-Team das Spielfeld nicht für sich allein. Sie teilen sich die Antimateriefabrik mit mehreren anderen Experimenten, darunter zwei, die ebenfalls alles daransetzen, die Auswirkungen der Gravitation auf Antimaterie zu bestimmen. Doch Jeffrey kennt keine Zweifel, wer das Rennen machen wird: »Ich bin sehr zuversichtlich, dass wir gewinnen werden.« Schließlich waren sie es, die als Erste Antiwasserstoff einfangen und den Quantensprung vermessen konnten. Ich würde keinesfalls gegen sie wetten.

Als Experimentalphysiker finde ich die wissenschaftliche Herangehensweise von ALPHA wirklich inspirierend. Und zwar nicht nur, da die Messungen, die sie vornehmen, unglaublich schwierig durchzuführen sind, sondern auch, da sie Prinzipien infrage stellen, von denen selbst respektable Theoretiker behaupten, dass sie einfach wahr sein müssen. Jeffrey vertritt nachdrücklich den Standpunkt, man dürfe nie davon ausgehen, dass ein Grundsatz stimmt, bis man ihn nicht überprüft hat. Genau wie Richard Feynman, der Doyen der Quantenfeldtheorie, in seinem berühmten Zitat sagte: »Es macht keinen Unterschied, wie schön Ihre [Theorie] ist oder wie klug Sie sind ... Wenn sie nicht mit dem Experiment übereinstimmt, ist sie falsch.«[60]

ALPHA ist experimentelle Physik in ihrer Reinform: Man hält sich an der physischen Welt fest und untersucht ihre grundlegendsten Prinzipien im Labor. Es geht um das endlose Streben nach Präzision, die Freude am Lösen schwieriger Probleme und die Entschlossenheit, als Erster am Ziel zu sein. Jeffrey ist zweifellos jemand, der seine Arbeit liebt. Als wir, von der hellen Sommersonne geblendet, wieder draußen vor der Fabrik standen, gestand er mir: »Es gibt keinen zweiten Ort wie diesen. Ich habe den einzigen Job, für den ich qualifiziert bin. Entweder mache ich den oder ich stehe auf der Straße und spiele Gitarre. Ich habe keine Wahl. Ich denke jeden Tag daran, dass ich es hier besser nicht verhaue.«

KAPITEL 12

DIE FEHLENDEN ZUTATEN

Mit diesen bislang unerreichten Kollisionsenergien dringen die LHC-Experimente in ein riesiges Gebiet vor, das es zu erforschen gilt, und die Jagd nach Dunkler Materie, neuen Kräften, neuen Dimensionen und dem Higgs-Boson beginnt.«[61]

Mit diesen Worten gab Fabiola Gianotti, Sprecherin des ATLAS-Experiments, den Startschuss für die Suche nach neuen Teilchen am Large Hadron Collider, als am 30. März 2010 zum ersten Mal hochenergiereiche Protonen aufeinander geschossen wurden. An diesem Tag verströmte die zehntausendköpfige CERN-Community Optimismus und Vorfreude, und Theoretiker rund um den Globus warteten ungeduldig auf Antworten auf jene Fragen, die sich viele schon seit Anbeginn ihrer Karriere stellten. Nach langer, langer Wartezeit feuerte das größte je gebaute wissenschaftliche Instrument seinen ersten Schuss ab – es bot sich die einmalige Gelegenheit, die subatomare Welt zu erkunden, in der alle möglichen Arten von seltsamen und exotischen Objekten auf ihre Entdeckung warteten.

Wie Gianotti es in ihrer Ansprache formuliert hatte, war das Higgs-Teilchen nur eines unter vielen. Und tatsächlich galt es für viele Teilchenphysiker, wahrscheinlich sogar für die Mehrheit unter ihnen, als eines der weniger aufregenden Versprechen der neuen Maschine. Das Higgs-Boson gehörte zur alten, etablierten Geschichte der Teilchenphysik; es war das letzte fehlende Teil des Standardmodells, das seit den späten 1970er-Jahren mehr oder weniger unverändert geblieben war. Nima Arkani-Hamded, einer der weltweit führenden Teilchentheoretiker, war so zuversichtlich, was den Erfolg des LHC bei der Suche nach dem Higgs-Teilchen anging, dass er ein ganzes Jahresgehalt als Wetteinsatz anbot für den Fall, jemand wollte behaupten, man würde es nicht finden. Sogar einige Experimentatoren betrachteten die Suche nach dem Higgs als etwas, das man noch schnell abhaken sollte, als eine Art noch nicht ganz fertiggestellte Hausaufgabe aus dem 20. Jahrhundert, die man noch rasch erledigen musste, bevor die wirklich aufregende Reise in die Terra incognita beginnen konnte.

Trotz aller Erfolge bisher – wir kennen die Struktur der Materie, die Quantenfelder, die Naturkräfte und den Ursprung der Masse –, so wissen wir doch, dass das Standardmodell zumindest nicht vollständig ist. Es ist wohl nur das Echo einer tieferen, grundlegenderen Theorie, die wir noch nicht erkannt haben. Fürs Erste halten viele Physiker das Standardmodell für eine Ad-hoc-Lösung, plump und sogar hässlich. Nehmen wir einmal die Kräfte: Es gibt im Standardmodell drei von ihnen – die elektromagnetische, die schwache und die starke Wechselwirkung –, doch warum ausgerechnet diese drei? Wir wissen es nicht. Die elektromagnetische und die schwache Kraft sind vereinheitlicht, aber die starke Wechselwirkung steht abseits für sich allein. Vereinigen sich die drei Kräfte auf einem Hochenergieniveau? Auch hier: Wir wissen es nicht. Aber was vielleicht noch viel wichtiger ist: Die Gravitation hat hier überhaupt keinen Platz.

Es wird sogar noch schlimmer, wenn wir uns die Materieteilchen anschauen. Wir bestehen aus Elektronen, Up-Quarks und Down-Quarks, die zusammen mit dem Elektron-Neutrino ein Quartett bilden, das man auch die »erste Generation« von Materie nennt. Wir wissen nicht, warum die vier Teilchen existieren, wir können nur beobachten, dass es sie gibt, und sie per Hand in die Theorie einfügen, wie ein Botaniker Blumen in einem Feld einsammelt. Warum kann es nicht nur ein Teilchen geben? Oder fünf? Oder hundert? Dazu kommt noch, dass die Natur entschieden hat, schwerere, instabilere Kopien dieser vier Teilchen anzufertigen. Das ist die zweite Generation der Materie, zu der das Myon, das Myon-Neutrino, das Charm-

Quark und das Strange-Quark gehören. Dann gibt es das dritte Set aus noch schwereren, noch kurzlebigeren Teilchen, nämlich dem Tau, dem Tau-Neutrino, dem Top-Quark und dem Bottom-Quark. Warum drei Generationen und nicht vier oder tausend? Wir wissen es nicht.

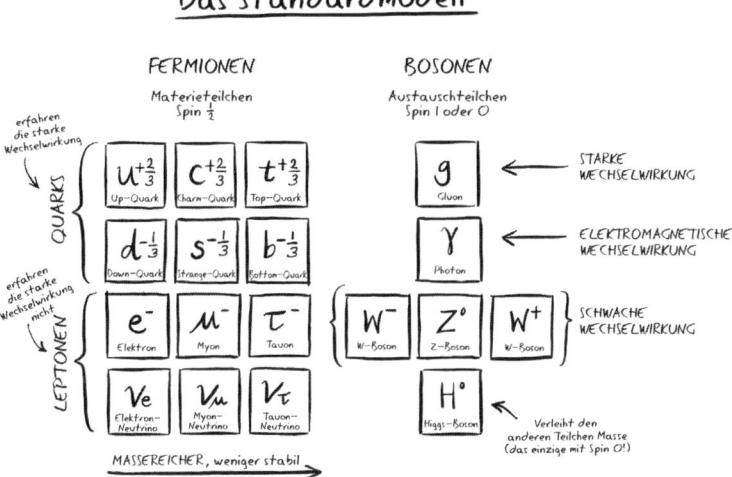

Seit das Standardmodell erstmals zusammengesetzt wurde, verlangten viele nach einer tieferen, eleganteren Theorie, in der all die offensichtliche Willkürlichkeit durch ein einzelnes, vereinendes Prinzip erklärt wird. Wie wir vor ein paar Kapiteln besprochen haben, scheinen die Kräfte aus der Symmetrie der Naturgesetze zu entstehen. Womöglich ist das Standardmodell nur ein Eckstück einer größeren, symmetrischen Struktur, vergleichbar mit einer Scherbe aus einem großen Glasfenster einer mittelalterlichen Kathedrale. Nur wenn wir die anderen fehlenden Stücke gefunden haben, können wir die wahre Schönheit und Majestät der grundlegenden Naturgesetze genießen. Natürlich muss sich die Natur nicht unserem Gespür dafür beugen, was schön ist. Das Verlangen nach einer vereinheitlichten Theorie ist wirklich nur ein ästhetisches, obgleich in der Vergangenheit die Bemühungen um Vereinheitlichung und Einfachheit starke Antriebskräfte gewesen sind. Doch von der Ästhetik einmal abgesehen, gibt es solide, beobachtbare Gründe für die Überzeugung, dass uns bislang etwas Großes entgangen ist.

Wir haben bereits gehört, dass neue Quantenfelder gebraucht werden, um zu erklären, wie Materie in der furchtbaren Hitze des Urknalls geformt werden konnte. Allerdings stammen einige der heftigsten Angriffe auf das Standardmodell gar nicht aus der Ecke der Teilchenphysik, sondern aus der Astronomie. Im 20. Jahrhundert wiesen neue Beobachtungen immer deutlicher darauf hin, dass es im All viel mehr gibt als das, was unsere Augen sehen können. In den 1930er-Jahren stieß der Schweizer Astronom Fritz Zwicky darauf, dass die 1000 Galaxien, die sich im Coma-Galaxienhaufen gemeinsam bewegen, so schnell unterwegs sind, dass die Gravitationskraft der sichtbaren Materie nicht stark genug wäre, um den Haufen zusammenzuhalten. Er schlug vor, der Haufen müsse eine Art unsichtbare Materie enthalten, die er »Dunkle Materie« nannte. Sie sorgt für einen zusätzlichen Gravitationszug und bindet den Haufen zusammen.

Die Existenz der Dunklen Materie war vierzig Jahre kontrovers umstritten, bis die amerikanische Astronomin Vera Rubin in den 1970er-Jahren eine Reihe sorgfältiger Messungen durchführte. Rubin konnte zeigen, dass Sterne, die sich in Spiralgalaxien drehen, darunter unser nächstgelegener galaktischer Nachbar, der Andromedanebel, sich so schnell bewegten, dass sie eigentlich auseinanderbrechen und sich im intergalaktischen Raum verteilen müssten. Auch hier schien schlicht nicht genug Materie in der Galaxie vorhanden zu sein, um die Gravitation zu erzeugen, die man brauchte, um die Sterne in ihrer Umlaufbahn zu halten.

Obwohl Rubins Beobachtungen zu Beginn skeptisch aufgenommen wurden, stellte sich im Laufe der Jahre heraus, dass der Effekt tatsächlich real ist. Eine mögliche Erklärung, der heute noch immer eine Randgruppe von Physiker anhängt, wäre, dass Newton und Einstein sich geirrt haben bei ihren Gravitationstheorien und dass die

Die fehlenden Zutaten

Gravitationskraft auf große Entfernungen stärker wirkt als ursprünglich angenommen. Eine zweite, bei Weitem populärere Erklärung lautet, dass sich im Zentrum fast jeder Galaxie, auch unserer Milchstraße, eine große Menge unsichtbare Dunkle Materie angesammelt hat, die mit ihrer Schwerkraft die Sterne auf ihrem Orbit festhält. Diese nicht zu beobachtende Materie heißt Dunkle Materie, da sie Licht weder abgibt noch absorbiert, noch reflektiert, was sie für unsere Teleskope absolut unsichtbar macht. Astronomen können nur dadurch auf ihre Gegenwart schließen, da ihre Gravitation an den Sternen, Galaxien und am Licht zieht, während sie sich durch den Kosmos bewegen. Das ist ein bisschen wie ein Poltergeist, der die Möbel in einem verwunschenen Haus hin- und herbewegt.

Der astronomische Beweis für die Existenz von Dunkler Materie ist inzwischen überwältigend. So haben mehrere verschiedene Beobachtungsarten es Astronomen ermöglicht, den Einfluss Dunkler Materie überall im Kosmos nachzuweisen. Glaubwürdige Schätzungen gehen davon aus, dass es wohl fünf Mal mehr Dunkle Materie im Universum gibt, als die gesamte sichtbare atomare Materie ausmacht, also inklusive aller Sterne, Planeten und Staubkörnchen.

Noch rätselhafter ist eine Form abstoßender Gravitation, bekannt als Dunkle Energie, die man verantwortlich macht für die Beschleunigung in der Ausdehnung des Universums. Die Forschung geht davon aus, dass Dunkle Materie und Dunkle Energie bis zu 95 Prozent des gesamten Energiegehalts des Universums ausmachen. Wir und alles, was wir am Nachthimmel erkennen können, sind nur ein winziger Bruchteil des fast gänzlich unsichtbaren, unbekannten und unerforschten Universums, sprudelnde Gischt auf der Oberfläche eines dunklen Ozeans.

Im Standardmodell kommen keine Teilchen oder Quantenfelder vor, die Dunkle Materie* oder Dunkle Energie bilden könnten. Das ist für Teilchenphysiker zugleich eine große Herausforderung, aber

---

* Man könnte glauben, dass Neutrinos alle Bedingungen dazu erfüllten, doch sie sind zu leicht und sausen mit zu hohem Tempo durch den Kosmos, als dass sie zu den uns bekannten Daten der Dunklen Materie passen würden.

auch eine große Chance. Obgleich es sehr unwahrscheinlich ist, dass wir aus Experimenten zur Teilchenphysik etwas über Dunkle Energie lernen werden, ist es doch möglich, Dunkle Materie zu finden – entweder bei den Kollisionen im LHC oder in unterirdischen Versuchsanlagen, bei denen nach den seltenen Gelegenheiten Ausschau gehalten wird, bei denen Dunkle-Materie-Teilchen mit gewöhnlicher Materie zusammenstoßen. Könnten wir ein solches Teilchen aufstöbern, würde das nicht nur die Bewegungen von Sternen und Galaxien erklären, sondern womöglich auch einen Hinweis darauf liefern, welches größere, noch symmetrischere Bild dem Standardmodell zugrunde liegt.

Die Aussicht, Dunkle Materie zu erschaffen, war sicherlich eine große Motivation beim Bau des LHC. Doch, so erstaunlich es klingen mag, war sie nicht der wichtigste Grund, weshalb Physiker sich mit dem Anschalten des Teilchenbeschleunigers etwas Neues erhofften. Denn es gibt noch ein weiteres Rätsel, eines, das Auswirkungen hat, die weit über die bloße Ergänzung weiterer Teilchen zur Zutatenliste der Natur hinausgeht. Dieses Mysterium stellt unsere grundsätzlichen Annahmen über die Naturgesetze infrage und lässt uns daran zweifeln, ob wir überhaupt in der Lage sind, das Universum, so wie wir es erkennen, zu erklären. Es handelt sich um eine Schwierigkeit mit dem Higgs-Feld und um die problematische Tatsache, dass Atome, Menschen und Apfelkuchen existieren können.

WIE EIN PAPIERDRACHE IM WIRBELSTURM

Etwa in der Mitte von Monty Pythons genialer Komödie *Das Leben des Brian* erleben wir mit, wie der Titelheld, Brian von Nazareth, vor einem Trupp römischer Soldaten flieht. Als er sich aus dem Staub macht und durch die Straßen Jerusalems im 1. Jahrhundert stürmt, biegt Brian am Ende einer im Bau befindlichen Wendeltreppe falsch ab und stürzt schreiend aus großer Höhe auf die Straße unter ihm ab – er scheint dem sicheren Tod geweiht. Wäre da nicht der klassische Monty-Python-Surrealismus: Kurz vor dem Aufprall fällt Brian durch die Dachluke in ein gerade vorbeifliegendes Alien-Raumschiff. Allerdings wird dieses Gefährt von einem zweiten Raumschiff verfolgt: Nach einer dramatischen Verfolgungsjagd rund um den Mond muss Brians Raumschiff einen direkten Treffer der Angreifer einstecken und stürzt zurück auf die Erde, wo es genau am Fuß des Turms aufschlägt, aus dem Brian kurz zuvor hatte fliehen wollen. Brian klettert unverletzt aus dem rauchenden Wrack, woraufhin ein Augenzeuge des Zwischenfalls ihm zuruft: »Du verdammter Glückspilz!«

»Glückspilz« ist eher eine Untertreibung. Ich meine, wie hoch ist die Wahrscheinlichkeit, dass genau in dem Moment, in dem Brian abstürzt, ein außerirdisches Raumschiff an der Erde vorbeikommt, und zwar nicht nur irgendwo an der Erde vorbeikommt, sondern genau an dieser Stelle in den Straßen Jerusalems? Dann müssen wir dieses unglaubliche Glück mit der unfassbaren Unwahrscheinlichkeit multiplizieren, dass beim Abschuss des Raumgleiters dieser genau an derselben Stelle abstürzt, an der er zuvor den jungen Mann aufgesammelt hat, und dass Brian diesen Crash auch noch überlebt. Und dann haben wir noch nicht über die Glaubwürdigkeit gesprochen, dass sich intelligentes Leben nahe genug an der Erde entwickelt hat, sodass es für einen Tagesausflug mal kurz herüberkommt, oder die schwer zu schluckende Tatsache, dass dieses besondere Raumschiff offenbar noch über ein *Schiebedach* verfügt, das der schusselige Pilot vergessen hat zu schließen.

Also, »Glückspilz« trifft es wohl nicht ganz. Aber wenn wir das Standardmodell für bare Münze nehmen, dann existieren Atome – und damit alles, was aus Atomen besteht, von den Sternen bis zu den Menschen – nur, weil es zu einer ähnlich aberwitzigen Reihe von Zufällen gekommen ist.

Diese Zufälle hängen mit dem Higgs-Feld zusammen, dem alldurchdringenden kosmischen Energiefeld, das dafür gesorgt hat, dass die Elementarteilchen eine Masse bekommen haben. Wie wir schon gesehen haben, schaltete sich etwa eine Billionstelsekunde nach dem Urknall das Higgs-Feld überall im Universum an, das heißt, es bekam überall einen von null verschiedenen Wert. Dieser Nicht-null-Wert war es, der den Elementarteilchen ihre Masse verlieh und damit im Grunde alle Zutaten des Universums (und also auch unseres Apfelkuchens) in der Form ermöglichte, wie wir sie heute kennen.

Seit der Entdeckung des Higgs-Bosons wissen wir, dass es dieses Feld gibt; und ausgehend von der Masse der W- und Z-Bosonen können wir berechnen, dass es bei einem Wert von etwa 246 GeV angelegt ist. Nun zum entscheidenden Teil. Der spezifische Wert des Higgs-Felds bestimmt die Massen der Elementarteilchen. Wenn Ihnen das hilft, stellen Sie es sich wie einen großen kosmischen Regler vor, so etwa in der Art wie der, mit dem Sie zu Hause die Temperatur Ihrer Heizung einstellen. Dreht man ihn ein wenig herunter, werden die Teilchen des Standardmodells ein wenig leichter; dreht man ihn ein wenig auf, werden sie schwerer. Das Problem: Es scheint unglaublich, wahnsinnig, unsagbar (nun gehen mir langsam die passenden Adjektive aus) unwahrscheinlich, dass sich das Higgs-Feld auf den verdächtig perfekten Idealwert eingestellt hat.

Unsere Theorien legen nahe, dass es nur zwei Werte gibt, die für das Higgs-Feld als wahrscheinlich gelten können einmal 0 GeV, einmal 10 000 000 000 000 000 000 GeV. Wir werden gleich noch klären, wie wir auf diese Werte kommen, aber machen Sie sich zuvor bitte noch einmal klar, dass beide Szenarios äußerst, äußerst schlecht sind, wenn Sie gerne existieren möchten. Hätte das Higgs-Feld einen Wert von 0 GeV – es also ausgeschaltet wäre –, hätten Elektronen keine Masse und würden daher nicht an Atomen kleben bleiben. Neben einer Reihe ziemlich bizarrer Konsequenzen hieße das unter anderem, dass wir nicht existieren könnten. Beim zweiten Szenario, bei dem das Higgs-Feld bis zum Anschlag aufgedreht ist, hätten die Elementarteilchen derart enorme Massen, dass sich keine Strukturen bilden könnten, ohne augenblicklich in Schwarze Löcher zu kollabieren. Auch hier gilt: In einem solchen Universum könnten wir nicht leben.

Im Gegensatz dazu sind 246 GeV genau so viel, dass Teilchen eine begrenzte, aber nicht übertrieben hohe Masse erhalten. Das sorgt für ein Universum mit lauter spannenden Dingen, anstatt einem Nebel aus masselosen Teilchen oder einem Haufen Schwarzer Löcher. Dass

Die fehlenden Zutaten 341

es zu diesem genau passenden Wert kommen konnte, verlangt aber eine unfassbare Reihe an Zufällen in den Naturgesetzen, die kaum weniger wahrscheinlich erscheint, als dass Brian durch ein außerirdisches Raumschiff vor dem sicheren Tod gerettet wird.

Letzten Endes findet sich der Ursprung dieses Problems in der Art und Weise, wie das Higgs-Feld von leerem Raum beeinflusst wird, also dem, was Physiker »das Vakuum« nennen. Wie schon erwähnt, gibt es wegen der Quantenfelder so etwas wie einen leeren Raum eigentlich gar nicht, da diese Felder immer existieren, selbst wenn keine Teilchen in ihnen herumwirbeln. Wir haben zudem gesehen, dass die Quantenfelder die Eigenschaften von Teilchen, wie etwa einem Elektron, beeinflussen können – indem sie sich beispielsweise um sie sammeln und ihre Form verändern. Nun, das in einem Vakuum vorhandene Quantenfeld müsste also die Stärke des Higgs-Felds beeinflussen, und zwar mit katastrophaler Konsequenz.

Der Grund für diese Katastrophe liegt in der Tatsache, dass sogar ein Quantenfeld ohne Teilchen in ihm nie völlig ruhig ist; es zittert ununterbrochen, vergleichbar mit der Oberfläche eines fast unbewegten Teichs. Dieses Schwanken hängt mit der berühmten Heisenbergschen Unschärferelation zusammen, die es uns verbietet, zu wissen, dass ein Feld genau null Energie hat. Stattdessen muss ein leeres Feld andauernd um seinen Null-Wert fluktuieren.

Grundsätzlich enthält dieses Quantenzittern Energie. Wie viel Energie? Nun, auch wenn sich das seltsam anhört, so hängt die Antwort auf diese Frage davon ab, wie genau Sie sich das Feld anschauen. Aufgrund der Unschärferelation nimmt die Größe dieser Bewegung immer weiter zu, je näher Sie an das Quantenfeld heranzoomen und es sich aus immer kürzerer und kürzerer Distanz anschauen. Das bedeutet: Könnten Sie unendlich nahe heranzoomen, würde das Schwanken unendlich groß werden, was das Vakuum mit einer unendlichen Menge an Energie versorgen würde. Glücklicherweise wissen wir, dass wir nicht unendlich nahe heranzoomen können, da bei einem extrem kurzen Abstand die Gravitation eingreifen würde.

Dieser besondere Abstand trägt den Namen Planck-Länge, und er ist sehr, sehr klein: etwa ein Sechszehnbillionstel eines Billionstels eines Billionstelmeters. Wenn Sie lieber eine Menge Nullen haben wollen – das sind 0,0000000000000000000000000000000016 Meter. Zum Vergleich: Die Planck-Länge ist für ein Quark in etwa so groß wie Ihnen oder mir ein Quark vorkommt, also wirklich sehr, sehr, sehr klein. Diese Entfernung ist deshalb so besonders, da man davon ausgeht, dass die Gravitation, sobald man zwei Teilchen in diese Entfernung zueinander bringt, für den Kollaps der beiden in einem winzigen Schwarzes Loch sorgt. Das heißt, es lohnt sich nicht, sich über Entfernungen Gedanken zu machen, die kürzer sind als die Planck-Länge, weshalb wir auch nicht näher an das Quantenfeld heranzoomen.

Doch selbst so: Da die Planck-Länge aberwitzig winzig ist, ist die Energie des Zitterns in einem Quantenfeld bei diesem Abstand unfassbar groß. Eine ziemlich naive Berechnung hat ergeben: Die Energie, die in dem Quantenzittern eines einzigen Quantenfelds steckt, ist so gewaltig, dass ein Kubikzentimeter anscheinend leeren Raums genug Energie enthält, um jeden Stern im sichtbaren Universum in die Luft zu sprengen. Und zwar nicht nur ein Mal, sondern viele, viele Male.*

Wenn Sie von diesem Ergebnis schockiert sind – richtig so! Denn das kann wohl kaum stimmen! Die Vorstellung, dass in jedem würfelzuckergroßen Stück Raum eine apokalyptische Menge Energie brodelt, scheint verrückt. Und so zweifeln auch einige Physiker die Wertigkeit einer solchen Logik an. Dabei scheint sie unvermeidlich, wenn wir die Quantenfeldtheorie als gültig erachten. Glücklicherweise kann uns diese Vakuumenergie nichts anhaben, ist sie doch im Raum selbst eingeschlossen und kann nicht freigelassen werden. Aber auch wenn sie uns nicht schadet, so müsste sie doch deutliche Auswirkungen auf das Higgs-Feld haben.

---

* Hier haben wir es außerdem noch mit einem weiteren großen Problem der Grundlagenphysik zu tun – dem sogenannten Problem der kosmologischen Konstante (oder auch der Vakuumkatastrophe). Die Energie dieser Vakuumfluktuationen müsste eigentlich dafür sorgen, dass sich das All derart schnell ausdehnt, dass sich keine Sterne oder Galaxien bilden könnten. Warum diese unvorstellbare Menge an Vakuumenergie das Universum nicht in Stücke reißt, ist noch immer eines der größten Rätsel der Physik.

Die fehlenden Zutaten 343

Das Higgs-Feld ist unter den Feldern des Standardmodells einzigartig; wie bereits angedeutet, hat es als einziges einen Spin von 0. Die anderen sind entweder Spin-½-Materiefelder oder Spin-1-Kraftfelder. Mit anderen Worten ist das Higgs-Feld, im Gegensatz zu anderen Feldern, den Auswirkungen dieser gewalttätigen Vakuumfluktuationen ausgesetzt wie ein Papierdrache einem Wirbelsturm. Stellen wir uns einmal vor, wir lassen einen Drachen im stärksten Wirbelsturm fliegen, den die Welt je erlebt hat. Was glauben Sie, könnte geschehen? Zwei Optionen sind vermutlich am wahrscheinlichsten: Der Wind könnte entweder den Drachen schnappen und ihn hoch, sehr hoch in den Himmel tragen oder ihn auf den Boden pressen und dort festnageln. Es wäre ziemlich überraschend, würde der Drache in einer bestimmten Höhe, vielleicht einen halben Meter, über der Erde schweben.

Allerdings ist genau das die Situation, in der wir uns mit dem Higgs-Feld befinden. Wie der Papierdrache wird das Higgs-Feld von den irrwitzig mächtigen Vakuumfluktuationen hin- und hergeworfen, die es vermutlich entweder ganz nach oben zur Planck-Energie schieben (das wären die 10 000 000 000 000 000 000 GeV) oder bei 0 GeV auf den Boden drücken sollten. Was wir aber tatsächlich in unserem Universum vorfinden, ist ein Higgs-Feld, das knapp über 0 schwebt, nämlich bei 246 GeV, also genau an der richtigen Stelle, um Atome und damit auch das uns bekannte Universum möglich zu machen.

Diese bizarre Situation verlangt nach einer Erklärung. Nach dem Standardmodell lautet die einzig denkbare Lösung, dass sich die wilden Fluktuationen in all den uns bis heute bekannten Quantenfeldern (und natürlich auch in jenen, die wir noch nicht entdeckt haben) gegenseitig auslöschen, und zwar auf ein absolut unglaublich genaues Maß. Das ist in etwa so, als würden sich die wirbelnden, heulenden Böen in einem Wirbelsturm auf wundersame Weise so ausbalancieren, dass die Luft rund um unseren Papierdrachen fast völlig windstill ist.

Grob gesagt liegt die Wahrscheinlichkeit, dass sich die Fluktuationen in den unterschiedlichen Quantenfeldern gegenseitig so weit auslöschen, dass sich das Higgs-Feld genau bei gleichmäßigen 246 GeV einpendelt, bei eins zu einer Million Billionen Billionen (1:10^{30}). Derart große Zahlen sind im Grunde aussagelos. Um sie dennoch in einen Kontext zu stellen, können Sie sich vorstellen, dass es deutlich wahrscheinlicher ist, dass Sie drei Wochen lang in Folge den Lotto-Jackpot knacken.

Ein derart unglaubliches Komplott zwischen all den unterschiedlichen Quantenfeldern ist ganz sicher absolut unplausibel. Man bekommt den Eindruck, dass ein großer kosmischer Bastler diese Fluktuationen sorgfältig so eingestellt hat, um Atomen die Existenz zu ermöglichen. Mit anderen Worten: Die Gesetze der Physik wirken so, als wären sie absichtlich für das Leben feinabgestimmt worden.

Für einen Physiker hat diese Aussage einen eher unangenehmen Geruch. Und ich rede hier von einem Heilbutt-der-mehrere-besonders-heiße-Sommermonate-hinter-einem-Sofakissen-lag-Gestank.

Diese auch Hierarchieproblem genannte Frage war in den letzten Jahrzehnten eine der Hauptantriebskräfte in der Physik, um nach Lösungen jenseits des Standardmodells zu suchen. Die Hoffnung dabei ist, dass wir einige neue physikalische Phänomene entdecken – sei es eine neue Reihe Quantenfelder oder so –, die uns erklären können, warum das Higgs-Feld genau in diesem perfekten Mittelfeld verharrt. Um bei unserem Bild des Papierdrachens zu bleiben: Wir möchten die Eisenstangen entdecken, die den Drachen auf einem halben Meter Höhe fixieren. Oder erkennen, dass die Böen des Wirbelsturms doch deutlich schwächer sind, als wir angenommen hatten.

Diese neuen Phänomene aufzuspüren war und ist eines der großen Ziele des Large Hadron Collider. Und wirklich war neben der Suche nach dem Higgs-Teilchen die Lösung für das Hierarchieproblem einer der wichtigsten Gründe für den Bau des Teilchenbeschleunigers. Es ist kaum denkbar, dass noch mehr auf dem Spiel stehen könnte. Denn es handelt sich nicht nur um ein wissenschaftliches Problem; es betrifft ganz zentral die Frage, was es heißt, Physik zu betreiben. Ob wir eine Antwort bekommen, hängt mit einem noch darüber hinausgehenden Thema zusammen – nämlich ob es Eigenschaften unseres Universums gibt, für die wir nie eine Erklärung finden können.

Denn hinter diesem Problem lauert ein Schreckgespenst, das die Physik schon seit Jahrzehnten in Angst und Schrecken versetzt. Von vielen geschmäht, von einigen begeistert begrüßt: Dieses Schreckgespenst trägt den Namen Multiversum. Es geht folglich um die Idee, dass unser Universum nur eines unter vielen, vielleicht unendlich vielen Universen ist, wobei die Gesetze der Physik sich von Universum zu Universum unterscheiden. Gesteht man diese Möglichkeit zu, dann wird der anscheinend unmögliche Wert des Higgs-Felds nicht nur wahrscheinlich, sondern sogar unausweichlich: Gehen wir davon aus, dass es andere Universen gibt, dann wird in der großen Mehrheit von ihnen das Higgs-Feld entweder bei null oder bei der Planck-Energie liegen und es keine Atome geben. Wir hingegen leben in einem Universum, in dem sich das Higgs-Feld auf 246 GeV eingestellt hat, und zwar nicht wegen einer wundersamen Feinabstimmung, sondern weil dies die einzige Art von Universum ist, in der wir leben *können*.

Stimmt diese Denkrichtung, werden wir nie dazu in der Lage sein, zu erklären, warum unser Universum so ist, wie es ist. Das Higgs-Feld hat sich aus purem Glück so eingepegelt, genauso wie Brian in die Flugbahn dieses Raumschiffs gefallen ist. Es war pures Glück, das den Atomen die Existenz und damit die Evolution des Lebens ermöglichte. Was an dieser Denkrichtung nervt, ist, dass wir niemals erfahren werden, ob wir recht haben oder nicht. Es wird mit sehr großer Wahrscheinlichkeit nie einen Weg geben, herauszufinden, ob es andere Universen gibt – schließlich liegen sie ja per Definition außerhalb unseres eigenen Universums und damit außerhalb unseres Zugriffs.

Kurz gesagt: Wenn die Idee vom Multiversum stimmt, können wir niemals wissen, wie man einen Apfelkuchen aus dem Nichts macht.

Viele Physiker hoffen jedoch, es gäbe doch ein paar unbekannte Effekte, die das Higgs-Feld gegen die Katastrophe stabilisieren. Wenn diese Idee stimmt, darf man getrost glauben, dass es noch weitere Arten von Teilchen geben könnte, deren Masse der des Higgs-Bosons ähnelt. Daher stürzten sich Hunderte Physiker auf die Daten der Kollisionen, sobald sich das Higgs in den Aufzeichnungen des Large

Hadron Collider abgezeichnet hatte. Sie suchten nach einer Ritze in der Rüstung des Standardmodells, die erklären könnte, warum wir in einem unmöglich unwahrscheinlichen Universum leben.

INS UNBEKANNTE

Jeden Mittwochmorgen drängt sich eine Gruppe Physiker in einen fensterlosen Konferenzraum im ersten Stock des Cavendish Laboratory in Cambridge. Sie sitzen, spärlich beleuchtet von einem matten Oberlicht, rund um einen Tisch mit Kaffeetassen und diskutieren angeregt, wobei sie ihr Gespräch mit seltsamen Vokabeln würzen. »Squarks«, »Neutralino«, »Graviton«, »Z-prime« und »Micro Black Hole« fliegen hin und her über den Tisch. Ab und an springt jemand auf und kritzelt etwas auf ein Whiteboard, Hieroglyphen aus Pfeilen und Wellenlinien und halb entschlüsselbare Krakeleien mathematischer Symbole, während andere weiter von ihrem Platz aus argumentieren, nachdenklich zuschauen oder auf den Tasten ihrer Laptops herumhämmern.

Die »Supersymmetrie-Arbeitsgruppe« traf sich schon, als ich 2008 am Cavendish anfing. Obwohl es in der Teilchenphysik eine Unmenge an Meetings gibt*, ist diese Runde deshalb etwas Besonderes, da sich hier Experimentatoren des LHC mit theoretischen Physikern des Cavendish und Mathematikern aus der Fakultät ein Stückchen weiter die Straße runter treffen. Seit mehr als einem Jahrzehnt durchforsten sie die jüngsten Ergebnisse des LHC und die neuesten theoretischen Ideen auf der Suche nach unbekannten Mustern exotischer Phänomene.

Zu den regelmäßigen Teilnehmern gehören Ben Allanach und

---

* Eine moderne Legende besagt, dass die Mitarbeiter des ATLAS-Experiments einmal eine Arbeitsgruppe gründeten, die nach Wegen suchen sollte, die Zahl der Meetings zu reduzieren. Das führte nur zu weiteren Problemen, als sie anfing, sich regelmäßig zu diesem Thema zu treffen.

Sarah Williams. Ben, Professor für theoretische Physik, gab in den letzten zehn Jahren Experimentatoren Hinweise auf vielversprechende Forschungsansätze, wobei er zu verstehen versuchte, was die neuesten LHC-Ergebnisse für jene spekulativen Theorien bedeuten könnten, die über das Standardmodell hinausgehen. Sarah hingegen jagte nach Hinweisen auf etwas Neues in den Billionen vom ATLAS-Experiment aufgezeichneten Kollisionen.

Jahrelang galt die Supersymmetrie als vielversprechendste spekulative Theorie. Sie ist so verführerisch, dass Ben sein ganzes Arbeitsleben ihrer Erforschung widmete und Sarah und Hunderte ihrer Mitarbeiter bei ATLAS Dutzende und Aberdutzende von Messungen durchgeführt haben – immer in der Hoffnung, ihre Auswirkungen feststellen zu können.

Die Supersymmetrie ist eine der ungewöhnlichsten Ideen, die jedoch mehrere tiefgehende, grundlegende Probleme auf einen Schlag lösen könnte. Sie verspricht zu erklären, wie Materie beim Urknall über Antimaterie dominieren konnte, was die Natur Dunkler Materie ist, und sie legt sogar nahe, dass alle Naturkräfte in den frühesten Augenblicken unseres Universums vereinheitlicht waren. Am verlockendsten ist womöglich jedoch, dass sie das Higgs-Feld vor der Kraft des Vakuums beschützt und ganz natürlich erläutert, warum dessen Stärke genau den richtigen Wert angenommen hat, um die Bildung von Atomen zu erlauben.

Der Name verrät es bereits: Die Supersymmetrie führt eine neue Symmetrie für die Grundbausteine der Natur ein, gar nicht so unähnlich der Symmetrie, die zwischen Materie und Antimaterie herrscht. Doch anstatt Teilchen in Beziehung zu ihren Antiteilchen zu setzen, setzt die Supersymmetrie Materieteilchen wie Elektronen, Quarks und Neutrinos in Beziehung zu Austauschteilchen wie Photonen, Gluonen und dem Higgs-Boson.

Was Materieteilchen von Austauschteilchen unterscheidet, ist der Spin. Alle Materieteilchen sind Fermionen mit dem Spin ½, wohingegen Austauschteilchen Bosonen mit dem Spin 1 sind beziehungsweise im Sonderfall des Higgs-Bosons mit dem Spin 0. Nach der Supersymmetrie kommt auf jedes Spin-½-Materieteilchen des Standardmodells ein Spin 0 »Superpartner«; für jedes Austauschteilchen gibt es eine Spin-½-Superversion. Diese Superteilchen haben genau dieselben Eigenschaften wie ihre Partner aus dem Standardmodell, nur im Spin unterscheiden sie sich.

Diese supersymmetrischen Teilchen tragen alle bescheuerte Namen; die Superversion des Elektrons heißt Selektron, während die Partner der Quarks Squarks heißen. Bei den supersymmetrischen Versionen der Austauschteilchen klingt es nicht viel besser; der Partner des Photons ist das Photino, außerdem ist die Rede von Gluinos, Winos, Zinos und Higgsinos. Vielleicht am wenigsten mag ich das Strange-Squark – wer das in den Mund nimmt, riskiert es, seinem Gesprächspartner ins Auge zu spucken. Alle zusammen heißen »Superpartner« (im Englischen meist »sparticles«). Ein Teil von mir hofft, die Supersymmetrie lässt sich nie beweisen, nur damit wir nie wieder diese albernen Namen verwenden müssen.

Von der hölzernen Nomenklatur einmal abgesehen, wird die Supersymmetrie von vielen Theoretikern als schönste und mächtigste Idee angesehen, die in der Grundlagenphysik je entwickelt wurde. Insbesondere deshalb, da sie zu den wenigen Wegen gehört, wie Theoretiker das Higgs-Feld vor der Katastrophe bewahren können. Wie wir schon besprochen haben, ist das Higgs-Feld ungemein sensibel, was die Fluktuationen der Quantenfelder angeht, die auch im Vakuum immer gegenwärtig sind. Jedes der etwa 25 Quantenfelder im Standardmodell trägt sein eigenes Set an Fluktuationen bei, und jedes verhält sich wie eine Wirbelsturm-Kraft, die das Higgs-Feld nach unten auf null oder nach oben auf die Planck-Energie drückt. Es gibt keinen erkennbaren Grund, weshalb diese verschiedenen Quantenwinde einander ausbalancieren sollten. Und deshalb ist es so schwierig, sich vorzustellen, warum das Higgs-Feld stabil bei 246 GeV schweben sollte.

Die Supersymmetrie löst dieses Problem. Für jedes Quantenfeld im Standardmodell gibt es nun ein korrespondierendes Superfeld, und betrachtet man die Mathematik dahinter, so erkennt man, dass die Fluktuationen in einem Superfeld ziemlich exakt gleich groß und den Fluktuationen ihres Standardmodellpartners entgegengesetzt

Die fehlenden Zutaten 349

sind. Zum Beispiel: Wenn das Elektronenfeld das Higgs in eine Richtung bläst, pustet das Selektronfeld (das Superelektronenfeld) es in die Gegenrichtung zurück. Wie zwei mit gleicher Kraft einander entgegenwirkende Winde, die sich fast vollständig ausgleichen und aus dem, was eben noch ein quantenmechanischer Wirbelsturm war, das Äquivalent eines klaren, windstillen Tags machen.

Mit der Supersymmetrie muss man nicht länger Zuflucht suchen bei der Feinabstimmung oder unbeweisbaren Multiversen. Die Theorie ist *natürlich*, was bedeutet, dass sie automatisch erklärt, warum die Welt so ist, wie sie ist, ohne dass man exzessiv mit der Theorie herumwurschteln muss. Und noch besser: In vielen Versionen der Supersymmetrie ist das leichteste Teilchen ein perfekter Kandidat für die Dunkle Materie.

Allerdings gibt es einen schwerwiegenden Einspruch: Wo sind all diese Superpartner? Wäre das Universum perfekt supersymmetrisch, dann müssten die Superpartner, abgesehen von den unterschiedlichen Spins, exakt dieselben Eigenschaften haben wie ihre Kumpels aus dem Standardmodell. Sie müssten also dieselben Massen haben, und wenn dem so wäre, müssten wir sie schon längst beobachtet haben. Um dieses Problem umgehen zu können, müsste die Supersymmetrie unperfekt sein, in etwa wie diese gewölbten Spiegel auf dem Jahrmarkt, in denen man immer aussieht, als wäre man von einer Dampfwalze überrollt worden. Nur wenn sie die Supersymmetrie verletzen, könnten die Superpartner schwerer sein als die gewöhnlichen Teilchen des Standardmodells. Und zwar müssten sie so schwer sein, dass frühere Teilchenbeschleuniger nicht genug Energie besessen hatten, sie zu erzeugen. Das könnte erklären, weshalb wir sie nicht beobachten konnten – allerdings hat diese Erklärung ihren Preis. Je mehr man die Supersymmetrie bricht, indem man die Superpartner schwerer werden lässt, umso weniger effektiv ist sie beim Ausbalancieren der Quantenfluktuationen. Und das Ende vom Lied lautet: Wenn die Supersymmetrie das Higgs-Feld retten soll, dürfen die Superpartner nicht schwerer sein als das Higgs-Boson selbst. Und damit wären sie schon längst in Sichtweite des LHC.

Angesichts ihrer großen Versprechungen ist es sehr gut verständlich, weshalb die Verlockungen der Supersymmetrie für Theoretiker und Experimentatoren unwiderstehlich waren. Allerdings ist sie nicht das einzige Licht am Ende des Tunnels, wenn es um die Stabilisierung des Higgs-Felds geht. Während die Supersymmetrie versucht, das Higgs-Feld dadurch zu retten, dass der Quantenwirbelsturm durch einen Supersturm mit gleich großer und entgegengesetzter Stärke beruhigt wird, so argumentiert eine andere beliebte Herangehensweise damit, dass es überhaupt gar keinen Wirbelsturm gibt.

Die gewaltigen Vakuumfluktuationen, die für das Higgs-Feld so gefährlich sind, sind eine Konsequenz aus der Tatsache, dass beim Heranzoomen in das Vakuum auf immer kürzere Distanzen die Fluktuationen immer größer und größer zu werden scheinen. Wie wir gesehen haben, verläuft dieses Heranzoomen bis hinunter zur Planck-Länge, also jenem Punkt, an dem zwei zusammengezwungene Teilchen in einem Schwarzen Loch kollabieren.

Die Planck-Länge ist im Grunde deshalb so klein, da die Gravitation eine unglaubliche schwache Kraft ist, eine Billion Billion Billion mal schwächer als der Elektromagnetismus. Das bedeutet, dass in jedem Elementarteilchenexperiment, das wir derzeit durchführen können, die Gravitation von den drei anderen Quantenkräften völlig überlagert wird. Sie wäre ihnen in der Stärke erst dann ebenbürtig, wenn man zwei Teilchen unglaublich nahe zueinanderbringen könnte – und das funktioniert eben nur, wenn man sie mit einer unfassbar großen Menge Energie kollidieren lassen könnte. Beim LHC sind wir in der Lage, sie bis auf 10^{-18} Meter zusammenzubringen. Das ist schon verdammt nahe, aber noch immer hunderttausend Billionen Mal weiter als die Planck-Länge, bei der die Gravitation stark wird.

Aber was, wenn die Gravitation doch stärker ist, als sie scheint? Würde das stimmen, dann würde man früher an den Punkt gelangen, an dem zwei Teilchen in einem Schwarzen Loch kollabieren – und das wiederum hieße, man würde auch früher anhalten, in das Vakuum hineinzuzoomen. Stoppt man das Hineinzoomen früher, ist auch das Maß der Quantenfluktuationen geringer, was die wirbelsturmartigen Böen zu einer sanften Quantenbrise werden lassen würde.

Um das wahr werden zu lassen, muss man – haben Sie bitte ein wenig Nachsicht mit mir – neue Raumdimensionen einführen. Wir leben in einer 3D-Welt, in der wir uns vorwärts und rückwärts, nach oben und nach unten sowie nach links und nach rechts bewegen können. Diese extradimensionalen Theorien verfügen über weitere Richtungen, in die man steuern kann. Ich lade Sie ein, sich eine solche Bewegung in einer, sagen wir mal vierten Raumdimension vorzustellen. Das klappt nicht? Bei mir auch nicht. Da sich unsere Gehirne entwickelt haben, um sich in einer dreidimensionalen Welt zu orientieren, ist es uns unmöglich, uns zusätzliche Dimensionen vorzustellen (und wenn Ihnen ein Mathematiker oder Physiker erzählen will, er könne sich eine 4D-Welt ausmalen, dann würde ich darauf wetten, dass er entweder lügt oder high ist). Allerdings lassen sich diese Ideen zumindest mathematisch ziemlich unkompliziert niederschreiben. Im Rahmen dieser Theorien heißt es dann meist, dass wir die zusätzlichen Dimensionen deshalb nicht wahrnehmen können, da sie unglaublich winzig sind oder da die Teilchen, aus denen wir bestehen, in unserer 3D-Welt festhängen. Wie ein Strichmännchen auf einem Blatt Papier.

Gravitation hingegen hat Zugang zu all diesen höheren Dimensionen, weshalb sie wie Wasser aus einer undichten Röhre heraussickern kann. Dieses Leck erklärt, weshalb die Gravitation in unserer gewöhnlichen dreidimensionalen Welt schwach erscheint, während wir, könnten wir alle Dimensionen wahrnehmen, womöglich erkennen würden, dass die Gravitation genauso stark ist wie die anderen Kräfte.

Das mag hier jetzt wie spekulative Science-Fiction klingen, doch einen Vorteil haben diese extradimensionalen Theorien: Sie sagen, genau wie die Supersymmetrie, neue Phänomene voraus, die im LHC beobachtbar sein müssten. Wenn diese zusätzlichen Dimensionen existieren, dann ist die Energie, die man benötigt, um winzige Schwarze Löcher zu erzeugen, deutlich kleiner als die Planck-Energie, weshalb es möglich sein müsste, sie schlussendlich bei Kollisionen im LHC zu erzeugen.

Die Aussicht, dass die Menschheit mikroskopisch kleine Schwarze

Löcher erzeugen könnte, läutete eine neue Runde apokalyptischer Schlagzeilen ein, vor allem in der britischen Boulevardpresse. Kurz bevor der LHC 2008 eingeschaltet wurde, titelte die *Daily Mail* mit der typisch nüchternen Frage: »WERDEN WIR ALLE KOMMENDEN MITTWOCH STERBEN?«[62], während es in den Vereinigten Staaten die *Time* etwas weniger alarmistisch, aber nicht weniger verschreckend hielt: »KOLLIDIERER LÖST WELTUNTERGANGSÄNGSTE AUS«[63] Die Ängste waren, dass das kleine Schwarze Loch, sobald es einmal erschaffen war, ins Zentrum der Erde sinken und von dort aus den gesamten Planeten verschlingen würde.

Am Ende wurde der Medienhype so groß, dass das CERN ein Expertengremium berief, um die unterschiedlichen Apokalypse-Szenarien zu bewerten. Die Experten stellten ein herausragendes Dokument unter der Überschrift *Überprüfung der Sicherheit bei den LHC-Kollisionen* zusammen – es handelt sich hierbei vermutlich um die am spannendsten zu lesende Gefahrenabschätzung, die je verfasst wurde, nicht zuletzt wegen Sätzen wie diesem: »Eine mögliche Sorge über hochenergiereiche Teilchenkollisionen lautet, sie könnten die Produktion von kleinen ›Blasen‹ stimulieren … die dann expandieren und nicht nur die Erde, sondern möglicherweise das gesamte Universum zerstören werden.«[64]

Aufregendes Zeug. Glücklicherweise kam das Gremium zu dem Schluss: Da die Erde schon immer aus dem Universum mit kosmischen Strahlen beschossen wird, die weit energiereicher sind, als wir sie beim LHC erzeugen können, hätten sich solche Weltuntergangsszenarien, sofern sie denn möglich wären, schon längst ereignet. Folglich wären die Erde und alle anderen himmlischen Körper bereits vor langer Zeit zerstört worden. Es scheint, als hätten die versammelten Experten recht behalten, denn Stand heute existiert die Welt noch immer. Und selbst wenn die Erde untergeht, dürfte ohnehin keiner mehr Zeit haben, das CERN deswegen zu verklagen.

Der Grund dafür, dass winzige Schwarze Löcher nicht als Gefahr angesehen werden, hat mit Stephen Hawkings berühmter Vorhersage zu tun, dass sie augenblicklich verdampfen würden und dabei Hawking-Strahlung abgeben. Bei großen Schwarzen Löchern, etwa

Die fehlenden Zutaten 353

solchen in der Größe eines Sterns, die weit entfernt im Kosmos lauern, verläuft dieser Prozess irre langsam, doch kleine Schwarze Löcher, also etwa solche, wie sie am LHC erzeugt werden könnten, würden sich fast umgehend in einem Teilchenstrahl auflösen. Diese Teilchen könnten dann von den riesigen ATLAS- und CMS-Detektoren erkannt werden.

Lassen wir unsere Existenzängste einmal außen vor, dann sind Supersymmetrie und Extradimensionalität die zwei populärsten Weisen, um die Stärke des Higgs-Felds zu erklären. Obgleich sie bei Weitem nicht die einzigen sind. Doch ganz einerlei, welches Phänomen schlussendlich die Verantwortung dafür trägt, dass unser metaphorischer Drache in der Luft schwebt, so würde man doch im Grunde davon ausgehen, etwas Neues, und zwar mit einer ähnlichen Energie wie das Higgs-Boson selbst, auffinden zu können. Deshalb waren beim Start des LHC 2010 die Erwartungen so hoch, dass wir in Kürze neben dem Higgs-Boson auch weitere neue Zutaten unseres Universums würden beobachten können.

Das erste Jahr des LHC war im Grunde die Aufwärmrunde, bei der die Ingenieure, die den Teilchenbeschleuniger aus dem CERN-Kontrollzentrum heraus steuerten, lernten, wie sie ihre funkelnagelneue Maschine bedienen mussten. Als die Kollisionen nach der Winterpause im Frühjahr 2011 wieder aufgenommen wurden, schoss der Teilchenbeschleuniger augenblicklich los und erzeugte in den ersten paar Tagen mehr Daten als im gesamten vorangegangenen Jahr. Nun war der Startschuss endgültig gefallen.

Kurz vor Weihnachten 2011 tauchten dann verräterische Hinweise auf das Higgs-Boson in den von ATLAS und CMS aufgezeichneten Daten auf. Allerdings wurden die Hoffnungen, dass sich zeitgleich die Superpartner zu erkennen geben würden, enttäuscht. Nun gut, das war noch immer die Anfangszeit des LHC, man machte sich noch nicht allzu viele Sorgen.

Spulen wir vor zum Juli 2012: Das CERN verkündete stolz die Entdeckung des Higgs-Bosons, und die Welt war für ein paar Tage von der Elementarteilchenphysik begeistert. Und obwohl in den CERN-Büros die Champagnerflaschen geköpft wurden, wuchs die

Besorgnis über das Fehlen *aller* anderen vorhergesagten neuen Teilchen. Meine Kollegin Sarah Williams, die als Doktorandin frisch ans CERN gekommen war, hatte kurz zuvor, nach arbeitsintensiven und schlaflosen Arbeitswochen, eine Suche nach den supersymmetrischen Versionen der Leptonen, also der Sleptonen (habe ich es nicht gesagt?), entblindet. Auch wenn ihre älteren Kollegen sehr optimistisch gewesen waren, dass sie bald auf etwas Neues stoßen würden, zeigte sich beim Blick auf die Daten, dass hier nicht einmal der Hauch einer Andeutung eines Superpartners zu erkennen war.

Und so erging es jeder Suche nach Supersymmetrie, winzigen Schwarzen Löchern oder anderen Exotika: Man stand mit leeren Händen da. Womöglich noch verstörender war die Masse des neu entdeckten Higgs-Bosons. Die einfachsten supersymmetrischen Theorien hatten im Allgemeinen vorhergesagt, das Higgs dürfte eine Masse ähnlich dem Z-Boson haben, also rund 90 GeV. Doch das von ATLAS und CMS beobachtete Teilchen war eindeutig schwerer und lag bei 125 GeV. Obgleich dies mit ein wenig theoretischer Manipulation zu eigenen Gunsten ausgeglichen werden konnte, so setzte dies die Theorie doch unter erheblichen Druck.

Gegen Ende 2012 sorgte mein eigenes Experiment, der LHCb, für noch mehr Sorgenfalten bei den Supersymmetrie-Fans. Wir hatten den extrem seltenen Zerfall des Bottom- oder auch Beauty-Quark bewiesen, dem in einigen Versionen der Supersymmetrie ein gewaltiger Boost vorhergesagt worden war. Nun stimmten allerdings die von uns beobachteten Verfallsraten ziemlich perfekt mit dem Standardmodell überein. Als die BBC davon berichtete, sorgte sie für etwas Verstimmung, vor allem wegen eines Zitats meines Kollegen Chris Parkes an der University of Manchester – er hatte gesagt, dass diese neuen Ergebnisse die Supersymmetrie »auf die Krankenstation bringen«[65]. Mein Boss, gleichzeitig Vorsitzender der Cambridge-LHCb-Gruppe, Val Gibson, mischte sich in das Schlachtgewühl ein und behauptete, das Resultat »bringt unsere Kollegen mit der Supersymmetrie-Theorie zum Durchdrehen«[66]. Nichts liebt ein Experimentator aus der Physik so sehr wie die Gelegenheit, seine Schlaumeier-Konkurrenten aus der Theorieabteilung eines Besseren zu belehren.

Die fehlenden Zutaten 355

Am CERN schoss der renommierte Theoretiker John Ellis, der mehr als dreißig Jahre lang an der Supersymmetrie gearbeitet hatte, herablassend zurück: Das Ergebnis »war übrigens in (einigen) supersymmetrischen Modellen so erwartet worden. Ich würde deswegen also keine schlaflosen Nächte verbringen.«[67]

Wie können so viele respektierte Physikprofessoren zu solch unterschiedlichen Interpretationen eines Ergebnisses kommen? Nun, zum Verständnis der Supersymmetrie ist es wichtig zu wissen, dass sie nicht eine einzelne Theorie ist – sie ist ein Prinzip, das genutzt werden kann, um eine große Zahl unterschiedlicher Theorien mit unterschiedlichen Vorhersagen zu entwickeln. Das Ergebnis: Die Supersymmetrie ist teuflisch schwer zu erledigen. Erweist sich Ihr bevorzugtes supersymmetrisches Modell durch Experimente am LHC als falsch, können Sie fast immer einige Parameter anpassen oder hier und da ein paar Schleifchen hinzufügen, die erklären, warum das Modell noch nicht bewiesen worden ist. Wie auch immer: Wenn man anfängt, so herumzubasteln und die Theorie anzureichern, um erklären zu können, warum sie versagt hat, fängt man an, den Sinn und Zweck der Supersymmetrie zu korrumpieren. Schließlich wurde sie erfunden, um genau diese Feinabstimmung im Standardmodell zu vermeiden. Deshalb fühlt sich eine solche Feinabstimmung der Supersymmetrie wie ein Verrat an deren Grundprinzipien an.

Die letzten Protonen der ersten Forschungsrunde krachten kurz vor Weihnachten 2012 im LHC aufeinander. Während die Ingenieure, die diese bemerkenswerte Maschine gebaut und betreut hatten, mit berechtigtem Stolz auf die zurückliegenden drei Jahre blicken, hatte die Physiker-Community einige Probleme, in dem Landschaftsbild, das der LHC freigelegt hatte, etwas Sinnvolles zu erkennen. Entgegen der großen Erwartung einer blühenden Landschaft voller neuer und aufregender Perspektiven für die Forschung, hatte der LHC eine Ödnis offenbart, in deren Mitte einsam das Higgs-Boson ruhte. Ein unerklärlicher Baum, allein in einer ausgedörrten Wüste.

Schon flüsterten einige Physiker vom »Alptraum-Szenario« – der Möglichkeit, dass der LHC schlussendlich nur das Higgs-Teilchen entdecken würde, ohne weitere Hinweise auf die großen Probleme der Grundlagenphysik zu liefern. Manch junger Physiker richtete seine Karriere neu aus. Matt Kenzie, der an der ersten Beobachtung des Higgs-Bosons am CMS beteiligt gewesen war, wagte nach seiner Promotion den mutigen Schritt, zum LHCb zu wechseln: Er war überzeugt, dass die unheilvollen Anzeichen schon nicht mehr zu übersehen waren, was die Entdeckung neuer Teilchen am ATLAS oder CMS anging. Erfahrene Köpfe waren vorsichtiger. Wir stehen noch ganz am Anfang, sagten sie. Wir haben mehr als dreißig Jahre auf die Supersymmetrie warten müssen, da können wir uns ruhig noch ein wenig länger gedulden. Ben Allanach in Cambridge fasste die Gemütslage vieler seiner Theorie-Kollegen in die Worte: »Die Supersymmetrie kam ein wenig zu spät zur Party, aber ich glaube nicht, dass sie bereits verloren ist.«[68]

Dann tauchte am Horizont ein Hoffnungsschimmer auf. Nach zweijährigen Ingenieursarbeiten, mit denen die Fehler abgestellt wurden, die den LHC in den ersten beiden Jahren auf die Hälfte der Maximalgeschwindigkeit gedeckelt hatten, konnte der Teilchenbeschleuniger im Mai 2015 mit bislang unerreichten 13 TeV neustarten. Ein weiteres Mal waren die Grenzen der Forschung verschoben worden. Womöglich konnten in diesen bislang unbekannten Gebieten endlich die versprochenen Reichtümer aufgespürt werden.

Dann, kurz vor Weihnachten 2015, der Blitz aus heiterem Himmel. ATLAS und CMS veröffentlichten Belege für eine neue Spitze in den Hochenergieaufzeichnungen des zu Ende gehenden Jahres. Wie ein verblüffendes Echo auf die Hinweise auf das Higgs-Boson kurz vor Weihnachten 2011 sahen beide Experimente Beweise für ein neues Teilchen, das in zwei Photonen zerfiel, wobei es allerdings sechs Mal schwerer als das Higgs war – es hatte eine Masse von bis zu 750 GeV.

Fünf Jahre lang hatte sich in der Gemeinschaft der Theoretiker eine Anspannung aufgebaut, die sich nun mit einem Mal entlud. Und zwar in einem Strom spekulativer Vorschläge, die alle diese neue Spitze erklären wollten. Innerhalb weniger Wochen wurden in den

Die fehlenden Zutaten 357

Online-Preprint-Speicher* mehr als 500 Aufsätze hochgeladen, darunter auch einer von Ben Allanach und seinen Kollegen. Im August 2016 darauf kamen Physiker in Chicago zum größten Elementarteilchenevent des Jahres zusammen, der International Conference on High Energy Physics. Auf dem Programm standen unter anderem sehnsüchtig erwartete Updates von ATLAS und CMS zur 750 GeV-Spitze, die auf zusätzlichen Daten basierten, die in diesem Jahr gewonnen worden waren. Allerdings legte CMS am Abend vor der Präsentation einen Frühstart hin, als die Wissenschaftler versehentlich vorab ihr Paper online stellten. Das Ergebnis war wie ein Hieb in den Magen: Nachdem nun mehr Kollisionen zusammengekommen waren, hatte sich die Spitze in nichts aufgelöst. Offenbar war sie nichts weiter als eine zufällige Fluktuation in den Daten. Mehr als 500 Aufsätze waren über einen grausamen statistischen Zufallstreffer verfasst worden.

In der Zwischenzeit hatte Sarah mit dem ATLAS-Team nach Spuren von winzigen Schwarzen Löchern gesucht und dazu die Daten des Jahres 2015 genutzt. Man hoffte, dass die Kollisionen mit höheren Energien nun in der Lage wären, sie entstehen zu lassen. Doch auch hier: gähnende Leere.

Der LHC und seine gigantischen Experimente machten drei weitere Jahre ganz großartig weiter; sie wirbelten große Mengen qualitativ hochwertiger Daten auf, die fast alle Erwartungen zermalmten, die man zu Beginn der Runde gehegt hatte. Als die Maschine wie geplant am 3. Dezember 2018 für die nächste zweijährige Pause heruntergefahren wurde, hatte der LHC mehr als zehntausend Billionen Kollisionen aufgezeichnet, doch unter all diesem subatomaren Geröll war nicht ein einziger Hinweis auf ein neues Teilchen gefunden worden, abgesehen vom Higgs-Boson. Das Alptraum-Szenario schien sich zu bewahrheiten.

Die Grundlagenphysik steht nun vor einer Krise, wie es sie in den

---

* Hierbei handelt es sich um arXiv.org – ein Online-Magazin, in das wissenschaftliche Artikel eingestellt werden, noch bevor sie durch Peer-Review geprüft oder in einer wissenschaftlichen Zeitschrift veröffentlicht wurden.

letzten einhundert Jahren nicht gegeben hat. Wir wissen, dass es wichtige Eigenschaften unseres Universums gibt, die wir nicht verstehen: den Ursprung der Materie im Urknall, woraus Dunkle Materie besteht und, vor allem, warum wir in einem Universum existieren, dass offenbar wie von Geisterhand für das Leben feinabgestimmt wurde. Und doch: Die Maschine, die gebaut wurde, um uns Antworten zu liefern, die größte jemals von der Menschheit errichtete, kann uns nur genau das Standardmodell bieten, von dem wir wissen, dass es unvollständig ist. Das bedeutet nicht, dass das Experiment misslungen ist; der LHC ist ein Triumph der Ingenieurskunst und der Technik. Er hat uns schlicht vor Augen geführt, wie die Natur ist – und die Natur kümmert sich offenbar nicht viel um unsere cleveren Theorien.

Obwohl noch viele daran festhalten, dass die Supersymmetrie sich in den kommenden Jahren am LHC zeigen und uns damit aus den pseudowissenschaftlichen Klauen des Multiversums retten wird, richten andere ihre Bemühungen in neue, fruchtbarere Richtungen. Die Supersymmetrie – zumindest in ihrer größten und ambitioniertesten Form –, mit der sich die Stärke des Higgs-Felds, die Natur der Dunklen Materie und die Vereinheitlichung alle Kräfte in einem Rutsch erklären lassen, hat offensichtlich versagt. Um ihrer Entdeckung entgehen zu können, müssten die vorhergesagten Superpartner derart massereich sein, dass sie die mächtigen Vakuumfluktuationen gar nicht mehr ausgleichen könnten, die das Higgs-Feld aus dem passenden Zustand zu werfen drohen, womit wir in einem unbewohnbaren Universum landen würden. Als die Supersymmetrie-Arbeitsgruppe in Cambridge 2019 erkannte, wie sich der Wind gedreht hatte, nannte sie sich still und klammheimlich in Phänomenologie-Arbeitsgruppe um.

Wohin geht es von hieraus? War es das, Ende Gelände? Gibt es einfach Dinge im Universum, die jenseits unserer Erkenntnismöglichkeiten liegen? Es mag wie ein Klischee klingen, aber in jeder Krise liegt eine Chance, und diese Krise hier bietet eine gewaltige Chance. Der LHC mag uns nicht die Antworten geliefert haben, auf die wir gehofft haben, aber er *hat* uns Antworten geliefert. Die Herausforderung liegt nun darin zu erkennen, welche. Jetzt ist der Zeitpunkt gekommen, um unsere Annahmen neu zu überprüfen und alte Probleme aus einem neuen Blickwinkel heraus zu betrachten. Mehr als alles ist es Zeit, unsere großen Ideen und vorgefassten Meinungen beiseitezuschieben und sorgfältig auf das zu hören, was die Natur uns sagt. Womöglich spricht sie schon auf vielen unerwarteten Wegen zu uns. In den letzten Jahren tauchten nach und nach einige seltsame und unerwartete Signale im LHCb-Experiment auf, Signale, nach denen die Natur endlich, endlich vom Standardmodell abzuweichen scheint. Es ist noch zu früh, um sich zu freuen, doch vielleicht, nur sehr vielleicht stehen wir kurz davor, eine tiefere Schicht der kosmischen Zwiebel zu erkennen.

DAS ZEITALTER DER ANOMALIEN

Das LHCb-Experiment bekommt in der Regel nicht dieselbe Aufmerksamkeit wie seine großen Brüder, ATLAS und CMS. Wir haben weder das Higgs-Boson entdeckt (um ehrlich zu sein, wir hatten gar nicht danach Ausschau gehalten) noch sexy klingendes Zeugs wie Dunkle Materie oder winzige Schwarze Löcher gesucht. Und verglichen mit den fotogenen ATLAS- und CMS-Detektoren, die wie Alien-Portale in fremde Dimensionen aussehen, wirkt der LHCb, wenn man ihm unten in der Höhle gegenübersteht, eher wie eine Art riesiger, bunter Toaster.

Wie dem auch sei: Während sich ATLAS und CMS durch eine spekulative neue Theorie nach der anderen gewühlt haben, kristallisierte sich der LHCb als größter Hoffnungsträger heraus, um am LHC etwas zu entdecken, was über das Standardmodell hinausgeht. In den letzten Jahren tauchten immer mal wieder Anomalien auf, Anomalien, die womöglich auf etwas grundsätzlich Neues verweisen.

Um die unterschiedliche Herangehensweise zwischen ATLAS und CMS auf der einen und LHCb auf der anderen Seite zu verstehen, kann man sich zwei Jäger vorstellen, die am Rand eines dichten Dschungels stehen. Dort draußen, irgendwo zwischen den Kilometern über Kilometern dichten Bewuchses, lebt ein Elefant. Zumindest hat ihnen das ein Elefanten-Theoretiker so versprochen. Einer der Jäger geht zuversichtlich voran ins Unterholz, schlägt sich seinen Weg frei durch Lianen und Farn und stößt bei seinem Vorwärtsdrängen immer weiter hinein in den Regenwald. Doch der Dschungel ist riesig und dunkel und wird bei jedem Schritt dicker und widerständiger, sodass der Jäger schließlich einen Punkt erreicht, an dem er einfach nicht weiterkommt. Und den Elefanten hat er nicht zu Gesicht bekommen.

In der Zwischenzeit schlendert seine Kollegin ein wenig hin und her, und zwar nur dort, wo noch das Sonnenlicht durch das Blätterdach fällt und der Weg nicht so mühsam ist. Sie bewegt sich langsam, aber methodisch; ihre Augen suchen den Waldboden nach Dingen ab, die ungewöhnlich sind – ein Fußabdruck oder vielleicht ein abgebrochener Zweig. Nach langer Zeit fällt ihr eine kaum zu sehende Absenkung in der weichen Erde auf, so groß wie ein Baumstamm und mit vier Furchen, die Zehen sein könnten. Noch später findet sie einen weiteren solchen Abdruck, dann noch einen, und die Spur führt sie tiefer und tiefer in den Regenwald hinein. Der Elefant ist da draußen irgendwo. Und sie ist ihm nun auf den Fersen.

Der Jäger, der sich seinen Weg durch den Dschungel mit der Machete freischlägt, ist wie ATLAS und CMS, die beiden gewaltigen Universal-Detektoren, die sich durch Billionen und Aberbillionen von Kollisionen wühlen, um neue Teilchen aufzuspüren, die im Quantenunterwuchs verborgen sind. Diese Art der direkten Suche kann sehr gut funktionieren, wenn man ein genau definiertes Ziel hat und weiß, bei welcher Energierate beziehungsweise in welchem Dschungelabschnitt man suchen muss. So hat man beispielsweise das Higgs-Boson gefunden. Wenn die Teilchen jedoch außerhalb der eigenen Reichweite liegen – vielleicht weil sie zu schwer sind, als dass man sie direkt bei den Kollisionen erzeugen könnte oder sie sich besonders gut zwischen den gewöhnlichen Teilchen verstecken können –, zieht man eben eine Niete.

Die fehlenden Zutaten 361

Dann ist da eben noch ein anderer Zugang, die sogenannte indirekte Suche. Wie die Jägerin, die auf dem Waldboden nach Fußabdrücken sucht, so lassen sich Hinweise auf neue Quantenfelder durch ihre Auswirkungen auf gewöhnliche Standardmodellteilchen erkennen. Der Vorteil dabei: Man kann Beweise für ein neues Quantenfeld sogar dann auftreiben, wenn dessen Teilchen zu massereich sind, um direkt im Teilchenbeschleuniger erzeugt zu werden. Der Nachteil: Man weiß vermutlich nicht recht, was genau für diese Auswirkungen gesorgt hat, so wie die Jägerin am Fußabdruck des Elefanten nicht erkennen kann, zu welcher Elefantenart er nun gehört.

Ganz allgemein gesagt verfolgen wir am LHCb genau diesen zweiten, indirekten Ansatz. Im Gegensatz zu den vielseitigen ATLAS- und CMS-Experimenten ist der LHCb nur daraufhin ausgerichtet, mit höchster Genauigkeit Teilchen des Standardmodells zu untersuchen – in der Hoffnung, sie bei »Fehltritten« zu erwischen. Wie schon ganz zu Beginn einmal angemerkt, steht das »b« in LHCb für »beauty«, den schwersten Cousin des gewöhnlichen Down-Quarks, den man häufig auch als »Bottom-Quark« bezeichnet. Es gab Bemühungen, die beiden schwersten Quarks »Truth« and »Beauty« zu nennen, doch die Physiker blieben bei den weniger poetischen »Top« und »Bottom«. Allerdings wollen wir am LHCb lieber mit »Beauty« in Verbindung gebracht werden denn als Bottom-Physiker gelten, weshalb es zumindest für uns hier um Beauty-Quarks geht.

Das Beauty-Quark ist interessant, da es besonders empfänglich für die Existenz neuer Quantenfelder ist. Diese können Dinge beeinflussen wie etwa die Länge, die das Beauty-Quark vor dem Zerfall überlebt, oder wie häufig es in verschiedene Arten von Teilchen zerfällt. Eine der besten Methoden diese Art von Auswirkungen zu beobachten ist, Zerfälle des Beauty-Quarks zu studieren, die nach dem Standardmodell unglaublich selten sein müssten.

Nehmen wir zum Beispiel den Zerfall des Beauty-Quark in ein Strange-Quark, ein Myon und ein Antimyon. Laut Standardmodell gibt es keinen Weg, wie dies direkt geschehen könnte; ein solcher Zerfall muss über eine komplizierte Mischung aus verschiedenen Quantenfeldern ablaufen, zu denen das W- und Z-Bosonen- sowie das Top-Quark-Feld gehören. Es ist so, als wolle man zwischen zwei Londoner U-Bahn-Stationen unterwegs sein, zwischen denen es keine direkte Verbindung gibt, was einen dazu zwingt, mehrfach umzusteigen. Die meisten Passagiere würden sich die Mühen einer solch verworrenen Reise ersparen wollen, weshalb nur sehr wenige von ihnen von der einen Station zur anderen unterwegs sind. Entsprechend macht die Tatsache, dass unser Zerfall des Beauty-Quark so viele verschiedene Quantenfelder miteinbezieht, ihn ausgesprochen selten.

Aber was, wenn es eine direktere Route gibt, eine, die – um in unserem Bild zu bleiben – nicht das übliche U-Bahn-Netz nutzt? Vielleicht gibt es ja einen überirdischen Zug, der die beiden Punkte in weniger als zwanzig Minuten miteinander verbindet. Das könnte auch für unser Beauty-Quark infrage kommen: Womöglich existiert ein neues Quantenfeld, zum Beispiel eine neue Naturkraft, die für den Zerfall einen direkteren Weg anbietet. Das könnte sogar dann funktionieren, wenn das neue Feld viel zu massereich ist, als dass es vom LHC erschaffen werden kann. Denn auch ohne dass sich Teilchen in dem Feld bewegen, ist das Feld ja da, und ein wenig Energie kann durch es hindurchgehen, ohne dabei tatsächlich das dazugehörige Teilchen erschaffen zu müssen.*

Wenn wir also zählen, wie oft ein Beauty-Quark in ein Strange-Quark, ein Myon und ein Antimyon zerfällt und diese dann mit dem vergleichen, was das Standardmodell vorhersagt, können wir möglicherweise den Einfluss von bislang unbeobachteten, unentdeckten Quantenfeldern erkennen. Allerdings sind diese Zerfälle ungemein selten – nur eines von einer Million Beauty-Quarks wird auf diese Weise zerfallen –, weshalb wir für eine Unmenge von ihnen sorgen müssen, wollen wir einmal einen beobachten.

Zum Glück ist der LHC großartig, was das Erzeugen von Beauty-Quarks angeht. Da Protonen aus Quarks bestehen, die durch Gluon-

---

* Genau das ist der Fall, wenn ein Neutron in ein Proton zerfällt. Dies läuft über das W-Boson-Feld ab, obgleich das W-Boson-Teilchen mehr als 80-mal schwerer als ein Neutron ist und daher viel zu massereich, als dass es direkt bei dem Zerfall erzeugt werden könnte.

Die fehlenden Zutaten 363

felder zusammengehalten werden, erhält man sehr viele Quarks, wenn man Protonen auf Protonen schießt. Im Laufe eines Jahres erzeugt der LHC Milliarden Beauty-Quarks und Antiquarks innerhalb des LHCb, wurde dieses Experiment doch speziell darauf ausgerichtet, diese zu untersuchen.

Da diese Zerfälle wirklich, wirklich selten sind, dauerte es eine Weile, bis das LHCb genügend Kollisionen beisammenhatte, um ausreichend genaue Messungen vornehmen zu können. Doch da jedes Jahr Milliarden neue Beauty-Quarks erzeugt wurden, konnten immer mehr dieser seltenen Zerfälle beobachtet werden. Zunächst schienen die Ergebnisse ziemlich gut mit dem Standardmodell übereinzustimmen, doch als die Präzision immer besser wurde, begannen erste Hinweise auf leichte Abweichungen aufzutauchen.

Ein erster großer Hinweis tauchte 2014 auf, denn in diesem Jahr verglich ein LHCb-Team die Häufigkeit des Zerfalls eines Beauty-Quarks in ein Strange-Quark, ein Myon und ein Antimyon mit der Häufigkeit des vergleichbaren Zerfalls, dieses Mal jedoch in Elektronen anstelle von Myonen. Betrachtet man das Standardmodell, so sind Elektronen und ihre schwereren Cousins, das Myon und das Tauon, vollständig identisch, nur ist das Myon rund 200-mal schwerer und das Tauon beeindruckende 3500-mal schwerer als das Elektron. Die Tatsache, dass die Kräfte diese drei Leptonen gleich behandeln, ist als »Lepton-Universalität« bekannt und für das Standardmodell eine ziemliche Herausforderung. Lepton-Universalität bedeutet, dass man erwarten sollte, dass das Beauty-Quark genauso oft in Myonen zerfällt wie in Elektronen.

Doch die Forschergruppe fand etwas ganz anderes. Es stellte sich vielmehr heraus, dass der Myonen-Zerfall nur 75 Prozent so häufig stattfand wie der in Elektronen. Als würden die Beauty-Teilchen *lieber* in Elektronen zerfallen. Nun muss allerdings gesagt werden, dass die Unsicherheit bei den Messungen ziemlich hoch war – sie lag bei rund zehn Prozent –, weshalb eine recht große Chance bestand, dass dies nur eine zufällige Fluktuation war, wie bei der Spitze, die 2015 jeden am ATLAS und CMS genarrt hatte. Doch einige Jahre später fand eine andere Messung, die auf andere Daten zurückgriff, einen ganz ähnlichen Effekt. Dieses Mal ereignete sich der Myonen-Zerfall nur 69 Prozent so häufig wie der in die Elektronen, und zudem war die Unsicherheit der Messung dieses Mal deutlich geringer.

An diesem Punkt wurde die Community der Theoretiker aufmerksam. Während sich an den ATLAS- und CMS-Experimenten keine neuen Teilchen auftreiben ließen, schien sich aus den vom LHCb gewonnenen Daten etwas herauslesen zu lassen. Weitere Messungen von unterschiedlichen Beauty-Zerfällen in Tauonen (die schwerste Kopie des Elektrons) führten zu ähnlichen Feststellungen. In der Zwischenzeit hatten auch das BaBar-Experiment in Kalifornien und das Belle-Experiment in Japan Hinweise darauf gefunden, dass der Zerfall des Beauty-Quarks das heilige Gesetz der Lepton-Universalität zu brechen schien. Nahm man jeden Hinweis für sich alleine, waren die Abweichungen nicht signifikant genug, um das Standardmodell als verletzt zu erklären. Doch da sich immer mehr Anomalien einstellten, begann sich langsam ein kohärentes Bild zusammenzusetzen.

Zu Beginn des Frühjahrs 2019 traf ich mich mit dem Theoretiker Ben Allanach in seinem Büro in der Fakultät für angewandte Mathematik und theoretische Physik. Er ist Experte für Supersymmetrie, forschte sein ganzes Arbeitsleben an unterschiedlichen Supersymmetrie-Modellen und half seinen experimentellen Kollegen dabei, auf der Suche nach Superpartnern am LHC neue Wege zu gehen. Die Menge an negativen Ergebnissen am ATLAS und CMS führten ihn jedoch weg von diesem Thema, vorerst zumindest.

»Eine Menge Leute zeigten sich deprimiert, insbesondere jene unter uns, die Supersymmetrie schon lange untersucht hatten. Es gab eine Unmenge an unterschiedlichen Reaktionen, und manche forschen auch weiterhin noch entschieden in dieser Richtung, doch ich glaube, dass sich viele von diesem Thema abgewandt haben.«

Fragt man Ben, dann zeigen die Anomalien im Zerfall des Beauty-Quark, wo die neue Party stattfindet. »Sie sind im Moment das Beste, was wir haben. Ich bin absolut überzeugt davon, dass das aufregend wird.« Die große Frage, die augenblicklich in allen Köpfen herumgeistert, ist, ob diese Unregelmäßigkeiten wirklich das nächste große Ding sind. Schließlich wurden wir schon einmal von unglücklichen statistischen Zufällen hereingelegt. Ben Allanach glaubt nicht, dass dieser Fall ähnlich gelagert ist: »Es gibt einfach zu viele davon, als dass es nur eine Fluktuation sein könnte. Da tut sich etwas.« Die größte Angst ist, diese Anomalien könnten auf eine missverstandene Auswirkung zurückgehen, entweder in der Theorie davon, wie sich Quarks bewegen, oder auf etwas, das wir in unseren Experimenten falsch verstanden haben. Auch wenn man sich viel Mühe gibt, alle möglichen Auswirkungen zu berücksichtigen, die das Ergebnis verfälschen könnten, so sind diese großen Teilchenbeschleuniger doch unglaublich komplizierte Maschinen, bei denen es immer die Möglichkeit gibt, dass man etwas übersieht.

»Wenn Sie ein Spieler wären«, wollte ich von ihm wissen, »worauf würden Sie Ihr Geld setzen?«

Ben hielt einen Moment inne und sah aus dem Fenster. »Nun, man würde sich erst wünschen, dass ein anderes Experiment die Ergebnisse unabhängig bestätigt …«

»Aber wenn ich Sie jetzt zu einem Wetteinsatz drängte.«

»Ich würde darauf wetten, dass dies die wahre neue Physik wird – was schon eine Menge ist. Es ist das Vielversprechendste, das ich in meiner Karriere gesehen habe.«

Seit er sich von der Supersymmetrie abwandte, verfolgt Ben Allanach einen anderen Weg bei der Problemlösung. Anstatt an großen Theorien zu arbeiten, die auf einem einzigen eleganten Prinzip basieren, das eine Menge Probleme auf einen Schlag löst, hört er nun sorgfältig auf das, was die Daten ihm sagen, und versucht dann, von unten heraus sein Verständnis aufzubauen. Falls diese Anomalien echt sind, und das ist ein großes Falls, was könnten sie dann verursachen?

»Es gibt im Grunde zwei Lager. Entweder ist es etwas, das wir ein Z-prime nennen – ein neues Kraftfeld – oder ein Leptoquark.« Das sind im Grunde neue Quantenfelder, die damit interferieren, wie Beauty-Quarks zerfallen. Ein Z-prime wäre ein Kraftfeld, ganz ähnlich wie das Z-Boson der schwachen Wechselwirkung, allerdings eines, das die Leptonen-Universalität verletzt, etwa indem es Myonen stärker anzieht als Elektronen. Ein Leptoquark wiederum wäre eher ein exotisches Teilchen.

Zu den großen Rätseln des Standardmodells gehört die Frage, warum es 12 Materieteilchen enthält – sechs Quarks und sechs Leptonen – und warum sie in drei Kopien beziehungsweise Generationen auftauchen. Das Elektron, das Up-Quark und das Down-Quark, aus denen unser Apfelkuchen besteht, gehören zur ersten Generation; die zweite und dritte Generation bilden zusätzliche, schwerere und instabilere Kopien dieser Teilchen. Die Muster in diesen Materieteilchen bilden ein Echo der Muster des Periodensystems der chemischen Elemente, das Mendelejew im 19. Jahrhundert aufgestellt hat. Im Fall der chemischen Elemente verwiesen diese Muster auf eine darunter verborgene Struktur, die wir schlussendlich auf die Quantenstruktur der Atome zurückführen konnten. Könnte es sein, dass die Materieteilchen des Standardmodells auf etwas Ähnliches verweisen?

Ein Leptoquark müsste ein neues Teilchen sein, das zur selben Zeit in Leptonen und Quarks zerfallen kann und damit eine Brücke bilden würde zwischen diesen offenbar unzusammenhängenden Arten von Materieteilchen. Falls es Leptoquarks gibt, könnten sie das erste Teil eines Puzzles sein, welches nach und nach die letztendlichen Ursprünge der Materieteilchen offenbart, aus denen unser Universum besteht.

Eine solche Entdeckung wäre ein *gewaltiger* Fortschritt und wohl die größte Entdeckung in der Teilchenphysik seit der Entwicklung des Standardmodells. Als sich die erwähnten Anomalien zum ersten Mal zeigten, begannen Ben und seine Kollegen konservativ, dem Standardmodell ein zusätzliches Quantenfeld hinzuzufügen – sie wollten sehen, ob das bereits alle Anomalien würde erklären können. Inzwischen sind sie mit der komplexeren Aufgabe beschäftigt, herauszufinden, ob diese neuen Quantenfelder nicht Teil einer größeren, eleganteren Struktur sind.

Obwohl der LHC keinen Beweis für die Supersymmetrie erbracht hat, ist Ben Allanach noch immer der Meinung, dass es etwas geben *muss*, das die Feinabstimmung des Higgs-Felds erklären kann. »Es ist, als würde man einen Stift auf einen Tisch fallen lassen, und er landet genau mit der Spitze nach unten und bleibt stehen. Die Tatsache, dass er aufrecht stehen bleibt, sagt uns etwas.« Verblüffenderweise kann eine der Theorien, die er als Erklärung für die Beauty-Anomalien in Betracht zieht, auch den Job übernehmen, den die Supersymmetrie nicht erledigen wollte, nämlich das Higgs-Feld stabilisieren und das Universum davon abhalten, in ein unbewohnbares Ödland zu kollabieren.

Die Erklärung für beide Effekte könnte sein, dass das Higgs-Boson kein Elementarteilchen ist, sondern eine Mischung aus anderen, neuen grundlegenden Quantenfeldern. Man glaubt, dass das Higgs-Boson deshalb so stark auf die Fluktuationen im Vakuum reagiert – wie ein Papierdrache im Wirbelsturm –, da es den Spin 0 hat. Sollte es aber aus anderen, zusammengefügten Feldern bestehen, deren Spin sich so aufaddiert, dass er bei 0 landet, wäre das Higgs-Teilchen nicht mehr so unmittelbar den verfluchten Vakuumfluktuationen ausgesetzt. Außerdem könnten die neuen Quantenfelder, aus denen das Higgs-Boson besteht, auch die Muster der Materieteilchen im Standardmodell erklären.

Wir stehen hier an einem Wendepunkt unseres Verständnisses von den Zutaten des Universums. In einem Moment der Sorge und Krise, der Freude und Chancen. Niemand weiß, ob sich diese Anomalien als real herausstellen, ob sie stärker werden oder dahinschmelzen. Doch was immer auch geschieht, die Natur spricht zu uns. Natürlich hoffen wir alle, dass diese Anomalien real sind, denn wenn sie es wären, hätten wir endlich eine weitere Schicht der Wirklichkeit freigelegt und erste Anzeichen von dem gesehen, was sich hinter dem Standardmodell verbirgt. Auch für Experimentalphysiker wie mich wäre das großartig und der Beginn einer neuen Ära der Entdeckungen, die womöglich noch aufregender wird als die berauschenden 1960er- und 1970er-Jahre, als man die Grundbausteine der Natur entdeckte.

Doch im schlimmsten Falle, wenn sich all diese Anomalien in Luft auflösen, haben wir dennoch etwas ganz Grundsätzliches gelernt. Sollten wir 2035, wenn der LHC für immer ausgeschaltet werden wird, nichts weiter als das Higgs-Boson gefunden haben und sich das Alptraum-Szenario in vollem Ausmaße bewahrheiten, könnte das die

Krise sein, die ein grundsätzliches Umdenken anstößt, was unsere Herangehensweise an die Grundlagenphysik angeht. Dann wird deutlich geworden sein, dass wir etwas ganz Fundamentales an der Natur der Quantenfelder nicht verstanden haben, über das Vakuum, womöglich auch über die Gravitation. Denn wenn wir ganz zurückgehen wollen, an den Moment, an dem das Universum anfing, zum »B« vom Big Bang, brauchen wir ein vollständiges Bild, in dem sie alle beschrieben werden. Erst dann werden wir in der Lage sein, wie Carl Sagan es formulierte, das Universum zu erfinden.

KAPITEL 13

DAS UNIVERSUM ERFINDEN

Lassen Sie uns der Wahrheit ins Auge blicken: Wir sind noch weit davon entfernt zu wissen, wie man einen Apfelkuchen aus dem Nichts erschafft. Obgleich dort draußen eine Menge vielversprechender Ideen unterwegs sind und wir durch Experimente und Beobachtungen ständig dazulernen, wissen wir noch immer nicht, wie die Teilchen in unserem Apfelkuchen den Urknall überstanden haben, und wir können nicht erklären, warum sich das Higgs-Feld auf dem verrückt exakten Wert eingestellt hat, der die Existenz von Atomen ermöglicht. Wir wissen nicht, was Dunkle Materie ist, und ohne die Gravitation der Dunklen Materie hätte sich gewöhnliche Materie nie zu derart großen Haufen zusammengeballt, um Galaxien, Sterne und Planeten zu bilden. Und man braucht Planeten und Sterne, um Äpfel ernten zu können.

Selbst wenn wir diese Rätsel einmal beiseitelassen, so sind wir ja nicht einmal sicher, ob uns noch weitere Quantenfelder fehlen jenseits der uns aus dem Standardmodell bekannten. Ja, wir können ebenso wenig richtig erklären, warum unser Universum die Quantenfelder enthält, die es enthält, oder ob die uns bekannten Quantenfelder vielleicht aus noch grundlegenderen Zutaten bestehen. Da sind nur eine Handvoll Fragen, von denen wir wissen, dass wir für sie keine Antworten haben – um eine Wendung des früheren US-Verteidigungsministers Donald Rumsfeld aufzugreifen, sie sind das »bekannte Unbekannte«. Mit ziemlicher Sicherheit gibt es auch noch sehr viele unbekannte Unbekannte, also Fragen, die noch so weit jenseits unseres geistigen Horizonts liegen, dass uns noch nicht einmal eingefallen ist, sie zu stellen. Mit anderen Worten: Wir haben noch verdammt viel zu lernen.

Wenn wir also noch nicht wissen, wie man einen Apfelkuchen aus dem Nichts macht, müssen wir vielleicht eine noch größere Frage stellen: Werden wir jemals herausfinden können, wie es geht? Im Verlaufe dieses Buches haben wir gesehen, wie Tausende Frauen und Männer, Chemiker, Physiker und Astronomen, Experimentatoren und Theoretiker, Techniker und Maschinenbauer, Ingenieure und Computerwissenschaftler, die über Hunderte von Jahren zusammengearbeitet haben, nach und nach Materie in ihre grundlegendsten Bausteine zerpflückt und ihre Ursprünge bis in den Kosmos, in die Herzen sterbender Sterne und sogar bis auf eine Billionstelsekunde nach dem Urknall zurückverfolgt haben. Die Tatsache, dass wir so viel von dieser Geschichte erzählen können, ist eine der ganz großen Leistungen der Menschheit. Die Frage ist: Wie weit geht diese Geschichte noch? Und können wir irgendwann einmal zu einer vollständigen Beschreibung der Ursprünge des Universum gelangen?

Versuchen wir einmal, diese Frage ein wenig konkreter zu fassen. Dazu müssen wir bestimmen, wie schlussendlich das Apfelkuchenrezept aussehen muss, damit es das Kriterium »aus dem Nichts« auch erfüllt. Um zu erklären, woher die Materie in unserem Apfelkuchen stammt, bräuchten wir eine Theorie, die beschreibt, was zum Zeitpunkt null geschah, zu dem Zeitpunkt, an dem das Universum begann, oder wie Carl Sagan es formulierte: Wir bräuchten eine Theorie, die das Universum erfindet.

Die moderne Grundlagenphysik basiert auf zwei theoretischen Säulen: der Quantenfeldtheorie, die die Mikrowelt der Atome und Teilchen beschreibt, und die Theorie der Gravitationskraft, die das Universum im großen Maßstab formt. Während sie in ihren eigenen Domänen umwerfend erfolgreich sind – und um es noch einmal klarzustellen: bislang steht kein Experiment oder keine Beobachtung in Widerspruch zu diesen beiden Theorien –, ist doch unübersehbar, dass die zwei uns im Stich lassen, sobald wir uns dem Augenblick des Urknalls nähern.

Der Grund dafür ist relativ einfach. Es läuft auf Folgendes hinaus: Die Quantenfeldtheorie ignoriert die Gravitation, und die Allgemeine Relativitätstheorie ignoriert die Quantenmechanik. Für beinahe jede Situation, die eine der beiden Theorien erklären soll, stellt das überhaupt kein Problem dar. Auf der einen Seite ist bei Experimenten auf Teilchen-Ebene die Gravitationskraft – die eine Billion Billionen Billionen mal schwächer ist als der Elektromagnetismus – im Gegensatz zu den drei anderen, viel mächtigeren Einflüssen der drei Quantenkräfte absolut vernachlässigbar. Auf der anderen Seite gibt es keinen Grund, die mickrig kleinen Quanteneffekte auf subatomarem Level zu berücksichtigen, wenn man als Astrophysiker oder Kosmologe im Bereich der Sterne, Galaxien oder des gesamten Universums forscht (mit einer sehr wichtigen Ausnahme, zu der wir in Kürze kommen werden).

Allerdings war zum Zeitpunkt des Urknalls der gesamte Kosmos subatomar. Im wahrsten Sinne des Wortes alles – Energien und Felder, Raum und Zeit – waren in einen unendlich kleinen Punkt komprimiert, weit, weit kleiner als ein Atom. Unter diesen unvorstellbar extremen Bedingungen beherrschten Gravitation und Quantenmechanik das Universum *gemeinsam*. Und um diesen ersten Moment zu beschreiben, müssen Teilchenphysik und Kosmologie, Quantenfeldtheorie und Allgemeine Relativität in eine vereinigte Quantentheorie der Gravitation verschmelzen.

Diese Quantengravitation zu finden galt für fast ein Jahrhundert als der Heilige Gral der theoretischen Physik. Generationen von Physikern haben über dem Problem gebrütet, und obwohl mehrere potenzielle Kandidaten für derartige Theorien gefunden wurden – die Stringtheorie, die Schleifenquantengravitation, die kausale dynamische Triangulation oder die asymptotische Freiheit beziehungsweise asymptotische Sicherheit, um nur ein paar zu nennen –, so weiß doch niemand, ob eine von ihnen tatsächlich auch die reale Welt beschribt.

Nichtsdestotrotz würde eine solche Theorie, wenn wir sie finden könnten, uns eine Sprache an die Hand geben, die wir zur Beschreibung des allerersten Moments des Universums benötigen. In ihrer ehrgeizigsten Form müsste dieses ultimative Rezept sogar noch weitaus mehr können. Es wäre nicht nur eine Theorie der Quantengravitation und könnte damit die Geburt des Universums beschreiben, es könnte auch erklären, warum das Universum genau dieses grundlegende Set an Zutaten enthält und warum sie genau so sind, wie sie sind. Es könnte zudem beispielsweise erklären, warum es sechs Quarks und sechs Leptonen gibt, warum sie die Massen und Ladungen haben, die sie haben, warum es drei Quantenkräfte gibt und weshalb sie genau so stark sind, wie sie sind. Es könnte die Stärke des Higgs-Felds erklären, was Dunkle Materie ist und wie Materie im Urknall erzeugt wurde. Mit anderen Worten, es wäre das, was Physiker oft eine »Theorie von allem« beziehungsweise die »Weltformel« nennen.

Das wäre die Art von superehrgeiziger, ultimativer Theorie, wie sie Steven Weinberg, einer der Architekten des Standardmodells, 1992 in seinem Buch *Der Traum von der Einheit des Universums* beschrieb. Weinbergs Vorstellungen drehten sich um eine Theorie, die auf derartiger Schönheit und Kraft basierte, dass sie alle offenbar widersprüchlichen Eigenschaften der Quantenwelt berücksichtigen würde, ohne dass man dem Ganzen noch etwas hinzufügen müsste. Diese Theorie wäre einzigartig, elegant und so rigide, dass jeder Versuch, sie zu verändern, das ganze Gebäude zum Einsturz bringen würde. Sie wäre in gewissem Sinne unausweichlich, eine letztgültige Erklärung, die keiner weiteren Erklärung bedürfte.

Nun ist das ein ziemlich hohe Hürde, die man da überspringen muss. Doch als Weinberg seinen *Traum* Anfang der 1990er formulierte, herrschte unter einigen Theoretikern die Auffassung, dass sich eine solche Theorie bereits abzeichne – oder in Weinbergs eigenen Worten: »(Wir) glauben … hin und wieder die Umrisse einer endgültigen Theorie zu erkennen.«[69]

Weinberg bezog sich dabei auf die Stringtheorie, die in den letzten vierzig Jahren die bei Weitem beliebteste Herangehensweise an eine Theorie der Quantengravitation war und den Anschein erweckte, die vereinheitliche Theorie von allem zu sein.

DIE ULTIMATIVE THEORIE

In einer grünen Vorortstraße in den Außenbezirken von Princeton, New Jersey, steht ein von außen eher bescheiden wirkendes weißes, mit Schindeln versehenes Haus mit einem kleinen, ordentlichen Garten vor der Tür. Ein bemaltes Holzschild, das an den Stufen der Veranda lehnt, warnt in großen, schlaffen Buchstaben, dass dies hier eine »Privatwohnung« sei – ein eher vergeblicher Versuch, neugierige Touristen von einem Blick durch die Fenster nach drinnen abzuhalten.

In diesem Haus verbrachte Albert Einstein die letzten zwanzig Jahre seines Lebens, nachdem er 1932 nach Kalifornien gereist war und sich nach der Machtübernahme der Nationalsozialisten entschied, nicht nach Deutschland zurückzukehren. Besucher in der 112 Mercer Street trafen den gealterten Einstein mit seiner wilden Frisur meist im Arbeitszimmer an, bequem gekleidet in eine weiche Strickjacke und umgeben von Papieren, die über und über mit algebraischen Symbolen bedeckt waren. George Gamow, der in den späten 1940er-Jahren hin und wieder zu Besuch war, erinnerte sich daran, bei den Gesprächen der beiden ein paar Blicke auf die Papiere geworfen zu haben. Doch obwohl Einstein so klug wie zuvor war, wollte er nie zu erkennen geben, an was er genau arbeitete.

Einstein war schlagartig weltberühmt geworden, als seine Allgemeine Theorie der Relativität bei Messungen während einer Sonnenfinsternis 1919 spektakulär bestätigt wurde. Mit der Allgemeinen Relativität hatte Einstein die Konzepte von Raum, Zeit und Gravitation radikal neu gedacht und damit das Werk des Mannes, der weithin als größter Physiker der Geschichte galt, Isaac Newton, verdrängt. Nach Einstein sind Raum und Zeit nicht bloße Koordinaten, die verraten, wo und wann sich etwas ereignet, sondern ein physikalischer Stoff, der gekrümmt, gestreckt, komprimiert oder sogar zum Vibrieren gebracht werden kann, wie die elastische Oberfläche eines Trampolins. Newton war nie in der Lage gewesen zu beantworten, was Gravitation sei, und in Bezug auf die Frage, wie die Erde durch den leeren Raum auf den Mond wirkt und ihn anzieht, notierter er nur: »Hypotheses non fingo« (»Hypothesen erdenke ich nicht«). Einstein löste das Rätsel und zeigte, dass die Gravitationskraft eine Illusion ist. Vielmehr krümmt die Erde die Raumzeit um sich wie eine Bowlingkugel, die auf besagtem Trampolin liegt, und der Mond folgt einfach nur dem, was einer geraden Linie am ähnlichsten ist (technisch gesehen nennt man dies eine geodätische Linie). Die Sache ist einfach die, dass in der Nähe der Erde gerade Linien gekrümmt sind.

Die Allgemeine Relativitätstheorie war Einsteins Meisterwerk, und ihre Auswirkungen sind so tiefgreifend, dass wir noch heute mit ihnen ringen: Schwarze Löcher, Gravitationswellen und die gesamte Disziplin der Kosmologie, um nur ein paar zu nennen. Doch jenseits ihrer Implikationen war die Theorie außergewöhnlich schön, prägnant in ihren Annahmen, weitreichend in ihren Konsequenzen. Einstein selbst beschrieb die Theorie als von »unvergleichlicher Schönheit«[70]. Angestachelt von seinem Erfolg mit der Allgemeinen Relativitätstheorie glaubte er, dass noch eine größere, noch schönere, sogenannte vereinheitlichte Feldtheorie auf ihre Entdeckung wartete, die seine eigene Gravitationstheorie mit der elektromagnetischen Theorie seines großen Vorbilds, James Clerk Maxwell, kombinieren würde.

Einsam in seinem Arbeitszimmer brütend, verfolgte Einstein seine Vision mit noch größerer Hingabe. Mit der Zeit wich er dabei mehr und mehr vom wissenschaftlichen Mainstream ab und geriet zunehmend in Isolation. Er arbeitete ganz allein an etwas, das viele seiner Kollegen als verlorene Liebesmüh betrachteten. Einstein selbst schrieb, er sei ein »einsamer alter Knabe«, »eine Art altertümliche Figur, die hauptsächlich durch den Nichtgebrauch von Socken* bekannt ist und bei besonderen Gelegenheiten als Kuriosität vorgezeigt wird. Aber im Arbeiten bin ich fanatischer als je …«.[71]

Einstein jagte einem Traum nach, der nie in die Realität umgesetzt wurde. Er starb 1955, nachdem er wohl mehr für unser Verständnis der Natur beigetragen hatte als jeder andere Wissenschaftler der

---

* Einstein war berüchtigt dafür, dass er sich weigerte, Socken zu tragen. Er beschwerte sich, sein großer Zeh würde ausnahmslos Löcher hineinbohren.

Weltgeschichte, und doch verbrachte (manche würden sagen: verschwendete) er seine letzten Jahrzehnte mit der idealistischen Suche nach Einheit durch Schönheit.

Einstein musste scheitern. Nicht nur, weil er die Quantenmechanik ablehnte, die er doch selbst mitbegründet hatte, er verschloss auch die Augen vor den raschen Fortschritten, die in der Kern- und Elementarteilchenphysik gemacht wurden, darunter die Entdeckung der starken und schwachen Wechselwirkung. Keine vereinheitlichte Theorie, die diese beiden ausließ, hatte eine Chance zu überleben.

Vor allem aber sollten viele wichtige Erkenntnisse, sowohl was die Quantenfeldtheorie als auch was die Allgemeine Relativität angeht, erst Jahre später gelingen. Die Zeit war schlicht noch nicht reif.

Zwei Jahrzehnte später, Mitte der 1970er-Jahre, hatten sich die Dinge entscheidend geändert. Angetrieben von ihrem Erfolg, die elektromagnetische und die schwache Wechselwirkung vereint zu haben (auch wenn der tatsächliche experimentelle Beweis dafür erst zehn Jahre später gelingen sollte), entwarfen theoretische Physiker große Pläne. Der nächste logische Schritt beim Vereinheitlichungsprozess war es, die starke Kernkraft mit der frisch vereinheitlichten elektroschwachen Wechselwirkung zu kombinieren, und zwar zu etwas, das »große vereinheitlichte Theorie« genannt wurde. Sheldon Glashow und Howard Georgi identifizierten 1974 einen potenziellen Kandidaten dafür, basierend auf der Symmetriegruppe $SU(5)^*$, eine weitere dieser lokalen Symmetrien, die wir weiter oben schon kennengelernt hatten. Zu ihrem Erstaunen fanden sie heraus, dass diese vergleichsweise einfache Symmetrie nicht nur die elektromagnetische, schwache und starke Wechselwirkung erzeugte, sondern auch die Materieteilchen – das Elektron, das Neutrino und das Up- und Down-Quark – mit exakt den richtigen Ladungen zur Folge hatte. Zusammen mit den Feldern des Standardmodells tauchten eine Reihe neuer Kraftfelder auf, doch das Problem war, dass die damit

---

* Nur kurz zur Auffrischung: Die elektromagnetische, die schwache und die starke Wechselwirkung des Standardmodells scheinen von lokalen Symmetrien in den Naturgesetzen herzurühren, die wir entsprechend $U(1)$, $SU(2)$ und $SU(3)$ nennen.

verbundenen Teilchen nach den Vorhersagen absolut gigantische Massen haben mussten, so etwa um 10^{16} GeV – oder auch zehntausend Billionen Mal schwerer als ein Proton. Wollte man mit der heutigen Technologie einen Teilchenbeschleuniger dafür bauen, wäre er so groß, dass er von der Erde bis nach Alpha Centauri reichen würde. Es gibt aber dennoch eine Möglichkeit, eine der verschiedenen Varianten der großen vereinheitlichten Theorie zu testen. Die neuen, von ihr vorhergesagten Kraftfelder ermöglichen Protonen den Zerfall in Antielektronen und ein Quark-Antiquark-Pärchen mit dem Namen Pion. Da es noch immer Materie im Universum gibt, muss dieser Zerfall unglaublich langsam ablaufen, mit einer durchschnittlichen Lebenszeit von etwa einer Milliarde Milliarden Billionen Jahren. Hat man aber ausreichend Protonen auf einem Haufen, müsste es doch möglich sein, ein paar dabei zu erwischen, wie sie gelegentlich zerfallen. Glücklicherweise kannte man einen ziemlich unkomplizierten Weg, um dies zu tun – grabe ein riesiges Loch in den Boden, weit weg von kosmischer Strahlung und Quellen von Hintergrundstrahlung, fülle es mit *jeder Menge* Wasser, umgib es mit Lichtdetektoren und warte dann auf das gelegentliche Aufflackern, das von zerfallenden Protonen abgegeben wird. In den Jahren 1982–1983 begannen zwei solch riesiger Wassertank-Experimente derartige Daten zu sammeln, eines unter dem Kamioka-Berg in Japan (dem Ort, an dem derzeit das größere Super-K-Experiment steht), das andere tief unten in einer alten Salzmine an den Ufer des Eriesees in Nordamerika. Doch auch nach Jahren hatten die Forscher an keinem der beiden Orte auch nur einen einzigen Protonenzerfall beobachten können, und schon bald war die einfachste der großen vereinheitlichten Theorien, die von Glashow und Georgi entwickelt worden war, schon wieder aus dem Rennen.

Doch just in dem Augenblick, in dem die großen vereinheitlichten Theorien wegen der Protonenzerfallexperimente unter Druck gerieten, erfasste die Welt der theoretischen Physik ein Fieberschub: Im Herbst 1984 hatte eine Berechnung von Michael Green und John Schwarz etwas, das vorher vernachlässigt worden war, zu *dem* angesagten Thema der theoretischen Physik schlechthin gemacht. Vergessen Sie die großen vereinheitlichten Theorien; jetzt sprach jeder nur noch von der »Stringtheorie«.

Die Stringtheorie war Anfang der 1970er-Jahre zum ersten Mal erforscht worden, als man versuchte, die starke Wechselwirkung zu verstehen, die Quarks zusammenhält. Schlussendlich gelang ihr dies nicht, doch im Laufe der Zeit veränderte sie sich zunehmend zu etwas weit Anspruchsvollerem, einer Quantengravitationstheorie. In den 1970ern hatten Theoretiker erkannt, dass die Stringtheorie ein Objekt enthält mit genau den erforderlichen Eigenschaften des Gravitons, eines hypothetischen Teilchens, das für die Gravitation ist, was das Photon für den Elektromagnetismus ist. Doch da die Stringtheorie die starke Wechselwirkung nicht hatte beschreiben können, betrachteten viel Theoretiker sie mit Argwohn – zumindest bis zum Herbst 1984. Green und Schwarz hatten dann jedoch zeigen können, dass die Stringtheorie frei von den mathematischen Garstigkeiten wie Anomalien ist.* Eine Theorie mit Anomalien ist ein Rohrkrepierer oder wie ein Segelschiff mit einem dicken Loch unter der Wasserlinie. Da nun gezeigt worden war, dass die Stringtheorie frei von Anomalien war, eröffnete sich plötzlich die Möglichkeit, dass sie tatsächlich die Lösung für die langersehnte Theorie der Quantengravitation war.

Der Herbst 1984 war der Beginn von etwas, das in der Physik-Folklore als »erste Superstring-Revolution« bekannt wurde. Theoretische Physiker stürzten sich auf das Thema und erschnupperten einen Hauch der großen Synthese, von der Einstein geträumt hatte. Das große Versprechen der Stringtheorie war nicht nur eine Theorie der Quantengravitation, sondern eine Theorie von allem, ein einziges Rahmenwerk, das alle Eigenschaften der subatomaren Welt würde erklären können. Zudem gab es Hinweise darauf, dass die Stringtheorie einzigartig war, also jene Art perfekter, endgültiger Theorie sein könnte, über die Weinberg 1992 schrieb – angeregt von den Erfolgen der Stringtheorie in den zurückliegenden zehn Jahren.

---

* Bitte nicht mit den Anomalien verwechseln, die bei Experimenten auftreten und wie wir sie im vorhergehenden Kapitel behandelt haben.

Zahllose Bücher sind inzwischen über die Stringtheorie erschienen, von Menschen, die viel tiefer in der Materie stecken als ich. Wenn Sie also das volle Panorama ihrer gehirnschmelzenden Komplexität erfassen wollen, rate ich Ihnen, eines davon zu lesen.* Für unsere Zwecke hier reicht es, wenn ich Ihnen nur kurz das Wichtigste erläutere. Im Zentrum der Stringtheorie steht die faszinierende Idee, dass man beim Heranzoomen an ein Teilchen, etwa an ein Elektron, am Ende erkennt, dass es sich gar nicht um ein Teilchen, sondern um einen winzigen vibrierenden Faden (engl. »string«) handelt. Dieser Faden ist der grundlegende Baustein von allem, wobei die unterschiedlichen Teilchen der Natur den unterschiedlichen Arten entspricht, in denen ein Faden vibriert. Sie können sich diese Strings wie die Saiten einer Gitarre vorstellen: Eine Note erzeugt ein Elektron, eine andere ein Quark, eine andere ein Graviton. Die Stringtheorie verwandelt die subatomare Welt in eine quantenmechanische Sinfonie.

Doch dieses verführerische Bild hat seinen Preis. Zunächst einmal ergibt die Stringtheorie nur dann Sinn, wenn das Universum supersymmetrisch ist, was auch der Grund dafür ist, dass sie häufig als »Superstring-Theorie« bezeichnet wird. Anders als die Version der Supersymmetrie, die man eingeführt hatte, um das Higgs-Boson zu stabilisieren, können die Superteilchen der Stringtheorie jede Masse bekommen, die Sie möchten, bis ganz hinauf zu Planck-Energie. Insofern wäre die Tatsache, dass man am LHC keine Superpartner gefunden hat, kein Argument gegen die Stringtheorie.

Der noch höhere Preis liegt darin, dass die Stringtheorie nur dann funktioniert, wenn es mindestens neun Raumdimensionen gibt. Das mag sich wie der sichere Todesstoß für die Theorie anhören, schließlich leben wir in einer entschieden dreidimensionalen Welt, doch auch dieses Problem kann man umschiffen, in dem man die sechs zusätzlichen Dimension ganz, ganz weit unten bei der Planck-Länge versteckt, weit jenseits der Reichweite unserer Experimente. Viel-

---

* Ich kann Ihnen empfehlen: Brian Greene: *Das elegante Universum. Superstrings, verborgene Dimensionen und die Suche nach der Weltformel*, München 2015.

leicht erkennen Sie hier jetzt schon langsam ein Motiv. Gleichwohl hegte man in der Blütezeit der Stringtheorie, in den späten 1980er- und frühen 1990er-Jahren, die Hoffnung, dass zu einem späteren Zeitpunkt die Stringtheorie einmal Vorhersagen würde treffen können, die sich experimentell überprüfen ließen.

In den folgenden Jahrzehnten schmolzen diese Hoffnungen zusehends dahin. Das Problem bilden die zusätzlichen Dimensionen. Um eine Stringtheorie entwerfen zu können, die Aussagen über die Welt treffen kann, muss man zunächst diese Extra-Dimensionen durch einen als »Kompaktifizierung« bekannten Prozess verbergen. Das entspricht mehr oder weniger, sie in winzige, komplizierte Formen zu zerknüllen, in etwa so, wie man ein Blatt Papier in einen Ball zerknüllt, nur dass in diesem Fall das Stück Hyperpapier sechs anstelle von zwei Dimensionen besitzt. Jedenfalls verändert die Art und Weise, wie genau man diese Extra-Dimensionen zusammenknüllt, vollständig die Art des Universums, die die Theorie beschreibt – denn ihre Form bestimmt darüber, wie die Strings schwingen können. Es ändern sich damit die Noten, die man auf diesen Saiten spielen kann. Das wiederum führt zu Universen, die mit ganz anderen Kräften und Teilchen daherkommen.

Physiker hatten gehofft, es möge nur einen einzigen Weg geben, die Extra-Dimensionen zu kompaktifizieren, was dann auch nur eine einzige Theorie des Universums ergeben hätte. Leider stellte sich heraus, dass es doch mehr als einen Weg gibt. Deutlich, deutlich mehr. Machen Sie sich bereit, Sie werden nun der größten Zahl begegnen, der Sie sich, abgesehen von der Unendlichkeit, wahrscheinlich je gegenübersehen werden: 10^{500}. Das ist eine Eins mit fünfhundert Nullen. Ich werde sie hier nun nicht ausschreiben, da mich der Verlag sonst erschießen würde. Die Zahl ist so groß, dass sie, wenn Sie sie als Strichliste aufschreiben wollen würden – also 10^{500} Striche auf ein Papier machen wollen würden –, Sie es nicht schaffen könnten. Es gibt nicht genug Atome im Universum. Bei Weitem nicht.

Das ist etwas problematisch. Malen Sie sich einmal aus, Sie wären theoretische Physikerin und wollten wissen, ob Ihre bevorzugte Version der Stringtheorie die Teilchen vorhersagt, die in unserem Universum existieren. Sie zerknüllen die Extra-Dimensionen auf Ihre Lieblingsart und berechnen dann die Konsequenzen. Oh Mist, dieses Universum hätte dann ja acht Quarks statt sechs. Macht nichts, nehmen wir eine andere, es sind ja noch $10^{500} - 1$ andere Stringtheorien übrig, aus denen Sie sich eine aussuchen könnten. Leider könnten Sie auch dann längst nicht alle möglichen unterschiedlichen Versionen berechnen, wenn Sie jedes Atom des Universums in einen String-Theoretiker verwandeln könnten. Bis heute ist es niemandem gelungen, eine Version der Stringtheorie zu finden, die dem Teilchenzustand unseres Universums entspricht. Das hat bei einigen dazu geführt, von der Stringtheorie als der »Theorie von allem anderen« zu sprechen.

Weinbergs Traum einer endgültigen Theorie scheint sich in einen Alptraum verwandelt zu haben; weit davon entfernt, die einzig mögliche Beschreibung unseres Universums zu sein, ist die Stringtheorie offenbar derart flexibel, dass sie unmöglich als falsch zu beweisen ist. Einige Verfechter halten ihr noch die Treue in der Hoffnung, dass ein neues Prinzip schließlich noch gefunden werden wird und so gezeigt werden könnte, dass es nur ein paar mögliche Varianten gibt, die Extra-Dimensionen zu zerknüllen, vielleicht sogar nur eine einzige. Eine häufigere Reaktion ist jedoch, von einem begrenzteren Auftrag für die Stringtheorie auszugehen.

Jemand, der diese Meinung vertritt, würde vermutlich argumentieren, dass es unvernünftig ist, von der Stringtheorie die genaue Vorhersage der Teilchen zu erwarten, die wir in unserem Universum vorfinden, so wie es ja auch unvernünftig wäre, von Newtons Gravitationsgesetzen zu erwarten, die Anzahl der Planeten in unserem Sonnensystem vorherzusagen. Newton konnte wunderbar beschreiben, wie die Planeten die Sonne umkreisen, die Form ihrer Kreisbahnen berechnen und die Länge ihrer Jahre, doch die exakte Struktur des Sonnensystems – zwei Eisriesen, zwei Gasriesen und vier steinige innere Planeten* – ist nur ein historischer Unfall. Wir wissen von Hunderten Milliarden Sternen in unserer Galaxie, von denen fast alle

---

* Lassen Sie uns hier jetzt nicht in eine Diskussion über Pluto einsteigen.

ein eigenes Planetensystem haben, die sich wiederum fast alle stark von unserem unterscheiden. Diese Argumentationslinie funktioniert für Newtons Gravitationsgesetze, da wir wissen, dass es eine gigantische Anzahl von Sternen im Universum gibt. Doch die Stringtheorie trifft Aussagen über die Grundzutaten des *gesamten* Universums. Damit diese Argumentation aufrechterhalten werden kann, muss es multiple Universen geben, womöglich etwa 10^{500}, damit eine sinnvolle Wahrscheinlichkeit besteht, dass sich das unsere bilden konnte. Akzeptiert man diese Annahme, wird aus der Tatsache, dass wir genau die Elementarteilchen haben, die wir haben, nur ein Unfall der Geschichte. Ein uns unbekannter Mechanismus hat, vermutlich im Augenblick des Urknalls, die Extra-Dimensionen wohl zufällig zusammengeknüllt, und zwar genau so, dass die Welt, in der wir heute leben, entstehen konnte. In den meisten anderen Universen sind ganz andere Teilchen vorhanden und gelten völlig andere Naturgesetze. Wir befinden uns in diesem Universum schlicht aus dem Grund, da sich die Bedingungen zufällig als passend für die Entwicklung unserer Lebensformen herausgestellt haben.

Das Multiversum ist eine Joker-Karte. Mit ihr wird nicht nur die Stringtheorie von der Pflicht befreit, das Universum zu erklären, in dem wir leben, sondern sie ist eine Mehrzwecklösung für so ziemlich jedes Problem, das man sich ausdenken mag. Warum ist das Higgs-Feld wie von Zauberhand so eingestellt, dass Atome existieren können? Wegen des Multiversums. Wie konnte im Urknall Materie gegen Antimaterie bestehen? Wegen des Multiversums. Warum nahm 1974 während einer British-Telecom-Ausbildung meine Mutter die Einladung auf einen Wodka-Orange von meinem Vater an? Sie ahnen es, wegen des Multiversums.

Ich sage nicht, dass das Multiversum nicht logisch möglich sei; wenn überhaupt, dann legt die Geschichte der Naturwissenschaften ja wohl eher nahe, dass es durchaus wahr sein könnte. Wir dachten lange, die Erde sei das Zentrum des Universums, bis wir dann, nach ein wenig Streit, erkannten, dass wir nur einer von mehreren Planeten sind, die um die Sonne kreisen. Dann wurde die Sonne herabgestuft zu nur einem unter einer großen Anzahl von Sternen in der Milchstraße, und schlussendlich stellte sich heraus, dass die Milchstraße nur eine von Milliarden und Abermilliarden Galaxien ist. Philosophisch gesehen ergibt die Idee, dass unser Universum nicht einzigartig ist, durchaus eine Menge Sinn. Es ist nur so, dass wir das niemals mit Sicherheit wissen werden.

Wir können die Existenz des Multiversums nicht widerlegen, ebenso wenig wie wir die Existenz Gottes widerlegen können. Es ist wahr: Die Auswirkungen anderer Universen *könnten* sich am Himmel zeigen, sollte ein anderes mit unserem zusammenstoßen, genau wie Gott eines Tages den Himmel aufknöpfen, uns herzlich zuwinken und/oder ein Höllenfeuer auf uns herabregnen lassen könnte, je nach Ihrer religiösen Vorliebe (ich wurde in der Church of England groß, weshalb er in meinem Fall uns Tee und Buttercreme-Kekse anbietet). Aber nur, weil wir das derzeit nicht erleben, heißt es nicht, dass es Gott oder das Multiversum nicht gibt. Und Gott als Hypothese erklärt ebenso gut wie das Multiversum, wieso wir in dem Universum leben, in dem wir leben.

Das Multiversum läuft darauf hinaus, aufzugeben, die Hände in den Himmel zu recken und zu rufen: »Ach, das ist alles viel zu kompliziert!« Es sorgt dafür, dass wir aufhören, nach Antworten zu suchen, und deshalb lohnt es sich nicht, zumindest was mich angeht, mehr als nur einen Gedanken auf diese Theorie zu verschwenden. Das Multiversum ist langweilig!

Angesichts dieser unvorteilhaften Situation mag man sich fragen, wofür die Stringtheorie dann überhaupt gut ist. Nun, auf diese Frage gibt es viele Antworten. Zum einen *ist* sie eine Quantengravitationstheorie, und vermutlich sogar die einzige, die wir bislang entwickelt haben. Wenn man herauszoomt und aus großer Entfernung auf die Stringtheorie schaut, verwandelt sie sich in Einsteins Allgemeine Relativitätstheorie, und zoomt man hinein, sieht sie wie Quantenmechanik aus – und das ist eine Leistung, die keiner ihrer Konkurrenten vorweisen kann. Es ist mehr als nur möglich, dass die Stringtheorie die Quantengravitationstheorie ist, die wir brauchen, um den Augenblick des Urknalls zu beschreiben, und auf die das Standardmodell aufgesetzt werden muss, um die Elementarteilchenphysik zu erklären. Selbst wenn dies noch nicht die idealisierte Theorie von allem ist, von der so viele träumen, so können diese beiden Theorien zusammen so ziemlich jede Situation beschreiben, die Sie sich in der gesamten Geschichte des Universums vorstellen können.*

Dazu kommt noch, dass sie eine unermesslich reiche mathematische Struktur besitzt und ein kraftvolles Werkzeug ist. Die meisten Menschen, die sich heutzutage mit der Stringtheorie beschäftigen, suchen nicht nach einer grundlegenden Theorie von allem, ja sie forschen nicht einmal an der Quantengravitation, sondern nutzen die Theorie für Entdeckungen in der reinen Mathematik, um Quantenfelder besser zu verstehen oder sogar, um Festkörperphysik oder Quark-Gluon-Plasma zu erforschen. Es ist dieser Reichtum, der die Stringtheorie für die Tausenden theoretischen Physiker und Mathematiker, die in der Stringtheorie-Community arbeiten, so interessant macht. Ich wünsche ihnen alles Gute, wie auch allen anderen, die an anderen möglichen Lösungen für die Quantengravitation forschen. Verglichen mit den Experimenten sind Theoretiker billig; sie brauchen eigentlich nur einen Platz zum Sitzen, einen unerschöpflichen Vorrat an Papier und Kaffee sowie einen Papierkorb.

Allerdings gibt es noch einen nicht von der Hand zu weisenden Kritikpunkt an der Stringtheorie als Lösungsweg für eine grundlegende Theorie des Universums: Viele ihrer Anhänger verschließen die Augen vor der Tatsache, dass sie bislang noch keine einzige durch Experimente überprüfbare Vorhersage getroffen hat. Wobei, um fair zu bleiben, das nicht nur ein Problem der Stringtheorie ist – es ist ein Problem aller Theorien zur Quantengravitation. Die Essenz dieser Angelegenheit: Theorien zur Quantengravitation beschreiben qua Definition die Natur, wenn sowohl Quanten- als auch Gravitations-

---

* Okay, damit man mir nicht den Vorwurf des Physik-Imperialismus machen kann, gebe ich an dieser Stelle zu: Genauer gesagt kann sie jeden Prozess beschreiben, der mit Elementarteilchenphysik oder Gravitation zu tun hat. Möchte man so etwas Kompliziertes wie Biologie, Wirtschaft oder Liebe erklären, ist Physik vermutlich keine große Hilfe.

auswirkungen stark sind. Und dies geschieht nur bei unbeschreiblich extremen Energien und Dichten, von denen man annimmt, das sie im Augenblick des Urknalls herrschten.

Der Large Hadron Collider kann Energien bis zu 14 000 GeV erreichen. Um jedoch die Planck-Energie zu erreichen, bei der wir die Effekte der Quantengravitation beobachten könnten, bräuchten wir einen Teilchenbeschleuniger, der die Teilchen mit Energien von beinahe 10^{19} GeV aufeinanderkrachen lässt, eintausend Billionen Mal mehr, als der LHC es vermag. Wie groß wäre ein solcher Teilchenbeschleuniger, wenn wir mit ähnlichen Bedingungen wie beim LCH arbeiten würden? Etwa so groß wie die Milchstraße. Bedenkt man die derzeitige Lage, was die Finanzierung von Forschungsprojekten angeht, glaube ich kaum, dass das von irgendjemandem demnächst bewilligt wird.

Doch noch ist nicht alles verloren. Wir sind womöglich nie in der Lage, diesen ultimativen Teilchenbeschleuniger zu bauen, dafür findet sich womöglich im Universum selbst ein anderer Weg, verlockend nahe an diese Planck-Größe heranzukommen. Die letzten fünfzig Jahre lang konnten wir nur bis zu einem Punkt 380 000 Jahre nach dem Big Bang zurückschauen, als sich der Ur-Feuerball zu einem transparenten Gas abgekühlt hatte und jene Lichtflamme freigab, die heute abgeschwächt zur kosmischen Mikrowellen-Hintergrundstrahlung geworden ist. Dieser kosmische Mikrowellenhintergrund bildet eine Firewall, die gewöhnliche Teleskope nicht durchdringen können. Seit dem September 2015 verfügen wir jedoch über einen brandneuen Weg, ins Universum zu schauen, einen Weg, der es uns erlaubt, bis kurz nach dem Anfang zurückzublicken.

DAS ECHO DER SCHÖPFUNG

Tief in den Wäldern des südlichen Louisiana, wo die warme, feuchte Luft den Wuchs der Weihrauch-Kiefer befördert, ist eine Revolution unseres Verständnisses des Universums im Gange. Kurz hinter der

Kleinstadt Livingston befindet sich ein Teleskop, wie es nur wenige auf der Welt gibt: ein großes L, bestehend aus zwei vier Kilometer langen Betonröhren, die sich rechtwinklig zueinander ihren Weg durch die Wälder schneiden, als wären sie das Werkzeug eines riesigen Landvermessers. Für ein Teleskop ist dies ein seltsames Aussehen, was daran liegt, dass dieses Instrument das Universum nicht im Licht erforscht. Es nutzt dazu Gravitationswellen.

Um das LIGO (Laser Interferometer Gravitational-Wave Observatory) zu erreichen, biegt man bei Livingston vom Highway 190 ab, kommt dann an einem heruntergekommenen Bahnübergang vorüber und sucht sich seinen Weg durch Wälder, wobei man hin und wieder an einzelnen Häusern und Trailern vorüberfährt, bei denen auch schon mal ausrangierte Autos im Vorgarten vor sich hin rosten. Nach einer Kurve zu den letzten 500 Metern gerader Straße, die zu den Toren des Observatoriums führen, stößt man auf ein Schild, das die Geschwindigkeit auf zehn Meilen pro Stunde beschränkt – ein Hinweis auf die extreme Empfindlichkeit des Messinstruments dahinter.

LIGO schaffte es im Februar 2016 in die Nachrichten: Forscher hatten die erste direkte Messung von Gravitationswellen verkündet, also von Wellen im Gewebe der Raumzeit, die Albert Einstein fast ein Jahrhundert zuvor vorausgesagt hatte. Gravitationswellen sind eine direkte Konsequenz aus der Allgemeinen Relativitätstheorie, die die Raumzeit als dynamisches Gewebe beschreibt, das durch massereiche Körper wie Planeten oder Sterne gekrümmt, gedehnt und gestaucht werden kann. Ihr elastischer Zustand erlaubt es auch, Wellen zu transportieren, Erschütterungen, die Raum und Zeit beim Vorbeiziehen strecken und zusammenpressen.

Am 14. September 2015, um 5:51 Uhr morgens, kurz nachdem LIGO nach einem großen Upgrade seine Vermessungen wieder aufgenommen hatte, konnte das Observatorium in Livingston zum ersten Mal das Signal einer vorbeiziehenden Gravitationswelle aufzeichnen. Sieben Millisekunden später entdeckte seine Zwillings-Forschungsstation in Hanford, Washington, 3000 Kilometer entfernt, dieselbe Ausbuchtung im Gewebe der Raumzeit, die mit Lichtgeschwindigkeit ihren Weg nordwärts durch die Erde fortgesetzt hatte. Die Welle war das Echo einer gewaltigen Kollision zwischen zwei gigantischen Schwarzen Löchern, von denen jedes etwa die dreißigfache Masse der Sonne gehabt haben dürfte. In einer weit, weit entfernten Galaxis hatten sie vor mehr als 1,3 Milliarden Jahren einander spiralförmig umkreist und waren dann kollidiert. Im letzten Sekundenbruchteil erzeugte die Verschmelzung eine Störung in der Raumzeit, die so heftig war, dass sie mehr als das Fünfzigfache an Energie ins All hinauspumpte, als das gesamte sichtbare Universum besitzt – die Masse von drei Sonnen wurde in reine Gravitationsenergie umgewandelt. Doch da sich dieser Vorgang so unglaublich weit von uns entfernt zutrug, war die Detonation, nachdem sie 1,3 Milliarden Jahre später die Erde erreichte, nur noch so schwach, dass sie die beiden riesigen Arme von LIGO fast unmerklich beugte – nur um ein Tausendstel der Größe eines Protons.

Mit diesem ersten Signal eröffnete LIGO ein neues Fenster zum Universum. Zum ersten Mal wurde es möglich, in eine bisher verborgene Welt zu blicken, Objekte zu studieren, die weder elektromagnetische Strahlung noch Neutrinos, noch irgendwelche anderen subatomaren Teilchen abgeben. Kollidierende Schwarze Löcher und Neutronensterne sowie möglicherweise noch weitere seltsame und neue Dinge befinden sich nun in unserer Reichweite.

Nach der Sicherheitsüberprüfung am Eingang traf ich mich mit dem Chef des Livingston-Observatoriums, Joe Giaime, vor dem LIGO-Hauptgebäude, einem großen, metallverkleideten Lagerhaus. Es ist horizontal mit je einem blauen und weißen Band angemalt, um es besser in die Umgebung einzupassen. Joe arbeitet bereits sein ganzes Arbeitsleben für das LIGO, nachdem er 1986 als Techniker am MIT begonnen hatte. Einer seiner Doktorväter war Rainer Weiss, einer der Gründer des LIGO, der 2017 zusammen mit Kip Thorne und Barry Barish für die Entdeckung der Gravitationswellen mit dem Nobelpreis geehrt wurde.

In der Anfangszeit war Joe gar nicht so ganz klar, an welch besonderem Projekt er dort begonnen hatte. Er heuerte an, ein Jahr bevor überhaupt der Name »LIGO« geprägt wurde; seine Aufgabe war es zunächst, einen gemeinsamen Vorschlag von MIT und Caltech erstellen zu helfen, mit dem man 1989 einen Forschungsantrag bei der National Science Foundation einreichte. Nur sechs Jahre später begannen sie bereits mit dem Projekt und starteten die Bauarbeiten an den beiden Orten in Louisiana und Washington – verglichen mit anderen großen Wissenschaftsprojekten waren sie schnell wie ein Blitz.

Obwohl er formal gesehen im Bereich der Astrophysik arbeitet, verbrachte Joe dreißig Jahre, ohne eine einzige Himmelsbeobachtung zu machen. Er beschreibt sich selbst als Instrumentalist durch Inklination. »Ich habe mir meine Sporen damit verdient, Dinge zu bauen und zu entwerfen«, erklärte er. Bis 2015 war seine gesamte Karriere darauf ausgerichtet, das LIGO so weit zu bekommen, dass es endlich anfangen konnte, das Universum zu erforschen.

Ich begleitete Joe vom Hauptgebäude ein paar Meter hinüber zu einer Brücke, die einen der langen LIGO-Arme überspannte. Von hier konnte man schnurgerade durch den Wald dorthin sehen, wo die Betonröhre ihre Endstation hat, vier Kilometer entfernt. Zu unserer Linken führte ein zweiter Arm von dem LIGO-Gebäude weg und verschwand im rechten Winkel im Wald.

LIGO registriert winzigste Veränderungen in der Länge der beiden Arme, sobald eine Gravitationswelle beim Vorbeiziehen eine Dehnung und Stauchung des Raumes verursacht. Im Hauptgebäude wird ein Laser in zwei Strahlen aufgespalten und in die beiden lotrechten Arme hineingefeuert. Am Ende der Röhren befinden sich Spiegel, die den Laserstrahl dann den gleichen Weg zurück ins Hauptgebäude reflektieren, wo die beiden Strahlen dann wieder vereint werden. Im Allgemeinen verändert eine Gravitationswelle die Länge eines Arms stärker als die des anderen, weshalb die Spitzen und Tiefen der beiden Laserstrahlen bei ihrem erneuten Aufeinandertreffen ein wenig aus dem Lot sind. So entsteht ein sogenanntes Interferenzmuster.

Soweit zumindest die Idee. Doch die Auswirkungen vorbeiziehender Gravitationswellen sind so minimal, dass sie spielend leicht von anderen Vibrationen hier auf der Erde übertönt werden. Der Wald rund um das Livingston-Observatorium gehört einem internationalen Holz- und Papierunternehmen – das heiße und warme Klima in

Louisiana sorgt dafür, dass die Bäume ungewöhnlich schnell wachsen –, und das Baumfällen ist bisweilen eine Quelle für das Hintergrundrauschen (ganz zu schweigen von britischen Wissenschaftsautoren mit ihren lärmenden Mietautos). Zum Glück gelingt es LIGO, mit der örtlichen Holzgewinnungsindustrie in »unbequemer Harmonie« zu leben, so nennt es Joe jedenfalls.

Dabei muss LIGO nicht nur mit umstürzenden Bäumen kämpfen. Das Instrument ist derart sensibel, dass es minimale Veränderungen in der Länge der Arme wahrnimmt, bis zu einer Größenordnung von 10^{-19} Metern, das heißt dem Zehntausendstel des Protonenradius – oder wie Joe es formulierte: »bis hinein in die Privatsphäre zweier Quarks«. Nun gibt es leider eine lange Liste von Vibrationsquellen, die die Optik des LIGO weit stärker durchschütteln, angefangen bei Schritten im benachbarten Korridor bis hin zu den Wellen, die im Golf von Mexiko auf den Festlandsockel prallen. LIGO kann dank eines ausgetüftelten Systems von seismischer Isolation all diese Störungen abfangen, unter anderem durch eine vierfache Aufhängung, die die Spiegel so unbeweglich wie möglich hält.

2005 war zum ersten Mal die Empfindlichkeit von LIGO eingestellt worden, kurz nachdem der Hurrikan Katrina das nahegelegene New Orleans und die Umgebung verwüstet hatte. Schon damals hoffte man, LIGO könne Signale empfangen, doch es dauerte dann noch zehn weitere Jahre, bis nach aufwendigen Upgrades zum ersten Mal das Level an Genauigkeit erreicht worden war, das es erlaubte, die erste Gravitationswelle aufzufangen.

Zurück im Hauptgebäude nahm Joe mich mit in den Kontrollraum; hier stand ich vor Reihen von Tischen und Computermonitoren, die alle auf noch größere Bildschirme an der Hauptwand ausgerichtet waren. Genau in dem Moment, in dem wir den Raum betraten, wurden die Mitarbeiter dort unruhig; einige standen von ihren Stühlen auf, um die Anzeigen auf den Screens besser sehen zu können. »Wir haben die Sperre verloren«, sagte Joe. Kurz zuvor hatte eine Erdbebenwelle der Stärke 7,1, die von der indonesischen Inselgruppe der Molukken ausgegangen war, das LIGO getroffen – und selbst nach 15 000 Kilometern sorgte dies dafür, dass die Instrumente ihre Kalibrierung verloren. »Bis sich das in den nächsten paar Stunden beruhigt hat, können wir gar nichts tun«, erklärte mir Joe. »Wir warten ab, bis die Wellen Runde um Runde um die Erde gedreht haben.« Hier, mitten im Kontrollraum, bewunderte ich mit einem Mal, wie das alles funktionierte. In der Lage zu sein, Längenveränderungen in der Größenordnung eines Zehntausendstels eines Protonradius zu messen, während man mit allen möglichen Erschütterungen kämpfte, darunter Erdbeben auf der anderen Seite des Planeten, schien mir an ein Wunder zu grenzen.

Aber es funktioniert dennoch und auf wunderbare Weise. Obgleich LIGO erst ein paar Jahre arbeitet, hat es unser Verständnis des Universums doch bereits verändert. Das bislang wichtigste Ereignis dürfte am 17. August 2017 beobachtet worden sein, rund zwei Jahre nach der ersten Entdeckung einer Gravitationswelle. An diesem Tag fingen sowohl die beiden LIGO-Observatorien als auch ihr europäisches Gegenüber, Virgo in Norditalien, das Signal einer Kollision zweier Neutronensterne auf, den ultradichten Hülsen der Überreste gewaltiger Supernova-Explosionen. Sobald die Gravitationswelle entdeckt war, alarmierten LIGO und Virgo Teleskopstationen auf der ganzen Welt, die augenblicklich anfingen, den Himmel nach dem dazugehörigen elektromagnetischen Schimmern abzusuchen. Anders als bei Schwarzen Löchern erwartete man von der Kollision zweier Neutronensterne den mächtigen Ausbruch elektromagnetischer Strahlung – die man tatsächlich auch elf Stunden später entdeckte: Sie kam von einer Galaxie in 140 Millionen Lichtjahren Entfernung von der Erde.

Dies war nicht nur das erste Mal, dass man ein Gravitationssignal und ein elektromagnetisches Signal derselben Kollision aufzeichnen konnte, sondern es regte auch die Astrophysik zu einem Umdenken in Bezug auf den Ursprung der chemischen Elemente an. Wie wir besprochen hatten, ging man lange Zeit davon aus, dass die schwereren Elemente, jenseits von Eisen, in dem Moment entstanden, als aus riesigen Sternen eine Supernova wurde. Doch dann hatten sich Zweifel eingeschlichen, ob nicht vielleicht das Verschmelzen von Neutronensternen deren wichtigste Quelle sein könnte. Und spektroskopische Untersuchungen des Lichts der 2017er-Kollision ergaben verräterische Hinweise auf die Produktion kostbarer Metalle wie Gold und Platin. Es scheint also so zu sein, dass ein erheblicher Bestandteil des Metalls in unseren Schmuckstücken aus genau einem solchen Zusammenstoß stammt.

Mit einer Kaffeetasse in der Hand saßen wir wenig später in Joes Büro und besprachen die Pläne für LIGO in den kommenden Jahren. »Hier kommen Skalengesetze ins Spiel, die zugleich wunderbar und schrecklich sind«, führte er aus. Jedes Mal, wenn man die Empfindlichkeit des Instruments verdoppelt, kann man doppelt so weit in den Weltraum sehen. Doch da mit der doppelten Reichweite des Instruments sich das Volumen des Raumes, das man damit zusätzlich durchsuchen kann, im Kubik steigert, erhöht sich die Anzahl der beobachtbaren Ereignisse um den Faktor acht. So entsteht die Versuchung, immer weiter nach Verbesserungen zu streben, anstatt Daten zu erheben. »Jeder brennt darauf, stets weitere winzige Veränderungen vorzunehmen. Man kann sich selbst einreden, dass der Gewinn dadurch so gewaltig ist, dass man Gefahr läuft, niemals mit den Messungen wirklich anzufangen.«

Im Alltag haben sie sich für einen pragmatischeren Ansatz entschieden und verbringen die Hälfte der Zeit damit, Daten zu sammeln, und die andere Hälfte mit der Verbesserung des Instruments – mit dem Ziel, bis 2024 LIGOs Sensibilität zu verdoppeln. Das wird uns eine große, bislang unerforschte Region des Universums näherbringen. Doch langfristig gibt es noch viel umfangreichere Pläne.

Indem LIGO bewies, dass Gravitationswellen wirklich existieren, hat es eine gänzlich neue Art von Astronomie angestoßen. Es sind nun eine Reihe von Projekten in Planung, die das Zeug dazu haben, unser Verständnis vom Universum und dessen Geschichte wirklich zu verändern. Die EU diskutiert gerade den Entwurf für das Einstein-Teleskop, ein großes, dreieckiges Observatorium mit drei zehn Kilometer langen Armen. In den Vereinigten Staaten denkt man über ein LIGO in Übergröße nach, den Cosmic Explorer mit 40 Kilometer langen Armen. Am ehrgeizigsten dürfte aber LISA sein (Laser Interferometer Space Antenna): Drei Satelliten sollen in einem Orbit um die Sonne ein gleichseitiges Dreieck bilden und Laserstrahlen zwischen sich hin- und herschießen. Damit würde ein Observatorium entstehen, dessen Arme 2,5 Millionen Kilometer lang sind. Nachdem das Projekt jahrelang auf Eis gelegen hatte, wurde LISA durch die LIGO-Entdeckung der Gravitationswellen neu belebt – die Europäische Weltraumorganisation (ESA) will die Mission irgendwann in den 2030er-Jahren starten.

Joe erklärte mir, diese Teleskope würden derart empfindlich sein, dass sie jede Kollision Schwarzer Löcher im beobachtbaren Universum aufzeichnen und in der Zeit bis zu dem Moment zurückschauen könnten, als sich die ersten Schwarzen Löcher aus sterbenden Sternen bildeten. Eine unglaublich aufregende Möglichkeit wäre dann, dass sie eine Gruppe Ur-Schwarzer-Löcher entdecken könnten, die sich nicht aus kollabierenden Sternen ergaben, sondern während des Urknalls selbst. In der ersten Sekunde, als das Universum extrem heiß und dicht war, haben möglicherweise Fluktuationen in den Quantenfeldern dafür gesorgt, dass sich Regionen bildeten, die so dicht waren, dass sie in Schwarze Löcher kollabierten. Sie könnten theoretisch bis heute überlebt haben. Wenn das Einstein-Teleskop oder der Cosmic Explorer das Verschmelzen Schwarzer Löcher beobachten könnte, das schon vor der Entstehung der ersten Sterne stattfand, wäre das ein untrüglicher Beweis dafür, dass es diese Ur-Schwarzen-Löcher wirklich gibt. Eine weitere Möglichkeit ist, dass die Observatorien Schwarze Löcher entdecken, die weniger wiegen als die Sonne – ein solches Leichtgewicht würde deutlich machen, dass sie sich nicht aus einem kollabierenden Stern heraus gebildet haben können. Derartig uralte Schwarze Löcher zu erkennen wäre ein gewaltiger Erfolg, der uns nicht nur mehr über die Zustände in den allerersten Momenten des Urknalls verraten würde, sondern womöglich auch Erklärungen liefert, woraus die Dunkle Materie besteht.

Am faszinierendsten wäre jedoch, wenn wir direkt bis in den Feuerball des Big Bang zurückschauen könnten. Bis etwa 380 000 Jahre nach dem Urknall war das gesamte Universum mit glühend heißem Plasma aus subatomaren Teilchen angefüllt. Dieser Feuerball war lichtundurchlässig – jedes Photon, das vor dieser Zeit umhersauste, prallte unendlich oft an Protonen und Elektronen ab – was bedeutet, dass wir mit gewöhnlichen Teleskopen nicht weiter als bis zu diesem Zeitpunkt zurückblicken können. Gravitationswellen hingegen werden nicht von Materie absorbiert und wären damit in der Lage, von den ersten Momenten des Universums an ungehindert durch es hindurchzuziehen.

Damit man Gravitationswellen aus dem frühen Universum noch heute aufspüren kann, müssen sie von unvorstellbar heftigen Prozessen ausgelöst worden sein. Eine Möglichkeit, von der wir bereits gesprochen haben: die Kollision von sich ausdehnenden Higgs-Blasen, etwa eine Billionstelsekunde nach dem Urknall. Das war die Idee, dass Materie deshalb über Antimaterie gesiegt haben könnte, da sich das Higgs-Feld ungleichmäßig über das Universum verteilt anschaltete, woraufhin sich Blasen in dem heißen Plasma bildeten. Da diese Blasen wuchsen, müssten sie mit unfassbarer Kraft aufeinandergeprallt sein und dabei kräftige Wellen im Gewebe der Raumzeit ausgelöst haben. Die nächste Generation von Gravitationswellenobservatorien könnte feine Echos davon vielleicht wahrnehmen. Sollten zukünftige Astronomen in der Lage sein, solche Signale aufzufangen, könnten sie uns auf direktem Weg Dinge über die Physik in der ersten Billionstelsekunde des Universums verraten und womöglich das Geheimnis lüften, woher die Materie in unserem Apfelkuchen ganz ursprünglich kommt.

Und vielleicht, ganz vielleicht sind wir dann sogar in der Lage, noch weiter in die Vergangenheit zu schauen. Wir haben oben festgestellt, dass es so ziemlich unmöglich ist, einen Teilchenbeschleuniger zu bauen, der stark genug ist, um die Quantengravitation zu erforschen. Geht man aber weit genug in der Zeit zurück, verhielt sich womöglich das gesamte Universum wie der ultimative Teilchenbeschleuniger. Der Zeitpunkt, an dem das eventuell geschah, dürfte etwa bei dem Billionstel eines Billionstels einer Billionstelsekunde nach dem Zeitpunkt null gelegen haben: In diesem Augenblick durchlief das Universum eine kurze Phase der extrem schnellen Ausdehnung, bekannt als »Inflation«.

Wie genau diese kosmische Inflation ablief – oder warum überhaupt –, wissen wir noch nicht, doch man geht davon aus, dass in einer unglaublich kurzen Zeit – kaum ein Zehnbillionstel eines Billionstels einer Billionstelsekunde – sich das Universum mindestens um den Faktor zehn Billionen Billionen aufblähte. Um das einmal in einen Vergleich zu bringen: Würde man den Punkt am Ende dieses Satzes um den gleichen Faktor aufpusten, wäre er am Ende Hunderte Mal größer als die gesamte Milchstraße. Die Inflation erklärt eine ganze Reihe seltsamer Eigenschaften unseres Universums, doch am wichtigsten ist wohl, dass sie erklärt, warum es überhaupt irgendeine Struktur gibt.

Ohne die kosmische Inflation wäre die Materie so gleichmäßig über den Raum verteilt worden, dass sie sich niemals hätte zusammenklumpen und Galaxien, Sterne oder Planeten bilden können. Ohne sie wäre das Universum eine langweilige, eigenschaftslose Ausdehnung von Wasserstoff- und Heliumatomen. Doch die Inflationstheorie behauptet etwas Unerhörtes: dass nämlich all die Strukturen, die wir um uns im Universum sehen, schlussendlich das Ergebnis von Quantenfluktuationen sind, die in Abständen von weniger als einem Atom stattfanden und von der Inflation auf absolut riesige Skalen aufgebläht wurden. Diese Quantenfluktuationen hatten zur Folge, dass einige Gebiete des Universums etwas dichter waren als andere, und diese überdichten Regionen kollabierten unter der Gravitation irgendwann, um all das zu bilden, was wir beim Blick in den Nachthimmel sehen können. Mit anderen Worten: Die Milliarden und Abermilliarden von Galaxien im beobachtbaren Universum waren ursprünglich winzige Schwankungen auf der Quantenebene im ersten Augenblick der kosmischen Zeit.

Die Inflation wird allgemein als Teil der Geschichte des Kosmos akzeptiert. Obgleich viele ihrer Vorhersagen bestätigt wurden, gibt es noch keinen eindeutigen Beweis dafür, dass sie wirklich stattgefunden hat. Mit gewöhnlichen Teleskopen lässt sich nicht direkt auf die Billionstel eines Billionstels einer Billionstelsekunde nach dem Urknall zurückblicken, doch die Existenz von Gravitationswellen könnten das nun ermöglichen. Falls es die Inflation tatsächlich gab, müsste sie die Raumzeit in Aufruhr versetzt und wilde Wellen im Gewebe der Realität geschaffen haben, deren Echo noch immer durch das Weltall zieht.

Heute wäre es auf unglaublich lange Wellenlängen gedehnt und ungemein schwach, aber dennoch besteht die Chance, dass zukünftige Observatorien in der Lage sind, dieses Flüstern von der Geburt des Universums aufzuschnappen.

Das Problem dabei: Es gibt nicht nur eine Inflationstheorie, sondern ein ganzes Bündel unterschiedlicher Wege, wie die Inflation abgelaufen sein könnte. Und zu jedem dieser Wege gehören eine andere Anzahl von Quantenfeldern und unterschiedlichen Energiemaßstäben – und nur einige dieser Inflationsversionen erzeugen Gravitationswellen, die stark genug sind, um direkt von uns aufgespürt werden zu können. In den allereinfachsten Modellen wären die Wellen zu schwach, noch nicht einmal das LISA-Weltraumobservatorium könnte sie bemerken. In diesem Fall hätten wir nur die Möglichkeit, die Echos der Inflation zu hören, indem wir auf ihre Auswirkungen auf das älteste Licht im Universum achten, die kosmische Mikrowellen-Hintergrundstrahlung.

Theoretiker berechneten, dass die von der Inflation erzeugten Gravitationswellen verdrehte Muster in der kosmischen Mikrowellen-Hintergrundstrahlung hinterlassen müssten, sogenannte »B-Modes«. Diese sind wirklich schwer zu erkennen, da sie mit dem doppelten Fluch belegt sind, sowohl extrem schwach als auch noch sehr leicht mit eher alltäglichem Hintergrund verwechselbar zu sein wie dem Staub in unserer eigenen Galaxie. So sorgte 2014 das BICEP2-Teleskop am Südpol weltweit für eine Sensation, als die Forscher dort bekanntgaben, sie hätten Beweise für die Verdrehungen in der kosmischen Mikrowellen-Hintergrundstrahlung gefunden, die von den Gravitationswellen der Inflation stammten. Atemlose Diskussionen über ein neues Zeitalter unseres Verständnisses des Universums und der unmittelbar bevorstehenden Verleihung eines Nobelpreises machten die Runde. Doch mit der Zeit musste das BICEP2-Team beschämt zurückrudern: Es wurde schrittweise immer deutlicher, dass es den galaktischen Staub nicht ausreichend berücksichtigt hatte, und nachdem man die Ergebnisse neu analysierte, verschmolz das angebliche Signal mit dem Hintergrundrauschen.

Trotz dieses verfrühten Jubels stehen die Zeichen nicht schlecht, dass die Nachwirkungen der Gravitationswellen in der kosmischen Mikrowellen-Hintergrundstrahlung in den kommenden Jahren schließlich aufgespürt werden. Die ehrgeizigen neue Teleskopprojekte, am Südpol, hoch in der Atacamawüste oder im Orbit um die Erde, werden so detaillierte Karten der kosmischen Mikrowellen-Hintergrundstrahlung erstellen, dass man auf ihnen endlich die Effekte der Ur-Gravitationswellen erkennen wird, falls es sie gegeben hat. Sollte das gelingen, wäre das unsere beste Möglichkeit, echte Daten von den ersten Augenblicken des Universums und den höchsten vorstellbaren Energien zu bekommen.

Gerade wollte ich Joes Büro verlassen und zu meinem Mietwagen zurückkehren, als er noch einen Leckerbissen für mich hatte. »Hören Sie sich das an«, sagte er und setzte sich an seinen Computer. Nach einen paar Sekunden der Stille durchzog mich ein lautes, unwirkliches Grollen, das aus einem Subwoofer im hinteren Teil des Raums kam. »Das ist das Geräusch der ersten Gravitationswelle.« Dann tauchte über dem kontinuierlich tiefen Brummen plötzlich ein Schlag auf – das Geräusch der beiden Schwarzen Löcher, die vor 1,3 Milliarden Jahren zusammenstießen.

Man gewöhnt sich schnell an die Leistungen der modernen Wissenschaften. Doch hier in Joes Büro zu sitzen, direkt neben einem der sensibelsten je gebauten Instrumente, und auf das Echo eines Ereignisses zu hören, das sich in Raum und Zeit so weit von uns entfernt zugetragen hat und dabei so riesig und so kraftvoll war, dass es sich jeder Beschreibung entzieht, war etwas, das mir Optimismus einflößte. Wissenschaft ist Entdeckung, ganz gleich, ob sie im Labor, in der abstrakten Welt der mathematischen Theorie oder bei der Erforschung von Signalen aus dem Universum gelingt. Und da wir bei unseren Entdeckungen immer wieder über neue Phänomene und neue Rätsel stolpern, gelangen wir weiter und weiter weg von dem Punkt, von dem aus wir aufgebrochen sind. Wird diese Reise immer so weitergehen oder eines Tages ihr Ziel erreichen? Das ist vielleicht die größte aller Fragen.

KAPITEL 14

DAS ENDE?

Wir schreiben das Jahr 843 Millionen unserer Zeitrechnung. Nach hunderttausenden Jahrtausenden des Aufbaus hat die Galaktische Organisation für Teilchenphysik (GOTP) zu einer Pressekonferenz geladen, um die Eröffnung ihres neuesten und spektakulärsten Wissenschaftsprojekts bekanntzugeben. Die größte, mächtigste und teuerste Maschine, die je gebaut wurde, schwebt nun im leeren Weltraum, ein glänzender silberner Ring rund um den Mittelpunkt der Milchstraße – der Impossibly Large Hadron Collider. Mit seinen dreitausend Lichtjahren Umfang ist der ILHC das Werk einer pangalaktischen Zusammenarbeit von mehr als 800 000 intelligenten Spezies, die all ihre Differenzen beiseitegelegt haben, um gemeinsam zu versuchen, der fundamentalen Natur der Realität auf den Grund zu gehen. Heute ist der Tag, auf den die gesamte Galaxie lange gewartet hat, denn nun endlich, endlich werden in der glitzernden neuen Maschine Teilchen mit genügend Energie zur Kollision gebracht, um die Auswirkungen der Quantengravitation auf die Probe zu stellen. Ein vollumfassendes Verständnis der grundlegenden Naturgesetze ist zum Greifen nah.

Bis hierher war es ein langer und steiniger Weg; Jahrhunderte vergingen mit Finanzierungsvorschlägen und Drittmittelbewerbungen, endlosen Diskussionen darüber, welches Sternensystem den entscheidenden Vertrag zum Bau der Magnete erhalten sollte, ganz zu schweigen von den mehr als tausend Gerichtsverfahren in der gesamten

Galaxie, die von der Angst getrieben waren, der Teilchenbeschleuniger könnte den Untergang des Universums herbeiführen. Sogar an diesem selben Morgen wurde die Presseankündigung noch dadurch aufgehalten, dass die französische Delegation verlangte, der Text müsse auch in ihrer altehrwürdigen Sprache veröffentlicht werden anstatt im viel weiter verbreiteten galaktischen Kreolisch.

Trotz alledem ist es heute endlich so weit. Es hatte nur etwas mehr als eine Million Jahre gedauert, um die Protonen auf die erforderliche Energie von 10^{19} GeV zu beschleunigen, und nun sind wir nur noch Sekunden von ihrer ersten Kollision entfernt. Die GOTP-Generaldirektorin sorgt mit dem Wink eines ihrer zwölf lilafarbenen Tentakel im Raum für Ruhe. »Meine Damen und Herren, liebe körperlose Energiewesen, geehrte empfindungsfähige Pilze und Schwämme, der Moment, auf den Sie alle gewartet haben, ist gekommen. Ich präsentiere Ihnen: die Planck-Energie!« In diesem Augenblick leuchten alle Monitore in dem großen Konferenzzentrum auf und zeigen ein Feuerwerk aus Teilchen, die einem Ort tief im Zentrum des planetengroßen Detektors entstammen. »Professor Splurg, bitte die Ergebnisse.«

Eine glühende Kugel aus ätherischem Licht nähert sich dem Rednerpult und übergibt der eifrigen Generaldirektorin den Ausdruck eines Datenschreibers. »Ähämm … nun, das ist interessant«, stottert die Leiterin in einem vergeblichen Versuch, ihren Schrecken zu verbergen. »Es scheint, als hätten wir ein Schwarzes Loch erzeugt. Machen Sie sich aber deswegen keine Sorgen; vielleicht müssen wir es mit ein wenig mehr Energie versuchen … Professor Splurg, mehr Energie!«

Mit einer neuen Belastung der Elektromagnete treibt der ILHC seine Protonen über die Planck-Energie hinaus, bis auf unglaubliche 10^{21} GeV. Noch mehr Kollisionen sind auf den Monitoren zu sehen, vor denen verwirrte Journalisten Platz genommen haben. »Ah, ja, ich verstehe …«, stammelt die Direktorin. »Meine Damen und Herren et cetera, ich bitte um Verzeihung … wir müssen die Sitzung für heute beenden. Ich muss mich mit meinen Kollegen zu Beratungen zurückziehen.«

Mit diesem kurzen Scifi-Quatsch wollte ich auf einen ernst zu nehmenden Punkt hinweisen: Es mag durchaus sein, dass wir niemals herausfinden werden, wie das Universum begann. Selbst wenn wir den ultimativen Teilchenbeschleuniger bauen könnten, um experimentell zu überprüfen, was bei der Planck-Länge geschieht, würden wir dazu so viel Energie in einen derart winzigen Raum pressen müssen, dass wir unsere beiden Teilchen zum Kollaps in ein Schwarzes Loch zwingen. Das Innere eines Schwarzen Lochs wird von einer Sperre umgeben, die als »Ereignishorizont« bekannt ist – aus ihm kann nichts, nicht einmal Licht, entkommen. Das Ergebnis: Was dort unten bei der Planck-Länge geschieht, wäre für uns hinter dem Ereignishorizont verborgen. Lässt man Teilchen mit noch höheren Energien zusammenstoßen, wird das Problem nur noch größer – man erschafft schlicht ein noch größeres Schwarzes Loch.

Noch eindrücklicher veranschaulichte mir David Tong dieses Problem, Professor für theoretische Physik an der Fakultät für angewandte Mathematik und theoretische Physik in Cambridge, als wir an einem bewölkten Frühlingsnachmittag in seinem Büro zusammensaßen. David ist nicht nur einer der weltweit führenden Experten für die Quantenfeldtheorie, sondern auch ein mitreißender Redner: Seine Begeisterung und Neugier sind in jedem seiner Worte erkennbar, was in Verbindung mit seiner jugendlichen Ausstrahlung und den dicken Brillengläsern an eine lebensechte Version von David Tennants Doctor Who denken lässt.

David begann mit Forschungen zur Stringtheorie, ließ aber dann von dem Thema ab, als sich herausstellte, dass sie fast unmöglich zu überprüfen ist. »Wir müssten schon extremes Glück haben, um bei einem Experiment irgendeinen Beweis für die Quantengravitation zu bekommen«, erklärte er mir. »Und zu meinen Lebzeiten wird das auch nicht mehr gelingen, was dieses Thema dann doch eher uninteressant macht.«

Mit einem spitzbübischen Funkeln im Auge fuhr er dann fort: »Wollen Sie wirklich eine Verschwörungstheorie hören, warum die Quantengravitation uninteressant ist? Es gibt drei Dinge in der Natur, drei grundlegende Gesetze der Physik, die nahelegen, dass Quantengravitation grundsätzlich etwas ist, das wir nicht überprüfen können, oder zumindest etwas, bei dem die Natur sehr gut darin ist, sie zu verstecken.«

Der erste Hinweis stammt aus der Arbeit von Kenneth Wilson, einem der größten und womöglich am meisten unterschätzten theoretischen Physiker des 20. Jahrhunderts. Wilson ist unter Elementarteilchenphysikern bekannt für seine Forschungen zur Renormierungsgruppe, einem mathematischen Objekt, das einem verrät, wie ein System aussieht, wenn man hinein- oder herauszoomt. Wilsons Erkenntnis war es, dass es in gewissem Sinne *ganz egal ist*, was ganz tief unten geschieht, wenn man verstehen will, wie ein System bei größerem Abstand funktioniert. Um es mit Davids Worten zu sagen: »Newton musste nichts über Quarks wissen, um herauszufinden, wie Planeten funktionieren.«

Oder: Es ist gleichgültig, was die grundlegenden Zutaten des Universums auf der Ebene der Planck-Länge sind; es ist sehr unwahrscheinlich, dass sie irgendwelche Spuren im Verhalten viel größerer Dinge hinterlassen, die wir dann tatsächlich im Labor vermessen können wie etwa Atome oder Teilchen. Da das Thema meines gesamten Buchprojekts ja der Versuch ist, einen Apfelkuchen dadurch zu verstehen, dass ich immer weiter in ihn hineinzoome, ließ mich dies für ein paar nachdenkliche Augenblicke verstummen.

»Nummer zwei, die Inflation im jungen Universum: Was hat die Inflation gemacht? Sie hat alles verwässert und sichergestellt, dass jeder Hinweis auf das, was beim Urknall geschah, jenseits unseres kosmologischen Horizonts verschoben wurde und deshalb nie gesehen werden kann.« Obgleich die Inflation vielleicht wahrnehmbare Gravitationswellen erzeugte, auf die wir Hinweise entdecken können, so werden uns diese doch vermutlich nur erlauben, bis auf 10^{-36} Sekunden nach dem Urknall zu schauen, als die Inflation anhob. Der Moment des Urknalls selbst, zum Zeitpunkt null, ist außerhalb unseres Bildfelds gedrängt worden, über den Horizont hinaus und außer Sicht – und zwar durch die schnelle Ausdehnung des Raums. Die Inflation verbirgt das »B« im Big Bang vor uns.

»Nummer drei ist die kosmische Zensur. Wo kann man hoffen, wirklich etwas über die Quantengravitation zu lernen? Nun, in den

Das Ende? 401

Singularitäten im Zentrum Schwarzer Löcher. Doch die sind immer hinter dem Ereignishorizont verborgen! Die Gravitation ist seltsam; normalerweise würde man, wenn man kleinere Distanzen experimentell überprüfen will, immer größere und größere Teilchenbeschleuniger bauen. Doch angenommen, wir bauen einen Beschleuniger, der es bis zur hundertfachen Planck-Länge schafft, bei 10^{21} GeV, dann wissen wir doch schon, was geschehen wird. Wir lassen sie zusammenkrachen und erschaffen dabei ein großes Schwarzes Loch.
Sie wollen also einen Apfelkuchen aus dem Nichts erschaffen?«, erkundigte sich David bei mir. »Nun, das Rezept dazu ist verborgen.«

Vor einigen Jahren, im Sommer 2011, als ich noch Doktorand war, durfte ich an meiner ersten großen internationalen Konferenz teilnehmen. Sie fand im Mittleren Westen der USA, in der hübschen Stadt Madison, Wisconsin, statt. Der LHC lief erst seit wenigen Monaten, die Entdeckung des Higgs-Bosons lag noch ein Jahr in der Zukunft, und die entsprechenden Vorträge bestanden vorwiegend aus vorläufigen Ergebnissen – *Hey Leute, leider noch keine Anzeichen für die Supersymmetrie bis jetzt, aber wir sind sicher, wir stoßen in Kürze auf sie* – sowie spekulativen theoretischen Vorschlägen. Ich gebe zu, ich fand die langen Plenarsitzungen manchmal etwas zäh. Zumindest bis zu dem Moment, an dem ich vom Auftritt des groß angekündigten Hauptredners der Konferenz, Nima Arkani-Hamed[*], in den Bann gezogen wurde.
Nima wird von einer Leidenschaft angetrieben, die einen aufrecht in den Sitz und zum Zuhören zwingt. Von Kopf bis Fuß in Schwarz gekleidet, die Mähne aus schwarzem Haar nach hinten gekämmt, stürmte er auf die Bühne wie ein Löwe, der aus seinem Käfig ausbrechen möchte. Seine Vision für die Zukunft der Grundlagenphysik sprudelte wie ein Wasserfall aus ihm heraus. Er holte kaum Atem beim Reden, überzog die ihm zugewiesene Redezeit deutlich und sprach auch während der eigentlich für den Lunch vorgesehenen

---

[*] Ja, genau der, der ein Jahresgehalt darauf gewettet hatte, dass man das Higgs-Teilchen finden werde.

Mittagspause weiter, was niemanden zu stören schien. Man konnte nicht anders, als von seiner Welle mitgerissen zu werden.

Am Institute for Advanced Study in Princeton angesiedelt, wo auch Einstein seinen Lebensabend verbrachte und das heute als der Heilige Stuhl der theoretischen Grundlagenphysik gilt, ist Nima Arkani-Hamed einer der weltweit einflussreichsten Physiker. Er ist zum einen bekannt für seine vielen Beiträge zur Teilchentheorie und zum anderen für sein Charisma als Kommunikator, was ihn zu einem gefragten Mann macht. Ich war also sehr erfreut, als ich ihn für ein Gespräch über Apfelkuchen ans Telefon bekam – er saß gerade in einem Zug zwischen Princeton und New York. Das Erste, das er mir sagte, war schon bezeichnend alarmierend: »Ich will nur kurz eine sehr coole Sache erwähnen, die gerade abläuft, eine dieser stillen intellektuellen Revolutionen, die das Thema für mindestens die nächsten fünfzig Jahre prägen wird: Wir wissen, dass das reduktionistische Paradigma falsch ist.«

»Oh«, erwiderte ich.

Reduktionismus meint die Idee, dass man die Welt beschreiben kann, indem man sie in ihre Grundbestandteile aufspaltet. Er ist die Philosophie, die der Elementarteilchenphysik zugrunde liegt. Die gesamte Geschichte, die ich in den letzten 13 Kapiteln erzählt habe, ist die Geschichte des Reduktionismus. Dieser Zugang zur Welt hat uns in den letzten fünfhundert Jahren unglaublich gute Dienste geleistet. Deshalb ist die Vorstellung, dass er falsch sein könnte, verdammt noch mal keine Kleinigkeit.

Der Reduktionismus wurde zum ersten Mal infrage gestellt von der Erwartung, dass man bei der Kollision zweier Teilchen mit ausreichend hoher Energie, um die Planck-Länge zu überprüfen, ein Schwarzes Loch erzeugt. Und wenn man dann noch weitermacht, bekommt man noch größere Schwarze Löcher. »Das ist eines der tiefgründigsten Dinge, die wir über Quantenmechanik und Gravitation wissen«, erklärte mir Nima. »Dass in einem wirklich realen Sinne höhere Energien sich wieder in längere Entfernungen umwandeln. Von dem Standpunkt des Reduktionismus aus ist das äußerst rätselhaft.«

Nun ließe sich sagen, dass wir uns nicht allzu große Sorgen machen müssen, wenn der Reduktionismus in der Größenordnung der Planck-Länge nicht mehr funktioniert. Denn schließlich ist sie derzeit weit, weit jenseits unserer experimentellen Möglichkeiten. Doch was überrascht oder sogar schockiert: Der Reduktionismus verlässt uns schon weitaus früher, noch während wir unterwegs dorthin sind. Wir können schon jetzt am LHC sehen, wie er sich auflöst.

Wie haben schon besprochen, dass eines der größten Probleme der Grundlagenphysik die Tatsache ist, dass das Higgs-Feld überall einen gleichmäßigen Wert von 246 GeV hat, genau das richtige Maß, um Teilchen vernünftige Massen zu verschaffen, damit Atome – und folglich unser Universum – existieren können. Sieht man einmal von dem unbeweisbaren Multiversum ab, legen alle Lösungen für dieses Problem nahe, dass wir beim Hineinzoomen auf immer kleinere und kleinere Abstände mit immer höheren und höheren Energien neue Dinge entdecken müssten. Das könnten Superteilchen sein, Extra-Dimensionen des Raums oder vielleicht kleinere Bausteine innerhalb des Higgs-Teilchens selbst. Doch zumindest bis jetzt hat der LHC, wenn er in das Vakuum weiter hineingezoomt hat, nur eins gesehen … das Higgs-Boson.

Um hier einmal Ben Allanachs Metapher aufzugreifen – das ist, als würden wir einen Raum betreten und sehen, wie ein Bleistift senkrecht auf seiner Spitze steht. Mit einer derart seltsamen Situation konfrontiert, würde ein Reduktionist annehmen, da müsse noch etwas sein, das den Stift so stabilisiert, etwas, was wir von hier aus nicht erkennen können, was wir erst aus kürzerem Abstand bemerken. Vielleicht hängt ein ultradünner Faden von der Decke und hält den Stift fest. Oder eine unsichtbare Klammer, die man nur mit einem Mikroskop sehen kann. Da wir nichts Neues finden, was das Higgs-Feld stabilisiert, besteht der Verdacht, dass diese Herangehensweise falsch ist; wir können einige Eigenschaften der Welt nicht dadurch erklären, dass wir immer weiter hineinzoomen.

»Die wahre Herausforderung, die von den LHC-Ergebnissen ausgeht, richtet sich gegen das reduktionistische Paradigma, das infrage gestellt wird«, erklärte mir Nima, »allerdings noch deutlich mehr in unserer Nähe, an einem Ort, von dem wir es nicht erwartet hätten.«

Genau das ist es, was augenblicklich in der Grundlagenphysik auf dem Spiel steht – die Idee, dass wir kontinuierlich mehr über die Welt lernen, wenn wir immer genauer und genauer hinschauen. Wenn der Reduktionismus versagt, sobald wir versuchen, das Higgs-Feld zu verstehen, würde das die Grundfesten der Physik gewaltig erschüttern. In Nimas Augen besteht die wichtigste Aufgabe, vor der die Teilchenphysik im kommenden halben Jahrhundert stehen wird, daraus, das Higgs »zu Tode« zu studieren.

»Wir haben zuvor noch nie etwas wie das Higgs gesehen. Das ist kein Hype, wir machen auch kein großes Aufhebens um das neueste Teilchen. Das Higgs ist das erste Elementarteilchen mit dem Spin 0, das wir gefunden haben, es ist das einfachste Elementarteilchen, das wir gefunden haben, es hat keine Ladung, es hat nur eine Eigenschaft, nämlich Masse, und die schlichte Tatsache, dass es so einfach ist, macht es so theoretisch verblüffend.«

Seit das Higgs-Boson 2012 entdeckt wurde, haben ATLAS und CMS Schritt für Schritt unser Verständnis von ihm verbessert, bestätigt, dass sein Spin wirklich 0 ist, und gemessen, wie es in andere Teilchen zerfällt. Mitte der 2020er-Jahre erhält der LHC ein umfangreiches Upgrade, um die Kollisionsrate zu erhöhen, was es den Physikern ermöglicht, noch näher an das Higgs heranzuzoomen. Doch wenn der Teilchenbeschleuniger um 2035 endgültig abgeschaltet werden wird, werden wir trotzdem nur ein ziemlich verschwommenes Bild haben. Um diese Angelegenheit ein für alle Mal zu klären, bräuchten wir vermutlich ein noch stärkeres Mikroskop.

Nima Arkani-Hamed war in den letzten Jahren immer wieder kreuz und quer auf dem Globus unterwegs, um für einen Nachfolger des LHC zu werben. Zwei mögliche Projekte haben sich als führende Bewerber herauskristallisiert: eines am CERN, das andere vor den Toren Pekings. Diese Maschinen wären wahre Giganten mit rund 100 Kilometern Kreisumfang, also mehr als drei Mal so lang wie der LHC, und schlussendlich in der Lage, Teilchen auf die siebenfache Energie zu beschleunigen. Das CERN-Projekt ist als Future Circular Collider bekannt (wobei er vermutlich noch einen neuen Namen verpasst bekommt, sollte er wirklich gebaut werden) und soll in zwei

Das Ende?

Etappen entstehen. Zunächst will man einen 100-Kilometer-Tunnel unter dem Genfer Becken graben – der größte, den die Geologie ermöglicht: Er beginnt am Fuß der Alpen, verläuft dann unter dem Genfer See und an der aktuellen CERN-Forschungsstätte vorbei und führt bis hinüber zum Jura-Gebirge. In diesen enormen Ring will man einen Elektron-Proton-Kollidierer einbauen, der eine besonders große Zahl an Higgs-Bosonen erzeugt, um deren Eigenschaften bis ins kleinste Detail zu studieren. Im zweiten Schritt entsteht das echte Monster, ein Proton-Proton-Beschleuniger wie der LHC, der dann Kollisionsenergien bis zu 100 TeV (Billionen Elektrovolt) erreicht.

Diese gewaltigen Maschinen böten ein Füllhorn neuer Möglichkeiten, um Neues in der Quantenwelt zu entdecken. Um nur ein paar zu erwähnen: Der Protonen-Beschleuniger wäre so stark, dass er die Existenz der populärsten Form der Dunklen Materie* ausschließen und Bedingungen erzeugen könnte, unter denen sich im frühen Universum Materie gebildet hat. Fragt man jedoch Nima Arkani-Hamed, wäre das bei weitem wichtigste Ziel dieser Maschinen die Forschungen am Higgs-Boson, weshalb der Bau der Anlagen (zumindest wissenschaftlich) schon allein deswegen gerechtfertigt wäre.

Natürlich gibt es einen 100-Kilometer-Teilchenbeschleuniger nicht umsonst. Das gesamte Future-Circular-Collider-Projekt soll atemberaubende 26 Milliarden Euro kosten. Um das einmal ins Verhältnis zu setzen: Das ist wesentlich weniger, als es kostete, die ersten Menschen zum Mond zu bringen (152 Milliarden US-Dollar, nach heutigem Wert 124 Milliarden Euro[72]). Außerdem würde es über einen Zeitraum von etwa siebzig Jahren ausgegeben werden, wodurch der Protonen-Beschleuniger seine Mission etwa zu Beginn des 22. Jahrhunderts abschließen würde. Natürlich kann ein solches Projekt nur als kollektive weltweite Anstrengung von Dutzenden von Ländern erreicht werden, die ihre Ressourcen über mehrere Jahrzehnte verteilt einsetzen. Betrachtet man es unter diesen Gesichtspunkten, würde

---

* Technisch gesprochen handelt es sich dabei um »weakly interacting massive particles« (schwach wechselwirkende massereiche Teilchen, kurz WIMPs), die hypothetisch im Feuerball des Urknalls erzeugt wurden.

der Future Circular Collider sogar in das bestehende CERN-Jahresbudget passen, das jeden deutschen Steuerzahler jährlich etwa 2,43 Euro kostet – also etwa so viel wie einen Becher Kaffee to go. Dennoch sprechen wir hier von gewaltigen Summen zu einer Zeit, in der die Welt schwerwiegende Wirtschafts- und Gesundheitskrisen meistern muss. In diesem Moment zu fordern, Milliarden in etwas zu investieren, das wie ein riesiges Spielzeug für Physiker wirken kann, mag schnell als arrogant oder zumindest äußerst unpassend erscheinen. Und tatsächlich liefert uns die Geschichte ein warnendes Beispiel, was die Gefahren derartiger Megaprojekte angeht: Unter der Wüste in der Nähe von Fort Worth, Texas, befinden sich mehr als zwanzig Kilometer verlassener Tunnel, den man für den Superconducting Super Collider gebohrt hat, eine 90-Kilometer-Maschine, die die dreifache Energieleistung des LHC erreicht hätte. Unter anderem aus Sorge über das sich aufblähende Budget strich der US-Kongress 1993 das Projekt, nachdem man bereits mehr als zwei Milliarden Dollar ausgegeben hatte. Von diesem Schlag hat sich die US-amerikanische Hochenergiephysik nie wieder wirklich erholt.

Ich habe mich bislang weitgehend aus der ganzen Diskussion »Warum Teilchenphysik gut für Sie ist« herausgehalten, denn das ist hier nicht mein Thema. Doch wenn es eine weitere Generation von Teilchenbeschleunigern geben soll, dann müssen sich Physiker nun aus ganzem Herzen dafür einsetzen, dass auch der Öffentlichkeit dieses Projekt bekannt wird, und zwar nicht nur aus der reinen Begeisterung heraus, mehr über die Welt zu erfahren, in der wir leben. Es gibt überzeugende Argumente. Zunächst generieren all diese großen Hightech-Projekte unausweichlich Spin-Off-Technologien, die eine breite Anwendung haben. Das beste Beispiel dafür dürfte das World Wide Web sein, das Tim Berners-Lee am CERN entwickelte, damit Physiker untereinander Informationen austauschen konnten, und es dann der Welt umsonst weitergab. Das Internet allein hat die Kosten für das CERN viele, viele Male zurückgezahlt. Ganz Ähnliches gilt für die supraleitenden Magneten, die man ursprünglich für die Beschleuniger entwickelte, die inzwischen aber als MRT ihren Weg in die Krankenhäuser gefunden haben. Ein anderes Argument wäre auch die Inspiration, die von Projekten wie dem LHC ausgeht: Eine Mehrheit der Physikstudenten nennt die aufregenden Elementarteilchenphysik und Astronomie als Gründe für ihr Studium. Die meisten von ihnen werden dann aber ihr Wissen in ganz andere Bereiche der Wirtschaft einbringen. Und schließlich sollten wir nicht die Möglichkeit verdrängen, dass wir eines Tages aus dem Grundlagenwissen einen Nutzen ziehen können. Als J. J. Thomson 1897 das Elektron entdeckte, hielt man dies für den Spleen eines Wissenschaftlers. Doch heute basieren fast alle unsere Technologien auf einem tiefgehenden Verständnis der Elektronen. Solche Anwendungen tauchen oft erst Jahre nach dem Erwerb des grundlegenden Wissens auf und sind inhärent unvorhersehbar, doch wenn sie einmal da sind, können sie große Veränderungen bewirken. So sinnierte der ATLAS-Physiker Jon Butterworth, man könne ja nie wissen, ob wir nicht eines Tages über eine interstellare Higgs-Autobahn durchs Weltall rasen.[73]

Und dennoch ist es, rein aus wissenschaftlicher Perspektive, mehr als nur vernünftig zu fragen, ob man für die 26 Milliarden Euro wirklich am besten zwei gewaltige Teilchenbeschleuniger anschaffen sollte. Könnte man das Geld nicht sinnvoller für andere, kleinere Projekte ausgeben? Vielleicht, doch hinter dieser Frage steht die Annahme, dass die 26 Milliarden, wenn sie nicht für die Teilchenbeschleuniger ausgegeben werden, in andere Grundlagenforschung investiert werden. Leider funktioniert die Welt nicht so. CERN war in den letzten Jahrzehnten einmalig erfolgreich darin, Regierungen davon zu überzeugen, Geldmittel für die Grundlagenforschung bereitzustellen. Zum Teil gelang dies, weil CERN so viele Erfolge vorzuweisen hatte, zum Teil aber auch wegen des internationalen Prestiges, das mit der Teilnahme an einer weltweit führenden Wissenschaftsorganisation einhergeht. Die Vorstellung, dass bei einer Kürzung des CERN-Budgets das Geld einfach auf andere Forschungsbereiche verteilt werden würde, ist naiv. Am Ende läuft es auf die Frage hinaus: Glauben wir, dass es die Summe wert ist, diese großen Fragen zu beantworten, vor allem wenn wir andere Verwendungsmöglichkeiten der Geldmittel dagegenhalten?

Ein wissenschaftliches Argument, das gegen diese Maschinen vorgebracht wurde, lautete, es gebe keinen Anhaltspunkt, dass sie neue Teilchen finden würden. Die Leute am LHC hätten doch versprochen, sie würden die Supersymmetrie und Dunkle Materie entdecken, und doch hätten sie bis heute nicht geliefert. Dies oder Ähnliches ist häufiger zu hören. Als ich Nima Arkani-Hamed mit dieser Argumentationsweise konfrontierte, konnte ich übers Telefon spüren, wie sein Blutdruck anstieg; ich malte mir förmlich aus, wie seine Sitznachbarn im Zug nach New York wohl reagierten, während er sich zusehends in Rage redete.

»Das halte ich für ein besonders dummes Argument. Es wird von Leuten vorgetragen, die auf ein paar neue Ausschläge auf einem Diagramm hoffen und nach Stockholm eingeladen werden wollen oder so. Und sie denken, darum würde es in der Teilchenphysik gehen. Und dann sagen sie: ›Na, schaut doch, sogar der Name des Fachgebiets verrät es schon!‹ Nur darum geht es ihnen. Für mich macht das *überhaupt nicht* die Anziehungskraft dieses Fachs aus, das erinnert doch sonst ein wenig an Chemie, und ich habe gar nichts mit Chemie am Hut. Wissen Sie, all diese Teilchen, all diese lustigen Namen waren für mich eher ein Hindernis, das ich erst überwinden musste. Aber natürlich hat mich total angezogen, dass man hier die beeindruckendsten Einblicke in die tieferen Zusammenhänge der Naturgesetze bekommt. Darum geht es in Wirklichkeit!«

Dann fuhr er fort: »Es gibt da so eine kognitive Dissonanz. Menschen wie ich laufen herum und erzählen überall, dass wir in der aufregendsten Phase der Physik seit hundert Jahren stecken, und dann kommen diese anderen und fangen an zu jammern: ›Oh mein Gott, es ist so deprimierend, wir haben nur das Higgs gefunden und sonst gar nichts.‹ Und es kann schon recht verwirrend sein, diese beiden Dinge gleichzeitig zu hören. Bin ich etwa auf Drogen? Sind die anderen auf Drogen? Meine Haltung ist, dass wir eine großartige Zeit haben, wir wissen, dass es eine 90-Grad-Kurve in der Laufbahn unseres Fachgebiets gibt. Ich denke, es ist eine 90-Grad-Kurve hin zum tiefgründigsten Ort, an dem wir in hundert Jahren gewesen sind; andere mögen denken, es sei eine 90-Grad-Kurve Richtung Dunkelheit

Das Ende? 409

und Tod. Und Leute, die so denken, sollten etwas anderes aus ihren Leben machen.«

In einigen Jahrzehnten, wenn ein zukünftiger Teilchenbeschleuniger die Supersymmetrie entdeckt und herausgefunden hat, dass das Higgs-Teilchen in Wahrheit aus noch kleineren Bestandteilen aufgebaut ist, wird der lange Marsch des Reduktionismus weitergehen. Und wir hätten ein weiteres Mal mehr über die Welt verstanden, indem wir noch genauer hingeschaut haben. Dabei wäre es, so bizarr es auch klingt, deutlich aufregender, wenn diese gewaltigen Maschinen gar nichts finden. Keine Supersymmetrie, keine Extra-Dimensionen, nur das schlichte, alte, grundlegende Higgs-Boson. Der Reduktionismus hätte versagt, und wir wären zu einem grundlegenden Umdenken gezwungen, was unseren gesamten Ansatz zum Verständnis der Welt angeht. Sie könnten nun fragen: Warum bittet man nicht einfach einen Theoretiker, einmal anzunehmen, dass wir nichts finden, und sich davon ausgehend auszumalen, wie wir damit umgehen können? Das Problem daran: Man kann keine Revolution starten, ohne vorher verdammt sicher zu sein, dass das alte Regime überwunden werden muss. Oder wie Nima Arkani-Hamed es formulierte, während er an der Penn Station in ein Taxi sprang: »Man braucht Experimente, um die gesamte beschissene Welt auf den Kopf zu stellen.«

An einem ungewöhnlich heißen, sonnigen Wochenende zwischen Sommer und Herbst 2019 öffnete das CERN seine Türen für die Öffentlichkeit. In nur zwei Tagen drängten sich mehr als 75 000 Menschen auf dem Gelände, um die riesigen Experimente des Large Hadron Collider zu sehen. Manche warteten mehrere Stunden lang in der gleißenden Sonne auf die Möglichkeit, einmal nach unten in die Tunnel zu fahren. Mit einer leuchtend blauen Sicherheitsweste, einem strahlend orangefarbenen T-Shirt und dem obligatorischen Sicherheitshelm wie ich fand ziemlich verführerisch gekleidet, führte ich Gruppe um Gruppe den 100-Meter-Liftschacht hinunter und zu dem hoch aufragenden LHCb-Experiment. Es dürfte den meisten Besuchern beim Blick auf das verwirrende Durcheinander von vielfarbigem Metallgerüst gar nicht aufgefallen sein, dass ein Großteil des Detektors fehlte. Als der LHC für seinen zweiten langen Shutdown Ende 2018 heruntergefahren wurde, fingen meine Kollegen am LHCb an, das Experiment fast komplett neu aufzubauen. Das sollte innerhalb von zwei Jahren geschehen. Wenn der LHC wie geplant wieder hochgefahren wird (wir hoffen auf 2022), wird das verbesserte LHCb-Experiment Daten vierzig Mal schneller aufzeichnen können als zuvor, was uns erlaubt, die noch selteneren Prozesse herauszugreifen. Während ich dies hier schreibe, haben sich die Anomalien beim Zerfall der Beauty-Quarks, die in den letzten Jahren für so viel Aufregung sorgten, verstetigt. Und Anfang 2020 veröffentlichten einige meiner Kollegen eine Studie, die zu zeigen scheint, dass die Anomalien sich sogar vermehren. Noch ist es zu früh, um festzustellen, wohin die Dinge laufen werden, ob diese Anomalien abklingen oder ob wir demnächst Beweise für neue Quantenfelder jenseits des Standardmodells finden. Doch das LHCb-Upgrade wird uns die nötigen Daten liefern, die wir brauchen. Hier besteht die Möglichkeit, auch wenn sie nicht gesichert ist, dass ein großer Schritt vorwärts gelingen könnte, der unser Verständnis von der Materie verbessert.

Wir leben im goldenen Zeitalter der Physik und Kosmologie. Heute lehren Experimente und Observatorien, die vor ein paar Jahrzehnten noch unvorstellbar gewesen wären, uns mehr und mehr über das Universum, in dem wir leben. Während meiner Recherchen für dieses Buch gab das Borexino-Team unter dem Gran-Sasso-Gebirgszug bekannt, sie hätten trotz aller Widrigkeiten das ganz große Los gezogen: Sie fanden Neutrinos, die vom Kohlenstoff-Stickstoff-Sauerstoff-Kreislauf erzeugt wurden, der im Zentrum der Sonne Protonen zu Helium kocht. Damit ist ein weiteres Kapitel in der Geschichte von den Ursprüngen der Materie abgeschlossen.

Die Zukunft ist vielversprechend. In den kommenden Jahrzehnten werden neue Gravitationswellenobservatorien, Teleskope auf der Erde und im All, Dunkle-Materie-Detektoren tief unter der Erde, präzise Laborinstrumente und gigantische Neutrino-Observatorien an den Start gehen. Niemand kann schon jetzt sagen, was sie finden

Das Ende?

werden – Experimentalphysik heißt erkunden –, doch es werden sicher Überraschungen darunter sein. In meinem eigenen Bereich hat das LHC noch rund 15 Jahre vor sich, und Tausende Physiker werden weiter entschlossen die Billionen und Aberbillionen von Kollisionen durchkämmen, in der Hoffnung auf Hinweise, die uns zur nächsten Realitätsschicht führen.

Als Jugendlicher, der in den 1990ern mit populären Sachbüchern und TV-Dokumentationen aufwuchs, hatte ich das Gefühl, die Physik strebe auf einen dramatischen Höhepunkt zu. Dass nach einem Jahrhundert der revolutionären Entdeckungen und der immer stärker vereinheitlichten Theorien die Physiker kurz davorstanden, die ultimative Theorie des Universums aufzustellen. Seitdem wurden große Fortschritte gemacht, und doch rückte Einsteins Traum weiter denn je in die Ferne.

Vielleicht war es Hybris. Die 1970er- und 1980er-Jahre waren Zeiten der Wunder: Kräfte wurden vereinheitlicht, Vorhersagen auf spektakuläre Art und Weise bestätigt und wunderschöne neue mathematische Strukturen entdeckt. Womöglich sorgte all dieser Erfolg dafür, dass die Menschen dachten, wir wären bereit für einen Sprung weg vom Standardmodell, hin zur Theorie von allem. Auf jeden Fall hat sich das nicht bewahrheitet. Wir können heute die Physik bei unglaublichen Energien von rund 10 000 GeV im Labor untersuchen, doch die Planck-Energie ist noch rund Tausend Billionen Mal höher. Die Hoffnung, wir könnten den festen Boden experimenteller Beweise hinter uns lassen, um die Werte um den Faktor 15 zu erhöhen und mit einem Schlag die unerforschte Welt der Quantengravitation erkunden, stellte sich als verfrüht heraus, um es einmal vorsichtig zu sagen.

Werden wir *jemals* lernen, einen Apfelkuchen aus dem Nichts zu machen? Die Quantenmechanik und Gravitation scheinen uns zu sagen, dass der Moment, in dem das Universum begann – als Gravitation, Raum, Zeit und die Quantenfelder der Natur noch alle vereint waren –, inhärent unerkennbar sein könnte. Das ist jedoch kein Grund, den Kopf hängen zu lassen – ganz im Gegenteil. Wir sind schon ein sehr großes Stück vorangekommen bei unserer Bemühung, die Grundbausteine der Materie und ihre kosmischen Ursprünge zu verstehen. Trotzdem haben wir noch einen langen, langen Weg vor uns, bis wir die Planck-Länge erreichen. Lässt man einmal den Traum einer finalen Theorie beiseite, bleiben uns noch viele Rätsel, die uns näher liegen: Was zum Teufel ist die Dunkle Materie? Wie hat die Materie die Vernichtung während des Urknalls überstanden? Können wir die Eigenartigkeit des Higgs-Felds erklären? Die Wissenschaft wächst an solchen Rätseln, und die Chancen stehen gut, dass wir diese Fragen in den nächsten Jahren werden beantworten können.

Während unseres Telefonats sagte mir Nima Arkani-Hamed, der engste Flaschenhals für den Bau der nächsten Generation von Teilchenbeschleunigern sei weder das Geld noch die Überzeugung der Politiker oder der Öffentlichkeit, auch die wahnsinnigen Herausforderungen für die Ingenieure seien nicht das Hauptproblem. Der engste Flaschenhals sei, ob eine Generation junger Menschen heranwachse, die bereit ist, ihr Leben der Erforschung des Higgs-Bosons zu widmen. Unter den vielen eifrigen Besuchergruppen, die meine Kollegen und ich am Tag der offenen Tür durch den LHCb geführt haben, befanden sich auch mehrere Dutzend Teenager, die ihre Freizeit dafür opferten, sich mit einem Trottel mit Sicherheitshelm in einen engen Fahrstuhl zu quetschen und dann eine Stunde oder noch länger wissenschaftliche Ausrüstung zu betrachten. Am Ende des Wochenendes war ich ziemlich optimistisch, was die Zukunft angeht. Eines fernen Tages sitzt womöglich einer dieser jungen Menschen ganz früh morgens nervös in einer Sitzung, kurz bevor der Future Circular Collider seinen ersten Testlauf macht.

Wenn dem so sein sollte, dann werden sie Teil einer Geschichte, die Jahrhunderte zurückreicht, der Geschichte, wie wir nach und nach die Bausteine der Materie und ihre Ursprünge verstanden haben. Dies ist eine Geschichte, in die ich mich als neugieriger Teenager verliebt habe und die nie aufhörte, mich zu fesseln. Jenseits der einzelnen unglaublichen Entdeckungen – wer ist nicht verführt von der Idee, dass wir aus einem Stoff bestehen, der im Innern von Sternen und der Hitze des Urknalls geschmiedet wurde – bleibt die Tatsache bestehen, dass Tausende von Menschen, quer durch alle Zeiten und

Kulturen, in ganz unterschiedlichen Feldern, alle mit ihren ganz eigenen Träumen, Stärken, Schwächen und Egos, langsam auf den Leistungen jener aufbauten, die vor ihnen waren, und damit zu einem immer besseren Verständnis der Welt beitragen, die wir alle miteinander teilen. Die meisten kannten sich untereinander nicht und kämpften für sich allein mit ihrem Teil des Puzzles, und doch haben sie irgendwie gemeinsam an einem Teppich gewebt, eine Geschichte entworfen, die, zumindest wenn man mich fragt, die größte je erzählte ist.

Selbst ein so alltägliches Objekt wie ein Apfelkuchen ist tief in diesem kosmischen Drama verankert, und das wirklich zu verstehen heißt, das Universum und unsere kleine Rolle darin zu verstehen. Es mag gute Gründe dafür geben, zu denken, dass wir niemals in der Lage sein werden, den allerersten Ursprung zu entdecken. Doch andererseits verfügt die Natur über die fast unendliche Fähigkeit, uns zu überraschen. Wer weiß schon, auf was wir stoßen, während wir mit dem Erkunden, dem Ausschauhalten immer weiter in den Raum und dem Sondieren der kleinsten Materieelemente weitermachen. Wir haben einen guten Teil des Wegs zurückgelegt, doch am Ende der Geschichte sind wir noch nicht angelangt. Sie wird noch weitergeschrieben. Wenn wir weiter forschen, werden wir eines Tages womöglich endlich das Rezept für unser Universum finden.

WIE MAN EINEN APFELKUCHEN AUS DEM NICHTS ZUBEREITET

8 Portionen. Zubereitungszeit: 13,8 Milliarden Jahre

Zutaten:
eine Prise Raumzeit
6 Quark-Felder, 6 Leptonen-Felder
lokale Symmetrien U(1) x SU(2) x SU(3)
1 Higgs-Feld
Supersymmetrie oder Extra-Dimensionen des Raums (je nach Geschmack)
Dunkle Materie (nicht im Handel erhältlich)
vermutlich noch ein paar andere Dinge

Zubereitung:
Erfinden Sie zunächst das Universum.

Blähen Sie Ihre anfängliche Prise Raumzeit für rund 10^{-32} Sekunden auf, bis Ihr Universum etwa das Zehnbillionen Billionenfache seiner ursprünglichen Größe angenommen hat. Geben Sie dabei Acht, dass Sie der Inflation nicht zu viel Zeit geben, sonst ergibt sich eine unglaubliche Leere, die das Gericht ruinieren würde.

Nach der Inflation werden Sie bemerken, dass die Temperatur Ihres Universums dramatisch ansteigt, was für eine große Anzahl an Teilchen und Antiteilchen sorgt. In der Zwischenzeit sollten Ihre lokalen Symmetrien U(1), SU(2) und SU(3) automatisch die elektroschwachen und starken Wechselwirkungsfelder erzeugen. Lassen Sie das

Ganze für eine gute weitere Billionstelsekunde ausdehnen und abkühlen.

Dann schalten Sie das Higgs-Feld an, wobei Sie auf einen Wert von 246 GeV zielen sollten. Ich empfehle, etwas Supersymmetrie oder einige Extra-Dimensionen zu verwenden, um die Stabilität des Feldes zu erhöhen, ansonsten wird es Ihnen später sehr schwerfallen, Atome zuzubereiten. Wenn Ihnen das nicht zusagt, können Sie die ersten Schritte auch gern schätzungsweise eine Million Billion Mal wiederholen, bis es Ihnen zufällig gelingt.

Um im nächsten Arbeitsschritt Materie zu erzeugen, stellen Sie sicher, dass Sie das Higgs-Feld ungleichmäßig eingestellt haben. So werden sich Blasen in Ihrer Mischung bilden, die sich ausdehnen und im Idealfall Quarks absorbieren und Antiquarks außen vor lassen. In der Zwischenzeit nutzen Sie Sphaleronen, um außerhalb der Blasen Antiquarks in Quarks umzuwandeln. Sobald das Higgs-Feld die gewünschte Konsistenz erreicht hat, sollten Sie mehr Quarks als Antiquarks vorfinden und erkennen können, dass sich die elektroschwache Wechselwirkung in die elektromagnetische und die schwache Wechselwirkung aufgespalten hat.

Lassen Sie die heiße Suppe aus Quarks und Gluonen nun für eine weitere Millionstelsekunde ausdehnen und abkühlen, bis sie anfängt zu erstarren und sich Protonen und Neutronen bilden. Lassen Sie die Antimaterie und Materie sich gegenseitig auslöschen, wobei ein Rest von Zehnmilliardstel der ursprünglichen Materie übrigbleiben sollte. Keine Sorge, das sollte mehr als genug sein für den Apfelkuchen.

Nach zwei weiteren Minuten sollte sich die Mischung auf unter 1 Milliarde Grad abgekühlt haben. Nun können Sie beginnen, die ersten Elemente jenseits von Wasserstoff zu erzeugen. Ihr Teig sollte nun aus etwa einem Neutron auf je sieben Protonen bestehen, außerdem aus verdammt vielen Photonen.

Apfelkuchen aus dem Nichts

Lassen Sie das Ganze leicht köcheln und reduzieren Sie in den nächsten zehn Minuten die Temperatur immer weiter, bis die Kernfusion zu einer Mischung aus leichten Kernen führt: Hier kommt etwa ein Teil Helium auf drei Teile Wasserstoff, dazu ein Hauch Lithium.

Lassen Sie die Wasserstoff-Helium-Mischung für weitere 380 000 Jahre abkühlen. Dann werden Sie, wenn alles gutgegangen ist, feststellen, dass Ihre wilde, heiße Mixtur langsam durchsichtig wird, da sich Elektronen an Wasserstoff- und Heliumkerne binden, um die ersten neutralen Atome zu bilden. Sie können die warmen Gase für die nächsten 100 bis 250 Millionen Jahre unbeobachtet abkühlen lassen. Der beste Zeitpunkt für eine gute Tasse Tee.

Nach dieser Wartezeit beginnen Sie, die ersten Sterne zu formen. Lassen Sie dazu große Wolken aus Wasserstoff- und Heliumgas kollabieren. In deren Mitte sollten Sie zunächst Wasserstoff zu Helium verwandeln, dann Helium über den Drei-Alpha-Prozess in Kohlenstoff. Sie werden nun feststellen, dass diese ersten Sterne groß genug sind, um alle weiteren Elemente bis Eisen zu verschmelzen. Diese können Sie dann per Supernova über die ganze Mischung verteilen.

In den nächsten rund 9 Milliarden Jahren sollten Sie in den nachfolgenden Sternengenerationen, Supernovae und Neutronensternenkollisionen weiterhin größere Mengen schwerer Elemente erzeugen, bis Sie eine Mischung mit einer guten Spannbreite an Elementen von Wasserstoff bis hinauf zu Uran haben. Aus dieser Mischung bilden sie eine steinige Kugel mit rund 13 000 Kilometern Durchmesser und platzieren Sie diese in die bewohnbare Zone eines Gelben Zwergs. Stellen Sie sicher, dass der neue Planet ausreichende Mengen an Wasserstoff und Sauerstoff besitzt (am besten in der Form von Wasser), außerdem Kohlenstoff und Stickstoff.

Nun müssen Sie zur Biologie greifen. Um ehrlich zu sein, bin ich mir nicht ganz sicher, was diesen Schritt angeht. Doch mit ein bisschen Glück sollten Sie nach 4,5 Milliarden Jahren Äpfel, Bäume, Kühe und Weizen erhalten, außerdem ein paar weitere hilfreiche lebende Organismen. Hoffentlich haben sich spontan auch Supermärkte entwickelt, denn nun müssen Sie hinausgehen und Folgendes kaufen:

Für den Mürbeteig:
400 g Mehl plus ein wenig für die Arbeitsfläche
2 TL Zucker
1 Prise Salz
Abrieb einer unbehandelten Zitrone
250 g kalte Butter, in Stücke geschnitten
1 Ei aus Freilandhaltung, verrührt mit 2 TL kaltem Wasser

Für die Füllung:
600 g Kochäpfel
Saft einer Zitrone
50 g feiner Vollrohrzucker plus 1 TL zum Bestreuen
1 TL Zimt
2 TL Maisstärke

Zum Bestreichen und Bestreuen:
1 Ei aus Freilandhaltung, verrührt
1 oder 2 TL brauner Rohrzucker oder feiner Vollrohrzucker

Zubereitung des Apfelkuchens:

Bereiten Sie zunächst den Teig zu. Geben Sie Mehl, Zucker, Salz und Zitronenabrieb in eine Schüssel und rühren Sie die Butter unter, bis die Mischung an Semmelmehl erinnert. Geben Sie das geschlagene Ei und Wasser hinzu und verrühren Sie alles mit einem Schaber, bis sich aus der Mischung ein Teig ergibt. Alternativ können Sie die trockenen Zutaten auch in eine Küchenmaschine geben, kurz auf hoher Stufe vermischen, dann das geschlagene Ei und Wasser hinzufügen und alles zu einem Teig verrühren.

Apfelkuchen aus dem Nichts

Den Teig in Frischhaltefolie eingeschlagen für 30 Minuten im Kühlschrank ruhen lassen.

Nehmen Sie den Teig aus dem Kühlschrank, doch legen Sie ein Drittel für den Deckel gleich wieder zurück. Rollen Sie den Teig auf einer leicht bemehlten Fläche aus, bis er etwa einen ½ cm dick und etwa 5 bis 7 cm größer als die Kuchenform ist. Heben Sie ihn mit einer bemehlten Teigrolle an und legen Sie ihn vorsichtig in die Form.

Drücken Sie den Teig am Boden und an den Rändern der Form fest an, dabei etwas überhängen lassen. Achten Sie jedoch darauf, dass keine Luftlöcher entstehen. Dann die Form für 10 Minuten in den Kühlschrank stellen.

Heizen Sie den Ofen mit Backblech auf 200 Grad Celsius vor.

Für die Füllung: Schälen, entkernen und schneiden Sie die Äpfel in Scheiben, geben Sie sie dann in eine Schüssel mit kaltem Wasser und dem Zitronensaft. Die Äpfel wieder entnehmen, abtropfen lassen und trocken tupfen.

Mischen Sie den Zucker mit Zimt und Maisstärke in einer großen Schüssel. Fügen Sie dann die in Scheiben geschnittenen Äpfel zu und verrühren sie alles. Geben Sie die Apfelfüllung in die Kuchenform, und zwar so, dass die Füllung überall gleichmäßig verteilt ist, sie aber über die Kante der Form hinausragt. Bestreichen Sie den Teigrand mit dem geschlagenen Ei.

Rollen Sie den Rest des Teiges aus. Bedecken Sie den Kuchen mit dem Teigdeckel und drücken Sie die Kanten fest zusammen, um den Kuchen zu verschließen. Mit einem scharfen Messer können Sie überstehenden Teig abschneiden, drücken Sie dann den Teigdeckel vorsichtig rund um die Kuchenform fest. Stechen Sie mit einer Messerspitze ein paarmal in die Mitte des Kuchens, um ein paar Löcher zu machen. Bestreichen Sie den Teigdeckel mit dem verrührten Ei.

Zur Dekoration: Kneten Sie die Teigüberreste leicht und rollen Sie sie aus. Schneiden Sie ein paar hübsche Muster aus (traditionell sind das Blätter, aber auch Atome und Sterne werden geduldet) und legen Sie sie auf den Teigdeckel. Bitte bestreichen Sie auch die Dekorationen noch mit Ei. Für 30 Minuten im Kühlschrank kaltstellen.

Bestreuen Sie den Kuchen mit Zucker und backen Sie ihn dann für 45-55 Minuten, bis der Teig goldbraun ist und die Äpfel weich sind.

Mit Schlagsahne oder Vanilleeis servieren. Vorsicht, die Füllung ist heiß.

DANKSAGUNG

Wie ich hier im September 2020 sitze, kann ich kaum glauben, dass dieses Buch oder zumindest die Worte, die einmal in es hineinsollen, endlich geschrieben sind. Dass ich es bis zu diesem Punkt geschafft habe, verdanke ich fast vollständig der Großzügigkeit, Ermutigung, Geduld, Expertise, dem Wissen, Rat und den gelegentlichen kräftigen Schubsern von Dutzenden von Menschen.

Ich bin den vielen Wissenschaftlern dankbar, die mir so großzügig ihre Zeit geopfert haben, um mit mir zu sprechen, mir ihre außergewöhnlichen Arbeitsplätze zu zeigen, mich ihren Kollegen vorzustellen oder Teile meines Manuskripts zu lesen. Das waren insbesondere Gianpaolo Bellini, Aldo Ianni, Matthias Junker, Jennifer Johnson, Matt Kenzie, Sarah Williams, Jeffrey Hangst, Nick Manton, Joe Giaime, Karen Kinemuchi, Helen Caines, Zhangbu Xu, Lijuan Ruan, Juan Maldacena, Nima Arkani-Hamed, Joseph Conlon, Sabine Hossenfelder, Isabel Rabey, Sidney Wright, Panos Charitos, John Ellis, Sean Carroll, Günther Dissertori und Michael Benedikt. Ganz besonders danken möchte ich David Tong und Ben Allanach, die die letzten Kapitel durchgesehen haben und mich in den ganz besonders schweren Theorieteilen ein wenig korrigierten. Das Buch enthält nun deutlich weniger Fehler, wobei alle Irrtümer, die jetzt noch zu finden sind, natürlich auf mein Konto gehen. Und auch wenn ich hier nur wenige Menschen namentlich erwähnen kann, so stehe ich doch auch unermesslich in der Schuld meiner 1400 Kollegen am LHCb-

Experiment, der Zehntausende Menschen der globalen Wissenschafts-Community sowie den Milliarden von Steuerzahlern überall auf dem Globus, die für diese grundlegende, von Neugier getriebene Forschung bezahlen. Ohne sie gäbe es gar nichts, worüber ich hätte schreiben können.

Ein großes Dankeschön geht an Graham Farmelo für seinen weisen Rat, was den Schreibprozess eines Buches angeht, für seine Einführung in die heiligen Hallen der hohen Theorie und für seine warmherzige Ermutigung. Ein Dank auch an Neil Todd für einen wunderbaren Tag, an dem er mich durch Rutherfords altes Labor in Manchester führte.

Ich bin den ausgezeichneten Mitarbeitern der Rayleigh Library am Cavendish Laboratory und am Science Museum Dana Research Centre and Library dankbar, insbesondere der stets freundlichen und hilfsbereiten Prabha Shah. Ein Dank auch an meinen Physiklehrer John Ward, der mich als Teenager inspirierte und sich mit mir abfand, mir aber zudem zu einem Leihmikroskop verhalf, mit der freundlichen Genehmigung und Hilfe von Caroline Marwood.

Dieses Buch wäre nicht möglich gewesen ohne die Unterstützung und Nachsicht meines Chefs, Val Gibson, der mich während meiner gesamten Physiker-Karriere unablässig ermutigte und unterstützte. Danke schön, Val. Auch meinen Kollegen am Science Museum möchte ich danken, besonders Ali Boyle, von dem ich eine Menge darüber gelernt habe, wie man Wissenschaften und ihre Geschichte vermittelt, und der mir viele Gelegenheiten ermöglichte, darin immer besser zu werden.

Ich möchte meinem brillanten Agenten Simon Trewin danken, der mir dabei half, das in ein Buch zu verwandeln, was lange nur als Idee in mir reifte, und damit all das hier erst ermöglichte. Ein großes Dankeschön auch an Dorian Karchmar von WME in New York für die tolle Leistung, einen US-Verlag davon zu überzeugen, mit einem Briten über Apfelkuchen zu sprechen, und eines an das Team von WME in London, hier insbesondere an James Munro, Florence Dodd und Anna Dixon.

Ich danke meinen Lektoren, Ravi Mirchandani bei Picador und

Yaniv Soha bei Doubleday. Ravi danke ich speziell dafür, dass er von Anfang an begeistert hinter dem eher albernen Zugang an das Thema stand, und Yaniv für sein aufmerksames und einfühlsames Feedback, das unzweifelhaft zu einem deutlich besseren Buch geführt hat. Ich danke auch Mel Northover für die Umgestaltung meiner beschissenen Zeichnungen in etwas deutlich Ansprechenderes und Amy Ryan für ihre forensische Korrektur, mit der sie viele meiner leichtsinnigen Fehler ausfindig machte.

Schließlich möchte ich meinen Freunden und meiner Familie für ihre Liebe und Unterstützung in den vergangenen 18 Monaten danken. Suzie: Danke für die gegenseitigen Buchschreibe-Beratungssitzungen – du hast dafür gesorgt, dass sich dieser Prozess deutlich weniger einsam anfühlte. Meiner Schwester Alexandra schulde ich einen besonderen Dank, war sie es doch, die vor fast einem Jahrzehnt vorschlug, ich solle ein Buch schreiben. Das hat nun hierher geführt. Und last, aber wirklich überhaupt nicht least möchte ich meinen Eltern Vicky und Robert danken. Sie haben nicht nur jedes Wort meines Manuskripts gelesen und kommentiert, sondern sie waren auch stets zur Stelle, wenn ich mich über eine Idee austauschen musste, herumnörgeln wollte oder schlicht eine Tasse Tee und ein Gespräch brauchte. Danke, dass ihr mich immer dazu ermutigt habt, neugierig zu sein. Das hier ist alles eure Schuld.

BIBLIOGRAFIE

Bücher

Ball, Philip, *Beyond Weird*. Vintage, 2018.
Brock, William H., *Viewegs Geschichte der Chemie*. Vieweg, 1997.
Brown, Gerald und Chang-Hwan Lee, *Hans Bethe and His Physics*. World Scientific, 2006.
Cassé, Michael, *Stellar Alchemy: The Celestial Origin of Atoms*. Cambridge University Press, 2003.
Cathcart, Brian, *The Fly in the Cathedral*. Viking, 2004.
Chandrasekhar, S., *Eddington: The Most Distinguished Astrophysicist of His Time*. Cambridge University Press, 1983.
Chown, Marcus, *Auf der Suche nach dem Ursprung der Atome. Wie und von wem das Universum entziffert wurde*. dtv, 2002.
Close, Fran, *Antimatter*. Oxford University Press, 2009.
Close, Fran, *The Infinity Puzzle*. Oxford University Press, 2011.
Conlon, Joseph, *Why String Theory?* CRC Press, 2016.
Crowther, J. G., *The Cavendish Laboratory 1874–1974*. Science History Publications, 1974.
Davis, E. A. und I. J. Falconer, *J. J. Thomson and the Discovery of the Electron*. Taylor & Francis, 1997.
Eve, A. S., *Rutherford: Being the Life and Letters of the Rt. Hon. Lord Rutherford, O. M.* Cambridge University Press, 1939.
Farmelo, Graham, *Der seltsamste Mensch. Das verborgene Leben des Quantengenies Paul Dirac*. Springer, 2016.
Fernandez, Bernard, *Unraveling the Mystery of the Atomic Nucleus: A Sixty Year Journey 1896–1956*. Springer, 2013.

Frebel, Anna, *Auf der Suche nach den ältesten Sternen*. S. Fischer, 2012.
Gamow, George, *My World Line, An Informal Autobiography*. The Viking Press, 1970.
Gell-Mann, Murray, *Das Quark und der Jaguar. Vom Einfachen zum Komplexen – die Suche nach einer neuen Erklärung der Welt*. Piper, 1994.
Green, Lucie, *15 Million Degrees: A Journey to the Center of the Sun*. Viking, 2016.
Gribbin, John, *Einstein's Masterwork*. Icon Books, 2015.
Hendry, John, *Cambridge Physics in the Thirties*. Adam Hilger, 1984.
Holmes, Richard, *The Age of Wonder*. Harper Press, 2008.
Hoyle, Fred, *Home Is Where the Wind Blows*. University Science Books, 1994.
Huang, Kerson, *Fundamental Forces of Nature: The Story of Gauge Fields*. World Scientific, 2007.
Kragh, Helge, *Cosmology and Controversy*. Princeton University Press, 1996.
Mitton, Simon, *Fred Hoyle: A Life in Science*. Aurum Press, 2005.
Pais, Abraham, *Inward Bound: Of Matter and Forces in the Physical World*. Oxford University Press, 1986.
Rickles, Dean, *A Brief History of String Theory*. Springer, 2014.
Riordan, Michael, *The Hunting of the Quark*. Simon and Schuster, 1987.
Segrè, Gino, *Ordinary Geniuses: Max Delbrück, George Gamow, and the Origins of Genomics and Big Bang Cosmology*. Viking, 2011.
Tassoul, Jean-Louis und Monique Tassoul, *A Concise History of Solar and Stellar Physics*. Princeton University Press, 2004.
Thackray, Arnold, *John Dalton: Critical Assessments of His Life and Science*. Harvard Monographs in the History of Science. Harvard University Press, 1972.
Thomson, J. J., *Recollections and Reflections*. G. Bell and Sons, Ltd., 1936.
Vilbert, Douglas A., *The Life of Arthur Stanley Eddington*. Thomas Nelson and Sons Ltd., 1956.
Weinberg, Steven, *Der Traum von der Einheit des Universums*. Bertelsmann, 1993.
Wilson, David, *Rutherford, Simple Genius*. Hodder and Stoughton, 1983.

Anderes
BBC Radio 4, *In Our Time: John Dalton*, 26. Oktober 2016.
Interview von Charles Weiner mit James Chadwick am 20. April 1969. Niels Bohr Library & Archives, American Institute of Physics. www.aip.org.
Interview von Martin Harwit mit Ralph Alpher am 11. August 1983. Niels Bohr Library & Archives, American Institute of Physics. www.aip.org.
Interview von Charles Weiner mit Carl Anderson am 30. Juni 1966. Niels Bohr Library & Archives, American Institute of Physics. www.aip.org.

ANMERKUNGEN

1 CERN, »Cryogenics: Low temperatures, high performance«, home.cern.
2 Jon Austin, »What is CERN doing? Bizarre clouds over Large Hadron Collider prove portals are opening«, *Daily Express*, 29. Juni 2016, www.express.co.uk.
3 Sean Martin, »Large Hadron Collider could accidentally SUMMON GOD, warn conspiracy theorists«, *Daily Express*, 5. Oktober 2018, www.express.co.uk.
4 Alex Knapp, »How much does it cost to find a Higgs boson?«, *Forbes*, 5. Juli 2012, www.forbes.com.
5 Lucio Rossi, »Superconductivity: Its role, its success and its setbacks in the Large Hadron Collider of CERN«, *Superconductor Science and Technology* 23 (2010): 034001 (17 Seiten).
6 Stephen Hawking, *Eine kurze Geschichte der Zeit. Die Suche nach der Urkraft des Universums* (Reinbek bei Hamburg, 1988), S. 218.
7 Holmes, S. 257.
8 Brock, S. 104.
9 Joseph Priestley, *Experiments and Observations on Different Kinds of Air*, Bd. 2 (London, 1775).
10 Brock, S. 108.
11 Thackray, S. 85.
12 Carl Seelig, *Albert Einstein. Leben und Werk eines Genies unserer Zeit* (Zürich 1960), S. 15.
13 Albert Einstein, »Über die von der molekularkinetischen Theorie der Wärme geforderte Bewegung von in ruhenden Flüssigkeiten suspendierten Teilchen«, *Annalen der Physik* 17 (1905): S. 560.
14 Isobel Falconer, »Theory and Experiment in J. J. Thomson's Work on Gaseous Discharge« (PhD dissertation, University of Bristol, 1985), S. 103.
15 Wilson, S. 83.
16 Thomson, S. 341.

17 Eve, S. 34.
18 Wilson, S. 228.
19 Chadwick, AIP Interview, Session 4.
20 Fernandez, S. 65.
21 Ebd., S. 73.
22 Wilson, S. 405.
23 Ebd., S. 394.
24 Chadwick, AIP Interview, Session 3.
25 Hendry, S. 45.
26 Sun Fact Sheet, NASA, http://nssdc.gsfc.nasa.gov/planetary/factsheet/sunfact.html (abgerufen am 09.06.2021).
27 Kragh, S. 84.
28 Gamow, S. 15.
29 Ebd., S. 58.
30 Ebd., S. 70.
31 Iosif B. Khriplovich, »The Eventful Life of Fritz Houtermans«, *Physics Today* 45, Nr. 7 (1992): S. 29.
32 Cathcart, S. 218.
33 Gamow, S. 136.
34 Tassoul, S. 137.
35 Cassé, S. 82.
36 Mitton, im Vorwort von Paul Davies, S. X.
37 Ebd., S. 207.
38 Hoyle, S. 265.
39 A. a. O.
40 Ebd., S. 266.
41 Jennifer Johnson, »Populating the periodic table: Nucleosynthesis of the elements«, *Science* 363, Nr. 6426 (1. Februar 2019): S. 474 ff.
42 Chown, S. 56.
43 Frebel, S. 88.
44 Berechnet nach der Angabe »eine durchschnittliche Dichte von etwa einer Milliarde kg/m3« in Frebel, S. 92.
45 Kragh, S. 46.
46 Ebd., S. 55.
47 Gamows Lieblingsrestaurant in Washington, das Little Vienna: Alpher, AIP Interview, Session 1.
48 Chown, S. 10.
49 Kragh, S. 183.
50 Als »Zitat des Tages« im Quellcode des Fortune-Computerprogramms, Juni 1987.
51 C. T. R. Wilson–Biographical. NobelPrize.org. Ursprünglich aus *Nobel Lectures, Physics 1922–1941* (Elsevier Publishing Company, 1965).

52 Martin Bartusiak, »Who Ordered the Muon?«, *New York Times*, 27. September 1987.
53 Willis Lamb, Nobelpreis-Rede, 12. Dezember 1955. www.nobelprize.org.
54 Robert L. Weber, *More Random Walks in Science* (Taylor & Francis, 1982), S. 80.
55 Gell-Mann, S. 12.
56 Riordan, eBook-Location 2528.
57 Ebd., eBook-Location 2765.
58 Farmelo, S. 164.
59 Ralph P. Hudson, »Reversal of the Parity Conservation Law in Nuclear Physics«, in *A Century of Excellence in Measurements, Standards, and Technology*. NIST Special Publication 958 (National Institute of Standards and Technology, 2001).
60 Richard Feynman, »The Character of Physical Law«, Vortrag 7, »Seeking New Laws«, Messenger Lectures at Cornell, 1964.
61 CERN Presseerklärung, »LHC research program gets underway«, 30. März 2010.
62 Michael Hanlon, »Are we all going to die next Wednesday?«, *Daily Mail*, 4. September 2008, https://www.dailymail.co.uk/sciencetech/article-1052309/MICHAEL-HANLON-Are-going-die-Wednesday.html.
63 Eben Harrell, »Collider Triggers End-of-World Fears«, *Time*, 4. September 2008, http://content.time.com/time/health/article/0,8599,1838947,00.html.
64 John R. Ellis et al., »Review of the Safety of LHC Collisions«, *Journal of Physics G* 35, Nr. 11 (2008): 115004.
65 Pallab Ghosh, »Popular physics theory running out of hiding places«, BBC News Webseite, 12. November 2012, https://www.bbc.com/news/science-environment-20300100.
66 A. a. O.
67 A. a. O.
68 Alok Jha, »One year on from the Higgs boson find, has physics hit the buffers?«, *The Guardian*, 6. August 2013, https://www.theguardian.com/science/2013/aug/06/higgs-boson-physics-hits-buffers-discovery.
69 Weinberg, S. 13.
70 Brief von Albert Einstein an Heinrich Zangger, Berlin 26. November 1915, in Albert Einstein, *The Collected Papers of Albert Einstein*, Volume 8: The Berlin Years: Correspondence, 1914-1918 (Princeton, 1998).
71 Zit. n. Carl Seelig, *Helle Zeit – Dunkle Zeit: In memoriam Albert Einstein* (Vieweg, 2013), S. 50.
72 Alex Knapp, »Apollo 11's 50th Anniversary: The Facts and Figures Behind the $152 Billion Moon Landing«, Forbes, 20. Juli 2019, https://www.forbes.com/sites/alexknapp/2019/07/20/apollo-11-facts-figures-business/?sh=7f3606803377.
73 Jon Butterworth, »Impact? I want an interstellar Higgs drive please«, *The Guardian*, 16. July 2012, https://www.theguardian.com/science/life-and-physics/2012/jul/16/higgs-impact.

REGISTER

A

ABEGHHK'tH-Mechanismus 278
ACME-Experiment 255
Allanach, Ben 346, 356 f., 364 ff., 403, 421
Allgemeine Relativität(stheorie) 174, 176, 371, 374 f., 382
ALPHA-Experiment 146 f., 323 ff., 327 ff.
Alphastrahlung 72
Alpha-Teilchen 72 ff., 81 ff., 89, 91 ff., 95, 103, 109, 111 f., 128, 211 f.
Alpher, Ralph 135 f., 139, 177 ff., 186 f., 426, 428
Anderson, Carl 195 ff., 244, 278, 426
Anderson, Philip 275
Andromeda 137, 172 f., 336
Anomalien, mathematische 377
Antielektron 116, 245, 297 f., 303, 324 f., 328, 376
Antilepton 320
Antimaterie 17, 116, 245, 297 ff., 303 f., 307 ff., 314 f., 317, 320 ff., 329 ff., 347, 381, 392, 416
Antineutrino 184, 245, 266, 273, 321
Antiproton 201, 245, 297, 299, 324 f., 328 f.
Antiquark 208, 216, 219, 245, 297, 299, 303, 309, 311 ff., 363, 376, 416
Antiteilchen 245, 297 f., 303 ff., 307, 309, 311 f., 320 f., 326, 328, 347, 415
Antiwasserstoff 324 f., 327 ff.
Apache Point Observatory, New Mexico 148
Aristoteles 38
Arkani-Hamed, Nima 401 f., 404 f., 408 f., 412, 421
Asimov, Isaac 187
Aston, Francis 85 ff., 105 f.
Astronomie 104, 139, 149, 175, 336, 390, 407
Atkinson, Robert 113 ff., 117 f., 134
Atom 37 f., 43, 45, 47, 50, 52, 55,

59 f., 65 ff., 69, 71, 73, 75 ff.,
79 f., 86 ff., 93, 97, 105, 115,
125 f., 152, 181, 211, 221, 232,
237, 244, 246, 252, 265, 324,
328, 371, 380, 393
Atombombe 114, 138, 148,
176
Atomtheorie 45 f., 48, 76, 230

B
B2FH 150, 161, 181 f.
Baade, Walter 137
Banks, Joseph 46
Barish, Barry 386
Baryonen 199 f., 203 ff., 313
Becker, Herbert 92
Becquerel, Henri 69, 265
Bellini, Gianpolo 131, 421
Bell Laboratorien 110
Berners-Lee, Tim 406
Beryllium 92, 94 ff., 121, 139 ff.
Besso, Michele 48 f.
Betazerfall 97, 265 f., 273
Beteigeuze 159 ff.
Bethe, Hans 117 ff., 129, 134,
139 f., 176, 266, 425
Bevatron 201
BICEP2-Teleskop, Südpol 394
Bieler, Étienne 103
Big Bang 136 f., 168 f., 175, 177,
179, 181 f., 185 f., 188, 224, 297,
320, 368, 384, 391, 400, 426
Blackett, Patrick 244, 251
Black, Joseph 32, 44, 346
Blasenkammer 201, 205, 212
Bohr, Niels 77, 80, 115, 234 f.,
239, 426
Boltzmann, Ludwig 49 f.
Bondi, Hermann 180

Bootstrap-Hypothese 206 f., 209,
212
Bor 121
Borexino-Experiment 127
Born, Max 108, 239
Boson, W- und Z- 273 f., 279,
287 ff., 291 f., 306, 340, 354,
361, 365
Bothe, Walther 92
Bow Tie Nebula 158
Broglie, Louis de 110
Brookhaven National Laboratory,
New York 200, 214 f.
Brout, Robert 275, 278
Brown, Robert 52, 56, 425
Brownsche Bewegung 52, 54
Burbidge, Margaret und
Geoffrey 150, 181
Butler, Clifford 198 f.
Butterworth, Jon 407, 429

C
Caines, Helen 221, 421
Cavendish, Henry 32, 34, 62 f., 68,
71, 85, 87 ff., 94, 96, 105, 115,
191, 194, 244, 305, 346, 422,
425
CERN (Europäische Organisation
für Kernforschung) 11, 13, 15 f.,
18 ff., 191, 202, 205, 208 ff., 212,
214, 227, 251, 256, 259 ff.,
279 f., 284 ff., 291 ff., 306, 322 f.,
325, 327 f., 330, 333, 352 ff.,
404 ff., 409, 427, 429
Chadwick, James 71, 87 ff., 94 ff.,
103, 125, 426, 428
Chalk River Laboratories, Ontario,
Kanada 138
Chemische Reaktionen 45

Chew, Geoffrey 206
Chlor 36, 60, 80, 84 f., 87, 229
Cockcroft, John 115
Coma-Galaxienhaufen 336
Comte, Auguste 151
Condon, Edward 112
Cosmic Explorer 390 f.
CP-Symmetrie 303 f., 314, 326
CPT-Theorem 326
Critchfield, Charles 118 f.
Cronin, James 303 f.
Crowe, George 87
Curie, Irène 92 ff., 96, 117
Curie, Marie 69, 80, 91 f.
Curie, Pierre 69

D
Dalton, John 39 ff., 48, 55, 60, 65, 76, 84, 230, 426
Darwin, Charles Galton (Physiker) 75, 81
Darwin, Charles (Naturphilosoph) 75, 105
Davisson, Clinton 110
Davy, Humphry 26, 42, 44 ff., 66
Delta-Baryon 193
Demokrit 230, 256
Deuterium 116 ff., 120, 179, 183
Dicke, Robert 187
Dirac, Paul 136, 195, 231 f., 234 f., 237, 239 ff., 298, 425
D-Meson 193
DNA 62, 161
Drei-Alpha-Prozess 139, 141, 155, 417
Dunkle Energie 17, 330, 337
Dunkle Materie 17, 183, 249 f., 253, 330, 336 ff., 349, 358 f., 369, 372, 391, 408, 412, 415
Dyson, Freeman 266

E
$E = mc^2$ 239
Eddington, Arthur Stanley 104 ff., 113 f., 119, 134, 136, 174 f., 425 f.
Eightfold Way (Achtfache Weg) 204, 206 ff., 216
Einstein, Albert 47 ff., 77, 106, 110, 173 ff., 180, 231, 235, 237 f., 240, 336, 373 ff., 377, 382, 385, 390 f., 402, 411, 426 f., 429
Einstein, Mileva 51
Einstein-Teleskop 390 f.
Eisen 29, 32, 36, 92, 103, 109, 136, 160 f., 182, 229, 262, 389, 417
elektrische Ladung 64 f., 67, 87 ff., 125, 134, 199, 203 ff., 212, 215 ff., 234, 248 f., 252, 270, 317, 324
elektrisches Dipolmoment (EDM) 252
elektromagnetische Kraft 217 f., 229, 249, 265 f., 274, 279, 311
elektromagnetisches Feld 234
elektromagnetisches Kalorimeter (ECAL) 262
elektromagnetische Strahlung 76, 386
elektromagnetische Welle 64
Elektron 68, 72 f., 75 ff., 84, 86 ff., 91, 93, 95 ff., 101, 103, 109 ff., 116, 119, 126, 128, 142 f., 152, 161 f., 178, 183 f., 186, 188 f.,

193 ff., 207, 209 ff., 216 ff., 221, 229, 232, 236, 238 ff., 252 ff., 257, 262 f., 265 f., 270, 273, 276 f., 281, 283, 297 f., 302 f., 306, 310 f., 315 ff., 328, 334, 340 f., 347 f., 363 f., 366, 375, 378, 392, 405, 407, 417
Elektronenvolt (eV), Bedeutung von 93, 201, 282, 319
Elektron-Neutrino 317, 321, 334
elektroschwache Baryogenese 313, 315
elektroschwacher Phasenübergang 310
elektroschwache Wechselwirkung 310 f., 416
Elemente, Atommasse der 60, 78 ff., 84 f., 105 f.
Ellis, John 355, 421, 429
Energie 19 f., 71, 76, 89, 93 ff., 100 f., 105 f., 109, 111, 117, 119, 122, 126, 129, 137, 141, 143, 145, 147, 150, 152, 155, 160 f., 183 f., 193, 200 ff., 210, 212, 215, 219 ff., 223 f., 226 f., 237, 239 f., 242 ff., 248, 250, 253, 262 f., 266, 268, 274, 277, 283 f., 288, 290, 298, 308, 314, 317, 320, 322, 328 f., 337 f., 341 f., 349 ff., 353, 357, 362, 371, 384, 386, 395, 397 ff., 402 ff., 411
Energieerhaltung 96, 115, 268
Englert, François 275, 278, 293
Erde 14, 29 f., 56, 99 f., 104 f., 119 f., 126 f., 132, 134, 155 f., 159, 161, 172 f., 180 f., 195, 213, 222 f., 261, 267 f., 281, 289, 299, 318, 321, 339, 343, 352, 360, 373, 376, 381, 386 f., 389, 395, 410
Ereignishorizont 399, 401
Erster Weltkrieg 81, 108
Europäische Weltraumorganisation (ESA) 391
Everett, Ebenezer 66 f.
extradimensionale Theorien 351
Extra-Dimensionen 379 ff., 403, 409, 415 f.

F

Faraday, Michael 233 ff., 279
Feather, Norman 94
Feinabstimmung 145, 345, 349, 355, 366
Felder 67, 233 f., 248 f., 274, 276, 281, 306, 314, 341, 371, 415
Fermi, Enrico 180, 199, 266, 273
Fermion 272 f., 347
Feuer 28 f., 31, 33 ff., 142, 155
Feynman, Richard 56, 212, 266, 331, 429
Finnegans Wake (J. Joyce) 207
Fitch, Val 303 f.
Fowler, Willy 141, 143 f., 150, 181
Friedmann, Alexander 176

G

Gammastrahlen 91 ff., 96, 142, 146, 299
Gamow, George (Georgi Antonowitsch) 108 ff., 117 f., 134 ff., 139, 175 ff., 187 f., 373, 426, 428
Gärung 32
Gas 26 f., 33, 35, 42 ff., 48 f., 64, 69, 81 ff., 150, 158, 164, 168, 183, 186, 201, 220, 224, 298 f., 384, 417

Register

Gastheorie, kinetische 48 ff., 52 ff.
Geiger, Hans 72, 74, 76
Gelber Zwerg 417
Gell-Mann, Murray 200, 202 ff., 207 ff., 213, 216, 426, 429
gemischten Gase, Theorie der 42 f.
Georgi, Howard 375
Germer, Lester 110
Giaime, Joe 386, 421
Gianotti, Fabiola 292, 294, 333
Gibbs, Josiah Willard 49
Gibson, Val 193, 354, 422
Glashow, Sheldon 275, 279, 375 f.
Gluon 217 ff., 226 f., 229, 257, 265, 272 f., 277, 283, 289, 309, 347, 383, 416
Gluonfeld 248 f., 265, 277
Gold 29 f., 60, 72 f., 75, 81, 103, 163, 211, 221, 223, 309, 390
Goldschmidt, Victor 177 ff.
Goldstone, Jeffrey 275
Gold, Thomas 180 f.
Gough, John 40, 42
Gravitation 38, 104, 119 f., 159 f., 174, 260, 268, 286, 330 f., 334, 336 f., 341 f., 350 f., 368 ff., 373 f., 377, 383, 393, 401 f., 411
Gravitationswelle 162, 374, 385 ff., 400
Graviton 346, 378
Gray, Candace 157
Green, Michael 376 f.
Griechen (Antike) 29, 158
Gross, David 220
Große Magellansche Wolke 170
große vereinheitlichte Theorie 375
Gruppentheorie 203
Guralnik, Gerald 275, 278

Gurney, Ronald 112
Guyton de Morveau 31

H

Hadron 12, 17, 60, 73, 100, 191, 199, 203 f., 206 ff., 212 f., 215 ff., 220, 224, 226 f., 229, 247, 252, 260, 263, 282, 294, 298, 314, 333, 344, 346, 384, 397, 409, 427
Hagen, Carl 275, 278
Hangst, Jeffrey 323, 421
Hawking, Stephen 22, 305, 352, 427
Heisenbergsche Unschärferelation 197, 341
Heisenberg, Werner 231 f., 239, 242
Helium 15, 18, 77 f., 84, 86, 92, 99, 102, 104, 106 f., 109, 115 ff., 126, 129, 131, 134 ff., 138 ff., 145 ff., 155 f., 159 f., 164, 175 f., 179 f., 182 ff., 188, 299, 393, 410, 417
Herman, Robert 178 ff., 186 f.
Heuer, Rolf 293
Hierarchieproblem 344
Higgs-Boson 19, 263 ff., 279, 285 ff., 294, 306, 310, 314, 333, 340, 345, 347, 349, 353 ff., 359 f., 367, 378, 401, 403 ff., 409, 412
Higgs-Feld 276 f., 279, 288, 294, 306 ff., 322, 338 ff., 347 ff., 353, 358, 366 f., 369, 372, 381, 392, 403 f., 412, 415 f.
Higgs, Peter 275, 278, 293 f.
Higgs-Teilchen 263, 272, 285, 287, 290 f., 294, 333, 344, 355, 367, 401, 403, 409

Hinds, Ed 254 f.
Hooft, Gerardt 275, 278
Houtermans, Fritz 112 ff., 134, 175, 428
Hoyle, Fred 136 ff., 149 f., 155, 164, 168, 180 ff., 185, 187 f., 426, 428
Hubble, Edwin 171 ff., 180
Hughes, Donald 178

I

Ianni, Aldo 124, 126 ff., 421
Imperial College 204, 247 f., 251, 253, 255, 286, 288, 315
Implosionsbombe 138
Incandela, Joe 292, 294
Inflation 392 ff., 400, 415
Ionen, in Kathodenstrahlen 64 ff.
Isotope 85, 87
ITER 101

J

Johnson, Jennifer 149, 158, 421, 428
Joint European Torus (JET), Culham, England 99
Joliot, Frédéric 92 f., 96, 117
Jordan, Pascual 239, 242
Joyce, James 207

K

Kaon 198 f., 208
Kapiza-Club 95
Kathodenstrahlen 63 ff.

Kay, William 82 ff.
Kellogg Radiation Laboratory, Pasadena, Kalifornien 140, 144, 150
Kelvin, Lord 105
Kenzie, Matt 286, 356, 421
Kern, (Atom-) 76 ff., 80 ff., 86 f., 90 f., 97, 103 f., 109, 113 ff., 125, 142 f., 150, 152, 160, 162, 173, 183, 194, 196 f., 211, 213, 257, 266, 274, 302
Kernfusion 99 ff., 104, 106, 108, 113 f., 120, 123, 139, 157, 184, 417
Kernfusionsreaktion 122, 125
Kernfusionsreaktor 99
Kibble, Tom 275, 278
Kinemuchi, Karen 148, 421
kinetische Theorie 49
Kleine Magellansche Wolke 170
Klein-Gordon-Gleichung 239 f.
Klimakrise 100
Kobalt 78
Kohle 27, 31, 35 f., 45, 56, 133, 256
Kohlenstoff 22, 29, 34, 36, 44, 56, 79 f., 86, 101, 121 f., 128 f., 133 f., 136, 139 ff., 149 f., 155 f., 158 ff., 167, 182, 188, 229, 410, 417
Kohlenstoff-12 121 f., 139 ff.
Kohlenstoffdioxid 32, 34, 44, 83, 100
Kohlenstoffmonoxid 44
Kohlenstoff-Stickstoff-Zyklus (CNO) 121 ff., 129 ff.
Kollidierer 18, 352, 405
Kompaktifizierung 379

kosmische Mikrowellen-Hintergrundstrahlung 187, 394
kosmische Strahlung 223, 244, 281
kosmologische Konstante, *siehe auch* Vakuumkatastrophe 342

L
Ladungsparität-Symmetrie 303, 326
Large Hadron Collider (LHC) 12, 17, 60, 73, 100, 191, 227, 229, 247, 252, 260, 263, 282, 294, 298, 308, 314, 333, 344, 346, 384, 397, 409, 427
Lavoisier, Antoine-Laurent 29 ff., 38, 45 f., 49
Leavitt, Henriette Swan 171 f.
Leben des Brian, Das 338
Leben im Universum 145
Leitner, Jack 205
Lemaître, Georges 173 ff.
Lepton 317, 320, 354, 363, 365 f., 372, 415
Lepton-Universalität 363 f.
Leptoquark 193, 365 f.
Leukipp 230
Licht 31, 33, 38, 64, 76 f., 93, 109 f., 125, 130, 133, 148, 152, 157 f., 161, 163 ff., 168, 172, 178, 183, 186, 209, 233 ff., 245, 274, 280, 292, 311, 337, 350, 385, 394, 398 f.
Lichtgeschwindigkeit 14, 16, 106, 126, 211, 223 f., 234, 238 ff., 277 f., 281 f., 310, 386
Lichtquanten 77, 235
LIGO (Laser Interferometer Gravitational-Wave Observatory), Louisiana 162 f., 385 ff.

LISA (Laser Interferometer Space Antenna) 390 f., 394
Lithium 92, 115, 121, 188, 417
LNGS (Laboratori Nazionali del Gran Sasso), Italien 124, 130
lokale Eichsymmetrie 267
Lomonossow, Michail 30
Luft 11, 27, 29, 31 ff., 41, 44, 49, 63, 67, 71, 81, 83, 111, 127 f., 144, 153 f., 164, 194, 197, 214, 242, 264, 284, 287, 306, 316, 325, 342 f., 353, 367, 384

M
Mach, Ernst 48, 50
Magnesium 36, 92, 160 ff.
Magnetfeld 64 f., 72, 74, 101, 196, 233, 281 f., 309, 328
Manton, Nick 305, 421
Marsden, Ernest 73 ff., 81 ff.
masselose Teilchen 272, 274
Massenspektrometer 85, 105
Materie 16 f., 19 ff., 23, 28 f., 36 f., 45, 53, 55, 57, 60, 79, 86, 125, 128, 160, 163 f., 168 f., 181 ff., 193 f., 198, 212 f., 221 ff., 229 f., 245 f., 249 f., 256, 264 f., 277, 283, 294 f., 297 ff., 303 f., 307 ff., 314 ff., 319 ff., 324 f., 329 f., 333 f., 336 ff., 347, 358, 369 f., 372, 376, 378, 381, 392 f., 405, 410, 412, 416
mathematische Schönheit, Konzept der 241
Maxwell, James Clerk 49, 234, 279, 374
Mendelejew, Dmitri Iwanowitsch 61, 67, 77 f., 204, 206, 366

Meson 193, 198 ff., 203 ff., 208, 217, 303
Metall, Verbrennung von 31, 151
Mikroskop 42, 52, 56, 73 f., 82, 108, 152, 210, 403 f., 422
Mikrowellenstrahlung, *siehe auch* kosmische Mikrowellen-Hintergrundstrahlung 185
Milchstraße 148, 155, 157 f., 170 ff., 185, 337, 382, 384, 393, 397
Mills, Robert 272
Minkowski, Hermann 50
Mitchell, Joni 167 f.
Molekül 16, 43 ff., 48, 52 ff., 133, 253 ff.
Monty Python 338
Moseley, Henry 77 ff.
Mount Wilson Observatory, Kalifornien 137, 172
Mr Tompkins im Wunderland oder Träumereien von c, g und h (G. Gamow) 107, 111
multiplen Proportionen, Gesetz der 45 f.
Multiversum 223, 345, 358, 381 f., 403
Myon und Myon-Neutrino 196, 198 f., 317 f., 320 f., 334, 361 ff.

N

Nambu, Yoichiro 275
Natrium 36, 160 ff., 229
Naturgesetze 57, 263, 267 f., 271, 326, 335, 338, 341, 375, 381, 397, 408
Nebelkammer 194 ff., 201, 244
Neddermeyer, Seth 196 ff.

Ne'eman, Juval 204 f.
negativer Energiezustand 243
Neutrino 103, 117 f., 121, 125 ff., 161, 178, 212, 248, 257, 266, 316 ff., 326, 335, 337, 347, 375, 386, 410
Neutron 87 ff., 94 ff., 101 ff., 106, 109, 116 ff., 125, 127, 134 f., 139, 142 f., 160, 162, 176, 178 ff., 183 ff., 193, 196 ff., 203, 206, 208 f., 211 ff., 215 f., 221, 226, 257, 265 f., 272 f., 277, 284, 309, 313, 315, 362, 416
Neutronenstern 162 f., 386, 389
New System of Chemical Philosophy (J. Dalton) 45
Newton, Isaac 38, 40, 336, 373, 380 f., 400
Nickel 78, 160
Nishijima, Kazuhiko 200
Nobelpreis 92, 110, 187, 195, 198 f., 275, 302, 386, 394, 429
Noether, Emmy 267
Noether-Theorem 267 f., 270
Novemberrevolution 215
nukleare Kernreaktion 160

O

Occhialini, Giuseppe 244
Oliphant, Mark 90
Omega (Teilchen) 193, 205 f.
Ordnungszahl des Atoms 77 ff.
Orion 158 f., 161

P

Paritätsverletzung 302, 304
Parkes, Chris 354
Pauli, Wolfgang 302
Paulze, Marie-Anne Pierrette 29

Payne, Cecilia 119
Peebles, Jim 187
Penzias, Arno 185 ff.
Per Anhalter durch die Galaxis
(D. Adams) 171
Periodensystem 61, 77, 80, 85, 89, 92, 102, 121, 133, 135, 140, 146, 149 f., 158, 160, 179, 204, 206, 366
Perrin, Jean Baptiste 54 f., 57, 64
Phasentransformation, QED und 271
Phlogiston-Theorie 34
photoelektrischer Effekt 110
Photon 110, 125, 152, 178, 183, 186, 199, 217 ff., 229, 232, 234 f., 237 f., 243, 245 f., 248, 262 f., 265, 271 ff., 276 f., 279, 283, 287 ff., 292, 297, 325, 328, 347 f., 356, 377, 391, 416
Pion 193, 198, 203, 208, 376
Planck-Energie 343, 345, 348, 351, 378, 384, 398, 411
Planck-Länge 341 f., 350, 378, 399 ff., 412
Planck, Max 77, 109
planetarischer Nebel 158
Platin 262, 390
Plutonium 138
Pojer, Mirko 284
Politzer, David 220
Pollen, Brownsche Bewegung der 52 ff.
Polonium 91 ff., 95
Positron (Antielektron) 116 ff., 121, 195, 245 f.
Powell, Cecil 198
Priestley, Joseph 32 ff., 38, 427

Proton 9, 16, 18 ff., 84, 86 ff., 91 ff., 101 ff., 109 ff., 113, 115–123, 125, 129, 134, 139, 142 f., 160 ff., 176, 178 f., 183 ff., 188 f., 191 ff., 196 ff., 202 f., 206, 208 ff., 215 ff., 226 f., 230, 238, 244 ff., 250, 257, 262, 265 f., 272 f., 277, 279 ff., 288 f., 291, 297, 299, 303, 307, 309, 313 ff., 319, 321, 328, 333, 355, 362 f., 376, 386, 392, 398, 405, 410, 416
Proton-Proton-Kette 118 ff., 123, 129
Prout, William 60, 78, 80, 84
Pryce, Maurice 138

Q

Qualitäten, Theorie von 38
Quantenchromodynamik (QCD) 217
Quantenelektrodynamik (QED) 266, 271
Quantenfeld 218, 235, 245 ff., 252 f., 255 ff., 264 f., 271, 276, 278 f., 283, 285, 295, 298, 306, 314 ff., 334, 336 f., 341 ff., 348, 361 f., 365 ff., 383, 391, 394, 410 f.
Quantenfeldtheorie 235 ff., 246, 248 f., 257, 266, 272, 275, 278, 306, 326, 331, 342, 370 f., 375, 399
Quantenfluktuation 349 f., 393
Quantenmechanik 51, 77, 109, 115, 134, 143, 156, 197, 231, 238 ff., 242, 245, 247, 288, 371, 375, 382, 402, 411

quantenmechanischer Tunneleffekt 114 f., 120
Quantenrevolution 91, 108, 110, 136, 235
Quark 208 f., 212 f., 215 ff., 226 f., 229, 246, 249, 257, 265 f., 273, 277, 283 f., 287, 289, 297, 299, 303, 309 ff., 317, 320, 322, 326, 334 f., 342, 347 f., 354, 361 ff., 372, 375 ff., 380, 383, 388, 400, 410, 415 f., 426
Quarkfeld 248 f.
Quark-Gluon-Plasma 220 ff., 226 f., 309, 383

R
Rabey, Isabel 251, 421
Rabi, Isidor 198
radioaktiver Müll 100
radioaktiver Zerfall 78
Radium 69 f., 74, 82 f., 91
Raumdimension 351, 378
Raumzeit 162, 374, 385, 392 f., 415
Reduktionismus 402 ff., 409
Relativität 51, 238, 240, 282, 373
Renormierung 275, 400
Richter, Burton 215
Riefenstahl, Charlotte 114
Rochester, George 198 f.
Röntgen, Wilhelm 63 f.
Rotationsschwung 268
Rotationssymmetrie 267 f.
Roter Riese 155
Roter Überriese 159
Royal Institution, London 66, 96, 233
Royal Society, London 46, 209
Ruan, Lijuan 225, 421

Rubin, Vera 336
Rumsfeld, Donald 369
Rutherford, Ernest 62, 68 ff., 80 ff., 86 ff., 94 ff., 102, 106, 109, 115, 194 f., 211 f., 225, 244, 265, 422, 425 f.

S
Sacharow, Andrei (Sacharow-Kriterien) 299 f., 304, 309 f.
Sagan, Carl 21 f., 37, 55, 63, 68, 127, 161, 295, 368, 370
Salam, Abdus 275, 279
Salpeter, Ed 140 ff., 149, 155
Samios, Nicholas 205 f.
Saturn 57
Sauerstoff 33 ff., 44 f., 79, 83, 92, 101 f., 106, 121, 136, 142 f., 145, 147, 156, 158 ff., 182, 188, 229, 262, 410, 417
Schrödinger, Erwin 110
schwache Wechselwirkung 125, 265, 274 ff., 279, 301 ff., 309 ff., 317, 375, 416
Schwarzes Loch 222, 342, 350, 398 f., 401 f.
Schwarze Sterne 182, 185
Schwarz, John 376
Schwinger, Julian 266 f., 275
Science Museum, London 99, 231, 422
Serber, Robert 207
Sirius 120, 122 f.
Slipher, Vesto 172 f.
Sloan Digital Sky Survey 164
Sloan Telescope, Apache Point Observatory, New Mexico 149, 152, 157
Soddy, Frederick 69, 84 f.

Sonne 17, 22, 75, 93, 100, 104 ff., 113 ff., 119 f., 122 ff., 129, 131 f., 134, 141, 149 f., 152, 154 ff., 159, 161, 165, 172, 182, 188, 224, 267, 280, 380 f., 386, 391, 409 f.
Sonnenlicht 33, 59, 86, 120, 132, 152, 271, 360
Sowjetunion, erster Teilchenbeschleuniger der 201
Spektroskopie 151 f.
Sphaleron 305 ff., 320, 416
Spiegelsymmetrie 302, 322
Spin 199, 203 ff., 217, 240, 242, 253 f., 268, 272, 276, 343, 347, 367, 404, 406
Spiralgalaxie 336
Standardmodell der Teilchenphysik 16 f., 248, 250, 257, 263, 276, 279, 285, 294, 298, 305, 307, 309, 314, 333 ff., 343 f., 346 ff., 354 f., 358 f., 361 ff., 366 f., 369, 372, 375, 383, 410 f.
Stanford Linear Accelerator 210
starke Kernkraft 103 f., 125, 160, 197 ff., 213, 375
starke Wechselwirkung 213, 216 ff., 220, 229, 249, 265, 272, 274, 277, 302, 334, 375, 377
Stars and Atoms (A. Eddington) 136
Steady-State-Theorie / Gleichgewichtstheorie 169, 180 ff.
stellare Nukleosynthese 150
Sterne 16 f., 21, 97, 100, 105, 107 f., 113 ff., 119 f., 122 f., 129, 134 ff., 139, 141, 145, 147 f., 150 ff., 157 f., 161, 164, 167 f., 170 ff., 175 f., 180 ff., 187 f., 213,

256, 280, 297 f., 317, 336 ff., 342, 369 ff., 380 ff., 385, 389, 391, 393, 412, 417, 420, 426
Sternenergie-Problem 117
Stickstoff 15 f., 35 f., 45, 83, 121 f., 156, 161, 229, 410, 417
Strangeness / Seltsamkeit von Teilchen 200, 204 f.
Stringtheorie 371 f., 377 ff., 399
SU(2)-Symmetriegruppe 272 f., 275, 375, 415
SU(3)-Symmetriegruppe 204, 216 f., 375, 415
SU(5)-Symmetriegruppe 375
Superconducting Super Collider 406
Super-Kamiokande (Super-K), Japan 316
Supernova 22, 138, 150, 161 ff., 389, 417
Superpartner 348 f., 353, 358, 364, 378
Supersymmetrie 346 ff., 353 ff., 358, 364 ff., 378, 401, 408 f., 415 f.
Symmetrie 179, 202 ff., 207, 216, 267 ff., 272, 275 ff., 279, 299 f., 302 ff., 309 ff., 315 f., 320 ff., 325 f., 335, 347, 375
Synchrophasotron, Dubna bei Moskau 201

T

Tauon und Tauon-Neutrino 317 f., 320, 363
Tayler, Roger 185
Taylor, Richard 211
Teilchen 9, 12 ff., 23, 37 f., 52 ff., 56 f., 60, 64 ff., 68, 71 ff., 79 ff.,

83, 87 ff., 91, 93 f., 96 f., 102 f., 109 ff., 116, 120, 125 ff., 134, 184, 186, 189, 192 f., 195 ff., 204 ff., 217 f., 221, 224 f., 229 f., 236, 238 f., 244 ff., 256 f., 260, 262 ff., 268, 270, 272 ff., 283 ff., 294 f., 297 f., 301 ff., 319 f., 326, 328 f., 333 f., 337 ff., 345, 347 ff., 353 f., 356 f., 360 ff., 366 f., 369 ff., 376 ff., 384, 386, 391, 397 ff., 402 ff., 408, 415, 427

Teilchenbeschleuniger 12, 22, 115, 122, 141, 143, 192, 194, 200 f., 205, 209, 221 ff., 226 f., 253, 256, 281, 303, 308, 320 f., 328, 338, 344, 349, 353, 356, 361, 365, 376, 384, 392, 398 f., 401, 404 f., 407, 409

Theorie von Allem 372, 383, 411
thermodynamisches Gleichgewicht 300
Thomson, George Paget 110
Thomson, Joseph John 62 ff., 110, 194, 225, 407, 425 ff.
Thorium 69
Thorne, Kip 386
Ting, Samuel 215
Tomonaga, Shin'ichirō 266, 275
Tong, David 399, 421
Transmutation 29 f.
Traum von der Einheit des Universums, Der (S. Weinberg) 372, 426
Tritium 179, 183

U

U(1)-Symmetriegruppe 271
Unendlichkeiten, Renormierung und 275

University of Bristol 198, 427
Universum 9, 16 f., 21 ff., 79, 86, 99, 104, 135 f., 142, 145, 150, 158, 161, 163 f., 168 f., 171 ff., 178 ff., 194, 213, 220, 222, 224, 226, 231, 243 ff., 267 ff., 276 f., 279 ff., 283 f., 294 f., 297 ff., 303 ff., 308 ff., 314 ff., 319 f., 322 f., 325 f., 330, 337 ff., 342 ff., 349, 352 f., 358, 366 ff., 376, 378 ff., 389 ff., 398 ff., 403, 405, 410 f., 413, 415, 425, 427

Uran 69, 71, 77, 80, 84, 97, 109, 128, 136, 147, 163, 188, 221, 417
Uratom 173 f.
Urey, Harold 116
Urknall 12, 17, 21 f., 135, 168 f., 175, 177 ff., 186, 188, 213, 220, 226, 280, 283, 294, 303, 308 ff., 313 f., 317, 319, 322, 330, 336, 339, 347, 358, 369 ff., 381 f., 384, 391 ff., 400, 405, 412

V

Vakuumenergie 342
Vakuumkatastrophe 342
Veltman, Martin 275
virtuelle Teilchen 218

W

Wagner, Walter L. 222 f.
Wahrscheinlichkeit 111 f., 114, 125, 139, 239 ff., 301, 308, 312, 321, 339, 343, 345, 381
Walton, Ernest 115
Warrick, Chris 99

Washington Post 179
Wasser 26 f., 29 f., 34, 36, 41 f., 44, 48, 53 f., 111 f., 127, 136, 158, 230, 311, 316, 351, 376, 417 ff.
Wasserdampf 41, 81, 194
Wasserstoff 34, 36, 60, 65, 67, 77 ff., 84 ff., 92, 97, 99 ff., 104, 106 f., 116 f., 119, 122, 126, 129, 134 f., 155 f., 159, 164, 168, 179, 182, 185 f., 188, 201, 229, 280, 299, 325, 329, 393, 416 f.
Weinberg, Steven 275, 279, 372, 377, 380, 426, 429
Weißer Zwerg 156, 158, 163
Weiss, Rainer 386
Wellenfunktion 111 f., 239 ff.
Wellenmechanik 110 f.
Welle-Teilchen-Dualismus 109 f., 210, 237 f.
Whaling, Ward 144, 149
Wilczek, Frank 220, 223
Williams, Sarah 347, 354, 421
Wilson, Charles 194 f.
Wilson, Kenneth 400
Wilson, Robert 185 ff.

WIMPs (schwach wechselwirkende massereiche Teilchen) 405
Wissenschaftler, Herkunft des Wortes 32
World Wide Web 406
Wright, Sidney 251, 421
Wu, Chien-Shiung 301

X

Xenon 86, 201
X-Strahlen 63 f., 78
Xu, Zhangbu 221, 421

Y

Yang, Chen Ning 272
Yang, Mingming 292
Ytterbiumfluorid 253 f.
Yukawa, Hideki 196 ff.

Z

Zeitumkehr (T), Symmetrie der 326
Z-prime 346, 365
Zweig, George 208 f., 213
Zweiter Weltkrieg 176
Zwicky, Fritz 336

»Alle, die mehr Durchblick haben wollen, bei den vielfältigen dynamischen Geschehnissen auf unserem Planeten, werden dieses Buch mit großem Interesse und Gewinn lesen.«
Ralf Krauter, Deutschlandfunk

ALLE LIEFERBAREN TITEL, INFORMATIONEN UND SPECIALS FINDEN SIE ONLINE

Auch als eBook   www.dtv.de **dtv**

»Aufgrund seines profunden Wissens gelingt es dem Mathematikhistoriker Umberto Bottazzini (...) Meilensteine der Rechenkunst grandios zu skizzieren.«
P. M. Magazin

ALLE LIEFERBAREN TITEL, INFORMATIONEN UND SPECIALS FINDEN SIE ONLINE

Auch als eBook   www.dtv.de **dtv**